国家职业资格培训教材
技能型人才培训用书

无损检测员——超声波检测

国家职业资格培训教材编审委员会　组编
李以善　汪立新　主编

机械工业出版社

本书是依据《国家职业标准　无损检测员》中超声波检测部分的知识要求和技能要求，按照满足岗位培训需要的原则编写的。本书的主要内容包括：超声波检测原理和物理基础、超声波发射声场与规则反射体的回波声压、超声波探伤仪和探头、超声波检测技术、钢板超声波检测、钢管超声波检测、锻件和铸件超声波检测、铁素体钢焊缝超声波检测、奥氏体不锈钢和有色金属焊缝超声波检测、超声波检测新技术。书末附有试题库和答案，以便于企业培训、考核和读者自查自测。

本书主要用作企业培训和职业技能鉴定培训教材，还可供无损检测技术人员和相关人员自学使用。

图书在版编目（CIP）数据

无损检测员——超声波检测/李以善，汪立新主编；国家职业资格培训教材编审委员会组编．—北京：机械工业出版社，2013.6（2022.1 重印）
国家职业资格培训教材．技能型人才培训用书
ISBN 978-7-111-43197-8

Ⅰ.①无…　Ⅱ.①李…　②汪…　③国…　Ⅲ.①无损检验—技术培训—教材②超声检验—技术培训—教材　Ⅳ.①TG115.28

中国版本图书馆 CIP 数据核字（2013）第 150268 号

机械工业出版社（北京市百万庄大街 22 号　邮政编码 100037）
策划编辑：侯宪国　责任编辑：侯宪国　王华庆
版式设计：霍永明　责任校对：申春香
封面设计：饶　薇　责任印制：郜　敏
北京富资园科技发展有限公司印刷
2022 年 1 月第 1 版第 2 次印刷
169mm×239mm・25.25 印张・491 千字
4001—5000 册
标准书号：ISBN 978-7-111-43197-8
定价：39.90 元

电话服务　　网络服务
客服电话：010-88361066　　机　工　官　网：www.cmpbook.com
010-88379833　　机　工　官　博：weibo.com/cmp1952
010-68326294　　金　书　网：www.golden-book.com
封底无防伪标均为盗版　　机工教育服务网：www.cmpedu.com

国家职业资格培训教材（第2版）

编审委员会

第2版序

在“十五”末期，为贯彻落实“全国职业教育工作会议”和“全国再就业会议”精神，加快培养一大批高素质的技能型人才，机械工业出版社精心策划了与原劳动和社会保障部《国家职业标准》配套的《国家职业资格培训教材》。这套教材涵盖41个职业工种，共172种，有十几个省、自治区、直辖市相关行业的200多名工程技术人员、教师、技师和高级技师等从事技能培训和鉴定的专家参加编写。教材出版后，以其兼顾岗位培训和鉴定培训需要，理论、技能、题库合一，便于自检自测的特点，受到全国各级培训、鉴定部门和广大技术工人的欢迎，基本满足了培训、鉴定和读者自学的需要，在“十一五”期间为培养技能人才发挥了重要作用，本套教材也因此成为国家职业资格鉴定考证培训及企业员工培训的品牌教材。

2010年，《国家中长期人才发展规划纲要（2010—2020年）》《国家中长期教育改革和发展规划纲要（2010—2020年）》《关于加强职业培训促就业的意见》相继颁布和出台，2012年1月，国务院批转了七部委联合制定的《促进就业规划（2011—2015年）》，在这些规划和意见中，都重点阐述了加大职业技能培训力度、加快技能人才培养的重要意义，以及相应的配套政策和措施。为适应这一新形势，同时也鉴于第1版教材所涉及的许多知识、技术、工艺、标准等已发生了变化的实际情况，我们经过深入调研，并在充分听取了广大读者和业界专家意见的基础上，决定对已经出版的《国家职业资格培训教材》进行修订。本次修订，仍以原有的大部分作者为班底，并保持原有的“以技能为主线，理论、技能、题库合一”的编写模式，重点在以下几个方面进行了改进：

1. 新增紧缺职业工种——为满足社会需求，又开发了一批近几年比较紧缺的以及新增的职业工种教材，使本套教材覆盖的职业工种更加广泛。

2. 紧跟国家职业标准——按照最新颁布的《国家职业技能标准》（或《国家职业标准》）规定的工作内容和技能要求重新整合、补充和完善内容，涵盖职业标准中所要求的知识点和技能点。

3. 提炼重点知识技能——在内容的选择上，以“够用”为原则，提炼出应重点掌握的必需专业知识和技能，删减了不必要的理论知识，使内容更加精练。

4. 补充更新技术内容——紧密结合最新技术发展，删除了陈旧过时的内容，补充了新的技术内容。

5. 同步最新技术标准——对原教材中按旧技术标准编写的内容进行更新，所有内容均与最新的技术标准同步。

6. 精选技能鉴定题库——按鉴定要求精选了职业技能鉴定试题，试题贴近教材、贴近国家试题库的考点，更具典型性、代表性、通用性和实用性。

7. 配备免费电子教案——为方便培训教学，我们为本套教材开发配备了配套的电子教案，免费赠送给选用本套教材的机构和教师。

8. 配备操作实景光盘——根据读者需要，部分教材配备了操作实景光盘。

一言概之，经过精心修订，第2版教材在保留了第1版精华的同时，内容更加精练、可靠、实用，针对性更强，更能满足社会需求和读者需要。全套教材既可作为各级职业技能鉴定培训机构、企业培训部门的考前培训教材，又可作为读者考前复习和自测使用的复习用书，也可供职业技能鉴定部门在鉴定命题时参考，还可作为职业技术院校、技工院校、各种短训班的专业课教材。

在本套教材的调研、策划、编写过程中，得到了许多企业、鉴定培训机构有关领导、专家的大力支持和帮助，在此表示衷心的感谢！

虽然我们已经尽了最大努力，但是教材中仍难免存在不足之处，恳请专家和广大读者批评指正。

国家职业资格培训教材第2版编审委员会

第1版序一

当前和今后一个时期，是我国全面建设小康社会、开创中国特色社会主义事业新局面的重要战略机遇期。建设小康社会需要科技创新，离不开技能人才。“全国人才工作会议”“全国职教工作会议”都强调要把“提高技术工人素质、培养高技能人才”作为重要任务来抓。当今世界，谁掌握了先进的科学技术并拥有大量技术娴熟、手艺高超的技能人才，谁就能生产出高质量的产品，创出自己的名牌；谁就能在激烈的市场竞争中立于不败之地。我国有近一亿技术工人，他们是社会物质财富的直接创造者。技术工人的劳动，是科技成果转化为生产力的关键环节，是经济发展的重要基础。

科学技术是财富，操作技能也是财富，而且是重要的财富。中华全国总工会始终把提高劳动者素质作为一项重要任务，在职工中开展的“当好主力军，建功‘十一五’和谐奔小康”竞赛中，全国各级工会特别是各级工会职工技协组织注重加强职工技能开发，实施群众性经济技术创新工程，坚持从行业和企业实际出发，广泛开展岗位练兵、技术比赛、技术革新、技术协作等活动，不断提高职工的技术技能和操作水平，涌现出一大批掌握高超技能的能工巧匠。他们以自己的勤劳和智慧，在推动企业技术进步，促进产品更新换代和升级中发挥了积极的作用。

欣闻机械工业出版社配合新的《国家职业标准》为技术工人编写了这套涵盖41个职业的172种“国家职业资格培训教材”。这套教材由全国各地技能培训和考评专家编写，具有权威性和代表性；将理论与技能有机结合，并紧紧围绕《国家职业标准》的知识点和技能鉴定点编写，实用性、针对性强，既有必备的理论和技能知识，又有考核鉴定的理论和技能题库及答案，编排科学，便于培训和检测。

这套教材的出版非常及时，为培养技能型人才做了一件大好事，我相信这套教材一定会为我们培养更多更好的高技能人才作出贡献！

李永安

（李永安　中国职工技术协会常务副会长）

第1版序二

为贯彻“全国职业教育工作会议”和“全国再就业会议”精神，全面推进技能振兴计划和高技能人才培养工程，加快培养一大批高素质的技能型人才，我们精心策划了这套与劳动和社会保障部最新颁布的《国家职业标准》配套的《国家职业资格培训教材》。

进入21世纪，我国制造业在世界上所占的比重越来越大，随着我国逐渐成为“世界制造业中心”进程的加快，制造业的主力军——技能人才，尤其是高级技能人才的严重缺乏已成为制约我国制造业快速发展的瓶颈，高级蓝领出现断层的消息屡屡见诸报端。据统计，我国技术工人中高级以上技工只占3.5%，与发达国家40%的比例相去甚远。为此，国务院先后召开了“全国职业教育工作会议”和“全国再就业会议”，提出了“三年50万新技师的培养计划”，强调各地、各行业、各企业、各职业院校等要大力开展职业技术培训，以培训促就业，全面提高技术工人的素质。

技术工人密集的机械行业历来高度重视技术工人的职业技能培训工作，尤其是技术工人培训教材的基础建设工作，并在几十年的实践中积累了丰富的教材建设经验。作为机械行业的专业出版社，机械工业出版社在“七五”“八五”“九五”期间，先后组织编写出版了“机械工人技术理论培训教材”149种，“机械工人操作技能培训教材”85种，“机械工人职业技能培训教材”66种，“机械工业技师考评培训教材”22种，以及配套的习题集、试题库和各种辅导性教材约800种，基本满足了机械行业技术工人培训的需要。这些教材以其针对性、实用性强，覆盖面广，层次齐备，成龙配套等特点，受到全国各级培训、鉴定和考工部门和技术工人的欢迎。

2000年以来，我国相继颁布了《中华人民共和国职业分类大典》和新的《国家职业标准》，其中对我国职业技术工人的工种、等级、职业的活动范围、工作内容、技能要求和知识水平等根据实际需要进行了重新界定，将国家职业资格分为5个等级：初级（5级）、中级（4级）、高级（3级）、技师（2级）、高级技师（1级）。为与新的《国家职业标准》配套，更好地满足当前各级职业培训和技术工人考工取证的需要，我们精心策划编写了这套《国家职业资格培训教材》。

这套教材是依据劳动和社会保障部最新颁布的《国家职业标准》编写的，

为满足各级培训考工部门和广大读者的需要，这次共编写了41个职业的172种教材。在职业选择上，除机电行业通用职业外，还选择了建筑、汽车、家电等其他相近行业的热门职业。每个职业按《国家职业标准》规定的工作内容和技能要求编写初级、中级、高级、技师（含高级技师）四本教材，各等级合理衔接、步步提升，为高技能人才培养搭建了科学的阶梯型培训架构。为满足实际培训的需要，对多工种共同需求的基础知识我们还分别编写了《机械制图》《机械基础》《电工常识》《电工基础》《建筑装饰识图》等近20种公共基础教材。

在编写原则上，依据《国家职业标准》又不拘泥于《国家职业标准》是我们这套教材的创新。为满足沿海制造业发达地区对技能人才细分市场的需要，我们对模具、制冷、电梯等社会需求量大又已单独培训和考核的职业，从相应的职业标准中剥离出来单独编写了针对性较强的培训教材。

为满足培训、鉴定、考工和读者自学的需要，在编写时我们考虑了教材的配套性。教材的章首有培训要点、章末配复习思考题，书末有与之配套的试题库和答案，以及便于自检自测的理论和技能模拟试卷，同时还根据需求为20多种教材配制了VCD光盘。

为扩大教材的覆盖面和体现教材的权威性，我们组织了上海、江苏、广东、广西、北京、山东、吉林、河北、四川、内蒙古等地相关行业从事技能培训和考工的200多名专家、工程技术人员、教师、技师和高级技师参加编写。

这套教材在编写过程中力求突出“新”字，做到“知识新、工艺新、技术新、设备新、标准新”，增强实用性，重在教会读者掌握必需的专业知识和技能，是企业培训部门、各级职业技能鉴定培训机构、再就业和农民工培训机构的理想教材，也可作为技工学校、职业高中、各种短训班的专业课教材。

在这套教材的调研、策划、编写过程中，曾经得到广东省职业技能鉴定中心、上海市职业技能鉴定中心、江苏省机械工业联合会、中国第一汽车集团公司以及北京、上海、广东、广西、江苏、山东、河北、内蒙古等地许多企业和技工学校的有关领导、专家、工程技术人员、教师、技师和高级技师的大力支持和帮助，在此谨向为本套教材的策划、编写和出版付出艰辛劳动的全体人员表示衷心的感谢！

教材中难免存在不足之处，诚恳希望从事职业教育的专家和广大读者不吝赐教，批评指正。我们真诚希望与您携手，共同打造职业培训教材的精品。

国家职业资格培训教材编审委员会

前言

随着经济与社会的快速发展，无损检测行业对技能型人才提出了数量、质量和结构方面的要求，快速培养掌握无损检测技术的技能型人才已成为当务之急。针对这一需求，并配合“国家高技能人才培养工程”，我们依据《国家职业标准 无损检测员》，编写了这套无损检测员国家职业资格培训教材，包括《无损检测员——基础知识》《无损检测员——超声波检测》《无损检测员——射线检测》《无损检测员——磁粉检测》和《无损检测员——渗透检测》。

本套培训教材系统地介绍了无损检测技术知识、相关检测设备的工作原理和操作方法，涵盖全部常规无损检测技术的理论知识和技能鉴定要点，使读者通过对应用实例的学习，掌握典型无损检测的工艺原理和操作步骤，以及各种无损检测工艺的拟定和检测设备的操作方法，为考取相应的国家职业资格证书奠定良好的基础。

《无损检测员——超声波检测》是这套培训教材之一，主要介绍了超声波检测原理和物理基础、超声波发射声场与规则反射体的回波声压、超声波探伤仪和探头、超声波检测技术、钢板超声波检测、钢管超声波检测、锻件和铸件超声波检测、铁素体钢焊缝超声波检测、奥氏体不锈钢和有色金属焊缝超声波检测、超声波检测新技术。本书采用现行国家标准规定的术语、符号和法定计量单位，知识体系和技能要点符合行业或国家标准。

本书由山东省特种设备检验研究院李以善、汪立新主编，中国特种设备检验协会仇道太、山东省特种设备检验研究院王春茂、山东省医疗器械研究所李震、青岛富吉机电设备制造集团公司王洪良参加编写。山东省特种设备检验研究院唐杰、黄克帅、肖宏川、戴家辉、陈占军、张明贤、柳长磊、邹石磊、赵昆、许洋，济南市质量技术监督局邢兆辉，青岛锅炉压力容器检验所刘海滨、周成、山东大学刘秀忠，山东建筑大学罗辉、杨凤琦，中国石油大学（华东）王勇、韩彬、崔娜，山东电力研究院肖世荣，济南钢铁集团公司侯文科等，对本书的编写提供了大力支持，在此表示衷心的感谢。

在本书的编写工程中，参考了相关文献资料，在此向这些文献资料的作者表示衷心的感谢。

由于编者水平有限，再加上编写时间仓促，书中难免有疏漏之处，敬请广大读者批评指正。

编　者

目录

第一章

超声波检测原理和物理基础

培训学习目标：了解超声波检测原理，掌握超声波检测的物理基础及相应的基本计算公式。

第一节　振动和波动

一、振动的概念

宇宙间一切物质均处于一定的运动状态。一般来说，物质或质点在某一平衡位置附近做往复运动，叫做机械振动，简称振动。振动产生的必要条件是：物体一离开平衡位置就会受到回复力的作用，阻力要足够小。物体在受到一定力的作用下，将离开平衡位置，产生一个位移。在该力消失后，在回复力的作用下，物体将向平衡位置运动，并且还要越过平衡位置移动到相反方向的最大位移位置，然后再向平衡位置运动。这样一个完整的运动过程称为一个循环或一次全振动。每经过一定时间后，振动体总是回复到原来的状态（位置）的振动称为周期性运动，不具备上述周期性规律的振动称为非周期性振动。

振动是往复运动，可用周期和频率表示振动的快慢，用振幅表示振动的强弱。

振幅：振动物体离开平衡位置的最大距离称为振动的振幅，用 A 表示。

周期：质点在其平衡位置附近来回振动一次，超声波的振动状态向前传播了一个波长，传播一个波长所用的时间称为一个周期，用符号 T 表示，单位为秒（s）。

频率：单位时间内传播完整波长的个数称为频率，用符号 f 表示，单位为赫兹（Hz），$f=1/T$。

二、谐振动

最简单最基本的直线振动称为谐振动。任何复杂的振动都可视为多个谐振动的合成。谐振动图像如图 1-1 所示。

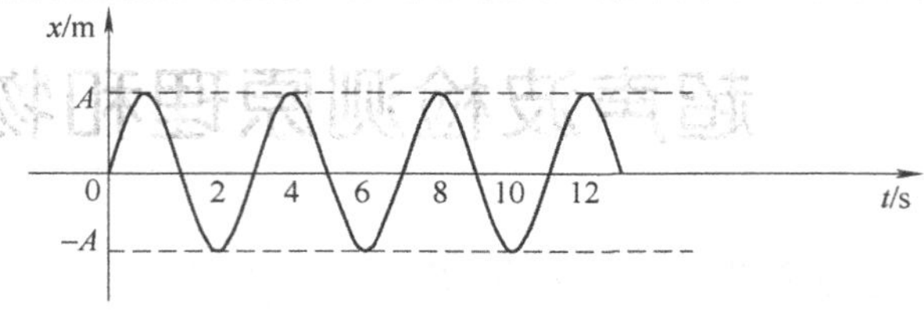

图 1-1　谐振动图像

如图 1-2 所示，当质点 M 做匀速圆周运动时，其水平投影就是一种水平方向的谐振动。质点 M 的水平位移 y 和时间 t 的关系可用谐振方程来描述，即

$$y = A\cos(\omega t + \varphi) \tag{1-1}$$

式中　A——振幅，即最大水平位移；

ω——圆频率，即 1s 内变化的弧度数，

$$\omega = 2\pi f = \frac{2\pi}{T};$$

φ——初相位，即 $t = 0$s 时质点 M 的相位；

$\omega t + \varphi$——质点 M 在 t 时刻的相位。

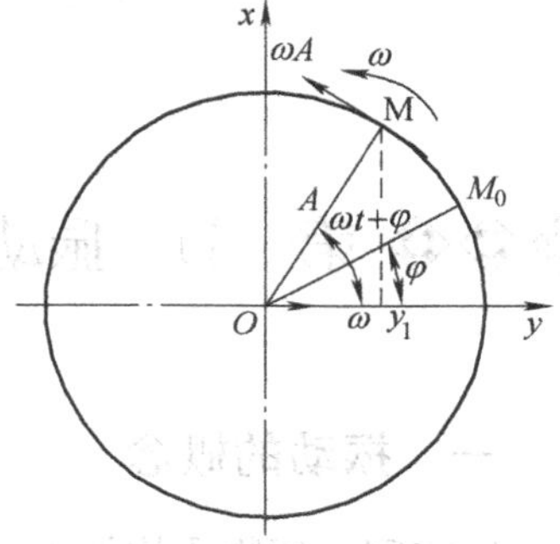

图 1-2　谐振动参考图

振动方程描述了谐振动物体在任意时刻的位移情况。谐振动就是物体（或质点）在受到跟位移大小成正比，而方向总指向平衡位置的回复力作用下的振动。

回复力 F 的大小与平衡位置的位移成正比，关系式为

$$F = -Kx \tag{1-2}$$

式中　K——系数，负号表示回复力与位移方向相反。

谐振动物体的振幅不变，为自由振动，其频率为固有频率。当物体做谐振动时，只有弹性力或重力做功，其他力不做功，符合机械能守恒的条件，因此谐振动物体的能量遵守机械能守恒定律。在平衡位置时动能最大，势能为零，在位移最大位置时势能最大，动能为零，其总能量保持不变。

三、波动

1. 机械波的产生与传播

振动在物体或空间中的传播过程叫做波动，简称波。波分为两类：一类是机

械波，另一类是电磁波。超声波就是一种机械波。机械波是机械振动在弹性介质中的传播过程，如水波、声波、超声波等。电磁波是交变电磁场在空间的传播过程，如无线电波、红外线、可见光、紫外线、X 射线、γ 射线等。

由于超声波是机械波，因此下面只讨论机械波。为了简单地说明机械波的产生和传播，建立图 1-3 所示的弹性介质模型。图 1-3 中，质点间以小弹簧连接在一起。这种质点间以弹性力连接在一起的介质称为弹性介质。一般固体、液体、气体都可视为弹性介质。

当外力 F 作用于质点 A 时，其就会离开平衡位置，这时 A 周围的质点将对其产生弹性力，使 A 回到平衡位置。当 A 回到平衡位置时，具有一定的速度，由于惯性，A 不会停在平衡位置，而会继续向前运动，并沿相反方向离开平衡位置，这时 A 又会受到反向弹性力作用，使 A 又回到平衡位置。这样质点 A 在平衡位置来回往复运动，产生振动。与此同时，A 周围的质点也会受到大小相等、方向相反的弹性力的作用，离开平衡位置，并在各自的平衡位置附近振动。这样，弹性介质中一个质点的振动就会引起邻近质点的振动，邻近质点的振动又会引起较远质点的振动，于是振动就以一定的速度由近及远地传播开来，从而就形成了机械波。

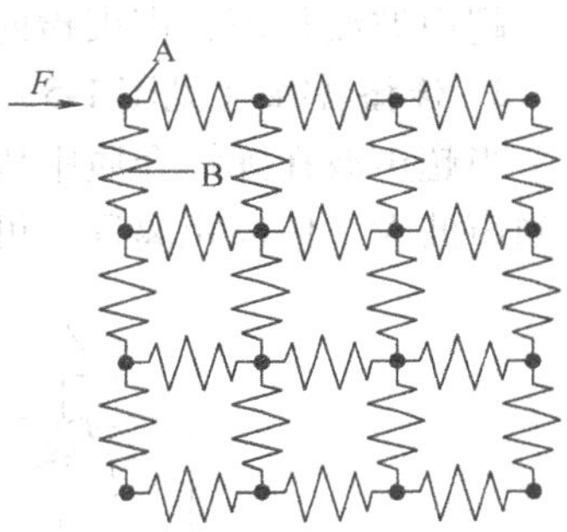

图 1-3　物质的弹性模型

由此可见，产生机械波必须具备以下两个条件：

1）要有做机械振动的波源。

2）要有能传播机械振动的弹性介质。

机械振动与机械波是互相关联的。振动是产生机械波的根源，机械波是振动状态的传播。波动中的各质点并不随着波前进，而是按照与波源相同的振动频率在各自的平衡位置上振动，并将能量传递给周围的质点。因此，机械波的传播不是物质的传播，而是振动状态和能量的传播。

2. 描述机械波的物理量

1）波长：相位相同的相邻质点之间的距离称为波长，用符号 λ 表示，单位为米（m）。

2）周期：质点在其平衡位置附近来回振动一次，超声波的振动状态向前传播了一个波长，传播一个波长所用的时间称为一个周期，用符号 T 表示，单位为秒（s）。

3）频率：单位时间内传播完整波长的个数称为频率，用符号 f 表示，单位为赫兹（Hz），$f=1/T$。

4）波速：单位时间内波传播的距离，用符号 c 表示，单位为米/秒（m/s）。

$$c = \frac{\lambda}{T} = \lambda f \tag{1-3}$$

超声波的波动频率大于20kHz，小于或等于1000kHz；超声波检测用的频率为0.25~15MHz；金属材料超声波检测常用的频率为0.5~10MHz。

四、超声波的特性

1. 束射特性（见图1-4）

超声波波长短，声束指向性好，可以使超声能量向一定方向集中辐射。

2. 传播特性（见图1-5）

当超声波在弹性介质中传播时，质点振动位移小，振速高，声压、声强均比可闻声波大，传播距离远，可检测范围大。

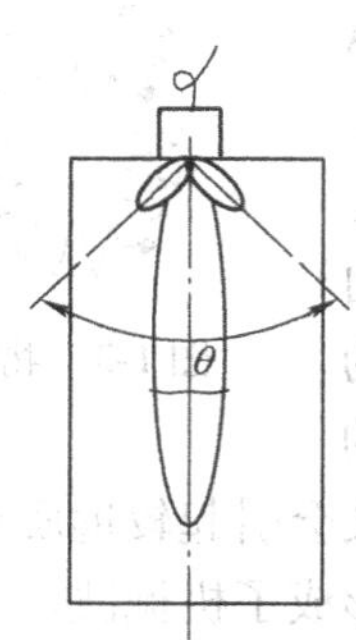

图1-4 超声波的束射特性

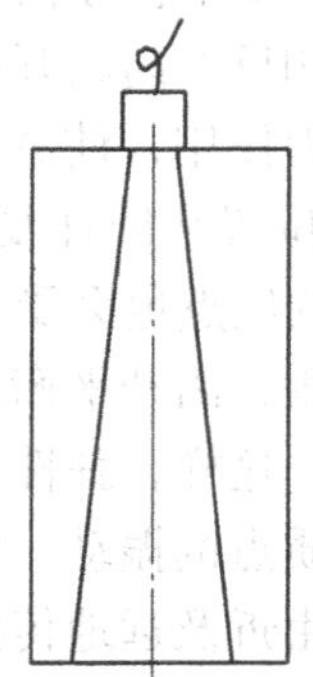

图1-5 超声波的传播特性

3. 反射特性（见图1-6）

超声波在弹性介质中传播时，遇到异质界面会产生反射、透射或折射，而超声波遇到缺陷会产生反射是脉冲反射法检测的基础。

4. 波型转换特性（见图1-7）

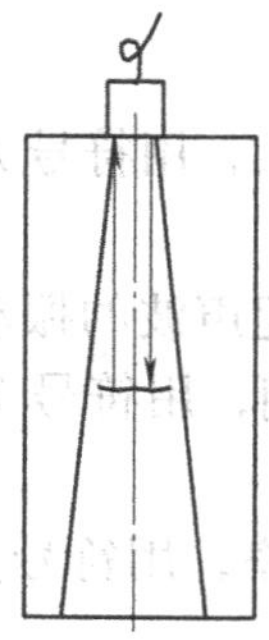

图1-6 超声波的反射特性

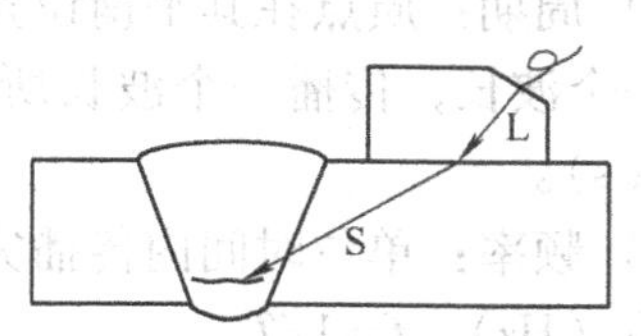

图1-7 超声波的波型转换特性

超声波在两个波速不同的异质界面容易实现波型转换，从而为各种波型（纵波、横波、板波、表面波）检测提供了方便。

人们正是利用了超声波的这些特性，发展了超声波检测技术。

第二节　超声波的传播

一、波形和波阵面

波形即波的形式。它是由波动传播过程中某一瞬时振动相位相同的所有质点连成的面，以波阵面的形状来加以区分，有球面波、柱面波和平面波。

1. 球面波

点状球体源在各向同性弹性介质中形成的波形为球面波。它的波阵面为一球面，如图 1-8 所示。设球半径为R，声源处于球心，在离声源不同距离上所得到的波阵面为一个个同心球面，而当$R\to\infty$时可视为平面波。由于球面积为$4\pi R^2$，因此离声源的距离X越大，点声源的辐射面积也越大，而单位面积上的声能就越小，也就是：

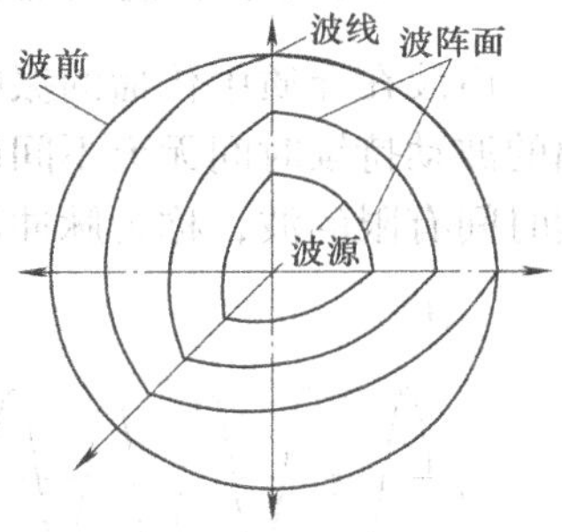

图 1-8　球面波

$$\frac{I_1}{I_2}=\frac{\dfrac{W_{平均}}{4\pi X_1^2}}{\dfrac{W_{平均}}{4\pi X_2^2}}=\frac{X_2^2}{X_1^2} \tag{1-4}$$

式中　I_1、I_2——单位面积上的声能；

X_1、X_2——球面波与声源间的距离；

$W_{平均}$——平均每个波的能量。

由此可见，球面波单位面积上的声能与距离的二次方成反比。

2. 平面波

一个无限大的平面声源，在各向同性的弹性介质中做简谐振动所传播的波动称为平面波，如图 1-9 所示。如果声源截面尺寸比它所产生的波长大得多，那么该声源发射的声波可近似地看作是指向一个方向的平面波。若不考虑材质衰减，则平面波声压不随着声源距离的变化而变化。当平面声源尺寸、声

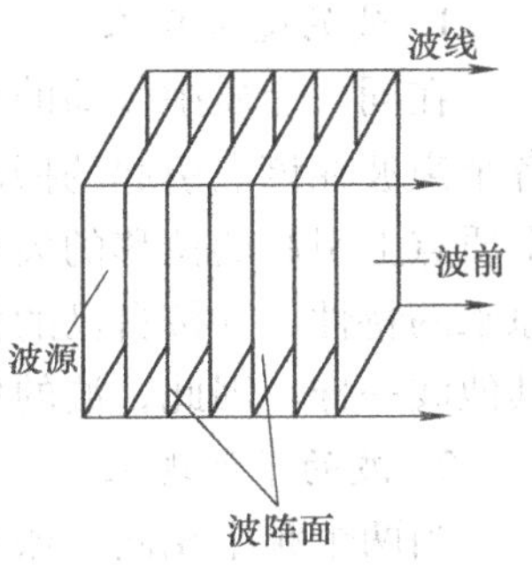

图 1-9　平面波

波波长和传播距离存在可比性时，若该平面片声源在一个大的刚性壁上沿轴向做简谐振动，且声源表面质点具有相同的相位和振幅，则在无限大各向同性的弹性介质中所激发的波动称为活塞波。

3. 柱面波

如果声源具有无限长细长柱体的形状，那么它在各向同性的无限大介质中发出的同轴圆柱状波阵面的波动称为柱面波，如图 1-10 所示。

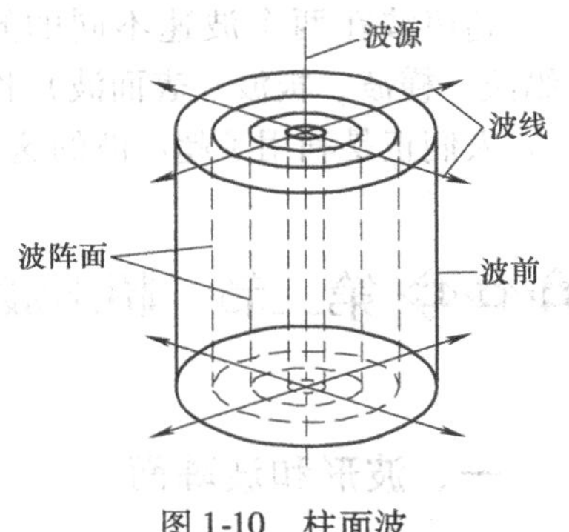

图 1-10 柱面波

二、连续波和脉冲波

声波在介质中传播的振幅变化一般为正弦波（或余弦波）的波动规律。振幅的波动持续时间无穷不间断的波，称为连续波（见图 1-11a）。振幅的波动持续时间有限的波，称为脉冲波（见图 1-11b）。实际超声波检测时一般用脉冲波。

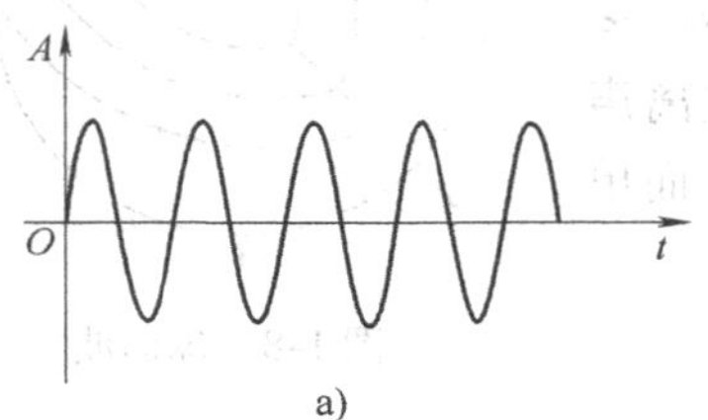

a)

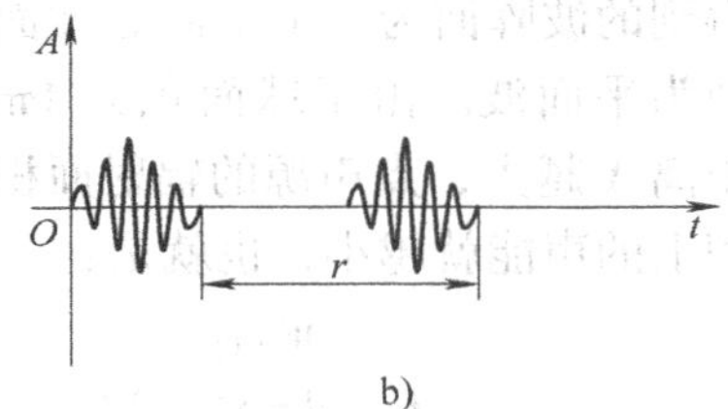

b)

图 1-11 连续波和脉冲波

a）连续波 b）脉冲波

三、波的叠加、干涉和驻波现象以及惠更斯原理

1. 波的叠加现象

在同一介质中传播的几个声波同时到达某一点，对该点振动的共同影响就是各个声波在该点引起的振动的合成，在任一时刻各质点的位移就是各个声波在这个质点上引起的位移的矢量和，这就是波的叠加原理。叠加之后，每个波仍保持原来的特性，并按自己的传播方向继续前进，好像在各自的传播过程中没有遇到其他波一样。因此，波的传播是独立进行的。

2. 波的干涉现象

当两个频率相同、振动方向相同、相位相同或相位差恒定的波在介质中的某些点相遇时，会使一些点处的振动始终加强，而在另一些点处的振动始终减弱或

完全抵消。这种现象称为干涉现象。这两束波称为相干波，它们的波源称为相干波源。在活塞波超声场的近场区内，干涉现象严重，干涉引起的声压极大值变化频繁，因此，给缺陷定量带来困难。

3. 驻波现象（见图 1-12）

两个振幅相同的相干波在同一直线上沿相反方向传播叠加而成的波称为驻波。当波传播方向的介质厚度恰为 1/2 波长的整数倍时，就能产生驻波现象。驻波中振幅最大的点称为波腹，振幅为零处称为波节。驻波现象是共振式超声波测厚原理的基础。当工件厚度为 1/2 波长的整数倍时，入射波和底面反射波同相，工件内产生驻波，引起共振。工件厚度 $t=\lambda/2$，材料的基本共振频率为 f_0，则 $f_0=\dfrac{C}{2t}$或 $t=\dfrac{C}{2f_0}$。

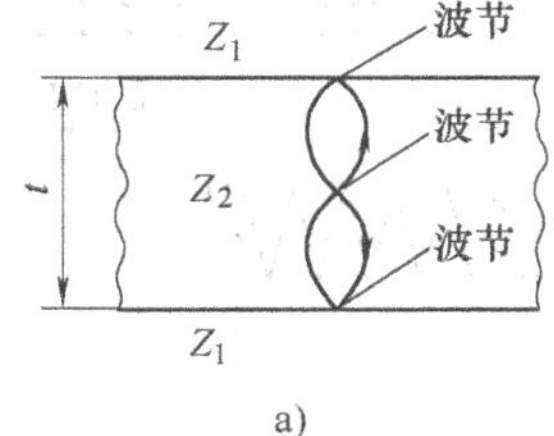

a)

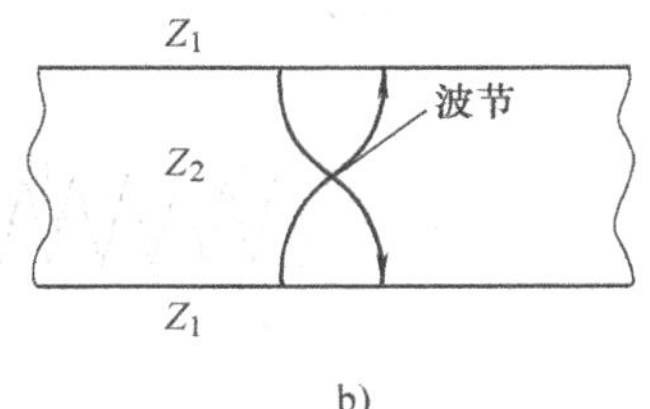

b)

图 1-12　驻波现象

a）三个波节　b）一个波节

4. 惠更斯原理

当波在弹性介质中传播时，通过障碍物上小孔所形成的新波与孔前的波动状态有关。波起源于波源的振动，波的传播需借助于介质中质点的相互作用。对于连续介质来说，任何一点的振动将导致相临质点的振动。所以，介质中波传到的各点都可以看作是发射子波的波源，在其后的每一时刻，这些子波前的包络就决定了新的波阵面。这就是惠更斯原理，如图 1-13 所示。

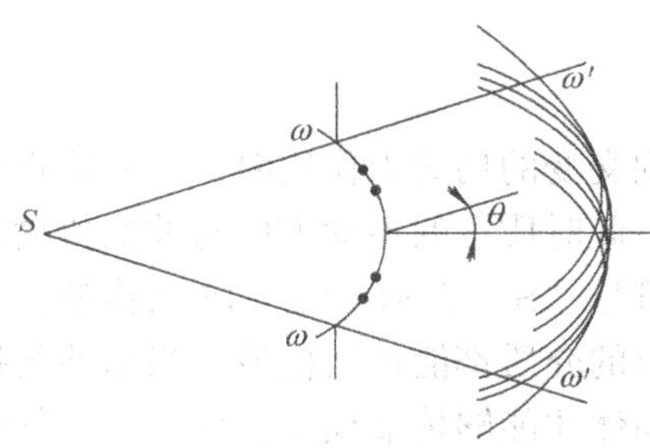

图 1-13　惠更斯原理

四、超声波的波型

1. 纵波

当弹性介质受到交替变化的拉伸、压缩应力时，受力质点间距就会相应地产生交替的疏密变形，此时质点振动方向与波传播方向相同，这种波型称为纵波，也叫做压缩波或疏密波，用符号“S”表示。图 1-14 为纵波波型示意图。

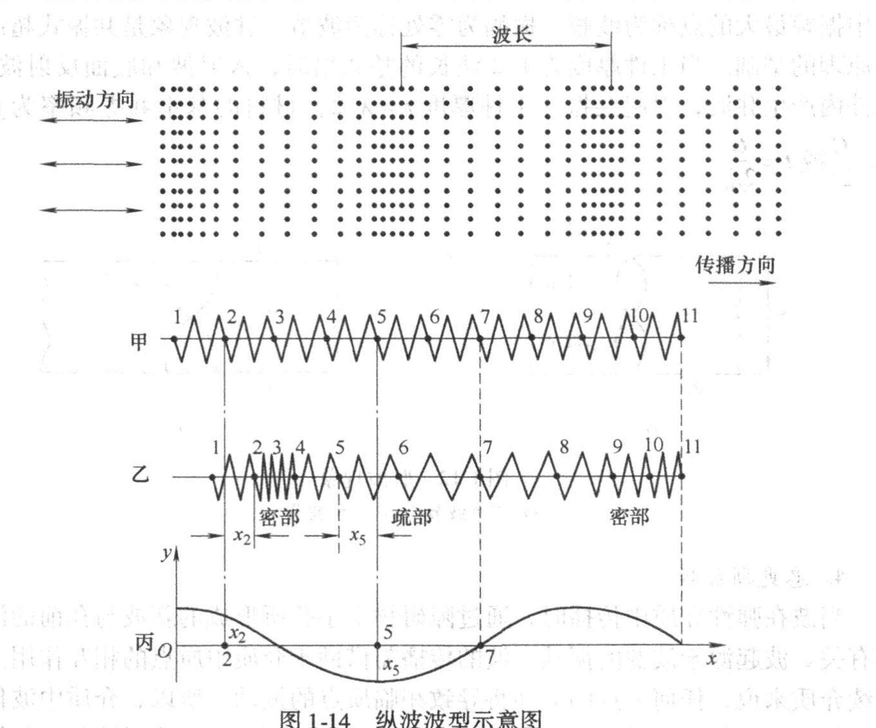

图 1-14　纵波波型示意图

凡是能产生拉伸压缩变形的介质都能传播纵波。固体、液体和气体都能够传播纵波。

2. 横波

当固体弹性介质受到交变的切应力作用时，介质质点就会产生相应的横向振动，质点发生剪切变形，此时质点的振动方向与波的传播方向垂直，这种波称为横波，也叫剪切波，用符号“S”表示。图 1-15 为横波波型示意图。

凡是能产生剪切变形的介质都能传播横波。当横波传播时，介质的层与层之间发生位移，因此只有固体才能够传播横波，而液体、气体不能发生层与层之间的位移，不能传播横波。

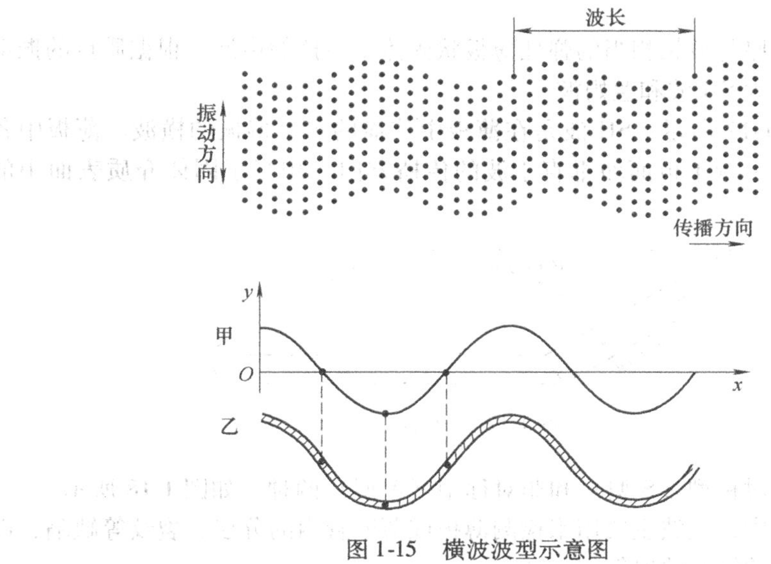

图 1-15　横波波型示意图

3. 表面波

当固体介质表面受到交替变化的表面张力作用时，质点做相应的纵横向复合振动，此时质点的振动引起的波称为表面波，如图 1-16 所示。它是横波的一个特例，分为瑞利波和乐甫波。

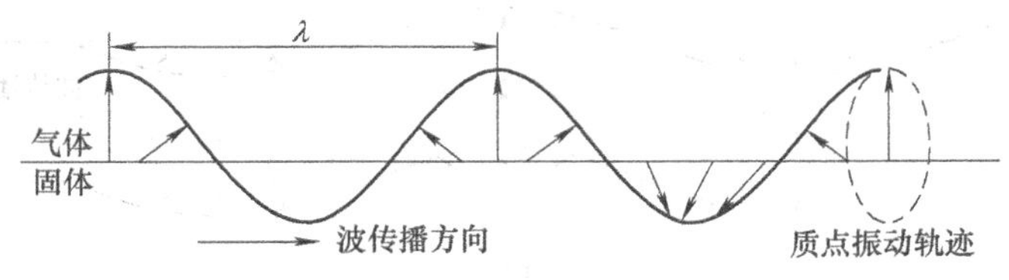

图 1-16　表面波

（1）瑞利波　当传播介质厚度大于波长时，在一定条件下，在固体介质与气体介质的交界面上传播的表面波称为瑞利波，用符号“R”表示。当瑞利波传播时，其振动能量随着深度的增加而迅速减弱。瑞利波传播时，若碰到棱边，且棱边曲率半径大于 5 倍波长，则表面波可不受阻拦地全部通过。随着曲率半径的逐渐减小，被棱边反射的能量逐渐增大。因此，利用瑞利波的这种特性可检测工件表面和近表面的缺陷，以及测定表面裂纹深度等。

（2）乐甫波　当传播介质厚度小于波长时，在一定条件下，在固体介质上传播的表面波称为乐甫波，相当于固体介质表面传播的横波。

4. 板波

板波是在板厚与波长相当的弹性薄板状固体中传播的声波。根据质点的振动方向可将板波分为SH波和兰姆波。

SH波如图1-17所示，SH波是在薄板中传播的水平偏振的横波。薄板中各质点的振动方向平行于板面而垂直于波的传播方向，相当于固体介质表面中的横波。

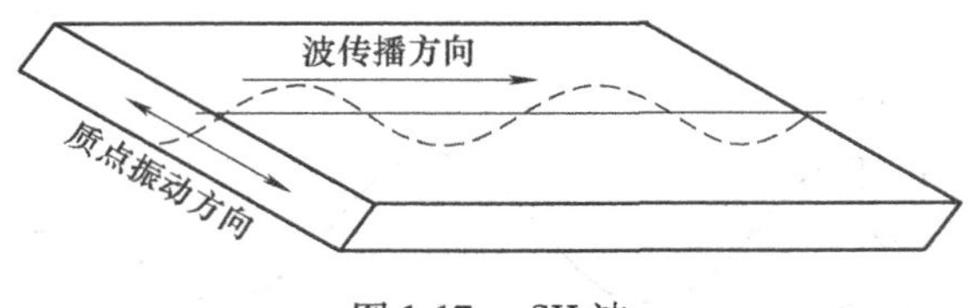

图1-17　SH波

兰姆波分为对称型（S型）和非对称型（A型）两种，如图1-18所示。

在实际检测中，板波主要用来检测薄板或薄壁管内的分层、裂纹等缺陷，以及检测复合板材的结合情况等。

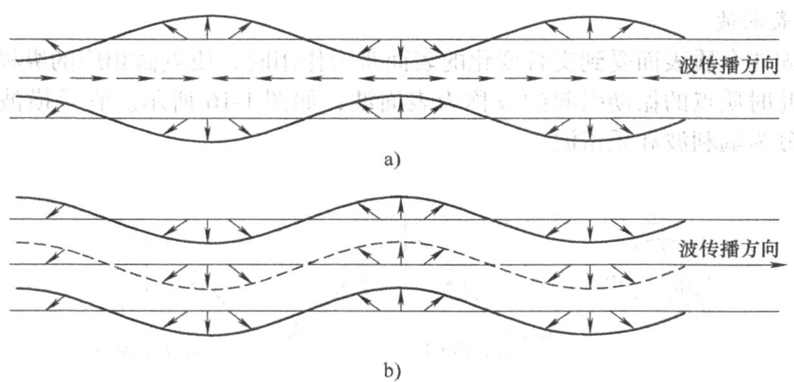

图1-18　兰姆波

a）对称型　b）非对称型

五、超声波的波速

超声波的波速与波型、介质（性质和形状）和温度有关。

1. 固体弹性介质中的超声波

其波速计算公式为

$$C = K\sqrt{\frac{E}{\rho}} \tag{1-5}$$

式中　E——弹性模量；

ρ——介质密度；

K——与材料泊松比有关的常数，由波型决定，对于确定的波型，其有确定值。

纵波波速计算公式为

$$c_L = \sqrt{\frac{E}{\rho}} \sqrt{\frac{1-\sigma}{(1+\sigma)(1-2\sigma)}} \tag{1-6}$$

横波波速计算公式为

$$c_S = \sqrt{\frac{G}{\rho}} \sqrt{\frac{1}{2(1+\sigma)}} \tag{1-7}$$

表面波波速计算公式为

$$c_R = \frac{0.87+1.12\sigma}{1+\sigma} \sqrt{\frac{G}{\rho}} \tag{1-8}$$

式中　σ——泊松比（$0<\sigma<1$）；

G——切变模量；

E——弹性模量；

ρ——介质密度。

对比上面的公式，纵波波速（c_L）＞横波波速（c_S）＞表面波波速（c_R）。对于一般材料，$c_L \approx 2c_S$，$c_R \approx 0.9c_S$。

由此可知：在同一介质中传播时，纵波波速最快，横波波速次之，表面波波速最慢；若波动频率相同，则在同一介质中纵波波长最长，横波波长次之，表面波波长最短。由于缺陷检出能力和分辨能力均与波长有关，波长越短，检测灵敏度一般越高。因此，纵波对缺陷的检出能力和分辨率要低于横波。

2. 液体介质超声波

液体介质中超声波波速的计算公式为

$$c = \sqrt{\frac{K_a}{\rho}} \tag{1-9}$$

式中　K_a——液体的体积模量（或称为体积膨胀系数），是温度的函数；

ρ——介质密度。

3. 钢质细棒中的超声波

钢质细棒中超声波的波速 $c_D \approx 0.9\ c_L$。

超声波的波速一般随着介质温度的升高而降低，所以在高温状态下，超声波检测必须考虑由波速的变化而引起的缺陷定位和定量的误差。

但超声波在水中的波速却是一个例外，水浸法检测中的介质是水。

水中波速的计算公式为

$$c_L = 1557 - 0.0245 \times (74 - T_K)^2 \qquad (1\text{-}10)$$

式中　T_K——水的温度（℃）。

由式（1-10）可以看出：当水温低于 74℃时，超声波的波速随着温度的升高而增大；当水温高于 74℃时，超声波的波速随着温度的升高而降低；当水温等于 74℃时，超声波的波速最大。

介质密度、声速及声特性阻抗见表 1-1 和表 1-2。

表 1-1　液体或气体的密度、波速及声特性阻抗

种类	$\rho/(g/cm^3)$	$c_L/(m/s)$	$\rho c_L/[\times 10^6 g/(cm^2 \cdot s)]$
轻油	0.81	1324	0.107
变压器油	0.859	1425	0.122
甘油（100%）	1.27	1880	0.238
甘油（体积分数为 33%）水溶液	1.084	1670	0.181
水玻璃（100%）	1.7	2350	0.399
水玻璃（体积分数为 20%）	1.14	1600	0.182
空气	0.0013	344	0.00004

表 1-2　固体的密度、波速及声特性阻抗

种类	$\rho/(g/cm^3)$	$c_L/(m/s)$	$c_L/(m/s)$	$\rho c_L/[\times 10^6 g/(cm^2 \cdot s)]$
钢	7.7	5880～5950	3230	4.53～4.58
铁	7.7	5850～5900	3230	4.50～4.54
不锈钢	8.03	5660	3120	4.55
铸铁	6.9～7	3500～5600	2200～3200	2.5～4.2
铝	2.7	6260	3080	1.69
铜	8.9	4700	2260	4.18
环氧树脂	1.1～1.5	2400～2900	1100	0.27～0.36
有机玻璃	1.18	2720	1460	0.32

六、超声波的声压、声强和声特性阻抗

1. 声压

声压是在声波传播过程中介质质点在交变振动的某一瞬时所受的附加压强。它表示了单位面积上所受的力，具有力的概念。声压的单位是帕斯卡（Pa）。$1Pa = 10^{-5}bar$（巴）$= 10dyn/cm^2 = 10^{-6}MPa \approx 10^{-5}kgf/cm^2$。当超声波在介质中传播时，介质每一点的声压随着时间和振动位移量的不同而变化。也就是说，瞬时声压 p_m 是时间、距离的函数，可由式（1-11）表达。

$$p_m = p\cos(\omega t + \varphi) = \rho c v \cos(\omega t + \varphi) \qquad (1\text{-}11)$$

式中　p——声压振幅；

ρ——介质密度；

c——介质中的波速；

ω——圆频率，$\omega = 2\pi f$；

t——质点位移时间；

φ——质点振动相位角；

v——质点振动速度。

工程上实际应用时，通常把声压振幅 p 简称为声压，并使它与 A 型脉冲反射式探伤仪显示屏上的回波高度建立一定的线性关系，从而为确定超声波检测中的定量方法打下基础。

由 $P = \rho c v$ 可知，介质中某点的声压与介质密度 ρ、波速 c 和质点振动速度 v 成正比。固体介质由于密度大、波速高和质点振动速度高，所以置于同一超声场中的介质（离声源距离相同），以固体介质中的声压为最高，液体中声压次之，气体中声压最小。就不同固体介质而言，由于材料性质、密度、波速的差异，因此它们的声压也有所区别。

2. 声强

声强就是声强度，它表示单位时间内在垂直于声波传播方向的介质单位面积上所通过的声能量，即声波的能流密度。对于简谐波，常将一个周期中能流密度的平均值作为声强，用符号 I 表示。

$$I = \frac{1}{2}\frac{p^2}{\rho c} \tag{1-12}$$

也可写为

$$I = \frac{1}{2}\frac{p^2}{Zc}c = \frac{p^2}{2Z} \tag{1-13}$$

式中　Z——声特性阻抗，$Z = \rho c$。

从式（1-13）可以看出：在同一介质中，声强与声压的二次方成正比。超声波检测时，显示屏上显示的反射体回波高度 H 只与其反射声压 p 成正比（即 $\frac{p_1}{p_0} = \frac{H_1}{H_0}$）。

3. 声强级和分贝

声强级即声强的等级，用来考察声强的大小等级。一般来说，人耳可闻的最弱声强为 $I_0 = 10^{-16}\ \mathrm{W/cm^2}$，称为基准声强。人耳可忍受的声强可达到 $10^{-4}\mathrm{W/cm^2}$。二者的声强差数量级级差很大，不便于比较。为方便计算和比较，采用常用对数来表示声强级，即

$$L_I = \lg\frac{I_1}{I_0} \tag{1-14}$$

式中 I_1——两个相比较的声强级；

I_0——基准声强。

声强级的单位为贝尔（Bel）。因为单位贝尔比较大，在工程上应用时将其缩小为原来的1/10后以分贝为单位，用符号dB表示，则式（1-14）可写为

$$L_{\rm I}=10\lg\frac{I_1}{I_0}$$

由于同一介质中声特性阻抗相同，所以有

$$L_{\rm p}=L_{\rm I}=10\lg\frac{I_1}{I_0}=10\lg\left(\frac{p_1}{p_0}\right)^2=20\lg\frac{p_1}{p_0} \tag{1-15}$$

式中 $L_{\rm p}$——声压级（dB）。

当超声波探伤仪具有较好的放大线性（垂直线性）时，则有

$$L_{\rm p}=20\lg\frac{p_1}{p_0}=20\lg\frac{H_1}{H_0} \tag{1-16}$$

式中 H_1、H_0——反射声压为p_1和p_0时的回波高度。

如图1-19所示，波$\rm F_1$对应的$H_1=100\%H$，波$\rm F_2$对应的$H_2=50\%H$，波$\rm F_3$对应的$H_3=20\%H$，则$\rm F_1$和$\rm F_2$的波高相差dB数为

$$\Delta{\rm dB}=20\lg H_1/H_2=20\lg(100\%/50\%)=20\lg2\approx6{\rm dB}$$

则$\rm F_1$和$\rm F_3$的波高相差dB数为

$$\Delta{\rm dB}=20\lg H_1/H_3=20\lg(100\%/20\%)=20\lg5\approx14{\rm dB}$$

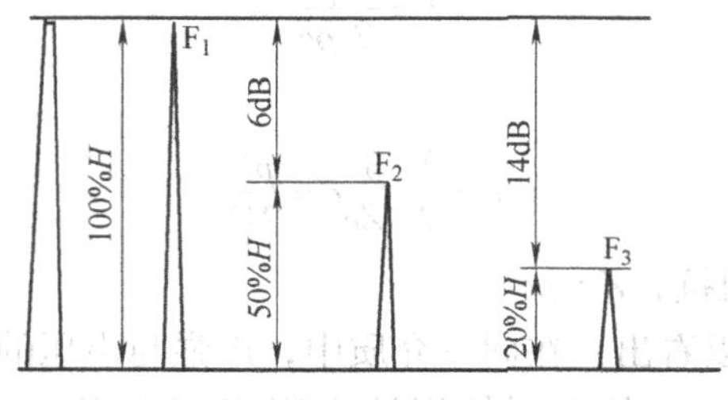

图1-19 声强波示例

4. 声特性阻抗

介质的密度ρ和波速c的乘积称为声特性阻抗。由$p=\rho cv$可知，在同一声压的情况下，ρc越大，质点振动速度v越小，所以把ρc称为介质的声特性阻抗，以符号“Z”表示。声特性阻抗的单位是帕·秒/米（Pa·s/m）或千克每平方米·秒[Kg/（$\rm m^2$·s）]。超声波由Z_1介质入射至Z_2介质时，在异质界面上声压、声强的反射（或透射）系数，主要取决于这两种介质的声特性阻抗之比。实验证明，气体、液体和金属之间特性阻抗之比接近于1：3000：80000。

第三节　平界面上的垂直入射

一、超声波在单一平界面上的反射和透射

1. 反射、透射规律的声压、声强表示

当超声波垂直入射于两种声特性阻抗不同的介质的大平界面上时，反射波将以与入射波方向相反的路径返回，且有部分超声波透过界面射入第二介质。如图 1-20 所示，平面界面上入射声强为 I_o，入射声压为 p_o；反射声强为 I_r，反射声压为 p_r；透射声强为 I_t，透射声压为 p_t。若声束入射一侧的声特性阻抗为 Z_1，透射一侧介质声特性阻抗为 Z_2，并令 $m = Z_1/Z_2$（称为声特性阻抗比），则可得到：

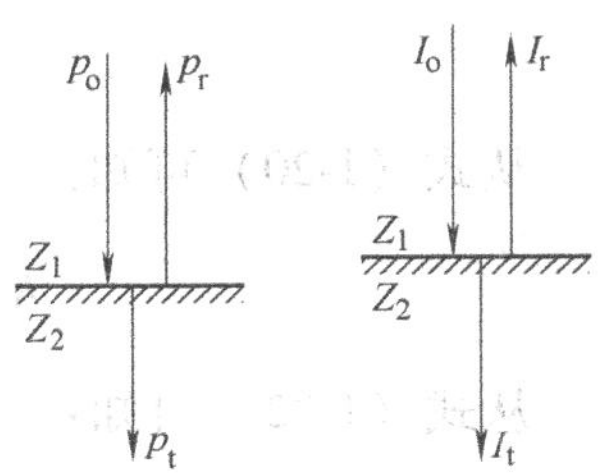

图 1-20　超声波在单一平界面上反射和透射

（1）声压反射系数

$$\gamma_p = \frac{p_r}{p_o} = \frac{Z_2 - Z_1}{Z_2 + Z_1} = \frac{1 - m}{1 + m} \tag{1-17}$$

（2）声压透射系数

$$\tau_p = \frac{p_t}{p_o} = \frac{2Z_2}{Z_2 + Z_1} = \frac{2}{1 + m} \tag{1-18}$$

若把声压看作是单位面积上受的力，则其应符合力的平衡原理，那么 $p_o + p_r = p_t$，等式两边除以 p_o，得

$$1 + \frac{p_r}{p_o} = \frac{p_t}{p_o}$$

$$1 + \gamma_p = \tau_p \tag{1-19}$$

若把 I_r/I_o 和 I_t/I_o 分别定义为声强反射系数（R）和声强透射系数（D），就可得到：

（1）声强反射系数

$$R = \frac{I_r}{I_o} = \frac{\dfrac{p_r^2}{2Z_1}}{\dfrac{P_o^2}{2Z_1}} = \frac{p_r^2}{p_o^2} \tag{1-20}$$

（2）声强透射系数

$$D=\frac{I_t}{I_o}=\frac{\frac{p_t^{\ 2}}{2Z_2}}{\frac{p_o^{\ 2}}{2Z_2}}=\frac{p_t^{\ 2}}{p_o^{\ 2}} \tag{1-21}$$

声强是一种单位能量，作用于同一界面的声强应满足能量守恒定律，所以声强变化可写为 $I_o=I_r+I_t$，等式两边除以 I_o，得

$$1=\frac{I_r}{I_o}+\frac{I_t}{I_o}$$

$$R+D=1 \tag{1-22}$$

从式（1-20）可知：

$$R=\gamma_p^{\ 2}=\frac{(Z_2-Z_1)^2}{(Z_2+Z_1)^2}=(\frac{1-m}{1+m})^2 \tag{1-23}$$

从式（1-22）可知：

$$D=1-R=1-\gamma_p^{\ 2}=\frac{4Z_1Z_2}{(Z_2+Z_1)^2}=\frac{4m}{(1+m)^2} \tag{1-24}$$

2. 声压往复透过系数

实际检测中的探头常兼作发射和接收声波用，并认为透射至工件底面的声压在钢/空气界面上全反射后，再次透过界面后被探头接收，因此，探头所收到的返回声压 p_t' 与入射声压 p_o 之比，即为声压往复透过系数 τ_P。

$$\tau_p=\frac{4Z_1Z_2}{(Z_2+Z_1)^2}=\frac{4m}{(1+m)^2}=D \tag{1-25}$$

由此可以看出，声压往复透过系数和声强透射系数在数值上相等。

3. 介质对反射、透射的影响

超声波垂直入射至两种不同声特性阻抗介质的平界面上时，可以有以下四种常见的反射和透射情况。

1）$Z_2>Z_1$，常见于水浸检测水/钢面，如图 1-21 所示。水浸检测时，超声波由水入射至钢中，此时 Z_1(水) $=1.5\times10^6$kg/(m^2·s)，Z_2(钢) $=46\times10^6$kg/(m^2·s)，则有：

① 水/钢界面声压反射系数

$$\gamma_p=\frac{Z_2-Z_1}{Z_2+Z_1}=\frac{46-1.5}{1.5+46}=0.937$$

② 声压透射系数

$$\tau_p=\frac{2Z_2}{Z_2+Z_1}=1+\gamma_p=1.937$$

③ 声强透射系数

$$D=1-\gamma_p^2=1-0.937^2=0.12$$

可以看出，100%的入射声强中只有12%的声强变为第二介质（钢）中的透射波声强，故钢材水浸超声波检测应适当提高灵敏度，以弥补钢中透射声能的减少。

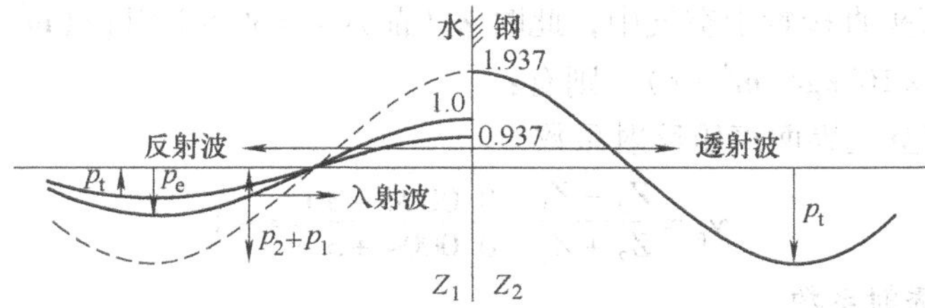

图1-21　平面波垂直到水/钢面（$Z_2>Z_1$）

2）$Z_2<Z_1$，常见于水浸检测钢/水面，如图1-22所示。Z_1（钢）$=46\times10^6$kg/(m^2·s)，Z_2（水）$=1.5\times10^6$kg/(m^2·s)，则有：

① 钢/水界面声压反射系数

$$\gamma_p=\frac{Z_2-Z_1}{Z_2+Z_1}=\frac{1.5-46}{1.5+46}=-0.937$$

② 声强透射系数

$$D=1-\gamma_p^2=1-0.937^2=0.12$$

可以看出，100%的入射声强中有12%的声强变为第二介质（水）中的透射波声强，说明入射声强损失很小。

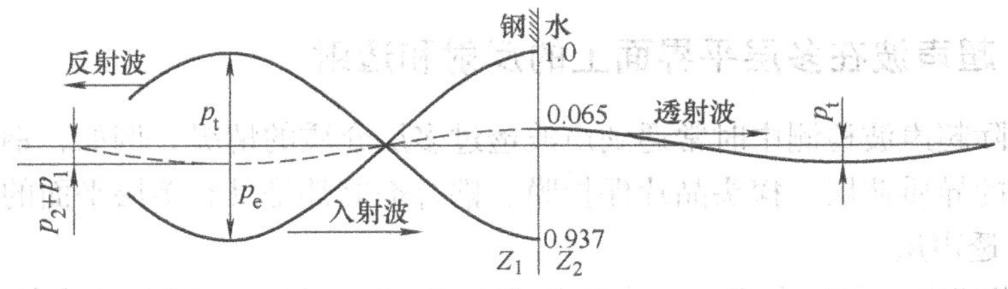

图1-22　平面波垂直到钢/水面（$Z_2<Z_1$）

3）$Z_1>>Z_2$，常见于超声波检测钢/空气面和探头的晶片/空气面。

超声波由钢入射至空气中，此时Z_1（钢）$=46\times10^6$kg/(m^2·s)，Z_2（空气）$=0.0004\times10^6$kg/(m^2·s)，则有：

① 钢/空气界面声压反射系数

$$\gamma_p=\frac{Z_2-Z_1}{Z_2+Z_1}=\frac{0.0004-46}{0.0004+46}\approx-1$$

② 声压透射系数

$$\tau_p = \frac{2Z_2}{Z_2 + Z_1} = 1 + (-1) = 0$$

由此可知，超声波在钢/空气界面上的声压反射系数为100%，超声波无透射。

超声波探头直接置于空气中，此时 Z_1(晶片) $= 30 \times 10^6 \text{kg}/(\text{m}^2 \cdot \text{s})$，$Z_2$(空气) $= 0.0004 \times 10^6 \text{kg}/(\text{m}^2 \cdot \text{s})$，则有：

① 晶片/空气界面声压反射系数

$$\gamma_p = \frac{Z_2 - Z_1}{Z_2 + Z_1} = \frac{0.0004 - 30}{0.0004 + 30} \approx -1$$

② 声压透射系数

$$\tau_p = \frac{2Z_2}{Z_2 + Z_1} = 1 + (-1) = 0$$

由此可知，超声波探头若与工件硬性接触而无液体耦合剂，则当工件表面粗糙时，相当于探头直接置于空气中，超声波在晶片/空气界面上将产生100%的反射，而无法透射进入工件。

4) $Z_1 \approx Z_2$，常见于声特性阻抗接近的介质界面。

超声波由钢的母材金属入射至焊缝金属中，此时母材和焊缝的声特性阻抗通常仅差1%，界面上的声压反射系数：$\gamma_p \approx 0.5\%$，声压透射系数：$\tau_p = 1 + 0.5\% \approx 1$。

由此可知，超声波在声特性阻抗接近的介质界面上的反射声压极小，超声波几乎全透射。

二、超声波在多层平界面上的反射和透射

在实际超声波检测中时常遇到声波透过多层介质的情况。例如，钢材中与检测面平行的异质薄层、探头晶片保护膜、耦合剂等都是具有多层平面的界面。

(1) 透声层

1) 当超声波穿过介质A（声特性阻抗为 Z_1）至异质层B（声特性阻抗为 Z_2），然后继续传播到介质C（声特性阻抗为 Z_3）时，若 $Z_1 = Z_3$，则当异质层的厚度为该层中传播声波的半波长的整数倍时，在异质层界面上的声压反射系数为零，超声波全透射，就好像这个异质层根本不存在，所以称其为透声层。

对钢板进行超声波检测时，若钢板中有一分层为透声层，则此分层将漏检。为避免漏检，必须改变超声波的检测频率，改变后的检测频率不能为原频率的整数倍。

当采用直探头检测时，若探头使用钢质保护膜，则保护膜与钢之间的耦合剂层（见图1-23）就是一层异质层，如果要使探头发射的超声波达到最好的透声效果，就必须使耦合剂层的厚度为传播声波的半波长的整数倍，这种透声层又称

为半波透声层。

2）当超声波穿过介质 A（声特性阻抗为 Z_1）至异质层 B（声特性阻抗为 Z_2）然后继续传播到介质 C（声特性阻抗为 Z_3）时，若 $Z_1 \neq Z_3$，则当异质层的厚度为该层中传播声波的 1/4 波长的奇数倍时，在异质层界面上的声压反射系数为零，超声波全透射。

当采用直探头检测时，若探头使用非钢质保护膜，则保护膜与钢之间的耦合剂层的厚度应为传播声波的 1/4 波长的奇数倍，这样才能达到最好的透声效果。

3）若将直探头保护膜看作是晶片和耦合剂层之间的异质层，则因为晶片声特性阻抗 $Z_1 \neq Z_3$（耦合剂声特性阻抗），所以要使保护膜有更好的透声效果，其厚度也应是传播声波的 1/4 波长的奇数倍。直探头保护膜除了要有合适的厚度外，还要有一个适当的声特性阻抗，当保护膜声特性阻抗 Z_m 满足式（1-26）所示的关系时，透声效果最好。

$$Z_m = \sqrt{Z_{晶片} Z_{工件}} \tag{1-26}$$

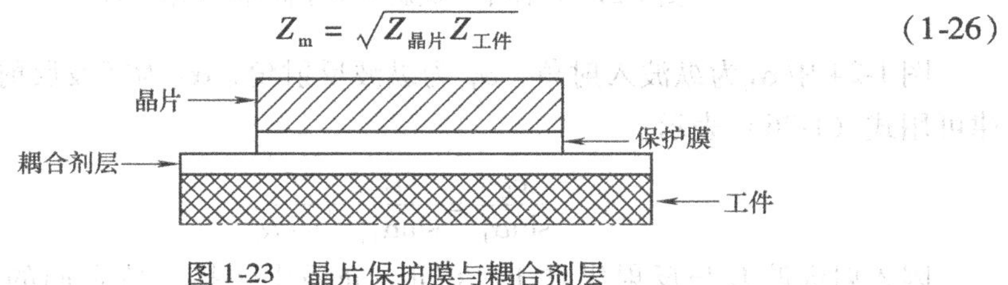

图 1-23　晶片保护膜与耦合剂层

4）在实际检测时，在探头上施加一定的压力，探头与工件接触紧密，透声效果越好，得到的反射回波也越高。这是因为当耦合剂层厚度接近于零时，声强的透射性最好。

（2）异质层的检测灵敏度　在超声波检测时，当钢中缺陷反射声压约为入射声压的 1% 时，探伤仪显示屏上就可显示可分辨的反射回波，用 1MHz 直探头检测钢中气隙厚度（$10^{-4} \sim 10^{-5}$mm），就能得到几乎 100% 的全反射回波，但当钢中 1μm 气隙中充满油或水时，若仍用 1MHz 直探头检测，则可得到 6% 的反射声压。

工件材料的声特性阻抗与异质层材料的声特性阻抗相差越大，则声压反射越高，越容易被检出。同样厚度的缺陷位于钢中比位于铝中更容易被检出，因为刚的声特性阻抗比铝的声特性阻抗大。若要提高超声波在铝中的检测能力，以获得原频率在钢中的反射系数，则必须将检测频率提高至接近原来的 4 倍。

第四节　平界面上的斜入射

超声波以一定的角度倾斜入射到异质界面上，会产生反射和折射，并遵循反射、折射定律，在一定条件下，还产生波型转换现象。

一、斜入射时界面上的反射、折射和波型转换

1．超声波在固体界面上的反射

1）固体中纵波斜入射于固体/气体界面，如图 1-24 所示。

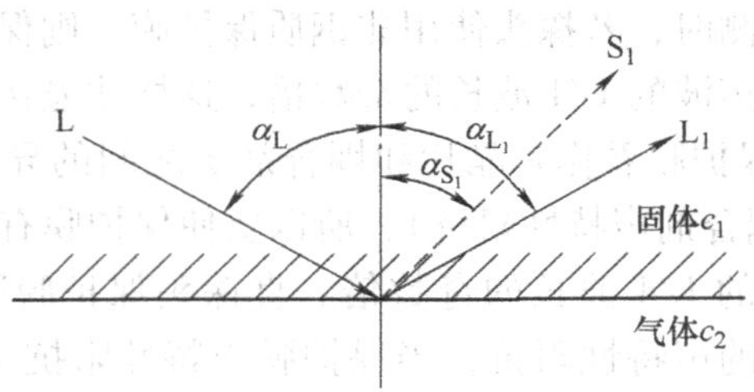

图 1-24　固体中纵波斜入射于固体/气体界面

图 1-24 中 α_L 为纵波入射角，α_{L_1} 为纵波反射角，α_{S_1} 为横波反射角，其反射定律可用式（1-26）表示。

$$\frac{c_L}{\sin\alpha_L}=\frac{c_{L_1}}{\sin\alpha_{L_1}}=\frac{c_{S_1}}{\sin\alpha_{S_1}} \tag{1-26}$$

因入射纵波 L 与反射纵波 L_1 在同一介质中传播，故它们的波速相同，即 $c_L=c_{L_1}$，所以 $\alpha_L=\alpha_{L_1}$。又因同一介质中纵波波速大于横波波速，即 $c_{L_1}>c_{S_1}$，所以 $\alpha_{L_1}>\alpha_{S_1}$。

2）固体中横波斜入射于固体/气体界面（见图 1-25）和第Ⅲ临界角。

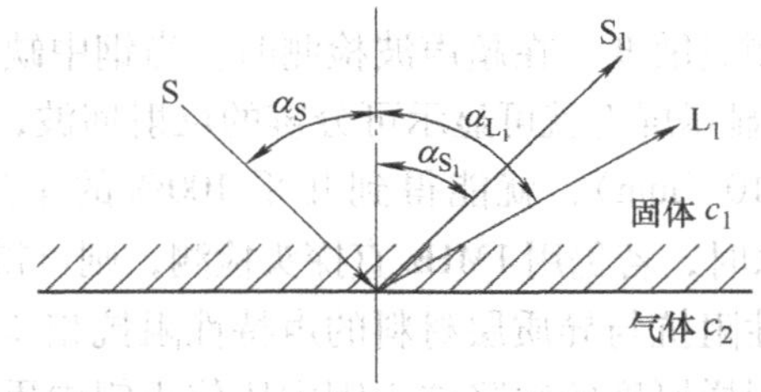

图 1-25　固体中横波斜入射于固体/气体界面

图 1-25 中 α_S 为横波入射角，α_{S_1} 为横波反射角，α_{L_1} 为纵波反射角，其反射定律可用式（1-27）表示。

$$\frac{c_S}{\sin\alpha_S}=\frac{c_{S_1}}{\sin\alpha_{S_1}}=\frac{c_{L_1}}{\sin\alpha_{L_1}} \tag{1-27}$$

因入射横波 S 与反射纵波 S_1 在同一介质中传播，故它们的波速相同，即

$c_S = c_{S_1}$，所以 $\alpha_S = \alpha_{S_1}$。又因同一介质中纵波波速大于横波波速，即 $c_{L_1} > c_{S_1}$，所以 $\alpha_{L_1} > \alpha_{S_1}$。

从式（1-27）可以看出，随着入射角 α_S 的不断增大，α_{L_1} 不断增大，当 α_S 到达某一值时，$\alpha_{L_1} = 90°$，固体介质中只有横波，此时 α_S 称为第Ⅲ临界角，用符号 α_{SK3} 表示。

$$\alpha_{SK3} = \arcsin \frac{c_S}{c_{L_1}} \tag{1-28}$$

2. 超声波的折射

1）纵波斜入射的折射（见图 1-26）和第Ⅰ、第Ⅱ临界角。

图 1-26 中 α_L 为第一介质的纵波入射角，β_L 为第二介质的纵波折射角，β_S 为第二介质的横波折射角，其折射定律可用式（1-29）表示。

$$\frac{c_L}{\sin\alpha_L} = \frac{c_{L_2}}{\sin\beta_L} = \frac{c_{S_2}}{\sin\beta_S} \tag{1-29}$$

在第二介质中，因 $c_{L_2} > c_{S_2}$，则 $\beta_L > \beta_S$，所以横波折射声束总是位于纵波折射声束与法线之间。

从式（1-29）可以看出：随着入射角 α_L 的不断增大，β_L 不断增大，当 α_L 到达某一值时，$\beta_L = 90°$，纵波全反射，此时 α_L 称为第Ⅰ临界角，用符号 α_{LK1} 表示，如图 1-27 所示。

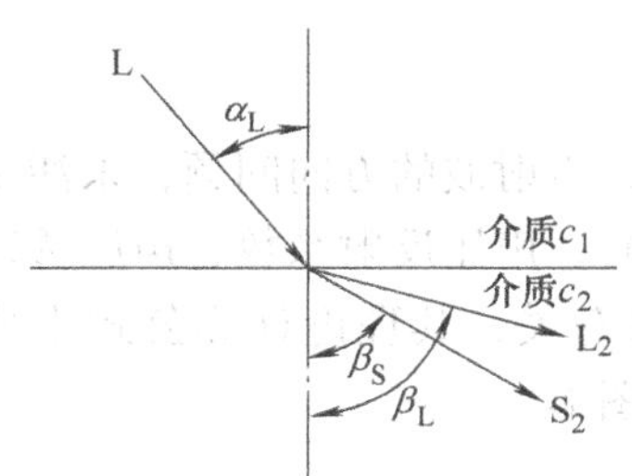

图 1-26　纵波斜入射的折射

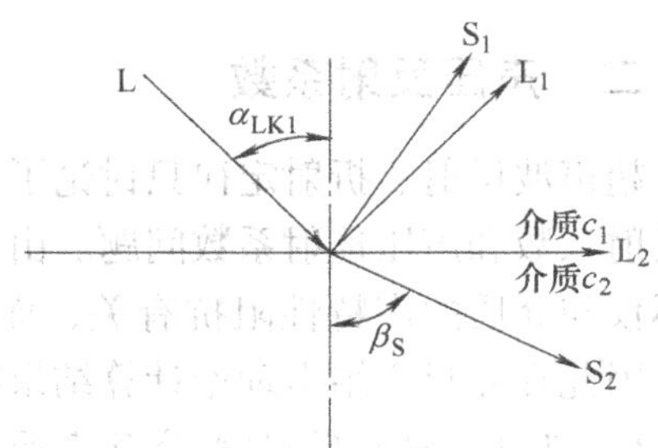

图 1-27　第Ⅰ临界角

$$\alpha_{LK1} = \arcsin \frac{c_L}{c_{L_2}} \tag{1-30}$$

在越过第Ⅰ临界角后，随着入射角 α_L 的不断增大，β_S 不断增大，当 α_L 到达某一值时，$\beta_S = 90°$，横波全反射，此时 α_L 称为第Ⅱ临界角，用符号 α_{LK2} 表示，如图 1-28 所示。

$$\alpha_{LK2} = \arcsin \frac{c_L}{c_{S_2}} \tag{1-31}$$

由此可以看出，若要使第二介质中产生纯横波，就必须使入射角 α_L 满足 $\alpha_{LK1} \leqslant \alpha_L < \alpha_{LK2}$ 的关系。常用的超声波斜探头的入射角就在这一范围内。

当 $\alpha_L \geqslant \alpha_{LK2}$ 时，在第二介质表面产生表面波，常用的表面波探头的入射角就在这一范围内。常用介质纵波的第Ⅰ、第Ⅱ临界角见表1-3。

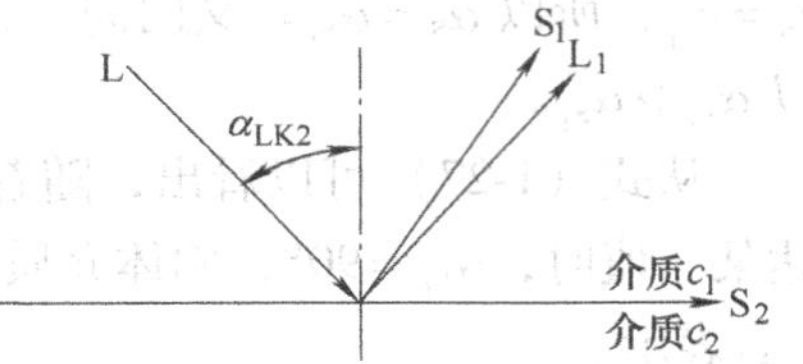

图1-28　第Ⅱ临界角

表1-3　常用介质纵波的第Ⅰ、第Ⅱ临界角

有机玻璃/钢	$\alpha_{LK1}=27.2°$	$\alpha_{LK2}=56.7°$
有机玻璃/铝	$\alpha_{LK1}=25.4°$	$\alpha_{LK2}=61.2°$
水/钢	$\alpha_{LK1}=14.7°$	$\alpha_{LK2}=27.7°$
水/铝	$\alpha_{LK1}=13.8°$	$\alpha_{LK2}=29.1°$

2）横波斜入射的折射。横波斜入射时，其折射定律可用式（1-32）表示。

$$\frac{c_S}{\sin\alpha_S} = \frac{c_{S_2}}{\sin\beta_S} = \frac{c_{L_2}}{\sin\beta_L} \tag{1-32}$$

3）由于气体和液体不能传播横波，所以不是任何情况下反射波和折射波都有波型的转换。

二、声压反射系数

超声波反射、折射定律只讨论了各种反射波、折射波的方向问题，未涉及声压反射系数和声压透射系数问题。由于倾斜入射时，声压反射系数、声压透射系数不仅与介质的声特性阻抗有关，而且与入射角有关，其理论计算公式十分复杂，因此在此只介绍由理论计算结果绘制的曲线图形。

1. 纵波倾斜入射到钢/空气界面的反射

如图1-29所示，当纵波倾斜入射到钢/空气界面时，纵波声压反射系数 γ_{LL}（$\gamma_{LL}=p_{rL}/p_{oL}$）与横波声压反射系数 γ_{LS}（$\gamma_{LS}=p_{rs}/p_{oL}$）随着入射角 α_L 变化而变化。当 $\alpha_L=60°$左右时，γ_{LL}很低，γ_{LS}很高，原因是纵波倾斜入射，当 $\alpha_L=60°$左右时产生一个较强的变型反射横波。

2. 横波倾斜入射到钢/空气界面的反射

如图1-30所示，当横波倾斜入射到钢/空气界面时，横波声压反射系数 γ_{SS}（$\gamma_{SS}=p_{rS}/p_{oL}$）与纵波声压反射系数 γ_{SL}（$\gamma_{SL}=p_{rL}/p_{oS}$）随着入射角 α_S 变化而变化。当 $\alpha_S=30°$左右时，γ_{SS}很低，γ_{SL}较高。当 $\alpha_S \geqslant 33.2°$（$\alpha_{Ⅲ}$）时，$\gamma_{SS}=100\%$，即钢中横波全反射。

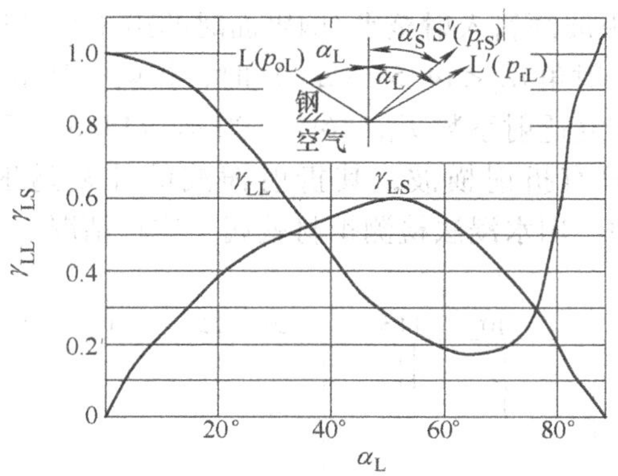

图 1-29 纵波倾斜入射到钢/空气界面

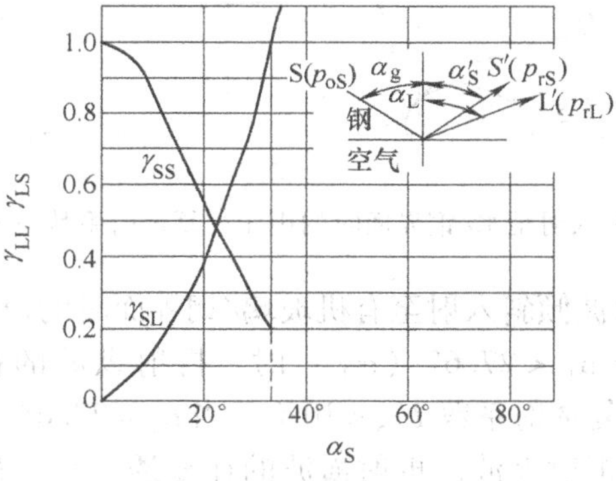

图 1-30 横波倾斜入射到钢/空气界面

三、声压往复透射系数

在超声检测中，常常采用反射法，由于超声波往复透过同一检测面，因此声压往复透射系数更具有实际意义。

如图 1-31 所示，超声波倾斜入射，折射波全反射，探头接收到的回波声压 p_a 与入射波声压 p_o 之比称为声压往复透射系数，常用 Γ 表示，$\Gamma = p_a/p_o$。

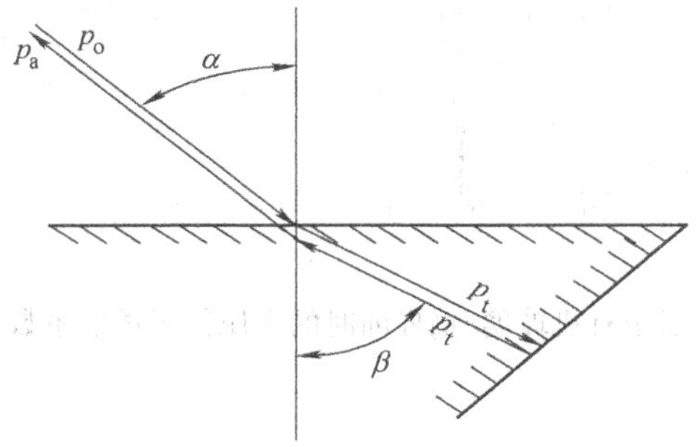

图 1-31 斜入射声压往复透射系数

图 1-32 所示为纵波倾斜入射至水/钢界面时的声压往复透射系数与入射角的关系曲线。当纵波入射角 $\alpha_L < 14.5°$（α_I）时，折射纵波的往复透射系数 $\Gamma_{LL} \leq 13\%$，折射横波的往复透射系数 $\Gamma_{LS} < 6\%$。当 $\alpha_L = 14.5° \sim 27.27°$（$\alpha_C$）时，钢中没有折射纵波，只有折射横波，其折射横波的往复透射系数 Γ_{LS} 最高不到 20%。在实际检测中，用水浸法检测钢材就属于这种情况。

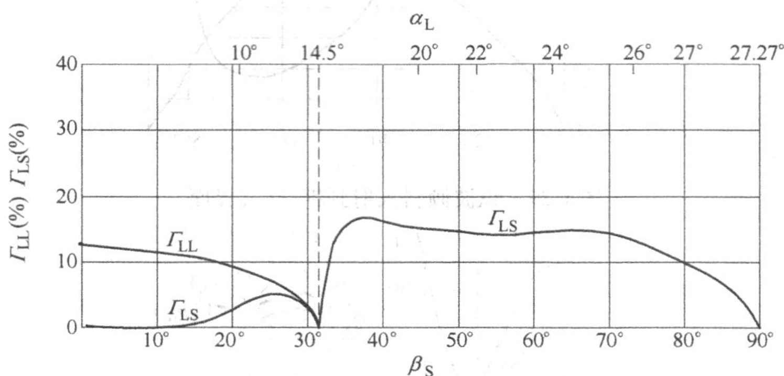

图 1-32　纵波倾斜入射至水/钢界面时的声压往复透射系数与入射角的关系曲线

图 1-33 所示为纵波倾斜入射至有机玻璃/钢界面时的声压往复透射系数与入射角的关系曲线。当 $\alpha_L < 27.6°$（α_I）时，折射纵波的往复透射系数 $\Gamma_{LL} < 25\%$，折射横波的往复透射系数 $\Gamma_{LS} < 10\%$。当 $\alpha_L = 27.6° \sim 57.7°$（$\alpha_C$）时，钢中只有折射横波，无折射纵波，折射横波的往复透射系数最高不到 30%，这时所对应的 $\alpha_L \approx 30°$，$\beta_S \approx 37°$。在实际检测中，采用有机玻璃横波探头检测钢材就属于这种情况。

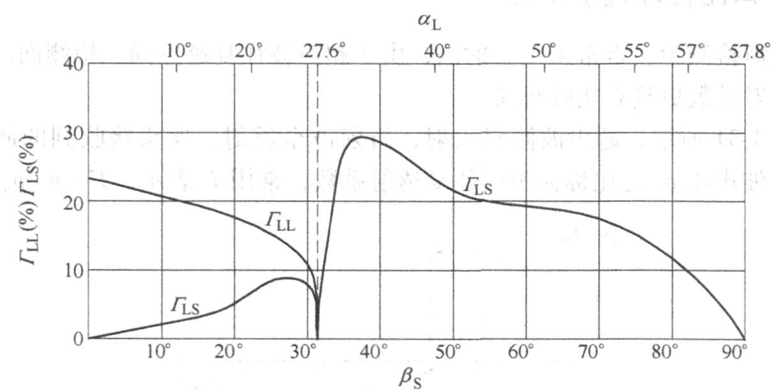

图 1-33　纵波倾斜入射至有机玻璃/钢界面时的声压往复透射系数与入射角的关系曲线

四、超声波在规则界面上的反射、折射和波型转换

超声波在实际检测中所遇到的实际工件界面是多种多样的，比较常见的规则界面有平面、倾斜平面、直角平面和圆柱面等。

1. 倾斜平面上的反射

超声波入射到与主声束不垂直的面（如工件的倾斜底面和与检测面成一定倾角的缺陷）时，相当于超声波斜入射于固体/空气界面，将可能产生波型转换，其反射波波型、方向和声压反射系数均会变化，如图 1-34 所示。

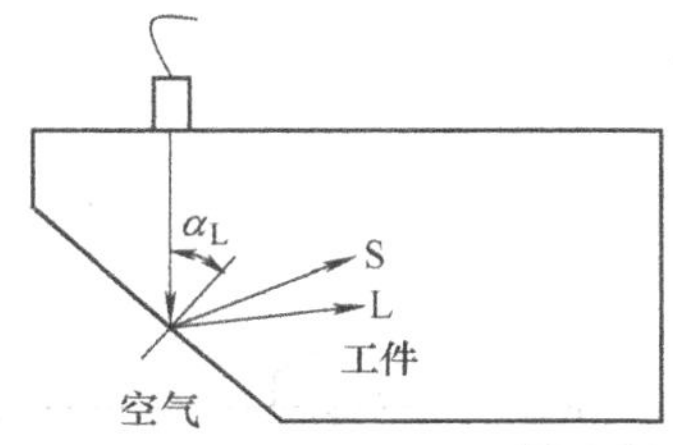

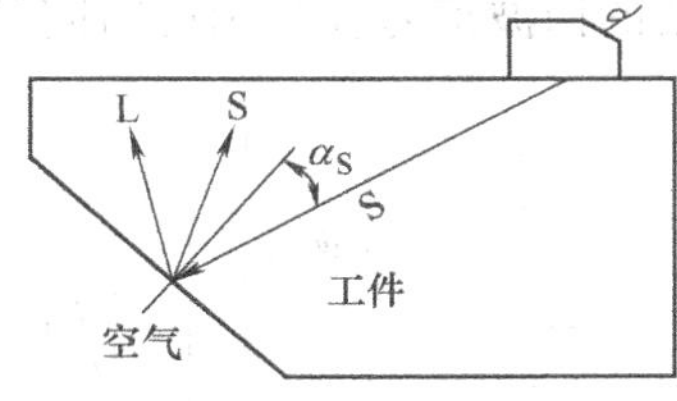

图 1-34　倾斜平面上的反射

2. 直角平面上的反射

超声波在两个互相垂直的平面构成的端面或三个互相垂直的平面构成的方角反射时，会产生角反射效应。这在实际检测中也较为常见，这些反射波有以下规律：

1）倾斜入射到一个平面上的入射声束，经两次反射后，以平行于入射方向的路线返回，并与过直角顶点且与入射声束平行的直线呈轴对称，如图 1-35 所示。

2）图 1-36 所示为纵波入射到钢/空气界面上钢中的端角反射系数。由于纵波在端角的两次反射中分离出较强的横波，因此纵波入射时，端角反射系数都很低。

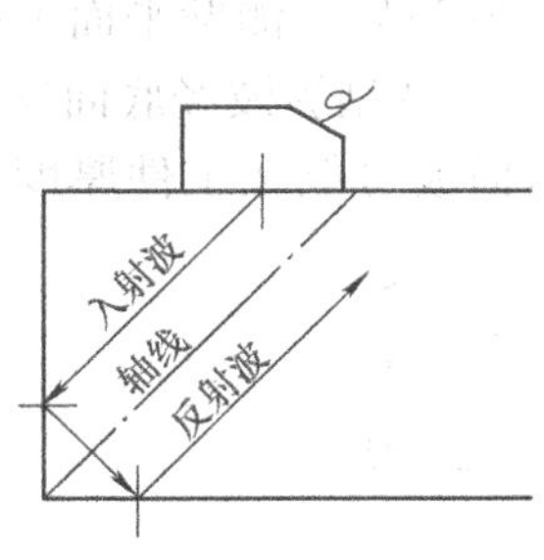

图 1-35　倾斜入射到一个平面上的反射

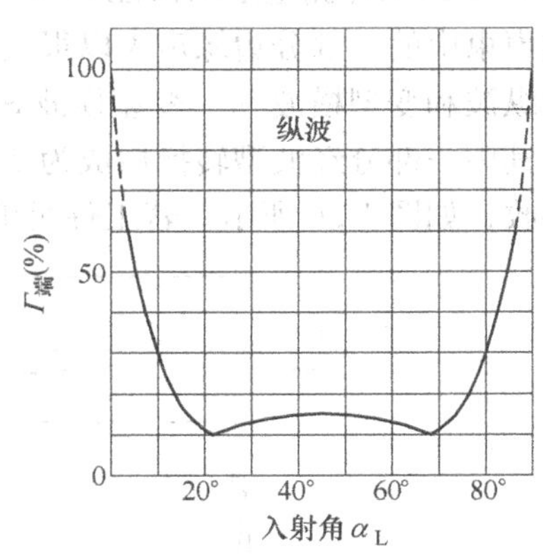

图 1-36　纵波入射到钢/空气界面上钢中的端角反射系数

3）倾斜入射的横波在端角平面内产生的声压反射系数以在横波入射角 α_S = 35°～55°范围内为最高，在此范围外最低，如图 1-37 所示。

因此，横波检测时，对垂直于底面的裂缝、未焊透等根部缺陷，宜选用折射角度为 45°左右的斜探头，选用 60°角是很不利的。

当斜探头折射角 $\beta_S = 60°$，端角平面上的横波入射角 $\alpha_S = 30°$，探头距离端角恰当位置时，会出现回波信号超前的特殊情况。此时，反射纵波较强，且它的纵波二次反射角 α_{L2} 约为 24°（见图 1-38），因此探头就能接收到二次反射纵波 L_2 的回波信号。又因纵波波速大于横波波速，故该回波信号比端角内正常二次反射横波的回波信号在显示屏时间轴上要超前。

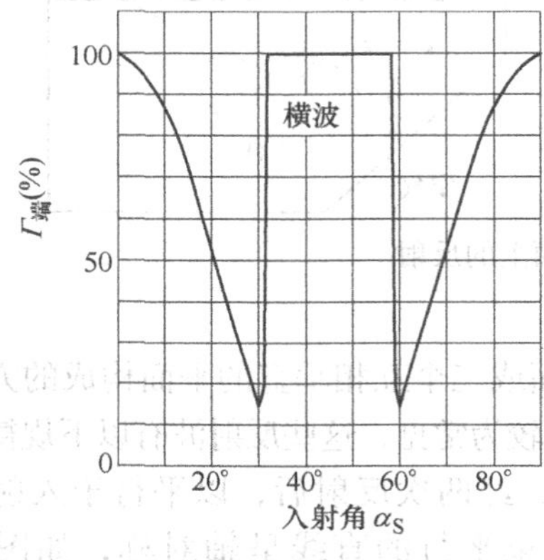

图 1-37　横波入射端角反射系数

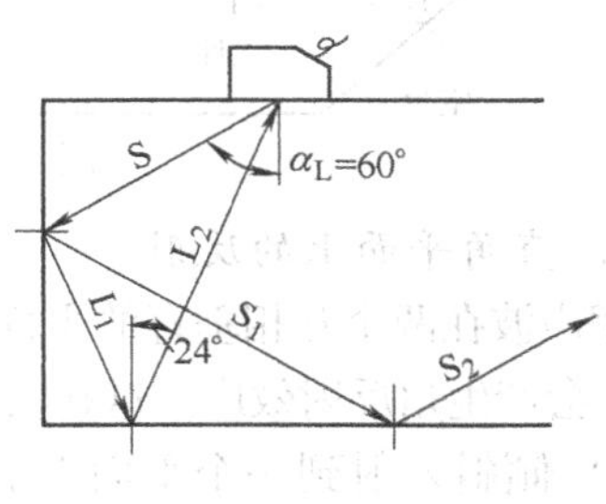

图 1-38　回波信号超前

3. 窄长工件侧壁上的波型转换或侧壁干扰

（1）窄长工件侧壁上的波型转换　在对窄长工件进行轴向纵波检测时，探头扩散声束中的一部分边缘声束以很大的纵波入射角 α_L 斜入射至工件侧壁平面，并产生纵波和变型横波 S_1。变型横波 S_1 将穿越工件成为另一侧壁平面上的入射横波，其中一部分经波型转换后成为变型纵波和横波。变型纵波经底面反射后被探头接收，如图 1-39 所示。若工件足够长，则变型横波可能在工件厚度方向上

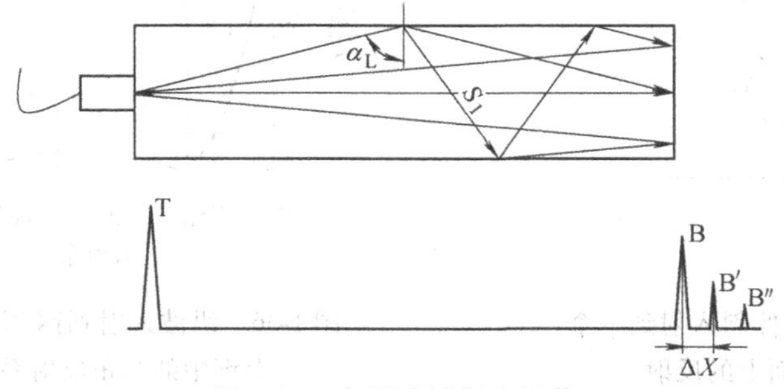

图 1-39　变型波被探头吸收

作多次横穿，它们的波型转换情况与第一次横穿时类同。

因为横波波速比纵波波速慢，这样经变型横波转换后探头接收到的回波显然滞后于单纯按纵波传播至底面返回的回波。这些滞后的变型波称为迟到回波，其滞后声程 ΔX 可用式（1-33）计算。

$$\Delta X = \frac{nd}{2}\sqrt{\left(\frac{c_L}{c_S}\right)^2 - 1} \tag{1-33}$$

式中　d——工件宽度（或直径）；

n——变型横波横穿工件次数。

将材料中的波速代入式（1-33）中，得到钢中迟到回波的滞后声程为

$$\Delta X = 0.76nd \tag{1-34}$$

铝中迟到回波的滞后声程为

$$\Delta X = 0.88nd \tag{1-35}$$

因此，当用纵波直探头检测狭长工件时，在工件底面回波后出现的同一间距的各个回波不是缺陷波，而是迟到回波。

（2）与声束轴线平行的工件侧壁干扰　实践证明，位于工件侧壁附近的小缺陷，用与侧壁平行的声束很难检测，这是因为存在着工件侧壁干扰现象。这一干扰现象往往是由经侧壁反射后的纵波（或横波）与不经反射的直射纵波之间的干涉引起的，如图 1-40 所示。其结果是干扰了直射回波的返回声压，使检测灵敏度下降。因此，检测时，必须避免侧壁干扰。

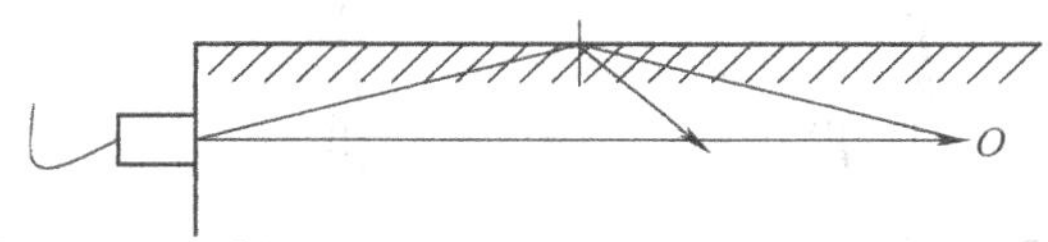

图 1-40　工件侧壁干扰现象

对于钢来说，纵波直探头离侧壁的最小距离 d_{min} 应满足下列条件：

$$d_{min} > 3.5\sqrt{\frac{X}{f}} \tag{1-36}$$

式中　f——超声波检测频率（MHz）；

X——声程（mm）。

4. 圆柱形底面的三角形反射

由于圆柱形工件有一定曲率，因此当直探头与工件直接接触时，接触面为一很窄的条形区域，从而在圆柱的横截面内产生强烈的声束扩散。圆柱曲率越小，扩散越大。当扩散声束与探头声束轴线夹角为 30°时，扩散纵波声束经圆柱面反射两次后再返回探头，被其接收，形成等边三角形的声束路径。实践证明，这种三角形反射回波的经过声程为

$$W_L = \frac{3}{2}d\cos30° \approx 1.3d \tag{1-37}$$

由此看出，这种等边三角形反射声束的声程比声束轴线附近直射声束所得底面回波声程滞后了 0.3d，如图 1-41 所示。

如果纵波扩散声束在圆柱面上发生波型转换，且一次反射横波再经另一侧圆柱面波型转换后成为二次反射纵波，并返回探头被其接收，则会形成不等边的三角形迟到回波，如图 1-42 所示。此时，这种三角形反射回波的经过声程为

$$W_{LS} = d\cos\theta_L + \frac{d}{2}\frac{c_L}{c_S}\sin2\theta_L \tag{1-38}$$

其中，对于钢，$W_{LS}=1.67d$；对于铝，$W_{LS}=1.78d$。

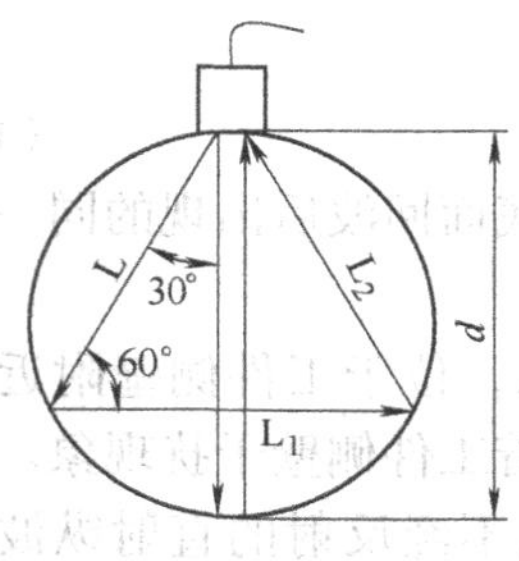

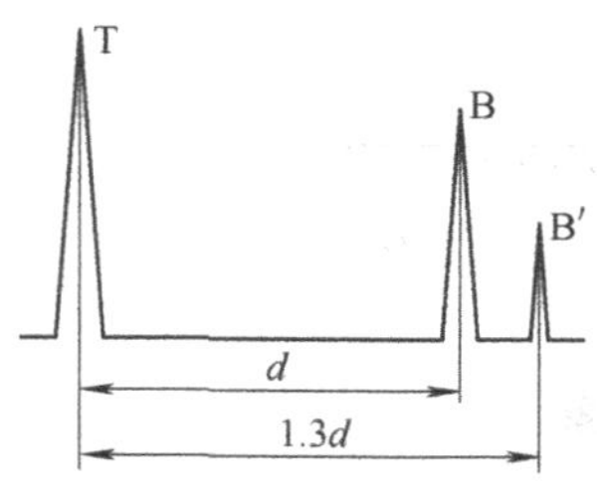

图 1-41　声程滞后

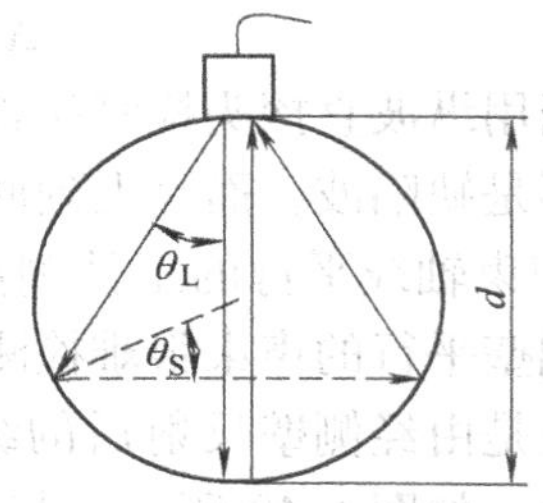

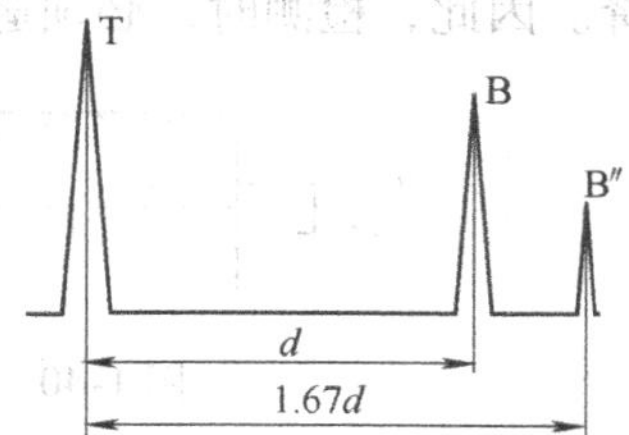

图 1-42　不等边的三角形迟到回波

第五节　超声波聚焦和发散

超声波波长往往远小于曲面尺寸，且入射角较小，因此，可以利用几何光学来确定超声波在曲面镜和透镜上的聚焦和发散作用。

一、平面波入射至弯曲面上的反射回波

当平面波入射至凹曲面时，运用几何光学原理可以得知它们反射后将会聚焦

于一个焦点 F 上，焦距 $f=r/2$，r 为凹曲面的曲率半径。当平面波入射至凸曲面时，会出现虚焦点，反射波成像是从虚焦点辐射出来的，如图 1-43 所示。

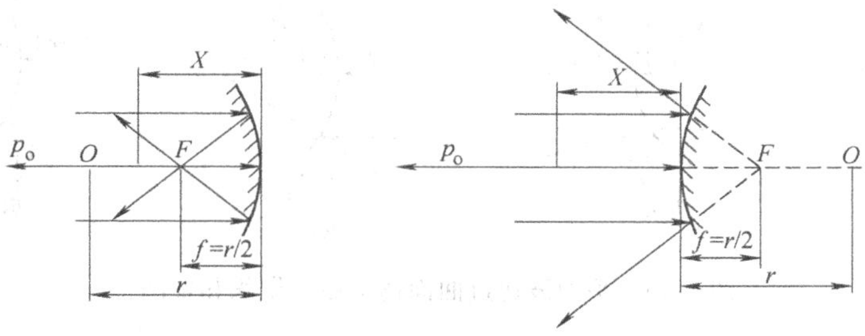

图 1-43　平面波入射至弯曲面上的反射回波

当用直探头检测环形锻件时，将探头置于环形锻件的内外表面上，探头的底面回波将分别是聚焦和发散的。当确定其检测灵敏度时，必须注意其聚焦和发散作用引起的声压变化。

二、球面波入射至弯曲面上的反射回波

凹曲面反射波的交点叫做实像点。凸曲面反射波在曲面背后延长线的交点叫做虚像点。如图 1-44 所示，b 为像距，a 为物距，f 为焦距，r 为曲率半径。它们之间的关系为

$$\frac{1}{b} \pm \frac{1}{a} = \frac{1}{f} \tag{1-39}$$

式（1-39）中，“+”号适用于凹曲面，“−”号适用于凸曲面。

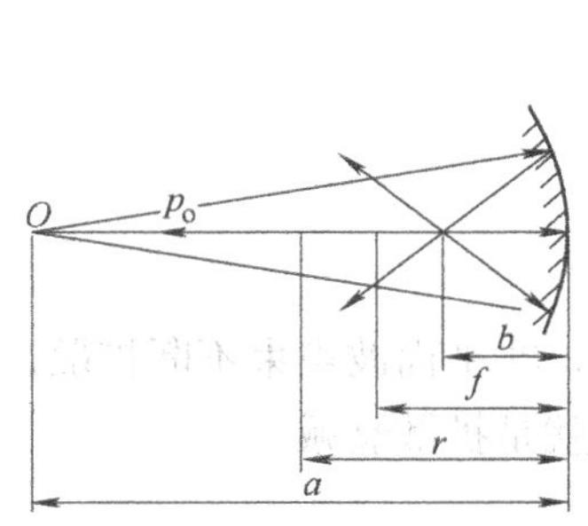

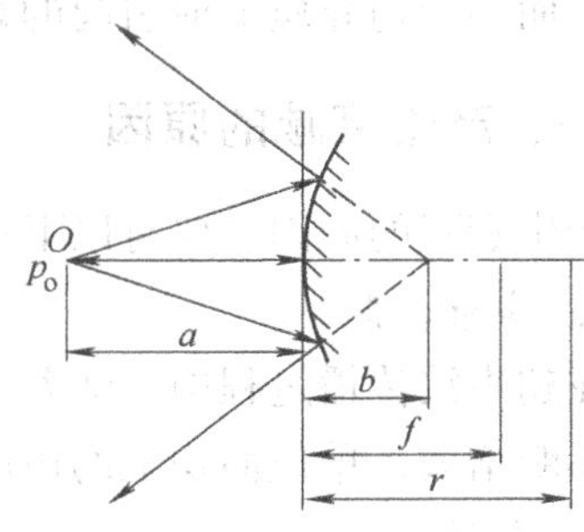

图 1-44　球面波入射至弯曲面上的反射回波

三、平面波透过曲面透镜后的聚焦和发散

当平面波入射至凹曲面透镜和凸曲面透镜时，其透射波是聚焦的还是发散

的，主要取决于介质两边的波速，见图 1-45 所示的几种情况。

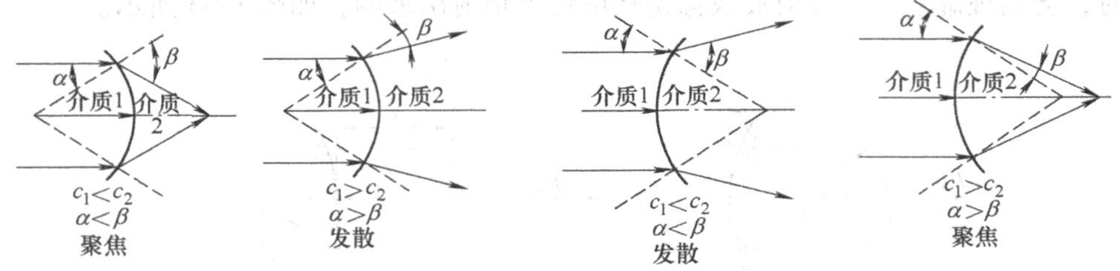

图 1-45　平面波透过曲面透镜后的聚焦和发散

上述现象是制作聚焦探头的基础。水浸检测用的聚焦探头通常用由有机玻璃和环氧树脂制作的透镜作声波聚焦透镜。透镜与晶片接触的声入射面为平面，透镜的声透射面为凹曲面（点聚焦探头为球曲面，线聚焦探头为柱曲面）。

透镜曲率半径 R、水中焦距 F 与透镜及第二介质波速之间的关系式为

$$F=R\left(\frac{c_1}{c_1-c_2}\right) \tag{1-40}$$

第六节　声波的衰减

当超声波在介质中传播时，随着传播距离的增加，其声能量逐渐减弱的现象叫做超声波的衰减。在均匀介质中，超声波的衰减与传播距离之间有一定的比例关系，而不均匀介质散射引起的衰减情况比较复杂。

一、产生衰减的原因

产生衰减的原因主要有以下三个方面：

1．声束扩散

在超声波传播过程中，随着传播距离的增加，非平面波声束不断扩散，声束截面不断增大，单位面积上的声能大为下降，这就是扩散衰减。

2．散射

超声波在传播过程中遇到不同声特性阻抗的介质所组成的界面时，会产生散乱反射，使声能分散，造成散射衰减。

多晶体介质具有非均匀性（如杂质、粗晶、内应力和第二相等），极易引起散射衰减。由于散射衰减随着超声波频率的增大而增大，并且横波引起的衰减比纵波引起的衰减大，因此检测粗晶材料时，宜选用低频探头。

3．吸收

在超声波传播过程中，由于介质的粘滞吸收而使声能减少的现象称为吸收衰减。在超声波检测中，它不占主要地位。

二、衰减系数

衰减系数 α 是散射衰减系数 α_s 和吸收衰减系数 α_a 之和，即

$$\alpha = \alpha_s + \alpha_a$$

三、衰减系数的测定

用多次脉冲反射法测定材料衰减系数的方法如下：

1）对于试样厚度范围为 $2N < t \leqslant 200\text{mm}$（$N$ 为近场长度）的被测试件，可用比较多次脉冲反射回波高度系数的方法测定其衰减系数，计算公式为

$$\alpha = \frac{V_{m-n} - 20\lg \dfrac{n}{m}}{2(n-m)t} \tag{1-41}$$

式中　V_{m-n}——试样第 m 次与第 n 次底面回波高度的 dB 差（dB）；

t——试样厚度（mm）；

α——材料中单声程的衰减系数（dB/mm）。

例如，试样厚度 $t = 200\text{mm}$，测得第五次底面回波与第二次底面回波高度的 dB 差 $V_{m-n} = 14\text{dB}$，则试样的衰减系数为

$$\alpha = \frac{14\text{dB} - 20\lg \dfrac{5}{2}\text{dB}}{2\times(5-2)\times 200\text{mm}} \approx 0.005\text{dB/mm}$$

2）对于试样厚度 $t > 200\text{mm}$ 的被测试件，可用第一次底面回波高度 B_1 与第二次底面回波高度 B_2 的 dB 差来计算，则式（1-41）可改写为

$$\alpha = \frac{\dfrac{B_1}{B_2} - 6}{2t} \tag{1-42}$$

例如，试样厚度 $t = 400\text{mm}$，测得底面一次回波高度为显示屏满刻度的 100% 时，第二次底面回波高度为显示屏满刻度的 20%，则试样的衰减系数为

$$\alpha = \frac{20\lg \dfrac{100}{20}\text{dB} - 6\text{dB}}{2\times 400\text{mm}} = 0.01\text{dB/mm}$$

则工件的全声程衰减量为

$$2\alpha t = 2\times 0.01\text{dB/mm}\times 400\text{mm} = 8\text{dB}$$

复习思考题

1. 超声检测利用了超声波的哪些主要特性？

2. 什么是纵波、横波和表面波？它们常用什么符号表示？简述以上各波型的质点运动轨迹。

3. 影响超声波在介质中传播速度的因素有哪些？

4. 在常规超声检测中测量超声波波速的方法有哪些？

5. 什么是波的干涉？波的干涉对超声检测有什么影响？

6. 什么是波的叠加原理？

7. 什么叫超声场？其主要有哪些特征值？

8. 什么是超声波的声压？用什么表示？

9. 当超声波垂直入射到两介质的界面时，声压往复透过系数与什么有关？往复透过系数对超声检测有什么影响？

10. 什么叫超声检测的端角反射？有什么特点？

11. 什么是超声波的衰减？简述超声衰减的种类和原因。

12. 对钛/钢复合板，在复层一侧进行接触法检测，已知钛与钢的声特性阻抗差约为40%（$Z_{钛}=0.6\ Z_{钢}$），求复合层界面波与底波相差多少dB。

13. 从钢板一侧用超声纵波检测钢/钛复合板，已知$Z_{钢}=46\times10^6$kg/（m^2·s），$Z_{钛}=26.4\times10^6$kg/（m^2·s），求：

（1）界面声压反射系数。

（2）声压往复透射系数。

（3）界面回波与底面回波dB差。

14. 当将超声探头直接置于空气中时，若晶片声特性阻抗$Z_1=3.2\times10^6$kg/（m^2·s），空气的声特性阻抗$Z_2=0.0004\times10^6$kg/（m^2·s），则晶片/空气界面上的声压反射系数为多少？声压透射系数为多少？

15. 碳素钢的声特性阻抗比不锈钢的约大1%，求二者复合界面上的声压反射系数。

16. 求用水浸法超声检测钢材时，水/钢界面的声压透射系数τ和往复透过系数τ。[20℃时，$Z_{钢}=45.4\times10^6$kg/（m^2·s），$Z_{水}=1.5\times10^6$kg/（m^2·s）]

17. 用一个规格为2.5P13×13K1.5的斜探头，超声检测钢平板对接焊缝，已知有机玻璃楔块中波速$c_{L_1}=2730$m/s，钢中$c_{L_2}=5900$m/s，$c_{S_2}=3200$m/s，求斜探头的入射角为多少。

18. 将用于超声检测钢焊缝的K1斜探头（楔块中$c_L=2700$m/s，钢中$c_S=3230$m/s）用于检测某种硬质合金焊缝（$c_S=38000$m/s），其实际K值是多少？

19. 有一斜探头（楔块中波速$c_{L_1}=2200$m/s），用于检测钢焊缝（$c_{L_2}=5900$m/s，$c_{S_2}=3200$m/s），试计算第一、第二临界角各为多少。（小数点后保留一位有效数字）

20. 规格为5P20×10的45°斜探头有机玻璃楔块内纵波波速为2730m/s，当被检测材料横波波速为3230m/s时，求入射角α。

21. 用2MHz，ϕ20mm直探头测定厚度为150mm的正方形钢锻件的材质衰减系数。已知B1波高为100%显示屏高度，B2波高为20%示波屏高度，不计反射损失，求此锻件的衰减系数。（取双程）

第二章

超声波发射声场与规则反射体的回波声压

培训学习目标： 了解超声波发射声场的发射衰减规律，掌握超声波检测中的主要计算公式。

第一节　超声波的获得和超声场

一、超声波的获得

对于某些电介晶体（如石英、锆钛酸铅、铌酸锂等），通过纯粹的机械作用，使材料在某一方向伸长或缩短，这时晶体表面产生电荷效应而带正电荷或负电荷。这种现象称为正压电效应。当在这种晶体的表面施加高频交变电压时，晶体就会按电压的交变频率和大小，在厚度方向伸长或缩短，产生机械振动而辐射出超声波。晶体的这种效应称为逆压电效应。具有正、逆压电效应的晶体称为压电晶体。如果利用压电晶体来制作超声波换能器，可实现超声波和电脉冲之间的相互转换，以发射超声波和把接收到的超声波信号以电信号的形式在仪器上显示出来，从而达到超声波检测的目的。

二、超声场

充满超声波的空间叫做超声场。从物理学观点来看，超声场无边界，一个声源所产生的超声波在无穷大的弹性介质中可以传播到无穷远。典型的辐射声源是圆形平面晶片，它所辐射的声场是纵波轴对称声场。

第二节　超声波发射声场

一、圆盘波源辐射的纵波声场

1. 波源轴线上声压的分布

在连续简谐纵波且不考虑介质衰减的条件下，图 2-1 所示的液体介质中圆盘

波源上的一个点波源 $\mathrm{d}S$ 辐射的球面波在波源轴线上 Q 点引起的声压为

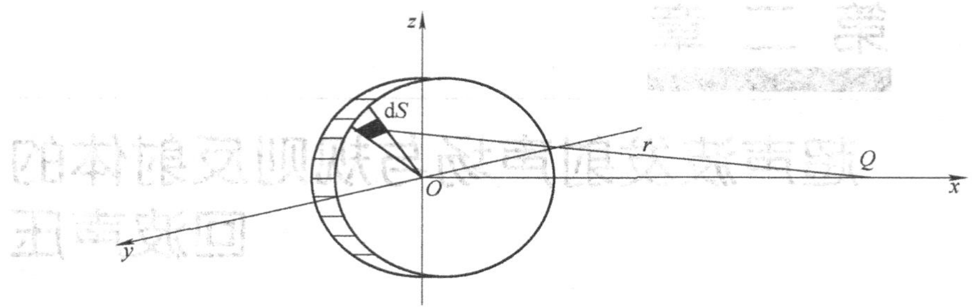

图 2-1　圆盘波源轴线上声压推导图

$$\mathrm{d}p=\frac{p_o\mathrm{d}S}{\lambda r}\sin(\omega t-kr)$$

式中　p_o——波源的起始声压；

$\mathrm{d}S$——点波源的面积；

λ——波长；

r——点波源到 Q 点的距离；

k——波数，$k=\omega/c=2\pi/\lambda$；

ω——圆频率，$\omega=2\pi f$；

t——时间。

所以对整个波源面积进行积分就可以得到波源轴线上任意一点的声压，即

$$p=\iint_S \mathrm{d}p=2p_o\sin\left[\frac{\pi}{\lambda}\left(\sqrt{R_S^2+x^2}-x\right)\right]\sin(\omega t-kr)$$

其声压幅值为

$$p=2p_o\sin\left[\frac{\pi}{\lambda}\left(\sqrt{R_S^2+x^2}-x\right)\right] \tag{2-1}$$

式中　R_S——波源半径；

x——轴线上 Q 点至波源的距离。

当 $x\geqslant 2R_S$ 时，根据牛顿二项式 $(1+x)^m=1+mx+\frac{m(m+1)}{2!}x^2+\cdots+x^m$，由于 $R_S/x\leqslant 1/2$，将式（2-1）简化为

$$p=2p_o\sin\left[\frac{\pi x}{\lambda}\left(\sqrt{1+\left(\frac{R_S}{x}\right)^2}-1\right)\right]\approx 2p_o\sin\left(\frac{\pi}{2}\times\frac{R_S^2}{\lambda x}\right) \tag{2-2}$$

当 $x\geqslant 3R_S^2/\lambda$ 时（即 $\pi R_S^2/2\lambda x\leqslant\pi/6$ 时），根据 $\sin\theta\approx\theta$（θ 很小时），上式可简化为

$$p\approx\frac{p_o\pi R_S^2}{\lambda x}=\frac{p_o F_S}{\lambda x} \tag{2-3}$$

式中　F_S——波源面积，$F_S=\pi R_S^2=\pi D_S^2/4$（$D_S$ 为波源直径）。

式（2-3）表明，当 $x\geqslant 3R_S^2/\lambda$ 时，圆盘波源轴线上的声压与距离成反比，与波源面积成正比。波源轴线上的声压随着距离变化的情况如图 2-2 中的实线所示。

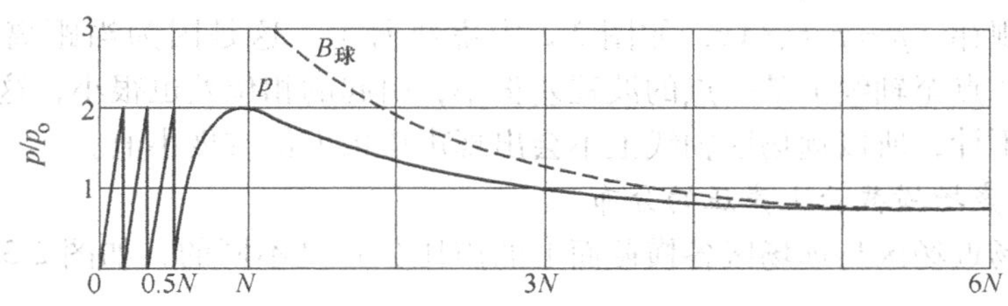

图 2-2　圆盘波源轴线上声压的分布

（1）近场区　波源附近由于波的干涉而出现一系列声压极大值和极小值的区域，称为超声场的近场区，又称为菲涅耳区。近场区中的声压分布不均的原因是波源各点至轴线上某点的距离不同，存在波程差，互相叠加时存在相位差而互相干涉，使某些地方声压相互加强，另一些地方互相减弱，于是就出现了声压极大值与极小值的点。

波源轴线上最后一个声压极大值至波源的距离称为近场区长度，用 N 表示。

当 $\sin\left[\frac{\pi}{\lambda}\left(\sqrt{\frac{D_S^2}{4}+x^2}-x\right)\right]=\sin\frac{(2n+1)\ \pi}{2}=1$ 时，声压 p 有极大值，化简得极大值对应的距离为

$$x=\frac{D_S^2-\lambda^2\ (2n+1)^2}{4\lambda(2n+1)}$$

式中　n——0，1，2，3，…，小于（$D_S-\lambda$）$/2\lambda$ 的正整数，共有 $n+1$ 个极大值，其中 $n=0$ 为最后一个极大值。

因此近场区长度为

$$N=\frac{D_S^2-\lambda^2}{4\lambda}\approx\frac{D_S^2}{4\lambda}=\frac{R_S^2}{\lambda}=\frac{F_S}{\pi\lambda} \tag{2-4}$$

当 $\sin\left[\frac{\pi}{\lambda}\left(\sqrt{\frac{D_S^2}{4}+x^2}-x\right)\right]=\sin n\pi=0$ 时，p 有极小值，化简得极小值对应的距离为

$$x=\frac{D_S^2-(2n\lambda)^2}{8n\lambda}$$

式中　n——0，1，2，3，…，小于 $D_S/2\lambda$ 的正整数，共 n 有个极小值。

由式（2-4）可知，近场区长度与波源面积成正比，与波长成反比。

在近场区检测定量是不利的，因为处于声压极小值处的较大缺陷回波可能较低，而处于声压极大值处的较小缺陷回波可能较高，这样就容易引起误判甚至漏检，所以应尽可能避免近场区检测定量。

（2）远场区　波源轴线上至波源的距离 $x>N$ 的区域称为远场区。远场区轴线上的声压随着距离的增加单调减小。当 $x>3N$ 时，声压与距离成反比，近似球面波的规律，$p=p_{o}F_{S}/\lambda x$，如图 2-2 中虚线所示。这是因为当距离 x 足够大时，波源各点至轴线上某一点的波程差很小，引起的相位差也很小，这时干涉现象可忽略不计，所以远场区轴线上不会出现声压极大值或极小值。

2. *超声场横截面上声压的分布*

超声场近场区与远场区各横截面上的声压分布是不同的，如图 2-3 和图 2-4 所示。

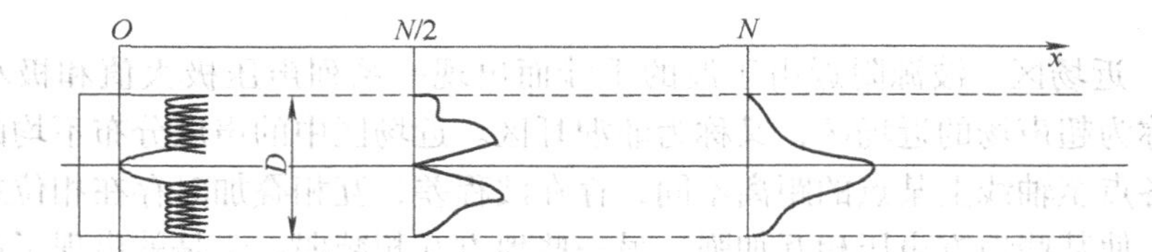

图 2-3　圆盘波源（$D/\lambda=16$）近场区中 $x=0$，$x=N/2$，$x=N$ 的横截面上的声压分布

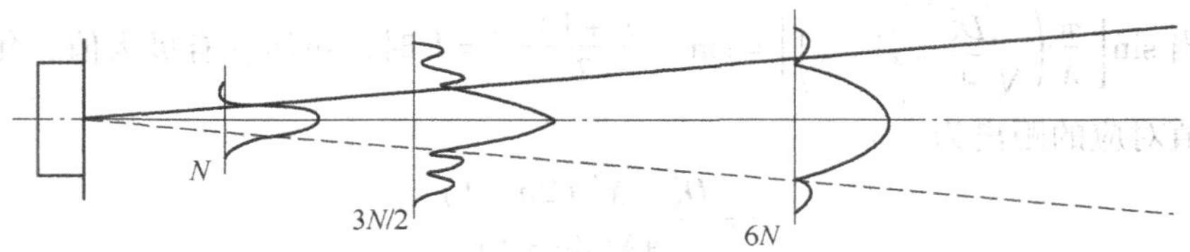

图 2-4　圆盘波源（$D/\lambda=16$）远场区中 $x=N$，$x=3N/2$，$x=6N$ 的横截面上的声压分布

在 $x<N$ 的近场区内，存在中心轴线上声压为 0 的截面，如 $x=0.5N$ 处的截面，中心声压为 0，偏离中心声压较高。在 $x>N$ 的远场区内，轴线上的声压最高，偏离中心声压逐渐降低，且同一横截面声压的分布是完全对称的。在实际检测中，测定探头波束轴线的偏离和横波斜探头的 K 值时，规定要在 $2N$ 以外进行就是缘于此。

3. *波束指向性和半扩散角*

远场区中任意一点声压推导图如图 2-5 所示。

点波源 $\mathrm{d}S$ 在至波源充分远处任意一点 M 处引起的声压为

$$\mathrm{d}p=\frac{p_{o}\mathrm{d}S}{\lambda r'}\sin(\omega t-kr')$$

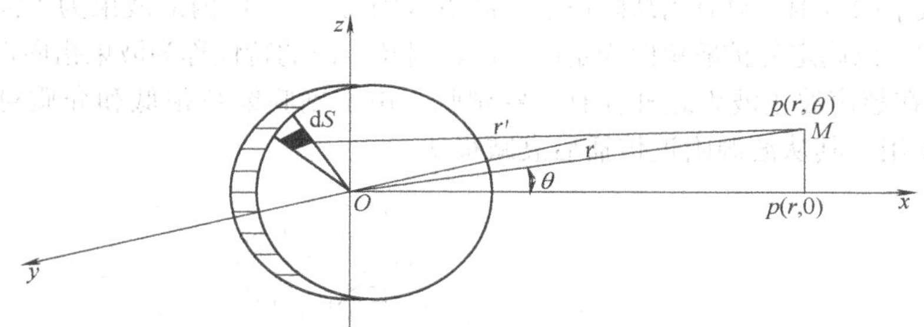

图 2-5　远场区中任意一点声压推导图

整个圆盘波源在点 M 处引起的总声压幅值为

$$p = \frac{p_o F_S}{\lambda r}\left[\frac{2J_1(kR_S\sin\theta)}{kR_S\sin\theta}\right] \tag{2-5}$$

式中　r——点 M 至波源中心的距离；

θ——r 与波源轴线的夹角；

J_1——第一类贝塞尔函数。

$$J_1(y) = \sum_{m=0}^{\infty}(-1)^m \frac{y^{2m+1}}{2^{2m+1}m!(m+1)!}$$

波源前充分远处任意一点的声压 $p(r, \theta)$ 与波源轴线同距离处声压 $p(r, 0)$ 之比，称为指向性系数，用 D_c 表示。

$$D_c = \frac{p(r,\theta)}{p(r,0)} = \frac{2J_1(kR_S\sin\theta)}{kR_S\sin\theta} \tag{2-6}$$

令 $y = kR_S\sin\theta$，则

$$D_c = \frac{2J_1(y)}{y} = 1 - \frac{y^2}{2^2\times1!\times2!} + \frac{y^4}{2^4\times2!\times3!} - \cdots + (-1)^m\frac{y^{2m}}{2^{2m}m!\ (m+1)!}$$

D_c 与 y 的关系如图 2-6 所示。由图 2-6 可知：

1）$D_c = p(r,\theta)/p(r,0) \leqslant 1$。这说明超声场中至波源充分远处同一横截面上各点的声压是不同的，以轴线上的声压为高。只有当波束轴线垂直于缺陷界面时，缺陷回波才最高。

2）当 $y = kR_S\sin\theta = 3.83$，$7.02$，$10.17$ 等时，$D_c = p(r,\theta)/p(r,0) = 0$，即 $p(r,\theta) = 0$。这说明圆盘波源辐射的声束截面声场中存在一些声压为零的点。由 $y = kR_S\sin\theta = 3.83$ 得

$$\theta_0 = \arcsin 1.22\lambda/D_S \approx 70\lambda/D_S \tag{2-7}$$

式中　θ_0——圆盘波源辐射的纵波声场的第一零值发散角，又称为半扩散角。

3）当 $y > 3.83$，即 $\theta > \theta_0$ 时，$|D_c| < 0.15$。这说明半扩散角 θ_0 以外的声场声压很低，超声波的能量主要集中在半扩散角 θ_0 以内。因此，可以认为半扩散角

限制了波束的范围。只有当缺陷位于主波束范围时，$2\theta_0$ 以内的波束为主波束才容易被发现。以确定的扩散角向固定的方向辐射超声波的特性称为波束指向性。

4）在超声波主波束之外存有一些副膜，由于副膜能量很低和介质对超声波的衰减作用，其从波源附近传播后衰减很快。

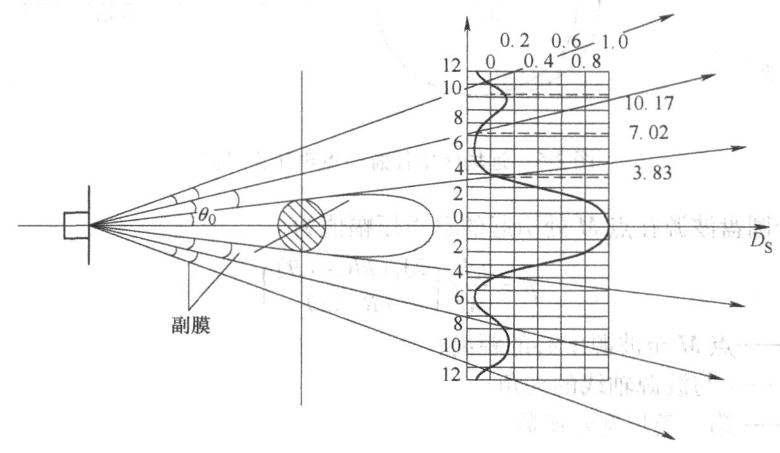

图 2-6 圆盘波源波束指向性

5）由 $\theta_0=70\lambda/D_S$ 可知，增加探头直径 D_S，提高检测频率 f，半扩散角 θ_0 将减小，即可以改善波束指向性，使超声波的能量更集中，有利于提高检测灵敏度。但由 $N=D_S^2/4\lambda$ 可知，增大 D_S 和 f，近场区 N 长度增加，对检测不利。因此，在实际检测中要综合考虑 D_S 和 f 对 θ_0 和 N 的影响，应合理选择 D_S 和 f，一般是在保证检测灵敏度的前提下尽可能减少近场区长度。

4. 波束未扩散区与扩散区

超声波波源辐射的超声波是以特定的角度向外扩散出去的，但并不是从波源开始扩散的，而是在波源附近存在一个未扩散区 b，其理想化的形状如图 2-7 所示。

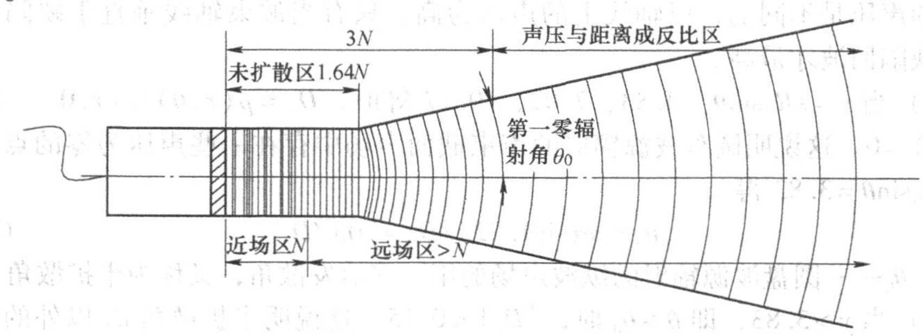

图 2-7 圆盘波源理想化声场中的波束未扩散区和扩散区

由 $\sin\theta_0 = 1.22\dfrac{\lambda}{D_S} = \dfrac{D_S/2}{\sqrt{b^2 + (D_S/2)^2}}$得

$$b \approx \frac{D_S^2}{2.44\lambda} = 1.64N \tag{2-8}$$

在波束未扩散区 b 内，波束不扩散，不存在扩散衰减，各截面平均声压基本相同，因此薄板试块前几次底波相差无几。

到波源的距离 $x > b$ 的区域称为扩散区。扩散区内波束扩散，存在扩散衰减。

例 2-1　用$f = 2.5\text{MHz}$，$D_S = 20\text{mm}$ 的探头检测波速 $c_L = 5900\text{m/s}$ 的工件，那么近场区长度 N、半扩散角 θ_0 和未扩散区 b 分别为

$$N = \frac{D_S^2}{4\lambda} = \frac{D_S^2 f}{4c_L} = \frac{20^2\text{mm}^2 \times 2.5 \times 10^6\text{Hz}}{4 \times 5900 \times 10^3\text{mm/s}} = 42.4\text{mm}$$

$$\theta_0 = 70\frac{\lambda}{D_S} = 70\frac{c_L}{D_S f} = 70° \times \frac{5900 \times 10^3\text{mm/s}}{20\text{mm} \times 2.5 \times 10^6\text{Hz}} = 8.26°$$

$$b = 1.64N = 1.64 \times 42.4\text{mm} = 69.5\text{mm}$$

二、矩形波源辐射的纵波声场

如图 2-8 所示，矩形波源作活塞振动时，在液体介质中辐射的纵波声场同样存在近场区和未扩散角。近场区内声压分布复杂，理论计算困难。远场区声源轴线上任意一点 Q 处的声压用液体介质中的声场理论可以导出，其计算公式为

$$p(r,\theta,\varphi) = \frac{p_o F_S}{\lambda r}\frac{\sin(ka\sin\theta\cos\varphi)}{ka\sin\theta\cos\varphi}\frac{\sin(kb\sin\varphi)}{kb\sin\varphi} \tag{2-9}$$

式中　F_S——矩形波源面积，$F_S = 4ab$。

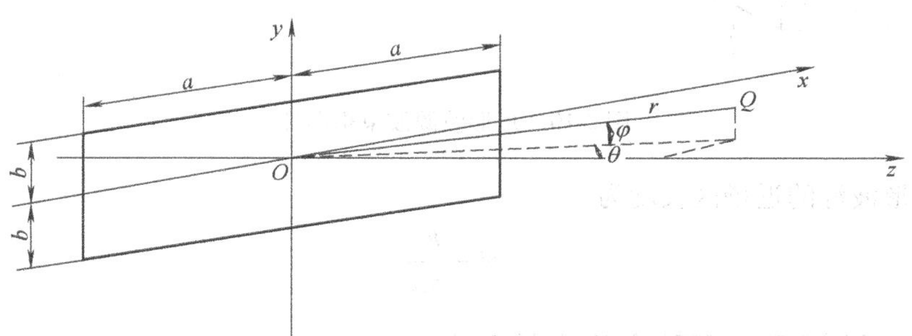

图 2-8　矩形波源声场的坐标系统

当 $\theta = \varphi = 0°$时，由式（2-9）得远场轴线上某点的声压为

$$p(r,0,0) = \frac{p_o F_S}{\lambda r} \tag{2-10}$$

当 $\theta=0°$ 时，则式（2-9）得 yOz 平面内远场某点的声压为

$$p(r,0,\varphi)=\frac{p_o F_S}{\lambda r}\frac{\sin(kb\sin\varphi)}{kb\sin\varphi} \tag{2-11}$$

这时在 yOz 平面内的指向性系数 D_c 为

$$D_c=\frac{p(r,0,\varphi)}{p(r,0,0)}=\frac{\sin(kb\sin\varphi)}{kb\sin\varphi}=\frac{\sin y}{y} \tag{2-12}$$

由式（2-12）得 D_c-y 的关系曲线如图 2-9 所示。由图 2-9 可知，当 $y=kb\sin\varphi=\pi$ 时，$D_c=0$。这时对应的 yOz 平面内半扩散角 θ_0 为

$$\theta_0=\arcsin\frac{\lambda}{2b}\approx 57\frac{\lambda}{2b} \tag{2-13}$$

同理可导出 xOz 平面内半扩散角 θ_0 为

$$\theta_0=\arcsin\frac{\lambda}{2a}\approx 57\frac{\lambda}{2a} \tag{2-14}$$

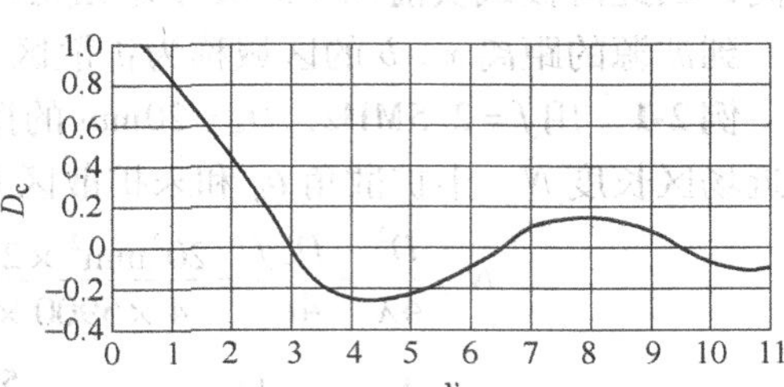

图 2-9　D_c-y 关系曲线

由以上论述可知，矩形波源辐射的纵波声场与圆盘波源不同，矩形波源有两个不同的半扩散角，其声场为矩形，如图 2-10 所示

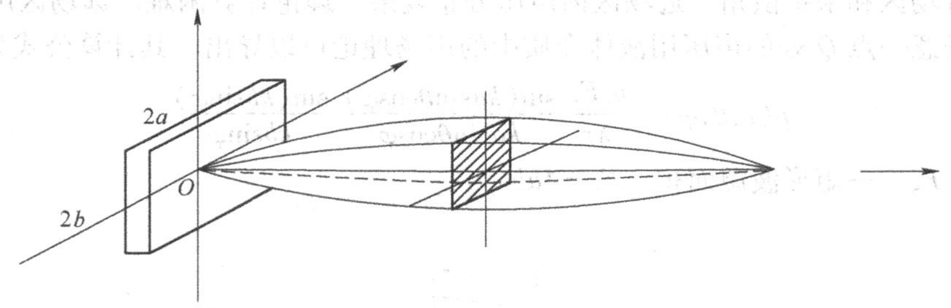

图 2-10　矩形波源波束指向性

矩形波源的近场区长度为

$$N=\frac{F_S}{\pi\lambda} \tag{2-15}$$

三、近场区在两种介质中的分布

公式 $N=D_S^2/4\lambda$ 只适用于均匀介质。在实际检测中，有时近场区分布在两种不同的介质中。如图 2-11 所示的水浸检测，超声波先进入水中，然后再进入钢中。当水层厚度较小时，近场区就会分布在水、钢两种介质中。设水层厚度为 L，则钢中剩余近场区长度 N 为

$$N = N_2 - L\frac{c_1}{c_2} = \frac{D_S^2}{4\lambda_2} - L\frac{c_1}{c_2} \tag{2-16}$$

式中　N_2——钢中近场区长度；

c_1——水中波速；

c_2——钢中波速；

λ_2——钢中波长。

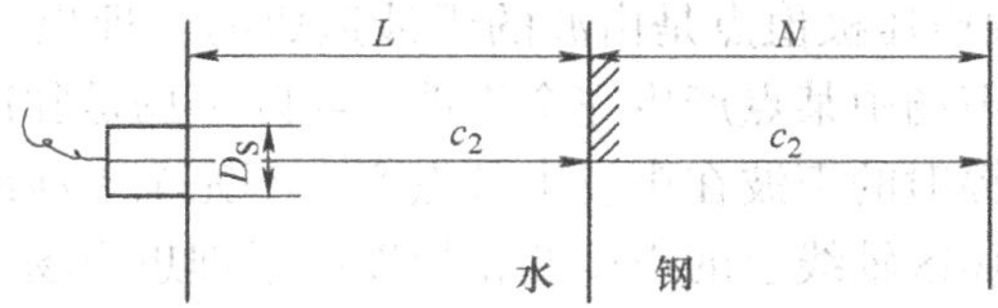

图 2-11　近场区在两种介质中的分布

例 2-2　用 2.5MHz，ϕ14mm 的纵波直探头水浸检测钢板，已知水层厚度为 20mm，钢中 c_2 = 5900m/s，水中 c_1 = 1480m/s，求钢中近场区长度 N。

解　钢中纵波波长为

$$\lambda_2 = \frac{c}{f} = \frac{5900\text{m/s}}{2.5\text{MHz}} = 2.36\text{mm}$$

钢中近场区长度 N 为

$$N = \frac{D_S^2}{4\lambda_2} - L\frac{c_1}{c_2} = \frac{14\text{mm} \times 14\text{mm}}{4 \times 2.36\text{mm}} - \frac{20\text{mm} \times 1480\text{m/s}}{5900\text{mm}} = 15.7\text{mm}$$

四、实际声场与理想声场的比较

以上讨论的是液体介质，波源作活塞振动，辐射连续波等理想条件下的声场，简称为理想声场。实际检测中往往是固体介质，波源非均匀激发，辐射脉冲波声场简称为实际声场。它与理想声场是不完全相同的。

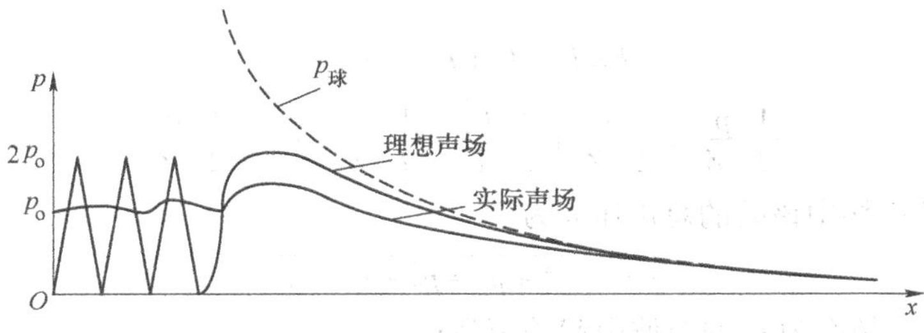

图 2-12　实际声场与理想声场声压比较

由图 2-12 可知，实际声场与理想声场在远场区轴线上的声压分布基本一致。

这是因为，当与波源间的距离足够远时，波源各点至轴线上某点的波程差明显减小，从而使波的干涉大大减弱，甚至不产生干涉。但在近场区内，实际声场与理想声场存在明显区别。理想声场轴线上声压存在一系列极大值和极小值，且极大值为 $2p_o$，极小值为零。实际声场轴线上声压虽然也存在极大值与极小值，但是波动幅度小，极大值远小于 $2p_o$，极小值也远大于零，同时极值点的数量明显减少。这可以从以下几方面来分析其原因。

1）近场区出现声压极值点是由波的干涉造成的。理想声场是连续波，波源各点辐射的声波在声场中某点产生完全干涉。实际声场是脉冲波，脉冲波持续时间很短，波源各点辐射的声波在声场中某点产生不完全干涉或不产生干涉，从而使实际声场中的近场区轴线上的声压变化幅度小于理想声场，极值点减少。

2）根据傅里叶级数，脉冲波可以视为常数项和无限个 n 倍基频的正弦波、余弦波之和。设脉冲波函数为 $f(t)$，则

$$f(t) = \frac{a_0}{2} + \sum_{n=1}^{\infty} (a_n \cos\omega t + b_n \sin\omega t)$$

式中　t——时间；

n——正整数；

ω——圆频率，$\omega = 2\pi f = 2\pi T$；

a_0、a_n、b_n——由 $f(t)$ 决定的常数。

由于脉冲波是由许多不同频率的正弦波、余弦波组成的，每种频率的波决定一个声场，因此总声场就是各不同声场的叠加。

由 $p = p_o \sin\left[\frac{\pi}{\lambda}\left(\sqrt{R_S^2 + x^2} - x\right)\right]$ 可知，波源轴线上的声压极值点位置随着波长 λ 的变化而变化，不同 f 的声场极值点不同，它们互相叠加后总声压就趋于均匀，使近场区声压分布不均的情况得到改善。

脉冲波声场某点的声压可用下述方法来求得。设声场中某处的总声强为 I，则

$$I = I_1 + I_2 + I_3 + \cdots + I_n$$

即
$$\frac{1}{2}\frac{p^2}{Z} = \frac{1}{2}\frac{p_1^2}{Z} + \frac{1}{2}\frac{p_2^2}{Z} + \frac{1}{2}\frac{p_3^2}{Z} + \cdots + \frac{1}{2}\frac{p_n^2}{Z}$$

所以超声场中该处的总声压 p 为

$$p = \sqrt{p_1^2 + p_2^2 + p_3^2 + \cdots + p_n^2}$$

式中　I_n——频率为 f_n 的谐波引起的声强；

p_n——频率为 f_n 的谐波引起的声压。

3）实际声场的波源是非均匀激发的，波源中心振幅大，边缘振幅小，由波源边缘引起的波程差较大，对干涉影响也较大。因此，这种非均匀激发的实际波

源产生的干涉要小于均匀激发的理想波源。当波源的激发强度按高斯曲线变化时，近场区轴线上的声压将不会出现极大值或极小值，这就是高斯探头的优越性。

4）理想声场是针对液体介质而言的，而实际检测对象往往是固体介质。在液体介质中，液体内某点的压强在各个方向上的大小是相同的。波源各点在液体中某点引起的声压可视为同方向上进行线性叠加。在固体介质中，波源某点在固体中某点引起的声压方向在二者连线上。对于波源轴线上的点，由于对称性，使垂直于轴线方向的声压分量互相抵消，使轴线方向的声压分量互相叠加。显然，这种叠加干涉要小于液体介质中的叠加干涉，这也是实际声场近场区轴线上声压分布较均匀的一个原因。

第三节　横波发射声场

一、假想横波波源

目前常用的横波探头是使纵波倾斜入射到界面上，通过波型转换来实现横波检测的。当 $\alpha_L = \alpha_{\text{I}}$，$\alpha_{\text{II}}$时，纵波全反射，第二介质中只有折射横波。

横波探头辐射的声场由第一介质中的纵波声场与第二介质中的横波声场两部分组成，两部分声场是折断的，如图 2-13 所示。为了便于理解计算，可将第一介质中的纵波波源转换为轴线与第二介质中横波波束轴线重合的假想横波波源，这时整个声场可视为由假想横波波源辐射出来的连续的横波声场。

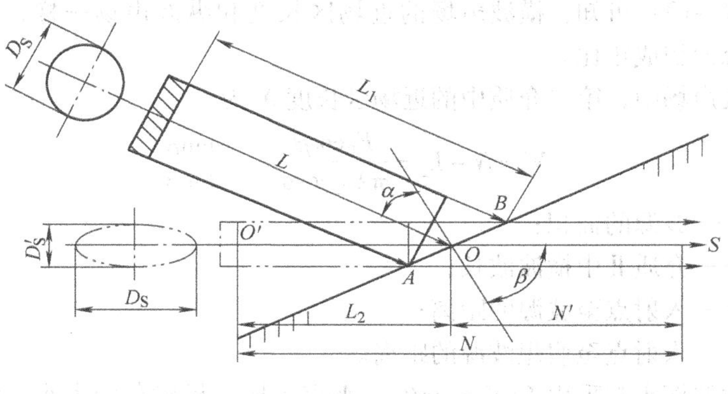

图 2-13　横波声场

当实际波源为圆形时，其假想横波波源为椭圆形，椭圆的长轴等于实际波源的直径 D_S，短轴直径 D_S'为

$$D_S' = D_S \frac{\cos\beta}{\cos\alpha} \tag{2-17}$$

式中　β——横波折射角；

α——纵波入射角。

二、横波声场的结构

1. 波束轴线上的声压

横波声场同纵波声场一样，由于波的干涉而存在近场区和远场区。当 $x \geqslant 3N$ 时，横波声场波束轴线上的声压为

$$p = \frac{KF_S\cos\beta}{\lambda_{S2}x\cos\alpha} \tag{2-18}$$

式中　K——系数；

F_S——波源的面积；

λ_{S2}——第二介质中横波波长；

x——轴线上某点至假想波源的距离。

由式（2-18）可知，在横波声场中，当 $x \geqslant 3N$ 时，波束轴线上的声压与波源面积成正比，与至假想波源的距离成反比，类似纵波声场。

2. 近场区长度

横波声场近场区长度为

$$N = \frac{F_S\cos\beta}{\pi\lambda_{S2}\cos\alpha} \tag{2-19}$$

式中　N——近场区长度，由假想波源 O' 算起。

由式（2-19）可知，横波声场的近场区长度和纵波声场一样，与波长成反比，与波源面积成正比。

在横波声场中，第二介质中的近场区长度 N' 为

$$N' = N - L_2 = \frac{F_S\cos\beta}{\pi\lambda_{S2}\cos\alpha} - L_1\frac{\tan\alpha}{\tan\beta} \tag{2-20}$$

式中　F_S——波源的面积；

λ_{S2}——介质Ⅱ中横波波长；

L_1——入射点至波源的距离；

L_2——入射点至假想波源的距离。

我国横波探头常采用 $K(K=\tan\beta_S)$ 来表示横波折射角的大小，常用 K 的值为 1.0、1.5、2.0、2.5 等。为了便于计算近场区长度，将 K 与 $\cos\beta/\cos\alpha$、$\tan\alpha/\tan\beta$ 的关系列于表 2-1。

表 2-1　K 与 $\cos\beta/\cos\alpha$、$\tan\alpha/\tan\beta$ 的关系

K	1.0	1.5	2.0	2.5
$\cos\beta/\cos\alpha$	0.88	0.78	0.68	0.6
$\tan\alpha/\tan\beta$	0.75	0.66	0.58	0.5

例 2-3　试计算 2.5MHz、14mm×16mm 方晶片 $K1.0$ 和 $K2.0$ 横波探头的近场区长度 N（钢中 $c_{S2}=3230\text{m/s}$）。

解　$\lambda_{S2}=\dfrac{c_{S2}}{f}=\dfrac{3230\text{m/s}}{2.5\text{MHz}}=1.29\text{mm}$

$$N_1(K_1)=\frac{ab\cos\beta_1}{\pi\lambda_{S2}\cos\alpha_1}=\frac{14\text{mm}\times16\text{mm}}{3.14\times1.29\text{mm}}\times0.88=48.7\text{mm}$$

$$N_2(K_2)=\frac{ab\cos\beta_2}{\pi\lambda_{S2}\cos\alpha_2}=\frac{14\text{mm}\times16\text{mm}}{3.14\times1.29\text{mm}}\times0.68=37.7\text{mm}$$

上述计算结果表明，当横波探头晶片尺寸一定时，K 值增大，近场区长度将减小。

例 2-4　2.5MHz、10mm×12mm 方晶片 $K2.0$ 横波探头，有机玻璃中入射点至晶片的距离为 12mm，求此探头在钢中的近场区长度 N'。（钢中 $c_{S2}=3230\text{m/s}$）

解　$\lambda_{S2}=\dfrac{c_{S2}}{f}=\dfrac{3230\text{m/s}}{2.5\text{MHz}}=1.29\text{mm}$

$$N'=\frac{ab\cos\beta}{\pi\lambda_{S2}\cos\alpha}-L_1\frac{\tan\alpha}{\tan\beta}=\frac{10\text{mm}\times12\text{mm}}{3.14\times1.29\text{mm}}\times0.68-12\text{mm}\times0.58=13\text{mm}$$

3. 半扩散角

从假想横波声源辐射的横波声束同纵波声束声场一样，具有良好的指向性，可以在被检材料中定向辐射，只是声束的对称性与纵波声场有所不同，如图 2-14 所示。

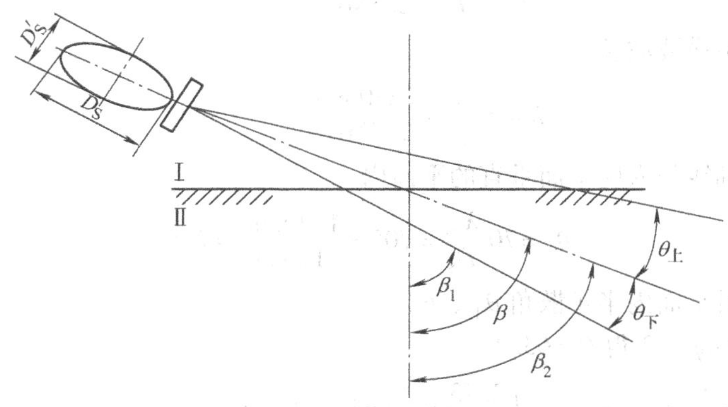

图 2-14　横波声场半扩散角

纵波斜入射在第二介质中产生横波声场，声束不再对称于声束轴线，而是存在上下两个半扩散角，其中上半扩散角 $\theta_{上}$ 大于声束下半扩散角 $\theta_{下}$。

$$\theta_{上}=\beta_2-\beta$$

$$\theta_{下}=\beta-\beta_1$$

$$\sin\beta_1=a-b,\ \sin\beta_2=a+b \tag{2-21}$$

$$a=\sin\beta\sqrt{1-\left(\frac{1.22\lambda_{L1}}{D_S}\right)^2}$$

$$b=\frac{1.22\lambda_{L1}c_{S2}}{D_Sc_{L1}}\cos\alpha$$

当横波垂直入射时，其声束对称于轴线，这时半扩散角 θ_0 可按式（2-22）和式（2-23）计算。

（1）圆片形声源

$$\theta_0=\arcsin1.22\frac{\lambda_{S2}}{D_S}\approx70\frac{\lambda_{S2}}{D_S} \tag{2-22}$$

（2）矩形正方形声源

$$\theta_0=\arcsin\frac{\lambda_{S2}}{2a}\approx57\frac{\lambda_{S2}}{2a} \tag{2-23}$$

下面举例说明横波和纵波声场半扩散角的比较。

例2-5 用2.5MHz、ϕ12mm，$K2$ 横波斜探头检测钢制工件，已知探头中有机玻璃纵波波速 $c_{L1}=2730$m/s，钢中横波波速 $c_{S2}=3230$m/s，求钢中横波声场的半扩散角。

解

1）有机玻璃中纵波波长

$$\lambda_{L1}=\frac{c_{L1}}{f}=\frac{2730\text{m/s}}{2.5\text{MHz}}\approx1.09\text{mm}$$

2）钢中横波波长

$$\lambda_{S2}=\frac{c_{S2}}{f}=\frac{3230\text{m/s}}{2.5\text{MHz}}\approx1.29\text{mm}$$

3）过轴线与入射平面垂直的平面内

$$\theta_0=70\frac{\lambda_{S2}}{D_S}=70^\circ\times\frac{1.29\text{mm}}{12\text{mm}}\approx7.5^\circ$$

4）入射平面内半扩散角 $\theta_{上}$、$\theta_{下}$

由 $K=\tan\beta=2$ 得 $\beta=63.4^\circ$。

由 $\frac{\sin\alpha}{\sin\beta}=\frac{c_{L1}}{c_{S2}}$ 得 $\alpha=\arcsin\left(\frac{2.73}{3.23}\times\sin63.4^\circ\right)=49.1^\circ$

$$a = \sin\beta\sqrt{1-\left(\frac{1.22\lambda_{L1}}{D_S}\right)^2} = 0.895\times\sqrt{1-\left(\frac{1.22\times1.09\text{mm}}{12\text{mm}}\right)^2} = 0.889$$

$$b = \frac{1.22\lambda_{L1}c_{S2}}{D_S c_{L1}}\cos\alpha = \frac{1.22\times1.09\text{mm}\times3230\text{m/s}}{12\text{mm}\times2730\text{m/s}}\times\cos 49.1° = 0.086$$

$$\beta_1 = \arcsin(a-b) = \arcsin(0.889-0.086) = 53.4°$$

$$\beta_2 = \arcsin(a+b) = \arcsin(0.889+0.086) = 77.2°$$

$$\theta_{上} = \beta_2 - \beta = 77.2° - 63.4° = 13.8°$$

$$\theta_{下} = \beta - \beta_1 = 63.4° - 53.4° = 10°$$

计算结果如图 2-15 所示。

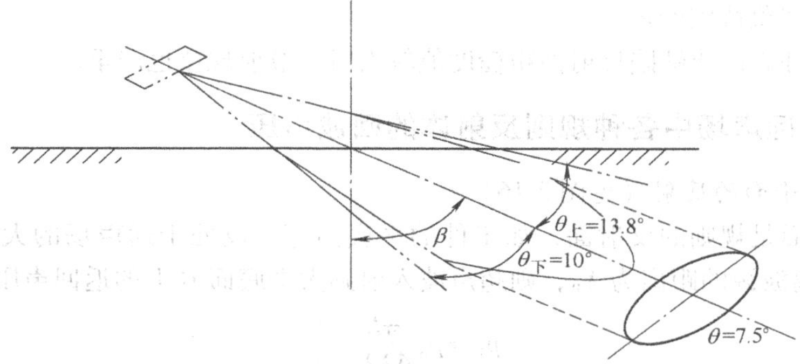

图 2-15　2.5MHz，ϕ12mm，K2 斜探头半扩散角

例 2-6　用 2.5MHz，ϕ12mm 纵波直探头检测钢工件，钢中 $c_L = 5900\text{m/s}$，求其半扩散角。

解

$$\lambda_L = \frac{c_L}{f} = \frac{5900\text{m/s}}{2.5\text{MHz}} = 2.36\text{mm}$$

$$\theta_0 = 70\frac{\lambda_L}{D_S} = 70°\times\frac{2.36\text{mm}}{12\text{mm}} \approx 13.8°$$

由上述两个例子可以看出，在其他条件相同时，横波声束的指向性比纵波好，横波的能量集中一些。

第四节　超声波的绕射、散射和对规则反射体的回波声压

一、超声波的绕射和散射

1. 超声波的绕射

在一定条件下，超声波的传播方向不再遵守直线传播的规律，会绕过障碍物

或通过小孔后扩展传播，这种现象称为绕射现象。

声波绕射本领取决于小孔或障碍物尺寸 D 和波长 λ 之比。当 $D \leqslant \lambda$ 时，声波可以完全绕射；当 $D \approx \lambda$ 时，有绕射和反射，且产生声影区；当 $D > \lambda$ 时，声影区较大。绕射现象可以发现声束方向上几个连续的缺陷，也可以从一个角度来解释脉冲反射法超声波检测的最小检测能力。

2. 超声波的散射

超声波在传播过程中，遇到障碍物所产生的不规则的反射和折射现象称为散射。散射现象的强弱取决于材料的内部组织、波长和异质界面的不平度。

当材料中存在粗晶组织或者组织中存在缺陷，且它们的尺寸与声波波长相当时，散射现象特别严重。

当工件表面或缺陷反射面粗糙度值较大时，散射现象也严重。

二、远声场中各种规则反射体的回波声压

1. 大平面的反射（见图2-16）

大平面是规则的反射面，如工件的平底面等。设处于远声场的大平底面为 B，它距离波源的距离为 X_B，则超声波入射到大平底面 B 上的返回声压为

$$p_B = p_o \frac{\pi D^2}{4\lambda X_B} \frac{1}{2} \tag{2-24}$$

由式（2-24）可以看出：若把大平底面看作镜面反射，则探头上接收的返回声压相当于传播了 $2X_B$ 声程远处时的声压，正好为入射声压的1/2。

2. 圆形（平底孔）或方形平面的反射（见图2-17）

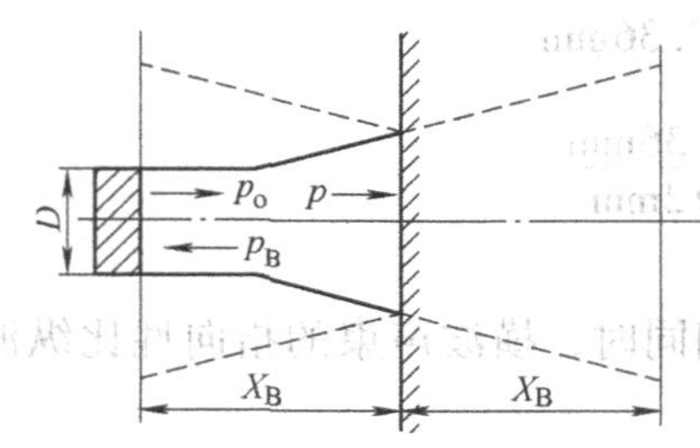

图2-16　大平面的反射

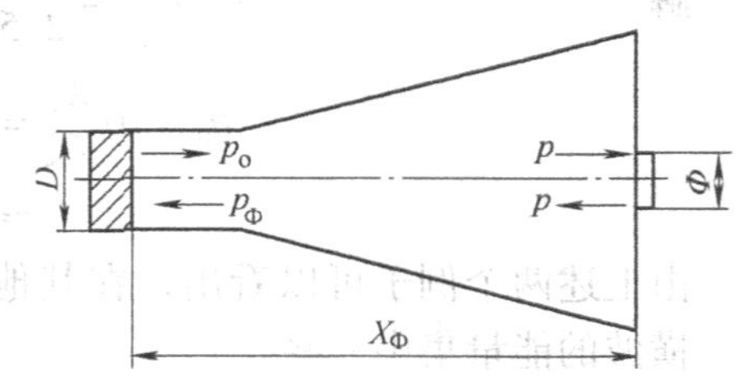

图2-17　圆形（平底孔）或方形平面的反射

离探头晶片距离 X_Φ 处有一直径为 Φ 的平底孔底面反射体，则超声波入射到平底孔的返回声压为

$$p_\Phi = p_o \frac{\pi D^2}{4\lambda X_\Phi} \frac{\pi \Phi^2}{4\lambda X_\Phi} \tag{2-25}$$

3. 圆柱面的反射

离探头晶片距离 X_Φ 处有一直径为 Φ 的圆柱体反射体，其长度为 L，则超声

波入射到圆柱体的返回声压有两种情况：

1）当 L 大于声束宽度时（见图 2-18），称为长横孔，其返回声压为

$$p_{\phi l}=p_o\frac{\pi D^2}{4\lambda X_\phi}\frac{1}{2}\sqrt{\frac{\phi}{2X_\phi}} \tag{2-26}$$

2）当 L 小于或等于声束宽度时（见图 2-19），称为短横孔，其返回声压为

$$p_{\phi s}=p_o\frac{\pi D^2}{4\lambda X_\phi}\frac{L}{2X_\phi}\sqrt{\frac{\phi}{\lambda}} \tag{2-27}$$

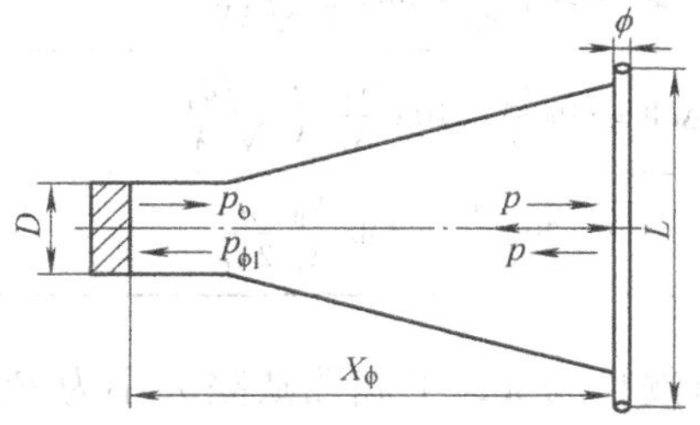

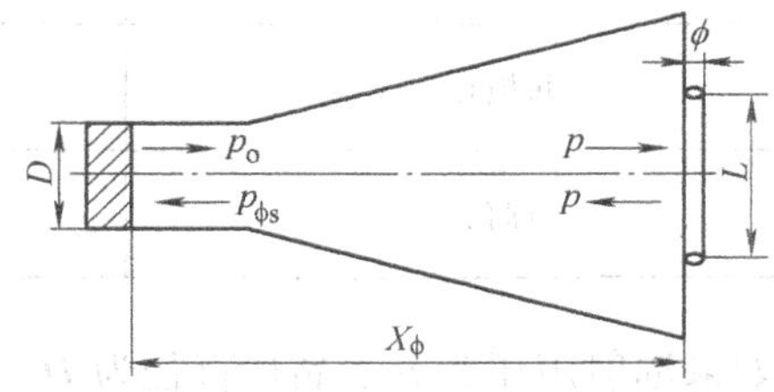

图 2-18　圆柱面的反射（L 大于声束宽度）图 2-19　圆柱面的反射（L 小于或等于声束宽度）

4. 球形面的反射（见图 2-20）

离探头晶片距离 X_d 处有一直径为 d 的球孔反射体，则超声波入射到球孔的返回声压为

$$p_d=p_o\frac{\pi D^2}{4\lambda X_d}\frac{d}{4X_d} \tag{2-28}$$

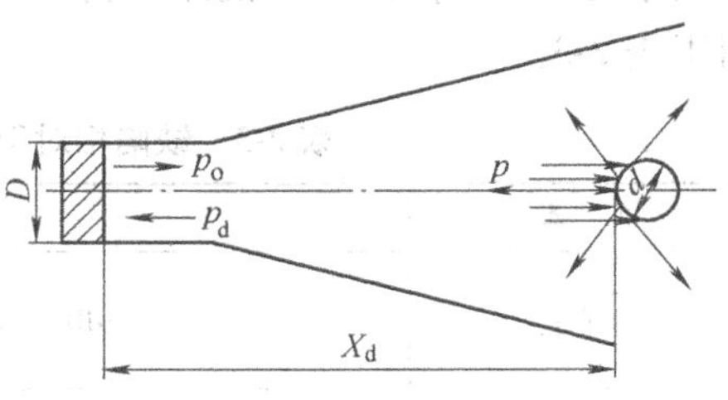

图 2-20　球形面的反射

5. 平底槽的反射

离探头晶片距离 X_μ 处有一宽度为 μ 的平底槽反射体，其槽长大于声束直径，则超声波入射到平底槽的返回声压为

$$p_\mu=p_o\frac{\pi D^2}{4\lambda X_\mu}\frac{\mu}{\sqrt{2\lambda S}} \tag{2-29}$$

三、缺陷声压反射系数及其应用

1. 缺陷声压反射系数的定义和种类

在超声波检测中，常用未知量（缺陷反射波高）与已知量（基准反射体波高）相比较的方法来确定缺陷的量。由于声压反射系数表示了两个声压之比，因此，只要知道它们相对比值（或分贝数）就可求得未知量。

如果辐射声压为 p_o，晶片直径为 D，入射波长为 λ，平底孔缺陷大小为 Φ_f，横孔缺陷大小为 ϕ_f，横孔缺陷长度为 L，球孔缺陷大小为 d，缺陷距声源的距离

为 X_f，大平底面距声源的距离为 X_B，现将缺陷相对于大平底面的 dB 差列于表 2-2。

表 2-2 缺陷相对于大平底面的 dB 差

种　类	dB 差
平底孔	$\Delta dB = 20\lg\frac{p_\Phi}{p_B} = 20\lg\frac{X_B}{X_f}\frac{\pi\Phi_f^2}{2\lambda X_f}$
长横孔	$\Delta dB = 20\lg\frac{p_\phi}{p_B} = 20\lg\frac{X_B}{X_f}\sqrt{\frac{\phi_f}{2X_f}}$
短横孔	$\Delta dB = 20\lg\frac{p_{\phi s}}{p_B} = 20\lg\frac{X_B}{X_f}\frac{L}{X_f}\sqrt{\frac{\phi_f}{\lambda}}$
球孔	$\Delta dB = 20\lg\frac{p_d}{p_B} = 20\lg\frac{X_B}{X_f}\frac{d}{2X_f}$

如果辐射声压为 p_o，晶片直径为 D，入射波长为 λ，平底孔缺陷大小为 Φ_f，平底孔基准反射体大小为 Φ_j，横孔缺陷大小为 ϕ_f，横孔缺陷长度为 L_f，横孔基准反射体大小为 ϕ_j，横孔基准反射体长度为 L_j，球孔缺陷大小为 d_f，球孔基准反射体大小为 d_j，缺陷距声源的距离为 X_f，则将缺陷相对于几种人工反射体的 dB 差列于表 2-3。

表 2-3 缺陷相对于几种人工反射体的 dB 差

种　类	dB 差
平底孔	$\Delta dB = 20\lg\frac{p_\Phi}{p_j} = 40\lg\frac{\Phi_f}{\Phi_j}\frac{X_j}{X_f}$　　$\Phi_f = \Phi_j\frac{X_f}{X_j}10^{\frac{\Delta dB}{40}}$
长横孔	$\Delta dB = 20\lg\frac{p_{\phi l}}{p_j} = 10\lg\frac{\Phi_f}{\Phi_j}\frac{X_j^3}{X_f^3}$　　$\phi_f = \phi_j\frac{X_f}{X_j}10^{\frac{\Delta dB}{10}}$
短横孔	$\Delta dB = 20\lg\frac{p_{\phi s}}{p_j} = 10\lg\frac{\Phi_f}{\Phi_j}\frac{L_f^2}{L_j^2}\frac{X_j^4}{X_f^4}$　　$\phi_j = \phi_f\left(\frac{L_j^2X_f^4}{L_f^2X_j^4}\right)10^{\frac{\Delta dB}{10}}$
球孔	$\Delta dB = 20\lg\frac{p_d}{p_j} = 20\lg\frac{d_f}{d_j}\frac{X_j^2}{X_f^2}$　　$d_f = d\left(\frac{X_f}{X_j}\right)^2 10^{\frac{\Delta dB}{20}}$

2. 声压反射系数的应用

声压反射系数和相应的 dB 差，可以用来计算灵敏度调整量和调整检测灵敏度，也可以用来确定缺陷当量的大小、孔型换算，以及制作通用 AVG 线图和计算尺寸等。

（1）调整检测灵敏度

例 2-7　用规格为 2.5P20 的直探头检测厚度为 300mm 的锻钢件，要求直径

大于或等于3mm的缺陷不漏检，问利用工件大平底如何调节检测灵敏度？若改用材质与工件相同的200/Φ2人工平底孔试块，如何调节检测灵敏度？

解　由题意已知，工件中所要求的检测灵敏度为300/Φ3，即 $X_f=300\text{mm}$，$\Phi_f=3\text{mm}$，灵敏度调节基准为工件大平底，所以 $X_B=300\text{mm}$。

因此，利用工件底面调节的灵敏度调整量应为

$$\Delta\text{dB}=20\lg\frac{p_\Phi}{p_B}=20\lg\frac{X_B}{X_f}\frac{\pi\Phi_f^2}{2\lambda X_f}=20\lg\frac{300}{300}\times\frac{3^2\pi}{2\times\frac{5.59}{2.5}\times300}=-34\text{dB}$$

调整时将工件底面回波调至基准高度后，再用衰减器增益34dB，即达到300/Φ3的探测灵敏度。

当利用200/Φ2人工平底孔试块调节灵敏度时，工件中所要求的检测灵敏度为300/Φ3，即 $X_f=300\text{mm}$，$\Phi_f=3\text{mm}$，$X_j=200\text{mm}$，$\Phi_j=2\text{mm}$。因此，利用200/Φ2人工平底孔试块调节的灵敏度调整量应为

$$\Delta\text{dB}=20\lg\frac{p_\Phi}{p_j}=40\lg\left(\frac{\Phi_f}{\Phi_j}\frac{X_j}{X_f}\right)=40\lg\left(\frac{3}{2}\times\frac{200}{300}\right)=0\text{dB}$$

这表示200/Φ2和300/Φ3的灵敏度是一样的，调整时将200/Φ2人工平底孔试块上直径为2mm的平底孔反射回波调至基准高度后，即达到300/Φ3的检测灵敏度。

（2）确定缺陷当量大小

例2-8　用规格为2.5P20的直探头检测厚度为400mm的锻钢件，发现距检测面250mm处有一缺陷，此缺陷回波与工件完好区底面波高之比为－16dB，求此缺陷的平底孔当量。

解　由题意已知，缺陷的参考基准为工件大平底，且 $X_B=400\text{mm}$，$X_f=250\text{mm}$，$\Delta\text{dB}=-16\text{dB}$，则

$$\Delta\text{dB}=20\lg\frac{p_\Phi}{p_B}=20\lg\left(\frac{X_B}{X_f}\frac{\pi{\Phi_f}^2}{2\lambda X_f}\right)$$

即

$$-16=20\lg\left(\frac{X_B}{X_f}\right)\frac{\pi{\Phi_f}^2}{2\lambda X_f}$$

$$10^{\frac{-16}{20}}=\frac{400}{250}\times\frac{\pi{\Phi_f}^2}{2\times\frac{5.9}{2.5}\times250}$$

$$\Phi_f^2=\frac{0.158\times250\times2\times\frac{5.9}{2.5}\times250}{400\pi}\ (\text{mm}^2)\ =37.1\text{mm}^2$$

$$\Phi_f=\sqrt{37.1\text{mm}^2}=6\text{mm}$$

因此，此缺陷的平底孔当量为6mm。

例 2-9 用规格为 2P14 的直探头检测厚度为 350mm 的锻钢件，发现距检测面 200mm 处有一缺陷，其回波高度比基准试块中的深度为 150mm、直径为 2mm 平底孔回波高度高 11dB，求此缺陷的平底孔当量。该缺陷相当于多大的横孔直径？

解 由题意已知，缺陷的参考基准为平底孔，因此基准孔径 $\Phi_j=2\text{mm}$，基准距离 $X_j=150\text{mm}$，缺陷距离 $X_f=200\text{mm}$，波高差距 $\Delta\text{dB}=11\text{dB}$，则缺陷距离大小为

$$\Phi_f=\Phi_j\frac{X_f}{X_j}10^{\frac{\Delta dB}{40}}=2\text{mm}\times\frac{200\text{mm}}{150\text{mm}}\times10^{\frac{11}{40}}=5\text{mm}$$

因此，此缺陷的平底孔当量为 5mm。若换算成长横孔，虽然孔型不同，但是对同一个缺陷而言，它们的声压反射系数是相等的，所以就有

$$p_\Phi=p_o\frac{\pi D^2}{4\lambda X_\Phi}\frac{\pi\Phi^2}{4\lambda X_\Phi}=p_{\phi 1}=p_o\frac{\pi D^2}{4\lambda X_\phi}\frac{1}{2}\sqrt{\frac{\phi}{2X_\phi}}$$

$$\frac{\pi\Phi^2}{4\lambda X_\Phi}=\frac{1}{2}\sqrt{\frac{\phi}{2X_\phi}}$$

因 $\Phi=5\text{mm}$，$X_\Phi=X_\phi=X_f=200\text{mm}$，则

$$\phi=\left(\frac{\pi\Phi^2}{2\lambda X_f}\right)2X_f=\left(\frac{5^2\pi}{2\times\frac{5.9}{2}\times200}\right)\times400\text{mm}=1.8\text{mm}$$

因此，此缺陷相当于 1.8mm 横孔的直径。

四、制作 AVG 曲线

AVG 曲线也叫 DGS 曲线。它描述了距离、增益量、缺陷尺寸三者之间的关系。由于它能方便地用来进行缺陷当量的计算，所以它也是一种主要的缺陷定量方法。为使曲线具有通用性，即使其不受工件检测声程、晶片直径和检测频率的限制，也可在通用 AVG 曲线中采用相对缺陷距离和相对缺陷尺寸的概念，用标准化处理（或归一化处理）方法来表示所需的基本量。

1. 几个基本量的定义

相对缺陷距离 A 也称为归一化距离。它是以探头近场区长度 N 为单位来衡量的反射体距离（x），即 $A=x/N$。在通用 AVG 曲线中以 A 为横坐标，并以常用对数来标度。

相对缺陷尺寸 G 也称为归一化缺陷当量尺寸。它是以探头晶片直径 D_S 为单位来衡量的反射体直径 D_f，即 $G=D_f/D_S$。只要在通用 AVG 曲线中对应一个 G，就有一条相应的曲线。相临 G 值之间的变化也是常用对数规律。

波幅增益量 V(dB) 表示反射声压相对于起始声压的 dB 值。

$$V=20\lg\gamma=20\lg\frac{p}{p_o}\qquad(2\text{-}30)$$

在通用 AVG 曲线中，以 V(dB) 为纵坐标，采用十进位制常用坐标，横坐标 A 和曲线间距 G 采用对数坐标。

2. 平底孔通用 AVG 曲线（见图 2-21）

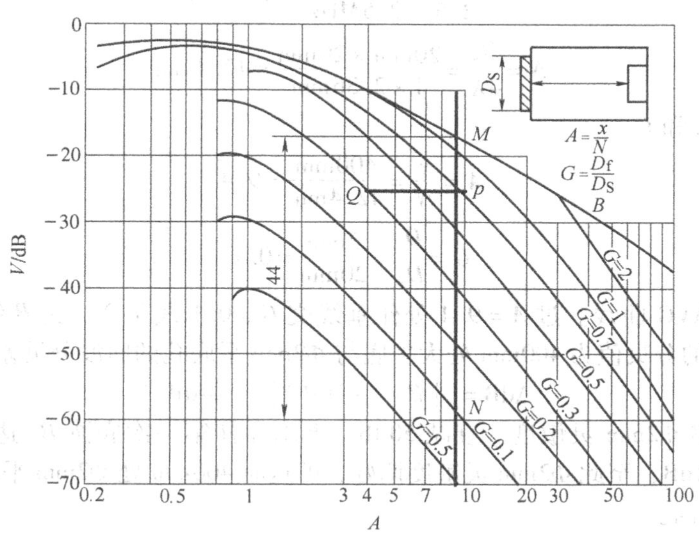

图 2-21　平底孔通用 AVG 曲线

平底孔底面的相对缺陷距离为

$$A_f = \frac{x_f}{N} = \frac{4\lambda x_f}{D^2} \tag{2-31}$$

缺陷相对尺寸为

$$G_f = \frac{D_f}{D_S} \qquad D_f^2 = G_f^2 \times D_S^2 \tag{2-32}$$

将它们代入式 $V = 20\lg\gamma = 20\lg\frac{p}{p_o}$，得

$$V_f = 40\lg\pi + 40\lg G_f - 40\lg A_f \tag{2-33}$$

式（2-33）表明，对于每一个 G 值，在 A-V 坐标系中就有一条对应的 AVG 曲线。在直探头纵波检测时，平底孔 AVG 曲线可直接用来确定检测灵敏度调整量和计算缺陷的平底孔当量。

例 2-10　用规格为 2.5P20 的直探头检测厚度为 400mm 的饼形锻钢件，发现距检测面 170mm 处有一缺陷，此缺陷回波比工件完好区底面波低 10dB，如何利用底波调整 Φ2mm 平底孔灵敏度？求此缺陷的平底孔当量尺寸。（已知钢中 c_L = 5900m/s）

解

1）调灵敏度

① 求 N

$$\lambda = \frac{c_L}{2.5} = \frac{5900\text{m/s}}{2.5\text{MHz}} = 2.36\text{mm}$$

$$N = \frac{D_S^2}{4\lambda} = \frac{20\text{mm} \times 20\text{mm}}{4 \times 2.36\text{mm}} = 42.4\text{mm}$$

② 求 A 和 G

$$A = \frac{x}{N} = \frac{400\text{mm}}{42.4\text{mm}} = 9.4$$

$$G = \frac{D_f}{D_S} = \frac{2\text{mm}}{20\text{mm}} = 0.1$$

③ 查 AVG 曲线。过 $A=9.4$ 处作垂线交 $G=0.1$ 线于 N，交 B 线于 M，则 MN 所对应的分贝值为 400mm 处大平底与 Φ2mm 平底孔的回波分贝差。

$$\Delta\text{dB} = [B] - [\Phi 2] = 44\text{dB}$$

④ 调整 Φ2mm 灵敏度。衰减 50dB，调增益使第一次底波 B_1 达基准波高，然后去掉44dB，至此 Φ2mm 灵敏度调好，即这时 400mm 处 Φ2mm 平底孔回波正好达基准波高。

2）对缺陷定量

① 求 A_f

$$A_f = \frac{x_f}{N} = \frac{170\text{mm}}{42.4\text{mm}} = 4$$

② 求 G_f。过 $A_f=4$ 作垂线，与过比 M 点低 10dB 的 P 点所作的水平线相交于 Q 点，则 Q 点对应的 G 值为所求 $G_f=0.3$。

③ 求此缺陷的当量尺寸

$$D_f = G_f D_S = 0.3 \times 20\text{mm} = 6\text{mm}$$

3. 实用 AVG 曲线

以横坐标表示实际声程，纵坐标表示规则发射体相对波高，用来描述距离、波幅、当量大小之间的关系曲线，称为实用 AVG 曲线，如图 2-22 所示。实用 AVG 曲线可由以下公式得到。

不同距离的大平底回波 dB 差为

$$\Delta\text{dB} = 20\lg\frac{p_{B1}}{p_{B2}} = 20\lg\frac{x_2}{x_1} \tag{2-34}$$

不同距离的不同大小平底孔回波 dB 差为

$$\Delta\text{dB} = 20\lg\frac{p_{f1}}{p_{f2}} = 40\lg\frac{D_{f1}x_2}{D_{f2}x_1} \tag{2-35}$$

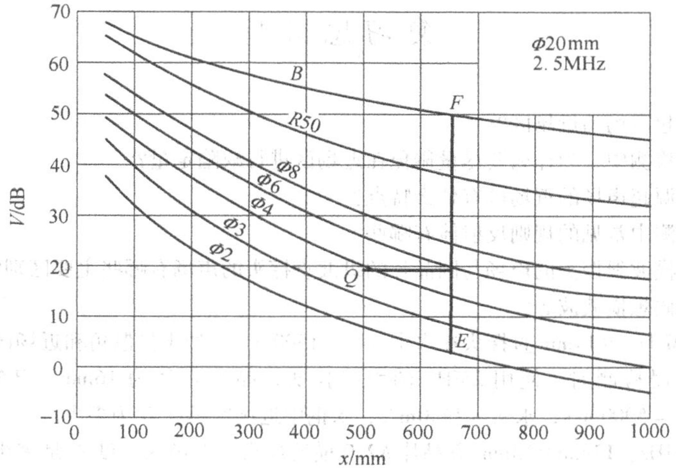

图 2-22　平底孔实用 AVG 曲线

同距离的大平底与平底孔回波 dB 差为

$$\Delta dB = 20\lg\frac{p_B}{p_f} = 20\lg\frac{2\lambda x}{\pi D_f^2} \tag{2-36}$$

在用上述公式计算绘制实用 AVG 曲线时，要统一灵敏度基准。

实用 AVG 曲线中 $x \geqslant 3N$ 部分，可由理论计算得到，还可由实测 CSI 试块得到，但 $x < 3N$ 的区域只能通过实测得到。

由于实用 AVG 曲线是由特定探头实测和计算得到的，因此实用 AVG 曲线也只适用于特定探头的尺寸和频率。

实用 AVG 曲线同样可用于调整检测灵敏度和对缺陷定量，而且比通用 AVG 曲线方便。

例 2-11　用规格为 2.5P20 的直探头检测厚度为 650mm 的饼形锻钢件，发现距检测面 500mm 处有一缺陷，此缺陷回波比工件完好区底面波低 31dB，如何利用底波调整 Φ2mm 平底孔灵敏度？求此缺陷的当量尺寸。

解

1）灵敏度的调整。如图 2-22 所示，在 $x = 650$mm 处作垂线，交 Φ2mm 曲线于 E，交 B 曲线于 F，则 EF 对应的分贝值（48dB）就表示该处大平底与 Φ2mm 平底孔回波分贝差，然后再按前面所述灵敏度的调整方法进行调整。

2）对缺陷定量。如图 2-22 所示，在 $x = 500$mm 处作垂线，与比 F 点低 31dB 的水平线相交于 Q 点，则 Q 点所对应的曲线当量的当量尺寸 Φ4 就是所求缺陷的当量大小。

复习思考题

1. 什么是超声场的近场区?

2. 在超声检测中，为什么要尽量避免在近场区进行缺陷定量?

3. 圆盘波源超声场的近场区有什么特点?

4. 超声检测中常见的规则反射体有哪些?

5. 方晶片横波斜探头的声场与圆晶片的纵波直探头的声场有哪些主要区别?

6. 什么是假想横波波源?

7. 计算5MHz，Φ14mm直探头在水中（$c_L=1500$m/s）的半扩散角和近场区长度。

8. 钢板水浸检测时，使用2MHz的水浸探头，晶片直径为16mm，已知水层厚度为30mm，当钢$c_L=5900$m/s，水$c_L=1450$m/s，求钢中近场区长度N为多少。

9. 计算5MHz，13mm×13mm方晶片K2.0横波探头的近场区长度N是多少。（钢中$c_S=3230$m/s）

10. 2.5MHz，14mm×16mm方晶片K2.0横波斜探头，在有机玻璃中入射点至晶片的距离为12mm，求此探头在钢中的近场区长度N。（钢中$c_S=3230$m/s，钢中$c_L=5850$m/s，有机玻璃中$c_L=2730$m/s）

11. 4MHz，12mm×14mm的方晶片，K1.0的横波斜探头，在有机玻璃中入射点至晶片的距离为14mm，求探头在铝中的近场区长度为多少。（铝中$c_S=3100$m/s，有机玻璃中$c_L=2730$m/s，铝中$c_L=6100$m/s）

12. 使用规格为2P121×2，K2斜探头，检测钢中（$c_S=3230$m/s，$X=200$mm，楔块中声程不计）孔径均为3mm的平底孔、长横孔、球孔，试计算哪个反射体的回波最高。反射波高相差多少dB?

13. 用频率为2.5MHz的探头超声检测均为超声场远场区的两个人工缺陷Φ5mm平底孔和Φ2mm长横孔，试计算此两个反射体在多少声程时的回波高度相等。

14. 使用2.5MHz，13mm×13mm，K2斜探头，检测钢中远场区同声程（$c_S=3230$m/s，楔块中声程不计），孔径为ϕ2mm、ϕ3mm的长横孔，计算反射波高相差多少dB。

第三章

超声波探伤仪和探头

培训学习目标：掌握超声波探伤仪的工作原理及应用，熟悉超声波检测试块和探头的分类、作用及选用原则。

第一节　超声波探伤仪

超声波探伤仪种类繁多，应用最为广泛的是带有A型显示屏、脉冲反射式、单通道工作的携带式探伤仪，包括模拟式超声波探伤仪和数字式超声波探伤仪。

一、超声波探伤仪的特点

1）A型显示屏以横坐标（时间轴）表示超声波往复传播时间（传播距离），纵坐标表示脉冲回波高度，该高度与反射体返回声压成正比。

2）可用单探头或双探头进行检测，以单通道方式进行工作。

3）对缺陷定位准确，发现微小缺陷的能力（灵敏度）较高。

4）在声束覆盖范围内，可同时显示不同声程上的多个缺陷，对相邻缺陷有一定分辨能力。

5）适应性较广，配以不同探头可对工件进行纵波、横波、表面波和板波检测。

6）设备轻便，便于携带，适于现场使用。

7）只能以回波高低来表示反射体的反射量，因此缺陷量值显示不直观，探伤结果不连续，且不易记录和存档。

8）检测结果受人为因素影响较大，对操作者技术水平要求较高。

二、模拟式超声波探伤仪的一般工作原理和基本组成

1. 电路框图（见图3-1）

1）同步电路是超声波探伤仪的心脏和指挥中心，它决定着探伤仪的重复

频率。

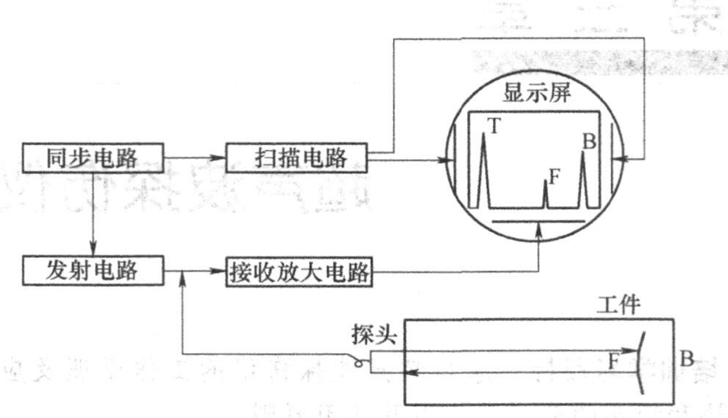

图 3-1　模拟式超声波探伤仪电路框图

2）发射电路发射高频电脉冲，加到探头晶片上，使晶片产生振动，激发出超声波。

3）扫描电路使显示屏上出现一条明亮的时基线，也就是时间轴和水平扫描线。它控制着扫描速度，决定着仪器的检测范围。

4）接收放大电路将探头产生的微弱回波信号电压放大到显示屏的纵坐标方向，以显示工作电压。它控制着仪器的增益和衰减。

2. *仪器主要开关、旋钮的作用及其调整*

模拟式超声波探伤仪面板上有许多开关和旋钮，用于调节探伤仪的功能和工作状态。各主要开关和旋钮的作用及其调整方法如下：

1）工作方式选择旋钮。工作方式选择旋钮的作用是选择检测方式，即“双探”或“单探”方式。当旋钮置于“双探”位置时，为双探头一发一收工作状态，可用一个双晶探头或两个单探头检测，发射探头和接收探头分别连接到发射插座和接收插座。当旋钮置于“单探”位置时，为单探头发收工作状态，可用一个单探头检测。此时发射插座和接收插座从内部连通，探头可插入任一插座。探伤仪“单探”方式有两个位置，其中之一为中等发射强度挡，当旋钮置于该位置时，可用发射强度旋钮调节仪器的发射强度，同时改变仪器的灵敏度和分辨力。

2）发射强度旋钮。发射强度旋钮的作用是改变发射脉冲功率，从而改变仪器的发射强度。当增大发射强度时，可提高仪器灵敏度，但脉冲变宽，分辨力差。因此，在检测灵敏度能满足要求的情况下，发射强度旋钮应尽量放在较低的位置。

3）衰减器。衰减器的作用是调节检测灵敏度和测量回波振幅。当调节灵敏

度时，衰减读数大，回波幅度低；衰减读数小，灵敏度高。当测量回波振幅时，衰减读数大，回波幅度高；衰减读数小，回波幅度低。一般探伤仪的衰减器分粗调和细调两种。粗调每挡10dB或20dB，细调每挡2dB或1dB，总衰减量为80dB左右。

4）增益旋钮。增益旋钮也称为增益细调旋钮。其作用是改变接受放大器的放大倍数，进而连续改变探伤仪的灵敏度。使用时，将反射波高度精确地调节到某一指定高度，在将仪器灵敏度确定以后，在检测过程中一般不再调整增益旋钮。

5）抑制旋钮。抑制旋钮的作用是抑制显示屏上幅度较低或认为不必要的杂乱反射波，使之不予显示，从而使显示屏显示的波形清晰。

值得注意的是：在使用抑制旋钮时，仪器垂直线性和动态范围将被改变。抑制作用越大，仪器动态范围越小，从而在实际检测中有容易漏掉小缺陷的危险。因此，除非十分必要，一般不使用抑制旋钮。

6）深度范围旋钮。深度范围旋钮也称为深度粗调旋钮，其作用是粗调显示屏扫描线所代表的检测范围。调节深度范围旋钮，可较大幅度地改变时间扫描线的扫描速度，从而使显示屏上回波间距大幅度地压缩或扩展。

7）深度细调旋钮。深度细调旋钮的作用是精确调整检测范围。调节深度细调旋钮，可连续改变扫描线的扫描速度，从而使显示屏上的回波间距在一定范围内连续变化。调整检测范围时，应先将深度粗调旋钮置于合适的挡级，然后调节深度细调旋钮，使反射波的间距与反射体的距离成一定比例。

8）延迟旋钮。延迟旋钮（或称为脉冲移位旋钮）用于调节开始发射脉冲时刻与开始扫描时刻之间的时间差。调节延迟旋钮可使扫描线上的回波位置大幅度左右移动而不改变回波之间的距离。调节检测范围时，用延迟旋钮可进行零位校正，即先用深度粗调旋钮和深度细调旋钮调节好回波间距，再用延迟旋钮将反射波调至正确位置，使声程原点与水平刻度的零点重合。在水浸检测时，用延迟旋钮可将不需要观察的图形（水中部分）调到显示屏外，以充分利用显示屏的有效观察范围。

9）聚焦旋钮。聚焦旋钮的作用是调节电子束的聚焦程度，使显示屏波形清晰。除聚焦旋钮外，许多仪器还有辅助聚焦旋钮。当调节聚焦旋钮不能使用波形清晰时，可配合调节聚焦旋钮与辅助聚焦旋钮，使波形清晰为止。

10）频率选择旋钮。宽频带探伤仪的放大器频率范围宽，覆盖了整个检测所需的频率范围。宽频带探伤仪面板上没有频率选择旋钮，检测频率由探头频率决定。窄频带探伤仪设有频率选择开关，用以使发射电路与所用探头相匹配，并改变放大器的通带。使用时，开关指示的频率范围应与所选用探头相一致。

11）水平旋钮。水平旋钮也称为零位调节旋钮。调节水平旋钮，可使扫描线连同扫描线上的回波一起左右移动一段距离，但不改变回波间距。当调节检测范围时，可先用深度粗调旋钮和深度细调旋钮调好回波间距，再用水平旋钮进行零位校正。

12）重复频率旋钮。重复频率旋钮的作用是调节脉冲重复频率，即发射电路每秒钟发射脉冲的次数。当重复频率低时，显示屏图形较暗，灵敏度有所提高；当重复频率高时，显示屏图形较亮，这对露天检测时观察波形是有利的。应该指出，重复频率要视被探工件厚度进行调节。当所探厚度大时，应使用较低的重复频率；当所探厚度小时，可使用较高的重复频率。但重复频率过高时，易出现幻象波。有些探伤仪的重复频率旋钮与深度范围旋钮联动，调节深度范围旋钮时，重复频率随之调节到适合所探厚度的数值。

13）垂直旋钮。垂直旋钮用于调节扫描线的垂直位置。调节垂直旋钮，可使扫描线上下移动。

14）辉度旋钮。辉度旋钮用于调节波形的亮度。当波形亮度过高或过低时，可调节辉度旋钮，使亮度适中，但要兼顾聚焦性能。一般在进行辉度调整后应重新调节聚焦旋钮和辅助聚焦旋钮等。

15）深度补偿开关。有些探伤仪设有深度补偿开关或距离振幅矫正（DAC）旋钮。它们的作用是改变放大器的性能，使位于不同深度的相同尺寸缺陷的回波高度差异减小。

16）显示选择开关。显示选择开关用于选择“检波”或“不检波”显示。当显示选择开关置于“检波”位置时，荧光屏为不检波信号显示（或称为射频显示）。携带式探伤仪大多不具备这种开关。

三、数字智能探伤仪

随着科学技术的进步和计算机技术的广泛应用，超声波探伤仪的技术性能不断提高，功能不断增加，自动化程度越来越高，向数字化、智能化方向发展。这种仪器以高精度的运算、控制和逻辑判断功能来代替人大量的体力和脑力劳动，减少了人为因素造成的误差，提高了检测的可靠性，较好地解决了记录存储问题和再现性，目前已得到广泛的应用。

所谓数字式超声检测仪，主要是指发射、接收电路的参数控制和接收信号的处理、显示均采用数字化方式的仪器。不同的制造商生产的数字式仪器，可能会采用不同的电路设置，并且保留的模拟电路部分也不相同。但最主要的一点是探头接收的随时间变化的超声信号，需经 A/D 转换和数字处理后显示出来。

1. 数字式超声波探伤仪与模拟式超声波探伤仪的异同

（1）基本组成　图 3-2 是典型 A 型脉冲反射数字式超声检测仪的电路框图。从它的基本构成来看，数字式超声波探伤仪发射电路与模拟式超声波探伤仪发射

电路是相同的，接收放大电路的前半部分（包括衰减器和高频放大器等）与模拟式超声波探伤仪也是相同的。但信号经放大到一定程度后，则由 A/D 转换器将其变为数字信号，由微处理器进行处理后，在显示器上显示出来。对于传统仪器上的检波、滤波、抑制等功能数字式超声波探伤仪，可以通过对数字信号进行数字处理完成，也可在 A/D 转换前采用模拟电路完成。数字式超声波探伤仪的显示方式是二维点阵式的，与模拟式超声波探伤仪的显示方式有很大的不同，不再像模拟式超声波探伤仪那样由单行扫描线经幅度调节显示波形，而是由微处理器通过程序来控制显示器，实现逐行逐点扫描。发射电路和 A/D 转换器的同步控制不再需要同步电路，而是由微处理器通过程序来协调各部分的工作。

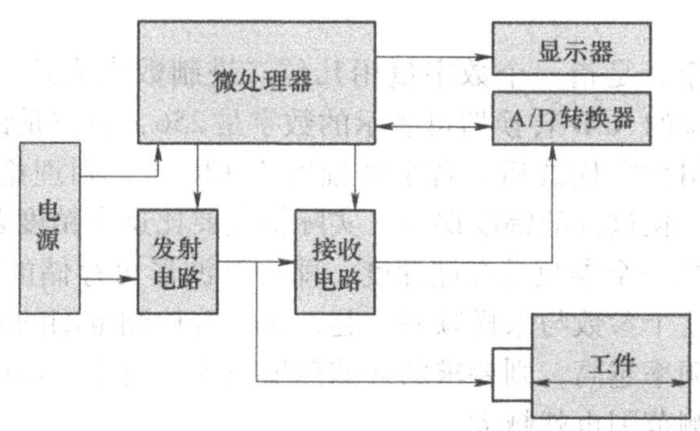

图 3-2　典型 A 型脉冲反射数字式超声波探伤仪电路框图

（2）超声波探伤仪的功能　从基本功能来看，数字式超声波探伤仪可提供模拟式超声波探伤仪具有的所有功能，但是各部分功能的控制方式是不同的。在模拟式超声波探伤仪中，操作者可直接拨动开关对仪器的电路进行调整，而在数字式超声波探伤仪中，则要通过人机对话，用按键或菜单的方式，将控制数据输入微处理器，然后由微处理器发出信号，控制各电路的工作。微处理器还可按照预先设定的程序，自动对仪器进行调整，这就给自动检测系统提供了极大的方便。

此外，数字化控制使得控制参数可以存储，并可以自动按存储的参数重新对仪器进行调整，从而方便检测过程的重复再现。检测波形的数字化使得仪器可进一步提供波形的记录与存储、波形参数的自动计算与显示（波高、距离等）、距离波幅曲线的自动生成、时基线比例的自动调整以及频谱分析等附加功能。

（3）超声波探伤仪的性能　从影响超声波探伤仪性能的最基本的部分（发射电路和接收电路）来看，数字式超声波探伤仪与模拟式超声波探伤仪是相同的，因此，超声波探伤仪的灵敏度、分辨能力、放大线性等与模拟超声波探伤仪差别不大，最主要的差别是数字式超声波探伤仪中的 A/D 转换、信号处理和显示部分。这部分的性能决定着显示的信号是否失真。失真严重时，会影响缺陷的判定，造成漏检、误检。仪器这部分性能的主要影响参数有 A/D 转换器的 A/D 转换频率、字长和存储深度以及显示器的刷新频率。

A/D 转换是通过对连续变化的模拟信号进行高速度、等间隔的采样，将其变换为一列大小变化的数字量的过程。对这些数字量可以进行计算、处理、显示。如果以数字的大小作为幅度，将这列数字仍按相同的间隔在直角坐标系中描绘出来，则重新构成了一个由分离的点组成的曲线，这就是数字化的波形。可见，若要重建的波形不失真，则需尽可能地增加采样密度，或者说提高采样频率。A/D 转换器的 A/D 转换频率决定了可采集的超声波信号的最高频率。若 A/D转换频率与超声波频率的比值不够大，则可能采集不到最大峰值，严重时可引起漏检。

A/D 转换器的字长是指一个数字量用几位二进制数来表达。它决定幅度读数的精度。一个 8 位的 A/D 转换器可表示的数字是 256，也就是说，可将幅度分为 256 个等级。采用数字检波后，若半波幅度为 128 级，则理论精度约为 1%。但实际上，由于数字化过程的幅度误差，实际精度要比这个精度要低一些。

A/D 转换器的另一个参数是存储深度，即一个波形可存储的数据点的多少，或称为数据长度。这个参数与采样频率一起，决定着检测范围的大小。对于一定的检测范围，采样频率越高，则要求的存储深度越大。对于一定的采样频率，存储深度越大，则检测范围也就越大。

A/D 转换后的数据，经计算处理后送到显示器显示。能否实时地把超声信号全部显示出来，与显示器的响应速度以及数据处理速度有关。显示器的刷新频率应与超声脉冲重复频率相一致，这样才能保证所有信号得到显示，否则，也可能造成缺陷漏检。这个问题在早期的数字式超声波探伤仪上表现得比较严重。

2. 数字式超声波探伤仪的优势与问题

综上所述，数字式超声波探伤仪与模拟式超声波探伤仪相比的优势在于：接收信号的数字化使超声信号的存储、记录、再现十分方便，改变了传统超声检测缺乏永久记录的缺点，同时，也方便了信号的分析与处理，从而可从接收的超声信号中得到更多的量化信息；显示器不需要传统的示波管，使得仪器更便于小型化；仪器参数的数字式控制使检测参数可以存储，使检测过程的重现更方便，还便于实现遥控等功能，为自动检测系统提供了更方便的条件。数字化使超声波探伤仪功能可用软件不断扩展，使一台超声波探伤仪能满足不同使用者的需求。

但是，数字式超声波探伤仪也有一些不利因素，例如 A/D 转换器的采样频率、数据长度、显示器的分辨率和刷新速度等带来的信号失真，可能给检测信号的评价带来一定的影响。在使用数字式超声波探伤仪时，必须对这些因素加以考虑，以免造成缺陷的漏检、误检等问题。

四、超声波探伤仪的维护保养

超声波探伤仪是一种比较精密的电子仪器，为减少故障的发生，延长其使用寿命，使其保持良好的工作状态，应注意对其进行维护保养。超声波探伤仪的维护应注意以下几点：

1）在使用前，应仔细阅读使用说明书，了解其性能特点，熟悉各控制开关和旋钮的位置、操作方法和注意事项，严格按说明书要求操作。

2）搬动超声波探伤仪时应防止强烈振动，现场检测尤其在高空作业时，应采取可靠的保护措施，防止摔碰，尽量避免在靠近强磁场、灰尘多、电源波动大、有强烈振动及温度过高或过低的场合使用超声波探伤仪。

3）超声波探伤仪工作时应防止雨、雪、水、机油等进入超声波探伤仪内部，以免损坏电路和元器件。

4）严格按说明书进行充电操作。放电后的蓄电池应及时充电。对于存放较久的蓄电池，在连接交流电源前，应仔细核对超声波探伤仪额定电源电压，防止错接电源，烧毁元器件。对于使用蓄电池供电的超声波探伤仪，也应定期给蓄电池充电，否则会影响蓄电池容量，甚至使其无法重新充电。

5）旋转或按旋钮时不宜用力过猛，尤其当旋钮在极端位置时更应注意，否则会使旋钮错位甚至损坏。拔接电源插头或探头插头时，应用手抓住插头壳体，不要抓住电缆线。应将探头线和电源线理顺，不要使其弯折扭曲。

6）每次用完超声波探伤仪后，应及时擦去表面灰尘、油污，放置在干燥的地方。在气候潮湿地区或潮湿季节，超声波探伤仪长期不用时，应定期接通电源开机一次，开机时间约0.5h，以驱除潮气，防止超声波探伤仪内部短路或击穿。

7）当超声波探伤仪出现故障时，应立即关闭电源，及时请维修人员检查修理。切忌随意拆卸，以免故障扩大和发生事故。

五、自动检测设备

传统的接触法手工扫查超声检测具有简便灵活、成本低等优点，但其检测过程受人为因素的影响较大。为了提高检测可靠性，对一定批量生产的具有特定形状、规格的材料和零件，越来越多地采用自动扫查、自动记录的超声检测系统。在使探头相对于工件做快速扫查方面，非接触的水浸或喷水检测方式具有很大的优势，因此，大多数自动检测系统均采用水浸法检测。由于超声检测要求扫查到整个工件表面，且在扫查过程中需保持探头相对于入射面的角度和距离不变，因此，应针对不同形状、规格的工件设计专用的机械扫查装置。

超声自动检测系统通常由超声检测仪与探头、机械扫查器（带有探头操纵装置）、扫查电气控制装置、水槽、显示与记录装置等构成。随着计算机技术的发展，在目前的检测系统中，检测仪器设置、扫查过程的控制和结果的记录与分析，统一由计算机软件协调进行。常见的扫查系统有：针对平面件的简单三轴扫查系统，扫描器可带动探头沿 X、Y、Z 三个方向运动；针对盘轴件的带转盘的系统；针对大型复合材料构件的穿透法喷水检测系统；专用于管、棒材旋转行进的系统等。不同的系统在机械装置、扫查方式和记录方式上可有很大的不同。很多系统可以同时显示 A 扫描、B 扫描和 C 扫描图形。有些生产线上的自动检测系统还带有自动上、下料的机械手。

六、超声波测厚仪

测厚的方法很多，除了常规的机械方法（卡尺、千分尺等）外，还有其他一些方法，如超声波测量、射线测厚、磁性测厚、电流法测厚等。这些方法中，目前应用最广的是超声波测厚仪，因为超声波测厚仪体积小、质量轻、速度快、精度高、携带使用方便。超声波测厚仪分为共振式、脉冲反射式和兰姆波式 3 种，下面分别予以简介。

1. 共振式测厚仪

从超声波理论可知，超声波（连续波）垂直入射到平板工件底面，产生全反射。当工件厚度为 $\lambda/2$ 的整数倍时，反射波与入射波互相叠加，形成驻波，产生共振。这时工件厚度与波速、频率的关系为

$$\delta = n\frac{\lambda}{2} = n\frac{c}{2f_n}$$

$$f_n = \frac{nc}{2\delta}$$

式中 δ——工件厚度；

λ——工件中的波长；

c——工件中的波速；

f_n——工件中第 n 次共振频率。

当 $n=1$ 时，所得 f 为工件的基频。测得两个相邻的共振频率后，可由式（3-1）得到工件的厚度。

$$\delta = \frac{c}{2(f_n - f_{n-1})} \tag{3-1}$$

共振式测厚仪的工作原理如图 3-3 所示。测厚时，调节调谐电容 C，改变振荡频率。由频率振荡器输出的交变电信号加到超声波探头上，产生的超声波在工件中传播。当超声波在工件中产生共振时，探头负载阻抗减小，通过电流表的板极电流达到极大值，这时的频率为共振频率。再次调节电容 C，改变频率，测出相邻的另一共振频率，进而利用式（3-1）求出工件厚度。

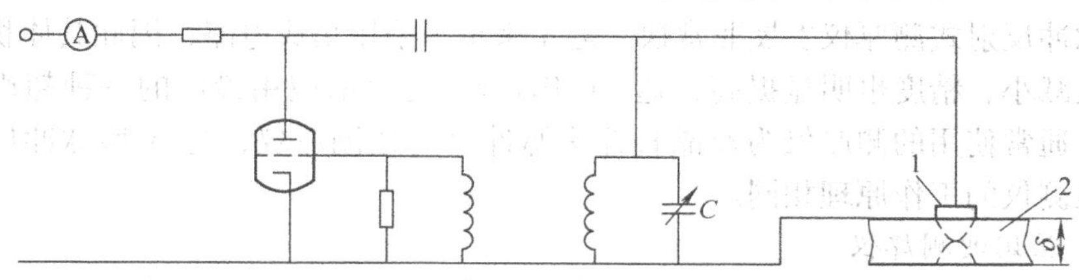

图 3-3 共振式测厚仪的工作原理

共振式测厚仪可测厚度下限小，最小可达 0.1mm；测试精度较高，可达 0.1%。但其使用不太方便，不能直读，需用公式计算工件厚度，另外，还要求被测工件上下表面平整、光洁。

2. 脉冲反射式测厚仪

脉冲反射式测厚仪通过测量超声波在工件上下底面之间往返一次的时间来求得工件的厚度。其计算公式为

$$\delta = \frac{1}{2}ct \tag{3-2}$$

式中 c——工件中的波速；

t——超声波在工件中往返一次的时间。

脉冲反射式测厚仪原理框图如图 3-4所示。发射电路发出脉冲很窄的周期性电脉冲，通过电缆加到探头上，激励探头中压电晶片产生超声波。该超声波在工件上下底面间产生多次反射。反射波被探头接收，转变为电信号，经放大器放大后输入计算电路，由计算电路计算出超声波在工件上下底面间往返一次的时间，最后再换算成工件厚度显示出来。

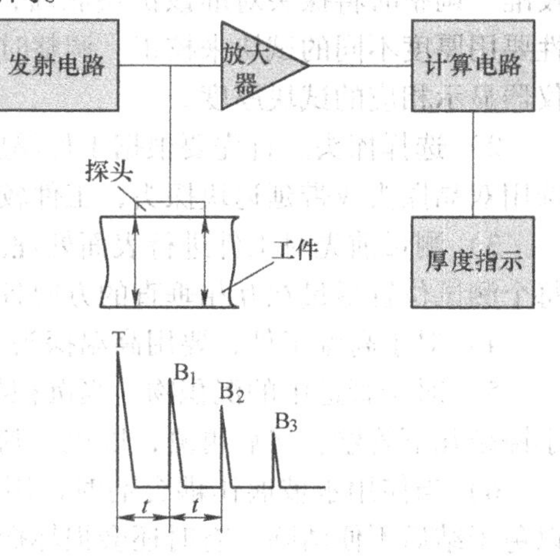

图 3-4 脉冲反射式测厚仪原理框图

测量往返时间 t 有以下两种方法：

1）测量发射脉冲 T 与第一次底波 B 之间的时间。这种方法发射脉冲宽度大，盲区大，一般测量厚度下限受限制，为 1～1.5mm。但这种方法的仪器原理简单，成本低廉。

2）测量第一次底波 B_1 与第二次底波 B_2 之间的时间或任意两次相邻底波之间的时间。这种方法底波脉冲宽度窄，盲区小，测量下限值小，最小可达

0.25mm。但这种方法仪器电路复杂，成本较高。

脉冲反射式测厚仪发展非常快，近年来由于采用集成电路，因此其体积和重量大大减小，精度也明显提高，达±0.01mm，是目前应用最广的一种超声波测厚仪。通常使用的测厚仪为双晶直探头脉冲反射式测厚仪，与A型脉冲反射式超声检测仪的工作原理相同。

3. 兰姆波测厚仪

兰姆波是在薄板中传播的一种超声波。当超声波频率、入射角与工件厚度成一定关系时，便在薄板工件中产生兰姆波。改变探头入射角或频率，使工件中出现兰姆波，然后根据探头的入射角或频率来测定工件的厚度。兰姆波测厚仪适用于薄板测厚，特别适用于小直径薄壁管的测厚。但由于兰姆波有些技术问题尚未完全解决，因此兰姆波测厚仪应用较少。

4. 测厚仪的调整与使用

测厚仪有多种，各种测厚仪的调整与使用方法不完全相同。一般在使用前，要认真阅读说明书，按说明书的要求操作。这里以脉冲反射式测厚仪为例简要说明其使用方法。

1）在用测厚仪测厚前，要先校准其下限和线性。测厚仪的测量下限要用一块厚度为下限的试块来校准。例如，下限为1mm的仪器要用一块1mm厚的试块校准。调整时将探头对准该试块底面，使仪器显示厚度为1mm即可。仪器的线性要用厚度不同的试块来校正。调整时将探头分别对准厚度不同的试块底面，使仪器显示相应的试块厚度。

2）选择探头。首先要根据工件厚度和精度要求来选择探头。工件较薄时宜选用双晶探头或带延迟块探头，工件较厚时宜选用单晶探头。

3）测量前先对工件进行表面处理。测厚时，探头放置要平稳，压力要适当。每个测试位置尽量在互相垂直的方向各测试一次。

4）对于高温工件，要用高温探头和特殊耦合剂。

5）对于管道中的沉积物，当沉积物声特性阻抗与工件相差不大时，要先用小锤敲几下管壁，然后再测，以免误判。

6）当使用水玻璃作耦合剂时，用后要及时用湿布擦去探头表面的水玻璃，以免干结后不便清除，有时还会损坏探头。

第二节　超声波探头

在超声波检测中，超声波的发射和接收是通过探头来实现的。压电晶片的压电效应是超声波探头的基本工作原理。

一、压电效应及压电材料

某些晶体材料在交变拉压应力作用下，产生交变电场的效应称为正压电效应。反之，当晶体材料在交变电场作用下，产生伸缩变形的效应称为逆压电效应。正压电效应和逆压电效应统称为压电效应。超声波探头中的压电晶片具有压电效应。当高频电脉冲激励压电晶片时，产生逆压电效应，将电能转换为声能（机械能），探头发射超声波；当探头接收超声波时，产生正压电效应，将声能转换成电能。不难看出，超声波探头在工作时实现了电能和声能的相互转换，因此常把探头叫做换能器。

具有压电效应的材料称为压电材料。压电材料分为单晶材料和多晶材料。常用的单晶材料有石英（SiO_2）、硫酸锂（Li_2SO_4）、铌酸锂（$LiNbO_3$）等。常用的多晶材料有钛酸钡（$BaTiO_3$）、锆钛酸铅（$PbZrTiO_3$，缩写为 PZT）、钛酸铅（$PbTiO_3$）等。多晶材料又称为压电陶瓷。

压电单晶体是各向异性的，其产生压电效应的机理与其特定方向上的原子排列方式有关。当晶体受到特定方向的压力而变形时，可使带有正、负电荷的原子位置沿某一方向改变，从而使晶体的一侧带有正电荷，另一侧带有负电荷。

压电多晶体是各向同性的。为了使整个晶片具有压电效应，必须对陶瓷多晶体进行极化处理，即在一定温度下将强外电场施加在多晶体的两端，使多晶体中的各晶胞的极化方向重新取向，从而获得总体上的压电效应。

二、压电材料的主要性能参数

1. 压电应变常数 d_{33}

压电应变常数 d_{33} 表示在压电晶体上施加单位电压时所产生的应变大小。d_{33} 是衡量压电晶体材料发射性能的重要参数。d_{33} 值越大，发射性能就越好，发射灵敏度也就越高。

$$d_{33} = \frac{\Delta t}{U} \tag{3-3}$$

式中　U——施加在压电晶片两面的电压（V）；

Δt——晶片在厚度方向的变形量（m）。

2. 压电电压常数 g_{33}

压电电压常数 g_{33} 表示作用在压电晶体上单位应力所产生的电压梯度大小。g_{33} 是衡量压电晶体材料接收性能的重要参数。g_{33} 值越大，接收性能就越好，接收灵敏度也就越高。

$$g_{33} = \frac{U_P}{P} \tag{3-4}$$

式中　P——施加在压电晶片两面的应力（N）；

U_P——晶片表面产生的电压梯度，即电压 U 与晶片厚度 t 之比（V/m）。

3. 介电常数 ε

$$\varepsilon = C\frac{t}{A} \tag{3-5}$$

式中　C——电容器电容；

t——电容器极板距离；

A——电容器极板面积。

超声检测用的压电晶体对频率一般要求比较高，此时 ε 应小一些。因为 ε 小，C 就小，所以电容器充放电时间短，频率高。

4. 机电耦合系数 K

机电耦合系数 K 表示压电材料机械能（声能）与电能之间的转换效率。

$$K = \frac{转换的能量}{输入的能量}$$

对于正压电效应：

$$K = \frac{转换的电能}{输入的机械能}$$

对于逆压电效应：

$$K = \frac{转换的机械能}{输入的电能}$$

当探头晶片振动时，厚度方向和径向同时产生伸缩变形，因此机电耦合系数分为厚度方向 K_t 和径向 K_P。K_t 越大，检测灵敏度就越高；K_P 增大，会使低频谐振波增多，发射脉冲变宽，从而导致分辨力降低，盲区增大。

5. 机械品质因子 θ_m

压电晶片在谐振时储存的机械能 $E_{储}$ 与在一个周期内损耗的能量 $E_{损}$ 之比称为机械品质因子 θ_m。

$$\theta_m = \frac{E_{储}}{E_{损}}$$

压电晶片振动损耗的能量主要是由内摩擦引起的。θ_m 对分辨力有较大的影响。θ_m 值大，表示损耗小，晶片持续振动时间长，脉冲宽度大，分辨力低。反之，θ_m 值小，表示损耗大，脉冲宽度小，分辨力高。

6. 频率常数 N

由驻波理论可知，压电晶片在高频电脉冲激励下产生共振的条件为

$$t = \frac{\lambda_L}{2} = \frac{c_L}{2f_0} \tag{3-6}$$

式中　t——晶片厚度；

λ_L——晶片中纵波波长；

c_L——晶片中纵波波速；

f_0——晶片固有（谐振）频率。

由式（3-6）可知：

$$N_t = tf_0 = \frac{c_L}{2} \tag{3-7}$$

由此可知，压电晶片的厚度与固有频率的乘积是一个常数，称为频率常数，用 N_t 表示。从式（3-7）可知，发射超声波的频率主要取决于晶片的厚度和晶片中的波速。

7. *居里温度 T_c*

压电材料与磁性材料一样，其压电效应与温度有关。压电效应只能在一定的温度范围内产生，超过一定温度，压电效应就会消失。使压电材料的压电效应消失的温度称为压电材料的居里温度，用 T_c 表示。

三、探头的种类和结构

1. *纵波直探头*（见图3-5）

1）纵波直探头主要用于钢板、锻件和铸件的检测。

2）保护膜分为硬保护膜和软保护膜。硬保护膜用于表面粗糙度低的工件表面，软保护膜用于表面粗糙度高或有一定曲率的表面。

2. *斜探头*（见图3-6）

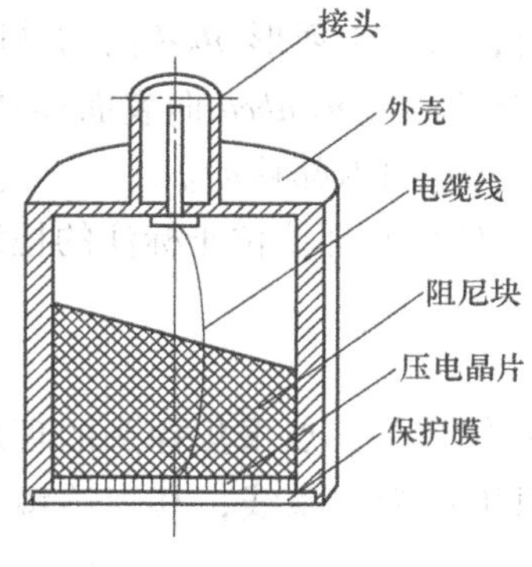

图3-5 纵波直探头

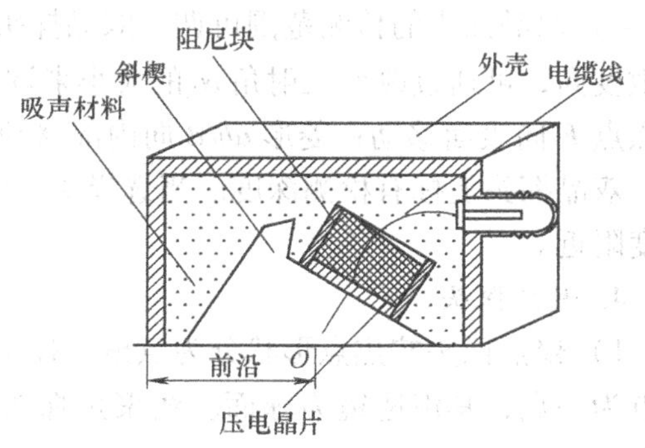

图3-6 斜探头

1）斜探头可分为纵波斜探头、横波斜探头和表面波斜探头。其中最常用的是横波斜探头。

2）横波斜探头主要用于焊缝检测和某些特殊部件的检测。

3）横波斜探头内部有透声斜楔。它的主要作用是实现波型转换，也就是将晶片产生的纵波转换为横波。

4）探头入射点 O 到探头前端的距离称为探头的前沿。为利于焊缝检测，横波斜探头的前沿越小越好，因此定做探头时，必须注意这一点。

3. 双晶探头（分割探头）（见图 3-7）

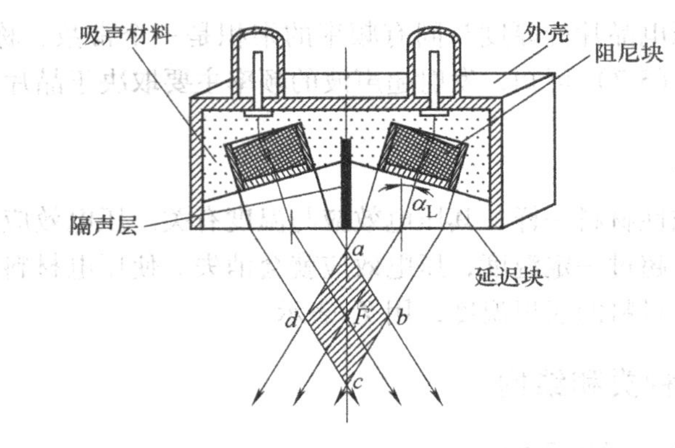

图 3-7　双晶探头

1）双晶探头可分为双晶纵波探头和双晶横波探头。

2）双晶探头主要用于近表面缺陷的检测。

3）双晶探头杂波少、盲区小、近场区长度小、检测灵敏度高。

4）双晶探头的检测范围可调。双晶探头检测时，对位于菱形 $abcd$ 内的缺陷灵敏度高，可通过改变入射角 α_L 的大小来调整。α_L 增大，菱形 $abcd$ 向表面移动，即焦点 F 向表面移动；菱形 $abcd$ 向内部移动，即焦点 F 向内部移动。

双晶探头上标有检测深度。当选择探头时，最好使检测部位位于标注的检测深度附近。

4. 聚焦探头

1）聚焦探头按焦点形状分为点聚焦探头和线聚焦探头。点聚焦探头的理想焦点为一点，其声透镜为球面。线聚焦探头的理想焦点为一条线，其声透镜为柱面。

2）聚焦探头按耦合情况分为水浸聚焦探头（见图 3-8）和接触聚焦探头。水浸聚焦探头以水为耦合介质，不与工件直接接触。接触聚焦探头通过薄层耦合介质与工件接触。接触聚焦探头的聚焦方式不同，分为透镜式聚焦、反射式聚焦和曲面晶片聚焦。点聚焦探头用于缺陷测高时的准确度较高。

双晶探头用 FG 表示，如探头型号 2.5P10×12×2FG15，其中 2.5 表示频率

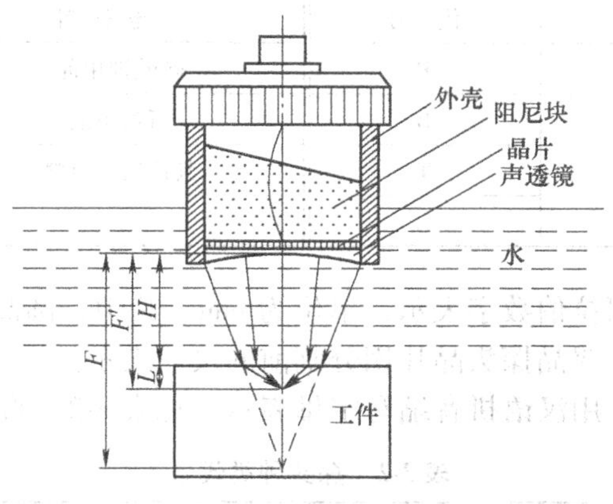

图 3-8　水浸聚焦探头

为 2.5MHz，P 表示锆钛酸铅陶瓷，10×12×2 表示两块尺寸为 10mm×12mm 的晶片，FG 表示双晶探头，15 表示钢中声束焦距为 15mm。

3）水浸聚焦探头主要用于板材和管材检测。水浸聚焦探头就是在平探头前加上声透镜，可以聚焦声束。焦距 F 与声透镜曲率半径 r 之间关系为

$$F = \frac{c_1 r}{c_1 - c_2} = \frac{nr}{n-1} \tag{3-8}$$

式中　n——透镜与耦合介质波速比 $n = c_1/c_2$，对于有机玻璃声透镜和水，$n = 2730/1480 = 1.84$，这时 $F = 2.2r$。

$$F' = F - L(c_3/c_2 - 1)$$

式中　L——工件中焦点至工件表面的距离；

c_2——耦合剂中的波速；

c_3——工件中的波速。

这时水层厚度为

$$H = F - Lc_3/c_2 \tag{3-9}$$

四、探头的型号

1. 探头型号的组成项目

探头型号的组成项目及排列顺序如下：

基本频率	晶片材料代号	晶片尺寸	探头种类代号	特征

基本频率：用阿拉伯数字表示，单位为 MHz。

晶片材料代号：用化学元素缩写符号表示，见表 3-1。

表 3-1　晶片材料代号

压电材料	代　号	压电材料	代　号
锆钛酸铅陶瓷	P	碘酸锂单晶	I
钛酸钡陶瓷	B	石英单晶	Q
钛酸铅陶瓷	T	其他压电材料	N
铌酸锂单晶	L		

晶片尺寸：用阿拉伯数字表示，单位为 mm。其中，圆晶片用直径表示，方晶片用长×宽表示，双晶探头晶片用分割前的尺寸表示。

探头种类代号：用汉语拼音缩写字母表示，见表 3-2。直探头也可不标。

表 3-2　探头种类代号

种　　类	代　　号	种　　类	代　　号
直探头	Z	水浸探头	SJ
斜探头（用 *K* 值表示）	K	表面波探头	BM
斜探头（用折射角表示）	X	可变角度探头	KB
分割探头	FG		

探头特征：用阿拉伯数字表示斜探头用钢中折射角正切值表示，双晶探头用钢中声束交叉区深度表示，水浸探头用水中焦距表示。后缀 DJ 表示点聚焦，XJ 表示线聚焦。

2. 举例

1）探头2. 5B20Z

2. 5 表示频率为 2. 5MHz。

B 表示钛酸钡陶瓷。

20 表示圆晶片直径为 20mm。

Z 表示直探头。

2）探头5P12×14K2. 5

5 表示频率为 5MHz。

P 表示锆钛酸铅陶瓷。

12×14 表示矩形晶片尺寸为 12mm×14mm。

K2. 5 表示 *K* 值为 2. 5。

3）探头5T20FG10Z

5 表示频率为 5MHz。

T 表示钛酸铅陶瓷。

20 表示圆晶片直径为 20mm（分割前尺寸）。

FG 表示分割探头。

10Z 表示钢中交叉区深度为 10mm（直探头）。

◈◈◈ 第三节　超声波检测试块

一、试块的分类

（1）标准试块　标准试块是由权威机构制定的试块，试块材质、形状、尺寸及表面状态都由权威部门统一规定，如国际焊接学会 IIW 试块和 IIW2 试块。JB/T 4730.3—2005 标准采用钢板用标准试块 CBI、CBII，锻件用标准试块 CSI、CSII、CSIII，焊缝检测用标准试块 CSK—IA 、CSK—IIA 、CSK—IIIA、CSK—ⅣA

（2）对比试块　对比试块是由各部门按某些具体检测对象制定的试块。

二、试块的要求和维护

1. 对试块的要求

试块材质应均匀，内部杂质少，无影响使用的缺陷；应加工容易，不易变形和锈蚀，具有良好的声学性能。试块的平行度、垂直度、表面粗糙度和尺寸精度都要符合一定的要求。标准试块要用平炉镇静钢或电炉软钢制作，如 20 钢。对比试块的材质应尽可能与被检工件相同或相近。

2. 试块的维护

1）应在试块适当部位编号，以防混淆。

2）在使用和搬运试块过程中应注意保护，防止碰伤或擦伤。

3）使用试块时应注意清除反射体内的油污和锈蚀。应常用蘸油布将锈蚀部位抛光，或用合适的去锈剂处理。平底孔在清洗干燥后用尼龙塞或胶合剂封口。

4）注意防止试块锈蚀，若使用后停放时间较长，则要涂敷防锈剂。

5）注意防止试块变形，如避免火烤；平板试块应尽可能立放，防止重压。

三、国内外常用试块简介

国内外无损检测界根据不同的应用目的设计和制作了大量的试块。这些试块有国际组织推荐的，有国家标准或部颁标准规定的，有行业或厂家自行规定的。下面选择国内外常用的几种试块加以介绍。

1. IIW 试块

IIW 试块是国际焊接学会标准试块（IIW 是国际焊接学会的缩写）。该试块是荷兰代表首先提出来的，故称为荷兰试块。该试块形状似船形，因此又叫船形试块。IIW 试块的结构和尺寸如图 3-9 所示。

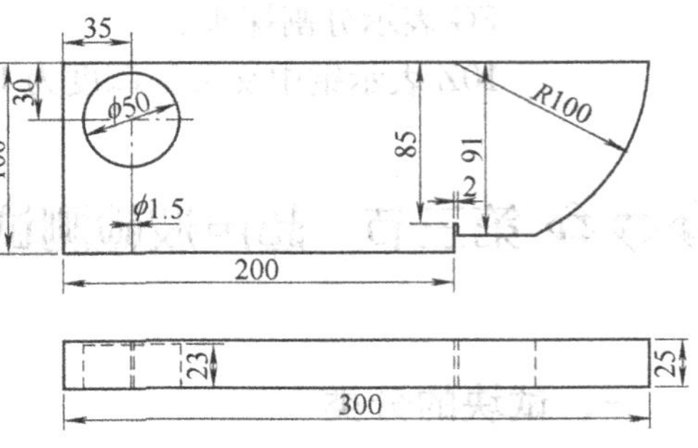

图 3-9　IIW 试块的结构和尺寸

IIW 试块材质为 20 钢，经正火处理，晶粒度为 7 ~ 8 级。IIW 试块的主要用途如下：

1）调整纵波检测范围和扫描速度（时基线比例）：利用试块上"25"和"100"调整。

2）测仪器的水平线性、垂直线性和动态范围：利用试块上"25"或"100"测。

3）测直探头和仪器的分辨力：利用试块上"85""91"和"100"测。

4）测直探头和仪器组合后的穿透能力：利用 ϕ50mm 有机玻璃块底面的多次反射波测。

5）测直探头与仪器的盲区范围：利用试块上 ϕ50mm 有机玻璃圆弧面与侧面间距 5mm 和 10mm 测。

6）测斜探头的入射点：利用试块上 R100mm 圆弧面测。

7）测斜探头的折射角：折射角在 35° ~ 76°范围内用 ϕ50mm 孔测，折射角在 74° ~ 80°范围内用 ϕ1. 5mm 圆孔测。

8）测斜探头和仪器的灵敏度余量：利用试块 R100mm 或 ϕ1. 5mm 测。

9）调整横波检测范围和扫描速度：由于纵波声程 91mm 相当于横波声程 50mm，因此可以利用试块上"91"来调整横波的检测范围和扫描速度。例如横波 1 : 1，先用直探头对准"91"底面，使底波 B_1、B_2 分别对准"50""100"，然后换上横波探头并对准 R100mm 圆弧面，找到最高回波，并调至"100"即可。

10）测斜探头声束轴线的偏离情况：利用试块的直角棱边测。

IIW 试块用途较广，但也有一些不足，对此，一些国家做了小的修改，将其作为本国的标准试块。例如，德国和日本在 R100mm 圆心处两侧加开宽为 0. 5mm 深为 2mm 的沟槽，借以获得 R100mm 圆弧面的多次反射，这就克服了 IIW 试块调整横波检测范围和扫描速度不便的缺点。

2. IIW2 试块

IIW2 试块也是荷兰代表提出来的国际焊接学会标准试块。其由于外形类似牛角，故又称为牛角试块。与 IIW 试块相比，IIW2 试块重量轻、尺寸小、形状简单、容易加工和便于携带，但功能不及 IIW 试块。IIW2 试块的材质同 IIW。

IIW2 试块的结构、尺寸和反射特点如图 3-10 所示。

当斜探头对准 $R25$mm 圆弧面时，$R25$mm 圆弧面反射回波一部分被探头接收，显示 B_1，另一部分反射至 $R50$，然后又返回探头，但这时不能被接收，因此无回波。当此反射波再次经 $R25$mm 圆弧面反射回探头时才能被接收，这时显示 B_2，它与 B_1 的间距为 $R25\text{mm} + R50\text{mm}$，以后各次回波间距均为 $R25\text{mm} + R50\text{mm}$。

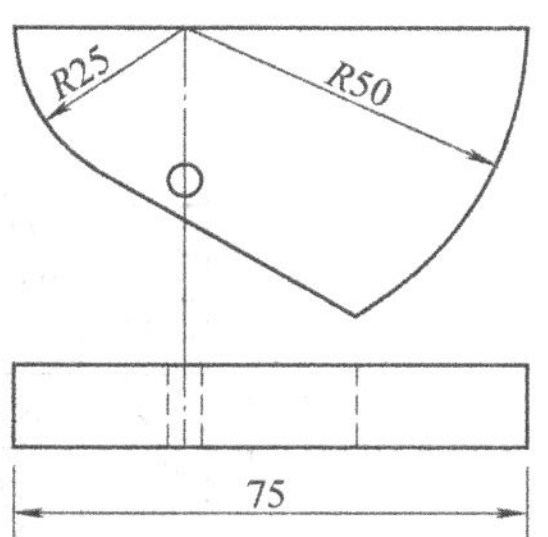

图 3-10　IIW2 试块的结构、尺寸和反射特点

IIW2 试块的主要用途如下：

1）测定斜探头的入射点：利用 $R25$mm 与 $R50$mm 圆弧反射面测。

2）测定斜探头的折射角：利用 $\phi5$mm 横通孔测。

3）测定仪器水平、垂直线性和动态范围：利用厚度 12.5mm 测。

4）调整检测范围和扫描速度：纵波直探头利用 12.5mm 底面多次反射调，横波斜探头利用 $R25$mm 圆弧面和 $R50$mm 圆弧面调。

5）测仪器和探头的组合灵敏度：利用 $\phi5$mm 或 $R50$mm 圆弧面测。

3. CSK—IA 试块

CSK—IA 试块是标准试块，是在 IIW 试块基础上改进后得到的。其结构及主要尺寸如图 3-11 所示。CSK—IA 试块有三点改进；

1）将直孔 $\phi50$mm 改为 $\phi50$mm、$\phi44$mm、$\phi40$mm 台阶孔，以便于测定横波斜探头的分辨力。

2）将 $R100$mm 改为 $R100$mm、$R50$mm 阶梯圆弧，以便于调整横波扫描速度和检测范围。

3）将试块上标定的折射角改为 K 值（$K = \tan\beta$），从而可直接测出横波斜探头的 K 值。

4）CSK—IA 试块的其他功能同 IIW 试块，材质一般与工件材质相同。

4. 半圆试块

半圆试块是目前广泛应用的一种试块。其特点是加工方便，便于携带，材质同 IIW 试块。半圆试块结构和反射特点如图 3-12 所示。试块圆弧部分切去一块是为了安放平稳。图 3-12 中半圆试块中心切槽是为了产生多次反射，在显示屏上形成等距离的反射波。由于中心槽未切通，因此切槽处反射波间距均为 R，而未切槽处反射波间距为 R、$2R$、$2R$……两者相互叠加使显示屏上奇次波高，偶次波低。

此外还一种中心不切槽的半圆试块，这种试块反射波间距为 R、$2R$、$2R$……（见图 3-13）。

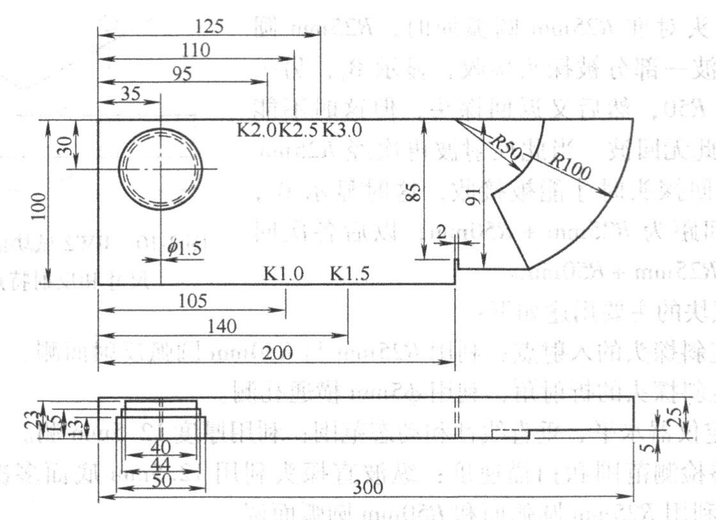

图 3-11 CSK—IA 试块结构及主要尺寸

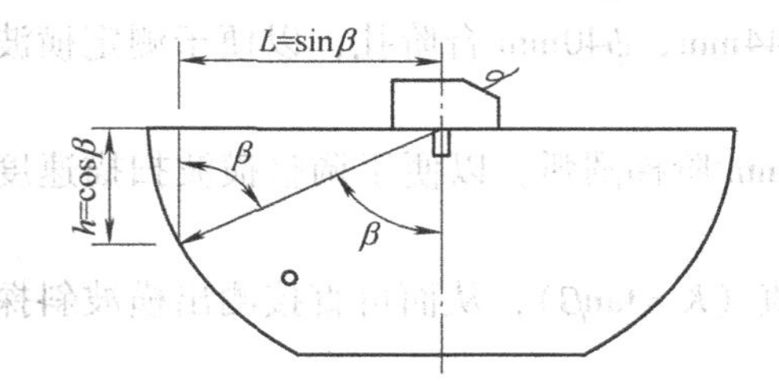

图 3-12 半圆试块

图 3-13 中心不切槽的半圆试块

常用半圆试块的半径为 R40mm 或 R50mm。半圆试块的主要用途如下：

1）检测探头的入射点：利用 R50mm 测。

2）调整横波扫描速度和检测范围：利用 R50mm 调。

3）调整纵波扫描速度和检测范围：利用厚度 20mm 调。

4）测仪器的水平、垂直线性和动态范围：利用厚度 20mm 调。

5）调整灵敏度：利用 R50mm 圆弧面调整。

5. 锻件用标准试块 CSI、CSII 和 CSIII 试块

1）CS Ⅰ 试块结构如图 3-14 所示。CSI 试块尺寸见表 3-3。

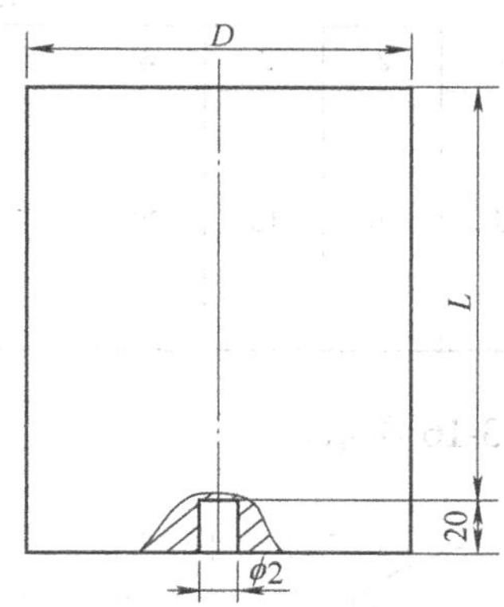

图 3-14　CS Ⅰ 试块结构

表 3-3　CS Ⅰ 试块尺寸　　（单位：mm）

试块序号	CS Ⅰ—1	CS Ⅰ—2	CS Ⅰ—3	CS Ⅰ—4
L	50	100	150	200
D	50	60	80	80

2）CS Ⅱ 试块结构如图 3-15 所示。CS Ⅱ 试块尺寸见表 3-4（仅适于检测距离小于 45mm 的工件）。

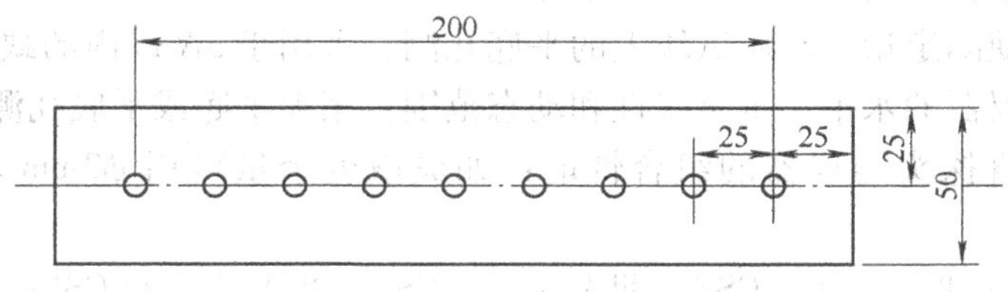

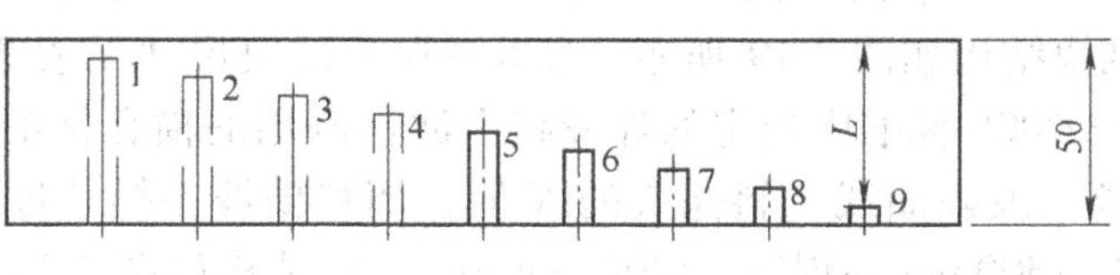

图 3-15　CS Ⅱ 试块结构

表 3-4 CS Ⅱ试块尺寸 （单位：mm）

试块序号	孔 径	检测距离 L								
		1	2	3	4	5	6	7	8	9
L	$\phi 2$	5	10	15	20	25	30	35	40	45
D	$\phi 3$									
D	$\phi 4$									
D	$\phi 6$									

3）CSⅢ试块结构如图 3-16 所示。

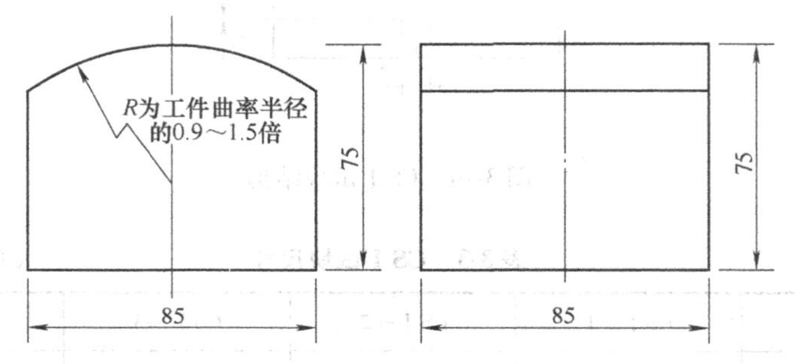

图 3-16 CSⅢ试块结构

4）CS Ⅰ和 CS Ⅱ试块的主要用途

① 测试纵波平底孔距离。波幅-当量曲线，即实用 AVG 曲线：利用各试块的平底孔和大平底测。

② 调整检测灵敏度：利用大平底或平底孔调。

③ 对缺陷定量：利用试块上的平底孔测，多用于 3N 以内的缺陷定量。

④ 测仪器的水平、垂直线性和动态范围：用大平底或平底孔测。

⑤ 测直探头与仪器的组合性能：如灵敏度余量可用 ϕ2mm × 200mm 试块来测。

6. CSK—ⅡA 试块、CSK—ⅢA 试块、CSK—ⅣA 试块和 CSK—ⅡAm 试块

CSK—ⅡA 试块结构如图 3-17 所示。CSK—ⅢA 试块结构如图 3-18 所示。CSK—ⅣA 试块结构如图 3-19 所示。CSK—ⅣA 试块尺寸见表 3-5。这些试块是 JB/T 4730. 3—2005 标准中规定的焊缝超声波检测用的横孔标准试块，主要用于测定横波距离、波幅曲线、斜探头的 K 值，调整横波扫描速度和灵敏度等，适用于壁厚为 8 ~ 300mm 的焊缝。CSK—ⅡAm 试块结构如图 3-20 所示。其适用于壁厚为 6 ~ 8mm 的焊缝。

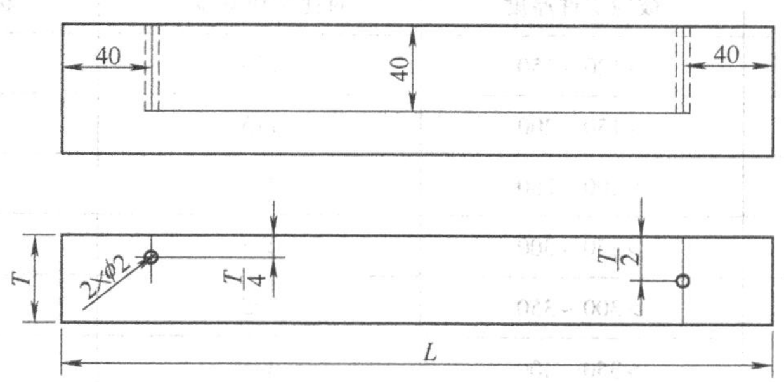

图 3-17　CSK—ⅡA 试块结构

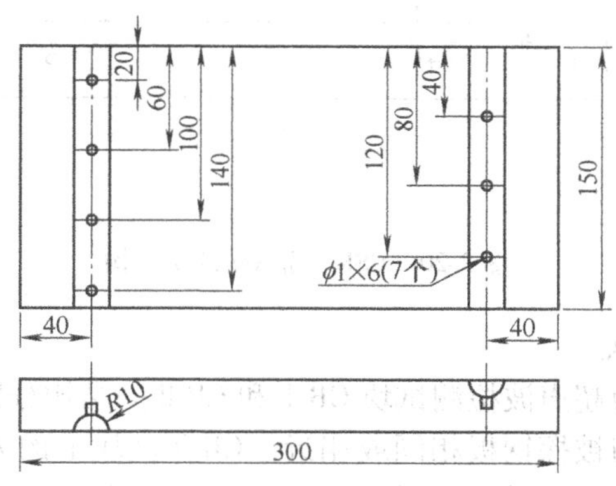

图 3-18　CSK—ⅢA 试块结构

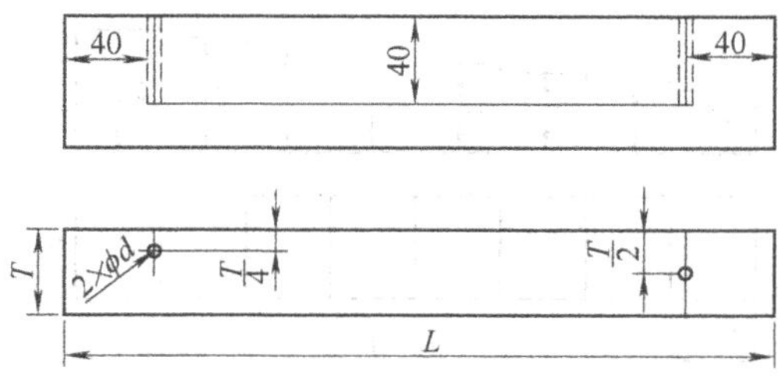

图 3-19　CSK—ⅣA 试块结构

表 3-5　CSK—ⅣA 试块尺寸　（单位：mm）

CSK—ⅣA	被检工件厚度	对比试块厚度 T	标准孔直径 D
No. 1	>120～150	135	6.4
No. 2	>150～200	175	7.9
No. 3	>200～250	225	9.5
No. 4	>250～300	275	11.1
No. 5	>300～350	325	12.7
No. 6	>350～400	375	14.3

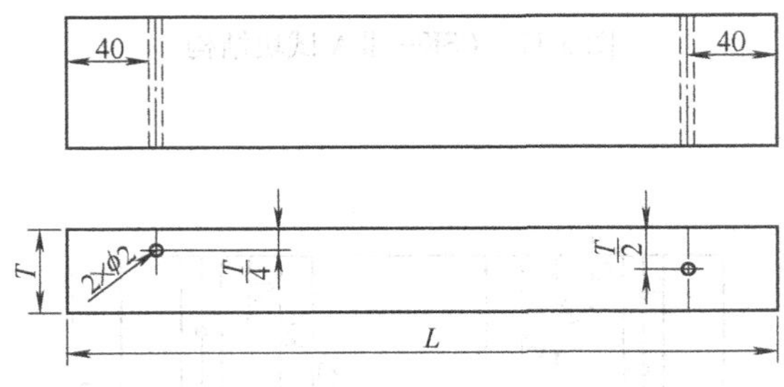

图 3-20　CSK—ⅡAm 试块结构

7. 钢板检测试块

压力容器用钢板超声波检测试块 CBⅠ和 CBⅡ的结构分别如图 3-21 和图3-22 所示。试块的材质与被探钢板相同或相近。CBⅡ试块上的人工缺陷为 ϕ5mm 平底孔。CBⅡ试块的尺寸由表 3-6 确定。CBⅡ试块主要用于调节检测灵敏度，适用于厚度为 6～250mm 的承压设备用钢板超声波检测。

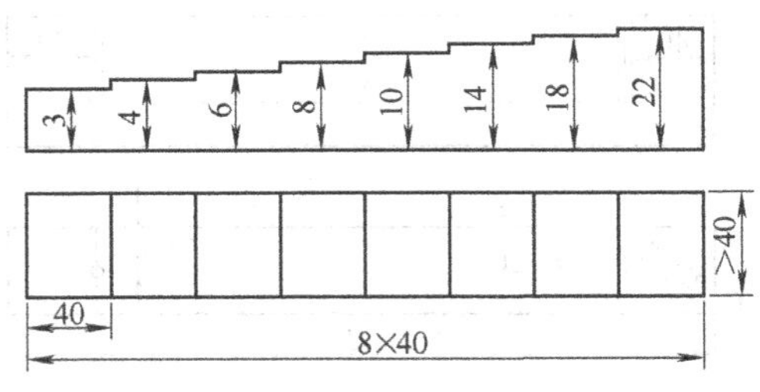

图 3-21　超声波检测试块 CBⅠ的结构

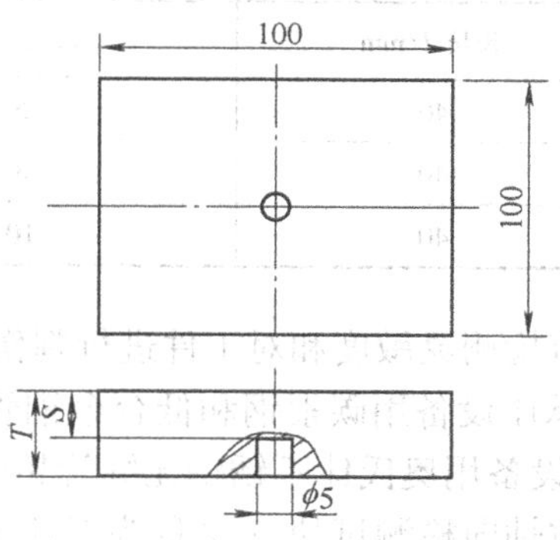

图 3-22　超声波检测试块 CBⅡ的结构

表 3-6　CBⅡ试块的尺寸　（单位：mm）

试块编号	被检钢板厚度	检测面到平底空的距离 S	试块厚度 T
CBⅡ -1	>20 ~ 40	15	≥20
CBⅡ -2	>40 ~ 60	30	≥40
CBⅡ -3	>60 ~ 100	50	≥65
CBⅡ -4	>100 ~ 160	90	≥110
CBⅡ -5	>160 ~ 200	140	≥170
CBⅡ -6	>200 ~ 250	190	≥220

8. 无缝钢管检测试块

高压无缝钢管超声波周向检测试块（又称为对比试块）如图 3-23 所示。该试块应选取与被检钢管的规格、材质、热处理工艺和表面状况相同或相似的钢管置备。该试块中不得有影响人工缺陷正常指示的自然缺陷。试块上人工缺陷为尖角槽，其尺寸见表 3-7。

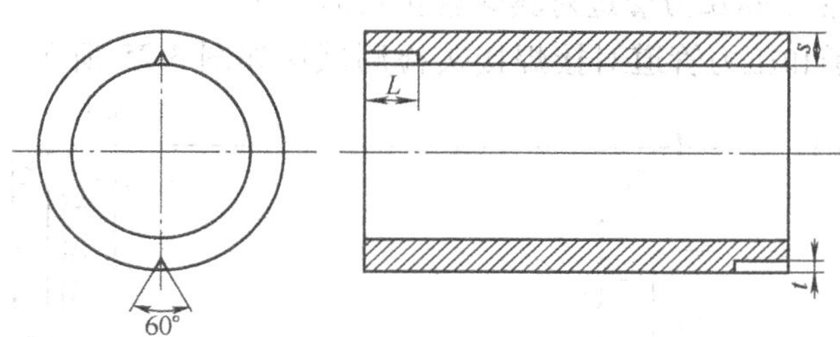

图 3-23　超声波周向检测试块

表 3-7　超声波周向探伤试块上人工缺陷尺寸

级　别	长度 l/mm	深度 t 占壁厚的百分比（%）
Ⅰ	40	5（0.2mm≤t≤1mm）
Ⅱ	40	8（0.2mm≤t≤2mm）
Ⅲ	40	10（0.2mm≤t≤3mm）

该试块主要用于调节检测灵敏度和对工件进行判伤评级，适用于外径为12～660mm、壁厚≥2mm 的承压设备用碳素钢和低合金钢管，或外径为 12～400mm、壁厚为 2～35mm 的承压设备用奥氏体不锈钢无缝管超声波检测。

高压无缝钢管超声波轴向检测试块（又称为对比试块）如图 3-24 所示。超声波轴向检测试块上人工缺陷尺寸见表 3-8。

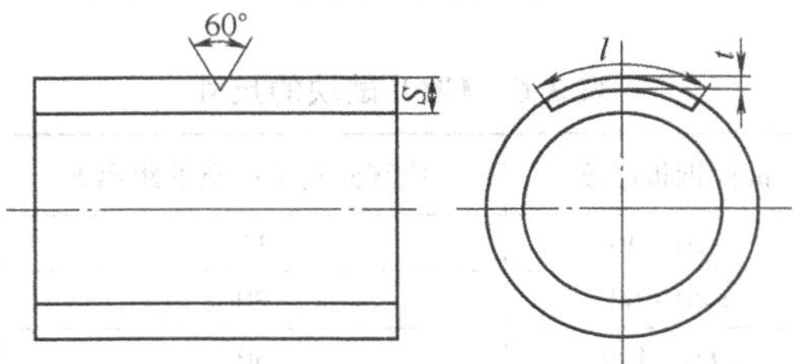

图 3-24　超声波轴向检测试块

表 3-8　超声波轴向检测试块上人工缺陷尺寸

级　别	长度 l/mm	深度 t 占壁厚的百分比（%）
Ⅰ	40	5（0.2mm≤t≤1mm）
Ⅱ	40	8（0.2mm≤t≤2mm）
Ⅲ	40	10（0.2mm≤t≤3mm）

9. 承压设备管子和压力管道对接焊接头检测试块

承压设备管子和压力管道对接焊接头检测试块如图 3-25 所示。该试块适用

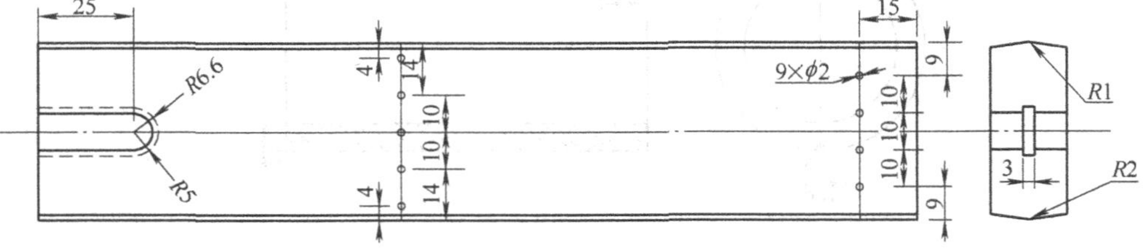

图 3-25　承压设备管子和压力管道对接焊接头检测试块

于壁厚≥4mm，外径为32～159mm，或壁厚为4～6mm，外径≥159mm的承压设备管子和压力管道对接焊接头的检测。

不同规格的管子和压力管道对接焊接头检测用试块尺寸由表3-9确定。

表3-9 试块圆弧曲率半径 （单位：mm）

试块型号	试块圆弧曲率半径	
	R_1	R_2
GS－1	18	22
GS－2	26	32
GS－3	40	50
GS－4	60	72

10. 不锈钢焊缝检测试块（见图3-26）

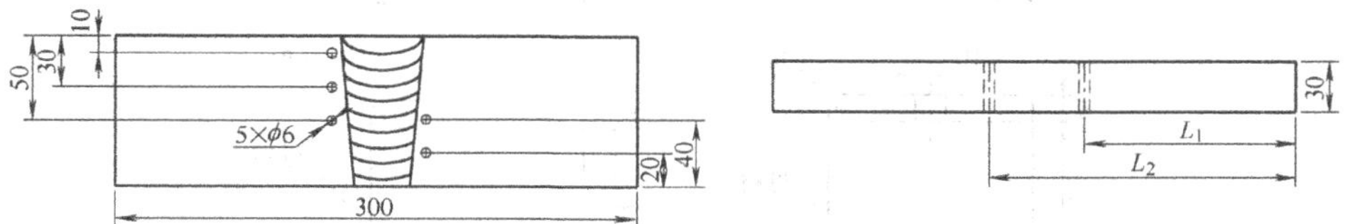

图3-26 不锈钢焊缝检测试块

11. 堆焊层焊缝检测试块

1）从堆焊层侧进行检测，采用T1型试块，如图3-27所示。

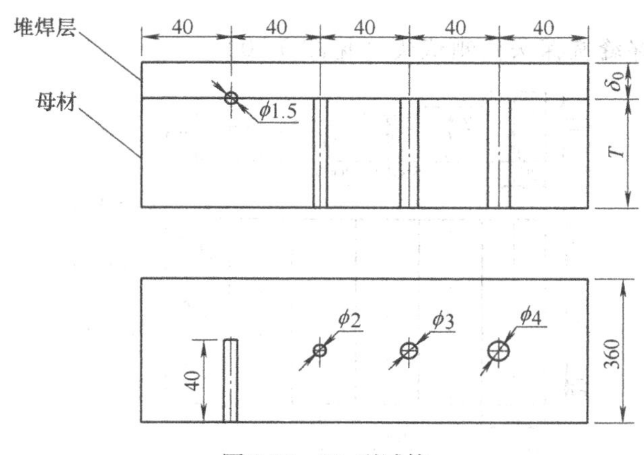

图3-27 T1型试块

2）从母材侧进行检测，采用T2型试块，如图3-28所示。

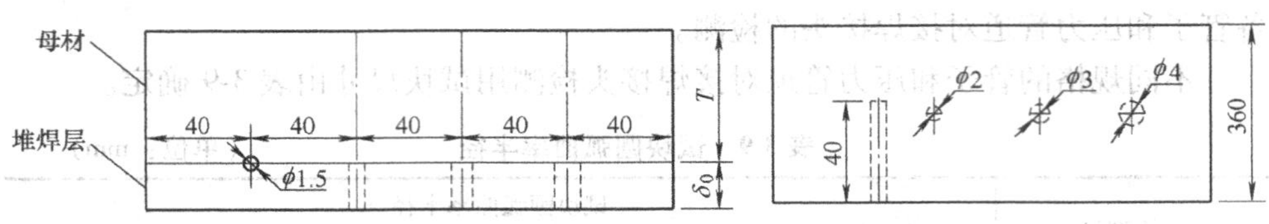

图 3-28 T2 型试块

3）检测堆焊层和母材的未接合处，采用 T2 型试块，如图 3-29 所示。

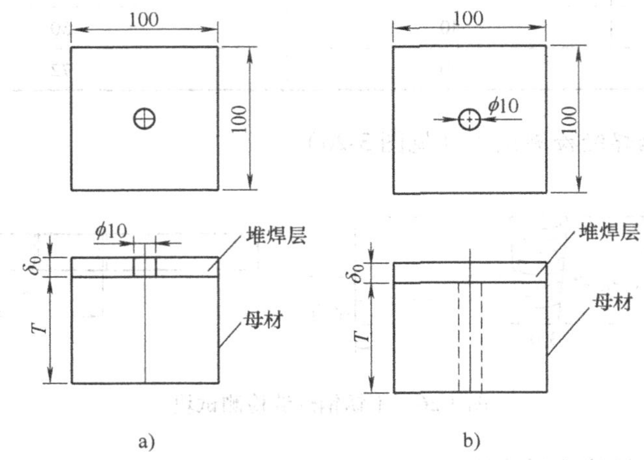

图 3-29 检测堆焊和母材的未接合处

a）方法一 b）方法二

12. T 型角焊缝直探头检测试块（见图 3-30）

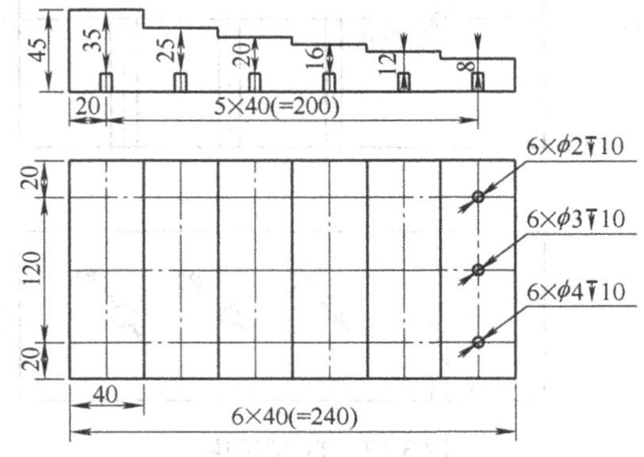

图 3-30 T 型角焊缝直探头检测试块

13. 铸钢件直探头检测试块（ZGZ）（见图 3-31）

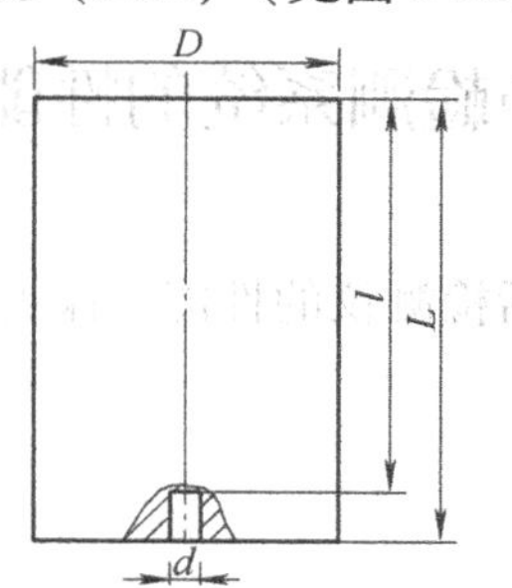

图 3-31　铸钢件直探头检测试块（ZGZ）

ZGZ 系列对比试块尺寸见表 3-10。

表 3-10　ZGZ 系列对比试块尺寸　　（单位：mm）

试块编号	d	l	L	D
3025	3	25	45	50
4025	4			
6025	6			
3050	3	50	70	50
4050	4			
6050	6			
3075	3	75	95	50
4075	4			
6075	6			
3100	3	100	120	75
4100	4			
6100	6			
3150	3	150	170	75
4150	4			
6150	6			
3200	3	200	220	75
4200	4			
6200	6			
3T	3	t	$t+t/10$	100 或 $t/4$，取较大者
4T	4			
6T	6			

◈◈◈ 第四节　超声检测系统的性能

超声检测系统的性能包括检测仪的性能、探头的性能以及仪器和探头的组合性能。

一、检测仪的性能

检测仪的性能主要有垂直线性、水平线性、动态范围以及数字仪器的重复频率。

1. 垂直线性

垂直线性是检测仪显示屏上的波高与探头接收的信号之间成正比的程度。垂直线性范围是在规定了垂直线性误差值后，垂直线性在误差范围内的显示屏上的信号幅度范围，通常用上、下限刻度值（%）表示。

垂直线性接收电路中影响垂直线性的有衰减器、高频放大器、视频放大器等。不同的标准中，规定了不同的测试方法。一种简单的测试方法是：采用规定的人工反射体产生的脉冲回波，用检测仪上的衰减器改变屏幕上显示的回波高度，以测得的回波高度值与相应衰减量对应的理论波高的最大差值作为垂直线性误差。这种方法测得的垂直线性误差综合了衰减器和放大器等接收电路各部分的误差值。

垂直线性误差的测试步骤如下：

1）将抑制旋钮调至“0”，衰减器保留 30dB 衰减余量。

2）直探头通过耦合剂置于 IIW（或其他试块）上，对准 25mm 底面，并用压块恒定压力。

3）调节检测仪使试块上某次底波位于显示屏的中间，并达到满幅度的 1.0%，但不饱和，作为 0dB。

4）固定增益旋钮和其他旋钮，调衰减器，每次衰减 2dB，并记下相应的波高 H_i，填入表 3-11 中，直到底波消失。

表 3-11　波高记录表

衰减量 ΔdB			0	2	4	6	8	10	12	14	16	18	20	22	24
回波高度	实测	绝对波高 H_i													
		相对波高（%）													
	理想相对波高（%）		100	79.4	63.1	50.1	39.8	31.6	25.1	19.9	15.8	12.6	10	7.9	6.3

（续）

衰减量 ΔdB	0	2	4	6	8	10	12	14	16	18	20	22	24
偏差（%）													

注：实测相对波高 $=\frac{H_i}{H_0}\times100\%$，理想相对波高 $=1-\frac{\Delta i}{20}\times100\%$。其中，$H_i$ 为衰减 Δi 后的波高，H_0 为衰减 0dB 后的波高，$-\Delta i=20\lg\frac{H_i}{H_0}$。

5）计算垂直线性误差

$$D=(|d_1|+|d_2|)$$

式中　d_1——实测值与理想值的最大正偏差；

d_2——实测值与理想值的最大负偏差。

JB/T 10061—1999《A 型脉冲反射式超声波探伤仪　通用技术条件》规定探伤仪垂直误差 $D\leqslant8\%$，JB/T 4730.3—2005 中进一步规定垂直线性误差≤5%。

垂直线性的好坏会影响缺陷定量精度。

2. 水平线性

水平线性又称为时基线性或者扫描线性。水平线性指的是输入到超声检测仪中的不同回波的时间间隔与超声检测仪显示屏时基线上回波的间隔成正比关系的程度。水平线性主要取决于扫描电路产生的锯齿波的线性。水平线性影响缺陷位置确定的准确度。

水平线性范围是水平线性在规定误差范围内的时基线刻度范围。在检测时，可根据水平线性范围调整探伤仪的时基线，使要测量的信号位于该范围内。

水平线性的测试可利用任何表面光滑、厚度适当并具有两个相互平行的大平面的试块，用纵波直探头获得多次反射回波，并将规定次数的两个回波调整到与两端的规定刻度线对齐，之后，观察其他的反射回波位置与水平刻度线相重合的情况。

JB/T 10061—1999《A 型脉冲反射式超声波探伤仪　通用技术条件》规定探伤仪水平线性误差≤2%，JB/T 4730.3—2005 中进一步规定水平线性误差≤1%。

探伤仪水平线性的好坏直接影响测距精度，进而影响缺陷定位。

3. 动态范围

动态范围是指探伤仪显示屏容纳信号大小的能力，将试块上反射体的回波高度调节到垂直刻度的100%，用衰减器将回波幅度由100%下降到刚能辨认的最小值时，该调节量即为探伤仪的动态范围。这时抑制旋钮位置为“0”。

JB/T 10061—1999《A 型脉冲反射式超声波探伤仪　通用技术条件》规定探伤仪的动态范围不小于26dB。

4. 衰减器精度

衰减器精度影响着缺陷定量的准确性。准确测定衰减器精度需采用标准衰减器进行比较。现场测定衰减器精度时，可按下列简易方法大致测出衰减器精度。

在探头远场区，同声程平底孔的孔径相差一倍，其反射回波的理论差值为12dB 。据此，可以用直探头检测试块内同声程的 ϕ2mm 和 ϕ4mm 的平底孔，用衰减器将它们的回波调至同一高度（如垂直刻度的 80%），此时衰减器的调节量与 12dB 的差值即为衰减误差。由于检测仪衰减器旋钮刻度只有整数值，因此难以调节到基准高度的回波余额。对于垂直线性好的仪器，可按下列方法估算。

1）使 ϕ2mm 平底孔的最大反射波高为适当高度，记为 H_1。

2）使同声程的 ϕ4mm 平底孔最大反射波出现在显示屏上，并衰减 12dB，记下此时高度为 H_2，则衰减误差 N 可按式（3-10）估算。

$$N = 20\lg \frac{H_1}{H_2} \tag{3-10}$$

JB/T 10061—1999 标准中规定，任意相邻 12dB 误差≤ ±1dB，JB/T 4730. 3—2005 中进一步规定最大累计误差≤1dB。

二、探头的性能及测试

探头的主要性能包括频率响应、相对灵敏度、时间域响应、电阻抗、距离幅度特性、声束扩散特性、斜探头的入射点和折射角、声轴偏斜角和双峰等。

1）频率响应是在给定的反射体上测得的探头脉冲回波频率特征。在用频谱分析仪测试频率特性时，从所得频谱图中可得到探头的中心频率、峰值频率、带宽等参数。

2）相对灵敏度是以脉冲回波方式，在规定的介质、声程和反射体上，衡量探头电声转换效率的一种度量。JB/T 10062—1999《超声检测用探头　性能测试方法》中将相对灵敏度规定为被测探头在规定的反射体上的回波幅度与石英晶片固定试块回波幅度之比。

3）时间域响应通过回波脉冲的形状、脉冲宽度（长度）、峰数等特征来评价探头的性能。脉冲宽度与峰数以不同的形式来表示所接收回波信号的持续时间。脉冲宽度为在低于峰值幅度的规定水平上所测得的脉冲（回波）前沿和后沿之间的时间间隔。峰数为在所接收信号的波形持续时间内，幅度超过最大幅度的 20%（-14dB）的周数。脉冲宽度越窄，峰数越少，则探头阻尼效果越好。这样的探头分辨力好，但灵敏度略低。

4）距离幅度特性、声束扩散特性、声轴偏斜角和双峰均属于探头的声场特性。由于介质衰减以及探头频率成分的非单一性等，使实际声场测量结果与理论计算结果会有所差异，因此，进行声场的实际测量是有必要的。距离幅度特性是指探头声轴上规定反射体回波声压随着距离变化的规律。通过距离幅度特性可测出声场的最大峰值距探头的距离、远场区幅度随着距离下降的快慢等。

5）斜探头的入射点。斜探头的入射点是指斜楔中纵波声轴入射到探头底面的交点。入射点至探头前沿的距离称为探头的前沿长度。为了方便对缺陷进行定位和测定探头的 K 值，应先测定出探头的入射点和前沿长度。可采用 IIW 试块或 CSK—I A 试块测定。测定方法为：将斜探头放在试块上（见图 3-32），在检测面中心位置移动（探头声束轴线与试块两侧平行），使 R100mm 圆柱曲底面回波达到最高，此时，R100mm 圆弧的圆心所对应探头上的点就是该探头的入射点。

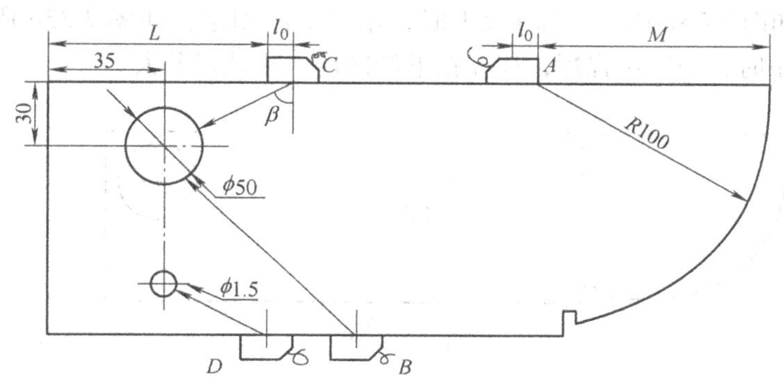

图 3-32　入射点与 K 值的测定

测出探头前端至试块圆弧边缘的距离 M，则该探头的前沿长度 l_0 为

$$l_0 = R - M$$

注意，试块上 R 应大于钢中近场区长度 N，因为近场区内轴线上的声压不一定最高，测试误差大。

6）斜探头 K 值和折射角 β_s。斜探头 K 值是指被探工件中横波折射角 β_s 的正切值，$K=\tan\beta_s$。斜探头的 K 值常用 IIW 试块或 CSK—IA 试块上的 ϕ50mm 和 ϕ1.5mm 横孔来测定，如图 3-32 所示。测定方法为：当探头置于 B 位置时，可测定 β_s 为 35°～60°（K=0.7～1.73）；当探头置于 C 位置时，可测定 β_s 为 60°～75°（K=1.73～3.73）；当探头置于 D 位置时，可测定 β_s 为 75°～80°（K=3.73～5.67）。

下面以 C 位置为例说明 K 值的测试方法。将探头对准试块上直径为 50mm 的横孔，找到最高回波，并测出探头前沿至试块端面的距离 L，则有

$$K = \tan\beta_s = \frac{L + l_0 - 35}{30} \tag{3-11}$$

$$\beta_s = \arctan K$$

值得注意的是：测定探头的 K 值或 β_s 也应在近场区以外进行，因为近场区内，声压最高点不一定在声束轴线上，测试误差大。

7）探头主声束偏离与双峰。探头主声束偏离是指探头实际主声束轴线与探头的几何轴线偏斜的程度，常用偏离角 θ 来表示。

双峰是指声束轴线沿横向移动时，同一反射体产生两个波峰的现象。

探头主声束偏离和双峰均是与声束横截面上的声压分布有关的性能，反映的是最大峰值偏离探头中心轴线的情况。此性能将会影响缺陷水平位置的确定。

如图3-33a所示，将探头对准试块棱边，移动并转动探头，找到棱边最高波，这时探头侧面平行线与棱边法线夹角 θ 就是主声束偏离角。当 $K>1$ 时，用一次波测定，如图3-33b所示。当 $K\leqslant 1$ 时，用二次波测定，如图3-33c所示。这是因为 K 较小时，一次声程短，往往在近场区内，测试误差大。

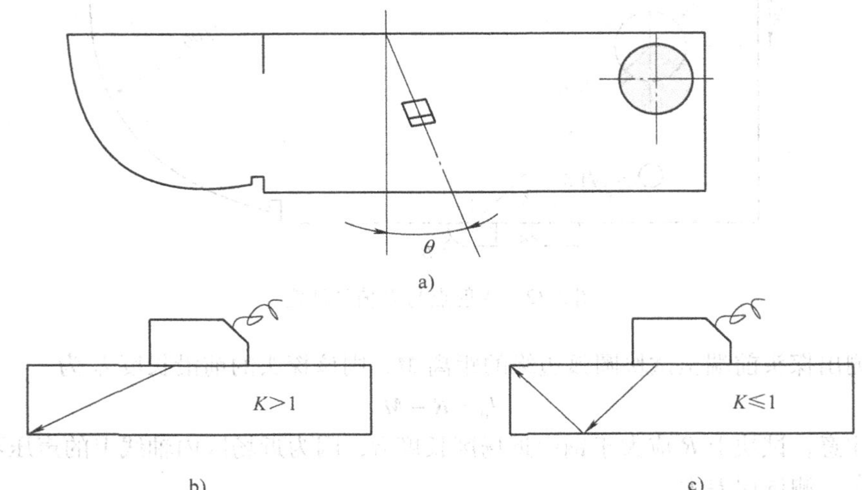

图3-33　声束偏离角测定

探头双峰常用横孔试块来测定，如图3-34a所示。将探头对准横孔，并前后平行移动，当显示屏上出现图3-34b所示的双峰波形时，说明探头具有双峰。

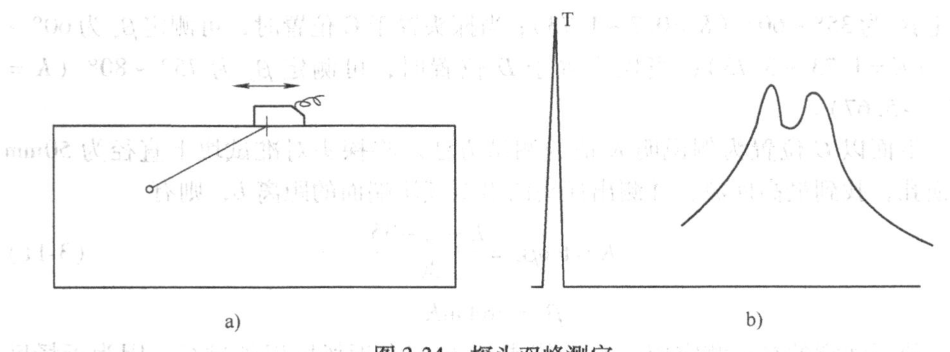

图3-34　探头双峰测定

8）声束扩散特性。声束扩散特性是指不同距离处的横截面上声压下降至声轴上声压下降6dB时的声束宽度。由于声束扩散，所以不同距离处声束宽度也不同。相同距离处不同探头的声束宽度变化情况与半扩散角有关。直探头和斜探头都可能存在声轴的偏移，下面以直探头为例进行说明。

① 在试块上选取深度约为2倍被测探头近场区长度的横通孔。

② 标出探头的参考方向，将探头的几何中心轴对准横通孔的中心轴（见图3-35a），然后使探头沿 x 方向在试块的中心线移动，测出横通孔回波幅度最高点时探头的移动距离 D_x。其中，横通孔回波幅度最高点在 $+x$ 方向时加上正号，在 $-x$ 方向时加上负号。

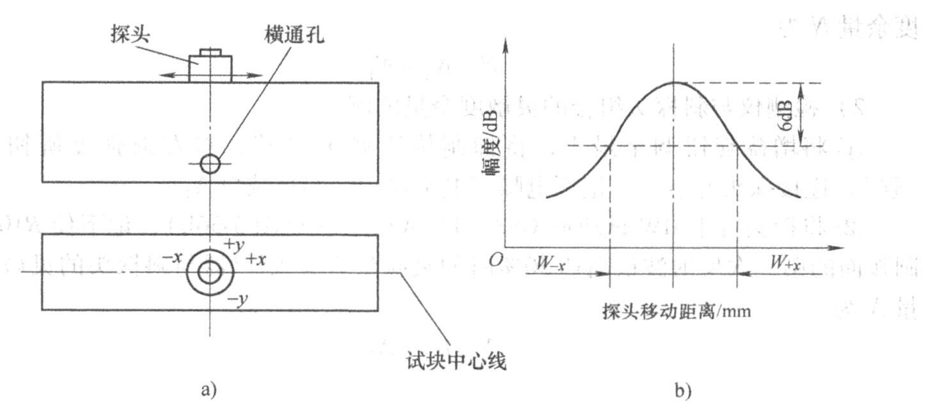

图3-35　直探头声束扩散特性的测试

③ 继续沿 x 方向移动探头，分别测出横通孔回波幅度最高点至孔回波幅度下降6dB时探头的移动距离 W_{+x} 和 W_{-x}，如图3-35b所示。

④ 使探头旋转90°后沿 x 方向对准试块中心线移动，按2）和3）步测出 D_y、W_{+y} 和 W_{-y}。

⑤ D_x、D_y 表示声轴的偏移，W_{+x}、W_{-x}、W_{+y}、和 W_{-y} 表示声束宽度，读数精确到1mm。

三、超声检测仪和探头的组合性能及测试

组合性能包括灵敏度（或灵敏度余量）、分辨力、信噪比和频率等。

1. 灵敏度

在超声检测中，灵敏度广义的含义是指整个检测系统（检测仪与探头）发现最小缺陷的能力。其发现的缺陷越小，说明其灵敏度就越高。检测仪与探头的灵敏度常用灵敏度余量来衡量。灵敏度余量是指检测仪最大输出时（增益、发

射强度最大，衰减和抑制为零），使规定反射体回波达基准高所需衰减的衰减总量。灵敏度余量大，说明检测仪与探头的灵敏度高。灵敏度余量与检测仪与探头的综合性能有关，因此又叫检测仪与探头的综合灵敏度。

检测仪与探头组合的灵敏度余量测试方法如下：

1）检测仪与直探头组合的灵敏度余量的测试

① 将检测仪增益旋钮调至最大，将抑制旋钮调至“0”，将发射强度旋钮调至“强”，连接探头，并使探头悬空，调衰减器使电噪声电平≤10%，记下此时衰减器的读数 N_1。

② 将探头对准图 3-36a 所示的 200mm 声程处的 ϕ2mm 平底孔，调衰减器使 ϕ2mm 平底孔回波高度为 50%，记下此时衰减器读数 N_2。则仪器与探头的灵敏度余量 N 为

$$N = N_2 - N_1$$

2）检测仪与斜探头组合的灵敏度余量的测试

① 将增益旋钮调至最大，将抑制旋钮调至“0”，将发射强度旋钮调至“强”，连接探头并悬空，记下电噪声电平≤10% 的衰减量 N_1。

② 将探头置于 IIW 试块或 CSK—IA 试块上（见图 3-36b），记下使 R100mm 圆弧面的第一次反射波最高达 50% 时的衰减量 N_2。则仪器与斜探头的灵敏度余量 N 为

$$N = N_2 - N_1$$

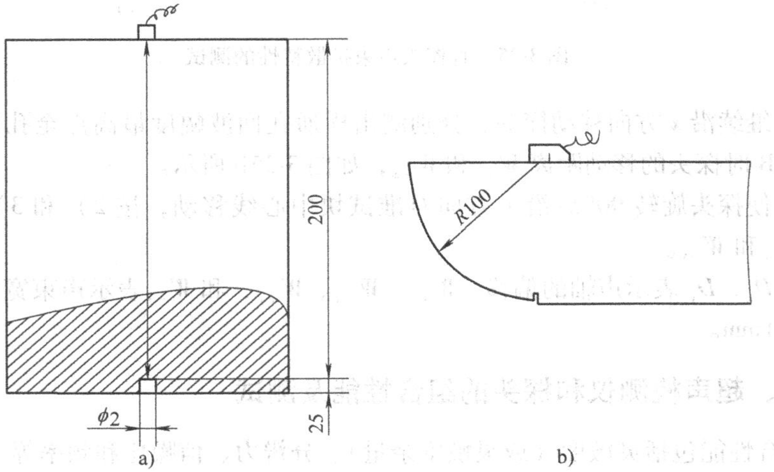

图 3-36　灵敏度余量的测定

2. 盲区与始脉冲宽度

盲区是指从检测面到能够发现缺陷的最小距离。盲区的大小与仪器的阻塞时

间和始脉冲宽度有关。

始脉冲宽度是指在一定的灵敏度下，显示屏上脉冲高度超过垂直幅度20%时的始脉冲延续长度。始脉冲宽度与晶片的机械因子 θ_m 与发射强度有关。θ_m 值大，说明发射强度大，始脉冲宽度大。

盲区的测定可在盲区试块上进行，如图3-37所示。在显示屏上能清晰地显示 ϕ1mm 平底孔独立回波的最小距离即为所测的盲区。

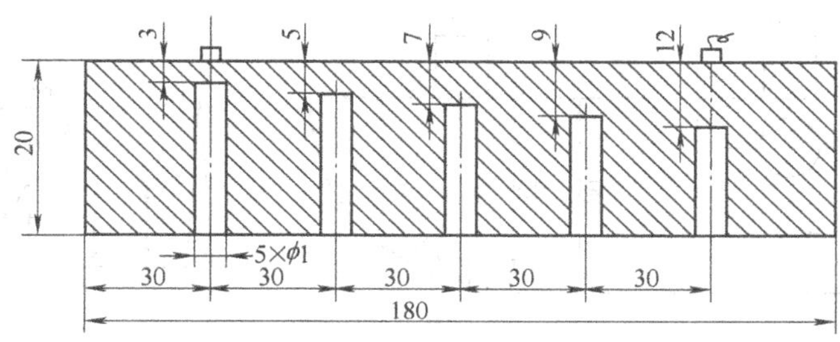

图3-37　用盲区试块测盲区

如果没有盲区试块，也可利用IIW或CSK—IA试块来估计盲区的范围，如图3-39所示。若探头置于Ⅰ处有独立回波，则盲区小于或等于5mm。若Ⅰ处无独立回波，Ⅱ处有独立回波，则盲区在5～10mm之间。若Ⅱ处仍无独立回波，则盲区大于10mm。

始脉冲宽度测定方法：按规定调好灵敏度并调至标准“0”点，显示屏上始脉冲达20%高处至水平刻度“0”点的距离 W_n 即为始脉冲宽度，如图3-38所示。

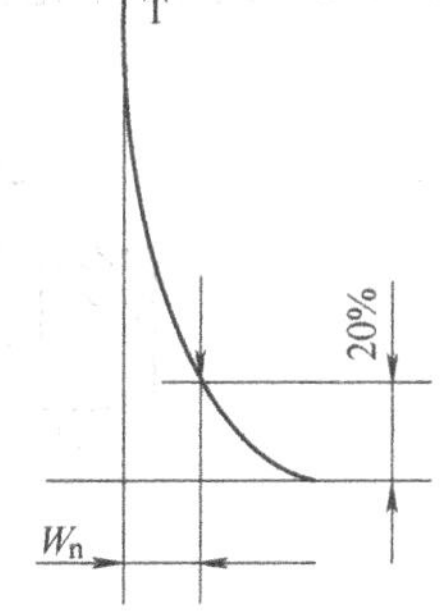

图3-38　始脉冲宽度

JB/T 4730.3—2005中规定，仪器和直探头组合的始脉冲宽度（在基准灵敏度下）：对于频率为5MHz的探头，宽度不大于10mm；对于频率为2.5MHz的探头，宽度不大于15mm。

3. 分辨力

超声检测系统的分辨力是指能够对一定大小的两个相邻反射体提供可分离指示时两者的最小距离。由于超声脉冲自身有一定宽度，在深度方向上分辨两个相邻信号的能力有一个最小限度（最小距离），称为纵向分辨力。在工件的入射面和底面附近，可分辨的缺陷和相邻界面间的距离称为入射面分辨力和底面分辨力，又称为上表面分辨力和下表面分辨力。在实际检测时，入射面分辨力和底面分辨力与所用的检测灵敏度有关。当检测灵敏度高时，界面脉冲或始波宽度会增大，使得分辨力变差。当探头平移时，分辨两个相邻反射体的能力称为横向分辨力。横向分辨力取决于声束的宽度。影响分辨力的主要因素有晶片的机械因子 θ_m 和发射强度等。

1）探伤仪与直探头远场分辨力的测试

① 先将抑制旋钮调至“0”，再将探头置于图 3-39a 所示的 CSK—IA 试块Ⅲ处，左右移动探头，使显示屏上出现 85、91、100 三个反射回波 A、B、C（见图 3-39b），则波峰和波谷的分贝差 20lg(a/b) 表示分辨力。

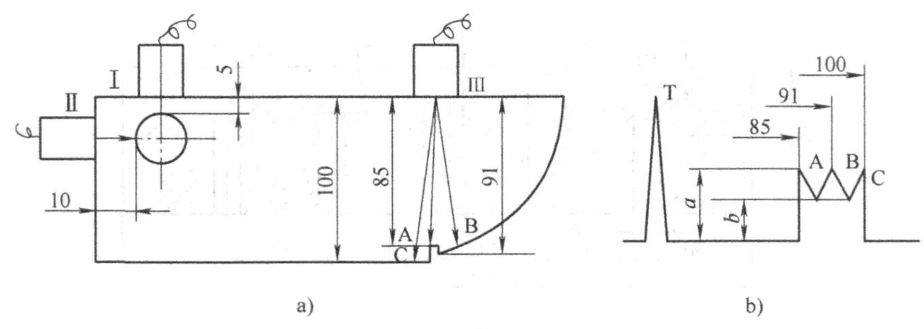

图 3-39　直探头远场分辨力的测试位置

② JB/T 4730.3—2005 中规定，直探头远场分辨力≥30dB。

2）探伤仪与斜探头分辨力的测定

① 将斜探头置于图 3-40 所示的 CSK—IA 试块上，对准 ϕ50mm、ϕ44mm、ϕ40mm 三个阶梯孔，使显示屏上出现三个反射波。

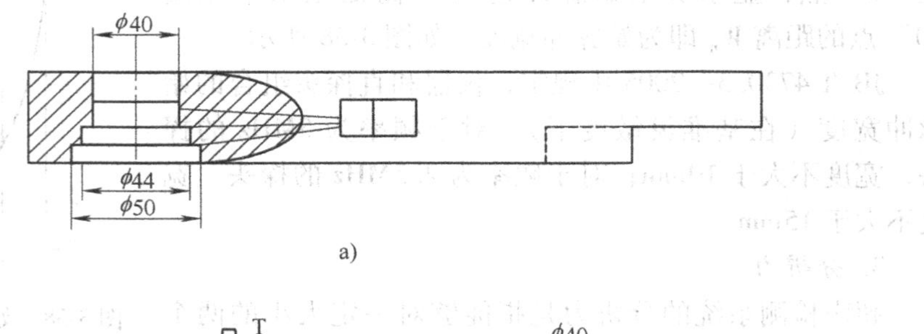

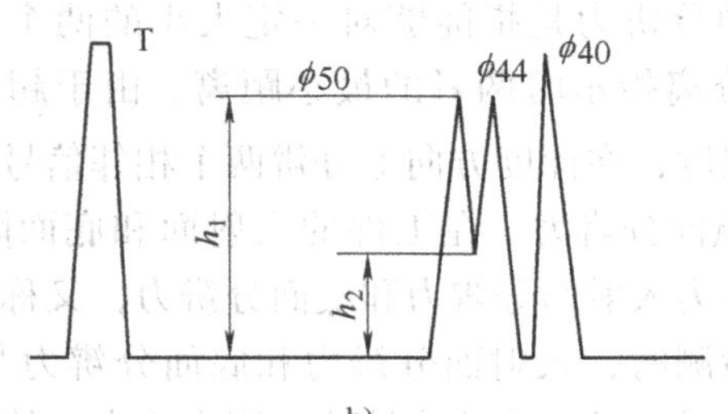

图 3-40　斜探头分辨力的测定

② 平行移动探头并调节仪器，使 ϕ50mm、ϕ44mm 回波等高（见图 3-40b），其波峰为 h_1，波谷为 h_2，则其分辨力为

$$X = 20\lg\frac{h_1}{h_2} \tag{3-12}$$

在实际测试时，用衰减器将 h_1 衰减到 h_2，其衰减量 ΔN 为分辨力，则 $X=\Delta N$。JB/T 4730.3—2005 中规定，斜探头的远场分辨力≥6dB。

4. 信噪比

信噪比是指显示屏上有用的最小缺陷信号幅度与无用的最大噪声幅度之比。由于噪声的存在会掩盖幅度低的小缺陷信号，容易引起漏检或误判，严重时甚至无法进行检测，因此，信噪比对缺陷的检测起关键作用。信噪比的测定分为仪器校验时的测定和实际检测时的测定。

一般以 200mm 声程处 ϕ1mm 平底孔反射回波 $H_{信}$ 与噪声杂波 $H_{噪}$ 之间的分贝差来表示信噪比的大小，即 $\Delta = 20\lg(H_{信}/H_{噪})$。

5. 频率

频率是超声仪器和探头组合后的一个重要参数。很多物理量的计算都与频率有关，例如超声场近场区长度、半扩散角、规则反射体的回波声压等。探头的公称频率是制造厂在探头上标出的频率。该频率是根据驻波共振理论设计的，由 $f_0 = N_t/t = c_L/2t$ 计算得到。仪器和探头的组合频率取决于仪器的发射电路与探头的组合性能，与公称频率之间往往存在一定的差值。为衡量该差值，实践中往往采用回波频率误差表征。回波频率误差是指当超声仪器与探头组合使用时，经工件底面反射回的超声波的频率与探头公称频率间的误差极限。

复习思考题

1. 脉冲反射式超声检测用探头对晶片有什么要求？

2. CSK—IA 试块与 IIW 试块相比，有哪些改变？这些改变有何用途？

3. 使用超声波测试试块时应注意些什么？

4. 请说出 CSK—IA 试块的主要作用。

5. 脉冲反射式超声波探伤仪的主要性能指标有哪些？

6. 用 2.5P20Z 探头，在 CSK—IA 试块 25mm 厚度处测定 CTS—22 型超声波探伤仪的水平线性，当 B_1、B_5 分别对准该探伤仪的基线刻度 2.0 和 10.0 时，B_2、B_3、B_4 分别对准 3.90、5.92、7.96，求该探伤仪的水平线性误差为多少。

7. 垂直线性良好的超声检测仪显示屏上有 A、B、C 三个信号波，将三个波调到同一基准高度时，A、B、C 三个信号波对应的衰减器读数分别为 24dB、18dB、5dB。如果把 B 信号波调到满屏的 40% 高，衰减器不变，此时 A 和 C 信号波高度各为多少？

第四章

超声波检测技术

培训学习目标：了解超声波检测方法的分类，熟悉探伤仪的调试和校准技术，掌握各种检测方法的操作要点及选用原则，能够正确分析判断缺陷，准确测量缺陷尺寸及当量。

第一节　超声波检测方法的分类

超声波检测方法很多，各种方法的检测工艺也有很大不同，分类方法也有多种。

一、按原理分类

超声波检测方法按原理分类，可分为脉冲反射法、穿透法、共振法、TOFD法、超声相控阵检测法和超声导波检测法等。

1. 脉冲反射法

超声波探头发射脉冲波到被检工件内，根据反射波的情况来检测试件缺陷的方法称为脉冲反射法。脉冲反射法包括缺陷回波法、底波高度法和多次底波法。

脉冲反射法是根据探伤仪显示屏上显示的底波和缺陷波形进行判断的方法。该方法是反射法的基本方法。

图4-1所示为脉冲反射法的基本原理。当试件完好时，超声波可顺利传播到底面，检测图形中只有表示发射脉冲T及底面回波B两个信号。若试件中存在缺陷，则在检测图形中，底面回波前有表示缺陷的回波F。

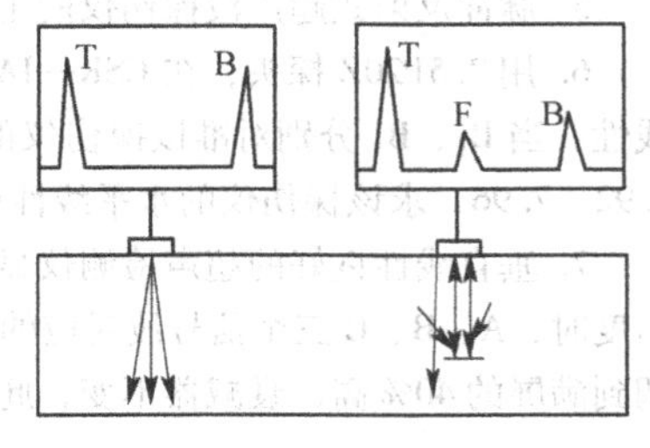

图4-1　脉冲反射法的基本原理

当试件的材质和厚度不变时，底面回波高度应是基本不变的。如果试件内存在缺陷，则底面回波高度会下降，当缺陷达到一定尺寸时，

底波会消失。当透入试件的超声波能量较大而试件厚度较小时，超声波可在检测面与底面之间往复传播多次，显示屏上出现多次底波 B_1、B_2、…、B_n。如果试件内部存在缺陷，则底面回波次数会减少，同时显示出缺陷回波。检测时可根据底面回波次数和有无缺陷来判断工件质量。

2. 穿透法

穿透法是依据脉冲波或连续波穿透试件之后的能量变化来判断缺陷的一种方法。穿透法常采用两个探头，一个用于发射，一个用于接收，分别放置在试件的两侧进行检测。当工件内部存在缺陷或其他不正常情况时，接收探头仍能工作，但收到的信号变弱。当工件内部存在缺陷或不正常区城时，其面积大于或等于发射晶体直径，接收探头接收信号可能减弱至零。根据接收信号穿透脉冲波幅的高低，可判断缺陷的有无和大小。由于发射出来的超声波束具有一定的扩散角度，因此即使是同一缺陷，因其与接收探头间的距离不同，所形成的“声影”大小也不同。检测时不但要考虑发射超声波束的扩散情况，而且要考虑超声波在传播过程中遇到障碍物时的绕射现象。通常它适合于探查流水线上厚度在 30mm 以下的批量工件。

3. 共振法

若声波在被检工件内传播，则当工件厚度为超声波半波长的整数倍时，将引起共振，仪器显示出共振频率，根据相邻的两个共振频率之差，用式（4-1）算出工件厚度。

$$\delta=\frac{\lambda}{2}=\frac{c}{2f_0}=\frac{c}{2\ (f_m-f_{m-1})} \tag{4-1}$$

式中 f_0——工件的固有频率；

f_m、f_{m-1}——相邻两共振频率；

c——被检工件中的波速；

λ——波长；

δ——试件厚度。

当工件内部存在缺陷或工件厚度发生变化时，工件的共振频率会发生变化，因此可根据频率的变化来判断缺陷情况和工件厚度的变化情况。共振法多用于工件测厚。

4. TOFD 法

TOFD 是 Time Of Flight Diffraction 的缩写，中文简称为超声衍射声时检测技术。TOFD 技术依赖于超声波与不连续端点的相互作用。这种相互作用导致产生一个覆盖大角度范围的衍射波，对衍射波的检测可用于确定缺陷的存在。所记录的信号渡越时间可测量缺陷的高度，从而能够对缺陷定量。缺陷尺寸往往由衍射信号的渡越时间决定。信号幅度不用于缺陷定量评估。

TOFD 的基本结构为一对相距一定间距的超声发射器与接收器，如图 4-2 所示。由于超声波的衍射与缺陷取向无关，因此通常使用宽角度声束的纵波探头，这样就可一次完成对一定空间的检查。然而，单次扫查中可检查的空间大小是有限制的，如图 4-3 所示。

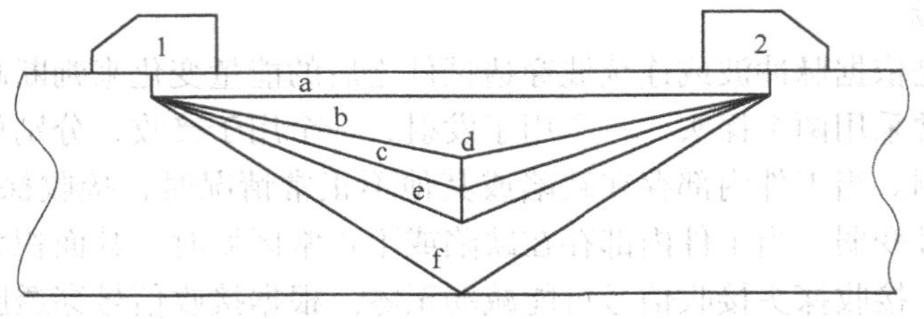

图 4-2 TOFD 的基本结构

1—发射器 2—接收器 a—侧向波 b—上端 c—内角 d—缺陷 e—下端 f—背面回波

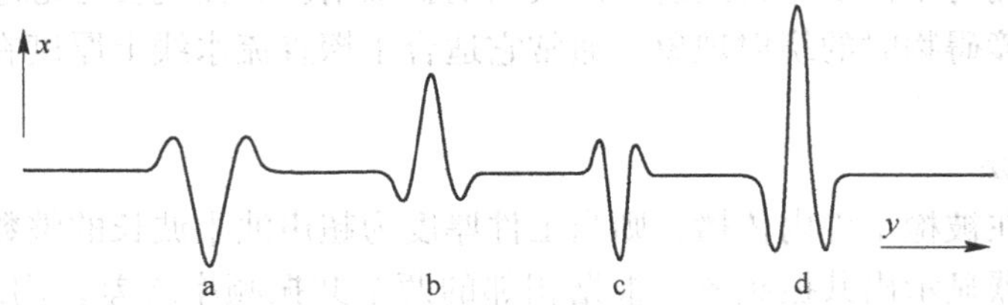

图 4-3 内部缺陷的 A 型显示

x—幅度 y—时间 a—侧向波 b—上端 c—下端 d—背面回波

在一个声脉冲发射后，第一个到达接收器的信号通常是侧向波，这个侧向波刚好从测试工件近表面传播。

当不存在不连续时，第二个到达接收器的信号叫做背面回波。

这两个信号通常被作为参考，如果波形转换忽略不计，则由材料中的不连续所产生的任何信号将在侧向波与背面回波之间到达，因为侧向波和背面回波分别对应发射器与接收器之间最短和最长的路径。同理，缺陷上端所产生的信号较缺陷下端所产生的信号先到达接收器。内部缺陷的 A 型显示如图 4-3 所示。缺陷高度可从两个衍射信号的渡越时间差中推算出来。应注意侧向波和背面回波以及缺陷上下端回波之间的相位翻转。

5. *超声相控阵检测法*

超声相控阵检测法是按一定的规则和时序用电子系统控制激发由多个独立的压电晶片组成的阵列换能器，通过软件控制相控阵探头中每个晶片的激发延时和振幅，从而调节控制焦点的位置和聚焦的方向，生成不同指向性的超声波聚焦波束，产生不同形式的声束效果，可以模拟各种斜聚焦探头的工作，并且可以电子

扫描和动态聚焦，无需或较少移动探头。该方法检测速度快，探头放在一个位置就可以生成被检测物体的完整图像，实现自动扫查，且可检测复杂形状的物体，克服了常规A型超声脉冲法的一些局限。

6. 超声导波检测法

导波是由于声波在介质中的不连续交界面间产生多次往复反射，并进一步产生复杂的干涉和几何弥散而形成的，主要分为圆柱体中的导波以及板中导波等。探头阵列发出一束超声能量脉冲，此脉冲充斥整个圆周方向和整个管壁厚度，向远处传播。导波在传输过程中遇到缺陷（缺陷在径向截面上有一定的面积），会在缺陷处返回一定比例的反射波，因此可由同一探头阵列检出返回信号，从而发现和判断缺陷的大小。工件中的变化会产生反射信号，被探头阵列接收到，因此可以检出工件内外壁由腐蚀或侵蚀引起的缺陷。

二、按波型分类

根据超声波检测采用的波型，超声波检测方法可分为纵波检测法、横波检测法、表面波检测法、板波检测法、爬波检测法等。

1. 纵波检测法

使用超声纵波进行检测的方法称为纵波检测法。纵波检测法又分为纵波直探头检测法和纵波斜探头检测法。

纵波直探头检测法使用纵波直探头，使波束垂直入射至工件检测面，以纵波波型和入射方向透入工件，用于检测工件内部质量。纵波直探头检测法分为单晶探头反射检测法、双晶探头反射检测法和单晶探头穿透检测法。纵波直探头检测法主要用于铸件、锻件、型材及金属制品的检测，对与检测面平行的缺陷检出效果好。在介质中传播时，纵波穿透能力强，晶界反射或散射的敏感性较差，可检测工件的厚度大，可用于粗晶材料的检测。垂直法检测时，波型和传播方向不变，缺陷定位比较准确。

纵波斜探头检测法是利用小的入射角度的纵波斜探头，在被检工件内部形成折射纵波进行检测，常用来检测如螺栓、堆焊层、多层包扎设备环焊缝等。

2. 横波检测法

利用超声界面的波形转换原理，将纵波通过楔块、水等介质倾斜入射至工件检测面，利用波型转换得到横波从而进行检测的方法称为横波检测法。由于透入工件的横波束与检测面成锐角，所以又称为斜射法，如图4-4所示。

此方法主要用于板材、管材和焊缝的检测。

3. 表面波检测法

使用表面波进行检测的方法称为表面波检测法。表面波波长比横波波长短，衰减也大于横波。它仅沿表面传播，对表面粗糙度和表面上的油污等敏感，衰减

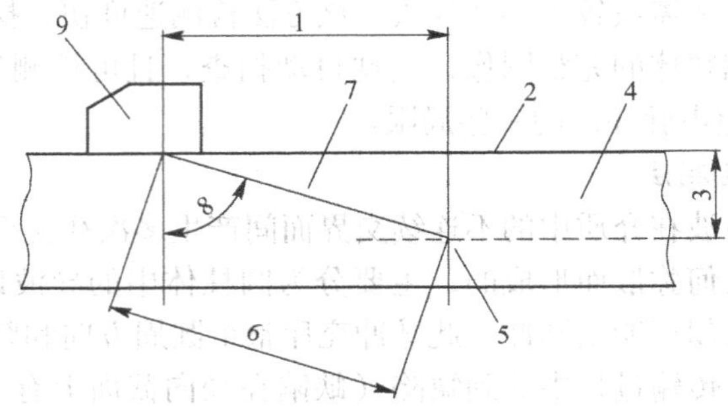

图 4-4　横波检测法相关的参数

1—投影声程长度　2—检测面　3—缺陷深度　4—受检件　5—不连续缺陷　6—声程长度　7—声束轴线　8—折射角　9—斜探头

量大。表面波检测法主要用于表面光滑的工件。

4. 板波检测法

使用板波进行检测的方法称为板波检测法。根据板波产生的原理，该方法主要用于薄板、薄壁管等形状简单的工件检测。检测时，板波充塞于整个试件，可以发现内部和表面的缺陷。但是其检出灵敏度除取决于仪器工作条件外，还取决于波的形式。

5. 爬波检测法

爬波是指表面下纵波。它是当第一介质中的纵波入射角位于第一临界角附近时在第二介质中产生的表面下纵波。这时第二介质中除了表面下纵波外，还存在折射横波。这种表面下纵波不是纯粹的纵波，还存在垂直方向的位移分量。

爬波主要用于检测表面比较粗糙的工件（如铸钢件、有堆焊层的工件等）的表层缺陷。

三、按探头数目分类

1. 单探头法

将一个探头用于发射和接收超声波的检测方法称为单探头法。单探头法操作方便，可以检出大多数缺陷，是目前最常用的一种方法。单探头法对与波束轴线垂直的片状缺陷和立体型缺陷的检出效果最好，难以检出与波束轴线平行的片状缺陷。当缺陷与波束轴线倾斜时，根据倾斜角度的大小，能够收到部分回波，或者因反射波束全部反射在探头之外而无法检出。

2. 双探头法

使用两个探头（一个用于发射，一个用于接收）进行检测的方法称为双探头法。根据两个探头的排列方式和工作方式，双探头法可进一步分为并列式、交

叉式、V 形串列式、K 形串列式、串列式等。

1）并列式：两个探头并列放置，检测时两者做同步同向移动。当直探头并列放置时，通常是一个探头固定，另一个探头移动，以便发现与检测面倾斜的缺陷，如图 4-5a 所示。分割式探头就是将两个并列的探头组合在一起，具有较高的分辨力和信噪比，适用于薄工件、近表面缺陷的检测。

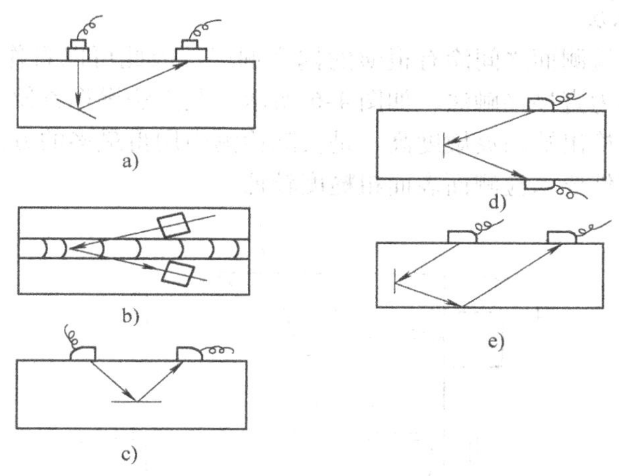

图 4-5　双探头的排列方式

a）并列式　b）交叉式　c）V 形串列式　d）K 形串列式　e）串列式

2）交叉式：两个探头轴线交叉，交叉点为要检测的部位，如图 4-5b 所示。此种检测方法可用来发现与检测面垂直的片状缺陷，在焊缝检测中，常用来发现横向缺陷。

3）V 形串列式：两探头相对放置在同一面上，一个探头发射的声波被缺陷反射，反射的回波刚好落在另一个探头的入射点上，如图 4-5c 所示。此种检测方法主要用来发现与检测面平行的片状缺陷。

4）K 形串列式：两探头以相同的方向分别放置于工件的上下表面上，一个探头发射的声波被缺陷反射，反射的回波进入另一个探头，如图 4-5d 所示。此种检测方法主要用来发现与检测面垂直的片状缺陷。

5）串列式：两探头一前一后，以相同方向放置在同一表面上，两个探头间距为 1 倍跨距，一个探头发射的声波被缺陷反射，反射的回波经底面反射进入另一个探头，声束轴均在与检测面相垂直的同一平面内的斜射探头进行扫查，如图 4-5e 所示。此技术主要用于检测垂直于检测面的不连续。

3. 多探头法

将两个以上的探头成对地组合在一起进行检测的方法称为多探头法。多探头法主要是通过增加声束来提高检测速度或发现各种取向的缺陷，通常与多通道仪器和自动扫描装置配合应用。

四、按探头接触方式分类

依据检测时探头与工件的接触方式，超声波检测法可以分为接触法与液浸法。

1. *直接接触法*

探头与工件检测面之间涂有很薄的耦合剂层，因此可以看作两者直接接触，这种检测方法称为直接接触法，如图 4-6 所示。此方法操作方便，检测图形较简单，判断容易，检出缺陷灵敏度高，是实际检测中用得最多的方法。但是，直接接触法检测的工件要求检测面表面粗糙度较低。

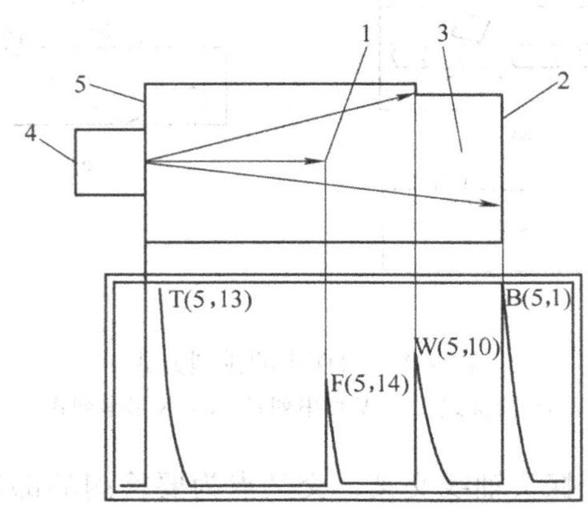

图 4-6　接触检测

1—不连续/缺陷　2—背面　3—受检件　4—直探头　5—检测面

T—发射脉冲指示　F—缺陷/不连续回波　W—侧面回波　B—背面回波

2. *液浸法*

液浸法就是将探头与工件全部浸于液体中，或在探头与工件之间局部充以液体（探头与工件有一段距离，即液层厚度）进行检测的方法。液体一般用水，因此，液浸法也称为水浸法，其方式如图 4-7 所示。

用液浸法进行纵波检测时，从探头发出的声波通过一定距离的液层传播后，到达液体与工件的界面，产生界面波，同时，大部分的声能传入工件，若工件中存在缺陷，则在缺陷处产生反射，且另一部分声能传至底面产生反射，其波形如图 4-7 所示。图 4-7 中，T 为发射波，S 为界面波，F 为缺陷波，B 为底波。图 4-7中，各信号之间的距离，相当于声波在液体中，工件表面至缺陷处及在工件中往返一次所需要的时间。如果探头与工件之间的液层厚度改变，则信号 T-S 的距离也随之改变，但信号 S-B、S-F、及 F-B 的距离保持不变。液浸法波形稳定，

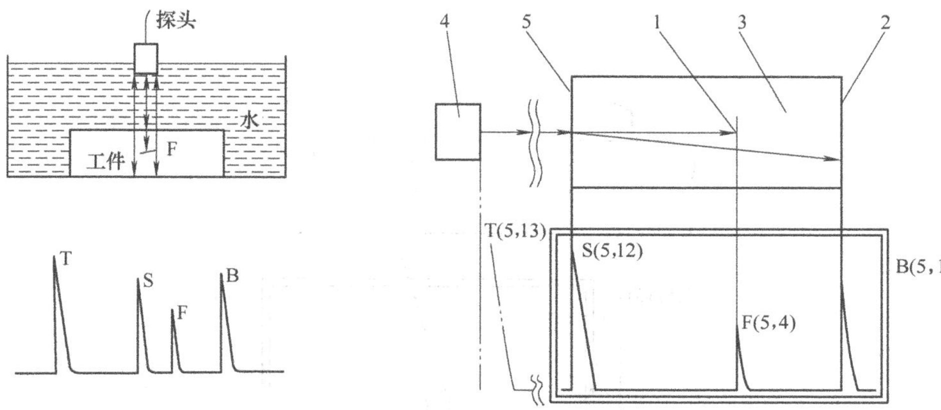

图 4-7　液浸检测

1—不连续/缺陷　2—背面　3—受检件　4—直探头　5—检测面

T—发射脉冲指示　S—界面波　F—缺陷/不连续回波　B—背面回波

不必将探头与工件接触，便于实现自动化检测，适宜检测表面粗糙的工件。液浸法的声束方向可连续改变，易检测倾斜的缺陷；可控制波束，可以用聚焦探头提高灵敏度；不磨损探头晶片。液浸法主要用于板材和管材的批量检测。

五、按显示方式分类

超声波检测法按显示方式分为 A 扫描显示、B 扫描显示、C 扫描显示等。

A 扫描显示：用 X 轴代表时间，Y 轴代表幅度的超声信号显示方式，如图 4-8和图 4-9 所示。

B 扫描显示：根据幅度在预置范围内的回波信号的声程长度与探头仅沿一个方向扫查时声束轴线位置之间的关系绘制的受检件的横截面图。该显示方式通常用于显示反射体的深度和长度，如图 4-10 所示。

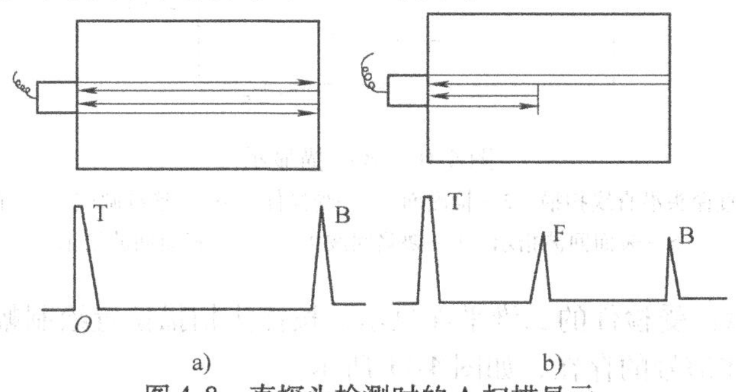

图 4-8　直探头检测时的 A 扫描显示

a）无缺陷时的显示波形　b）有缺陷时的显示波形

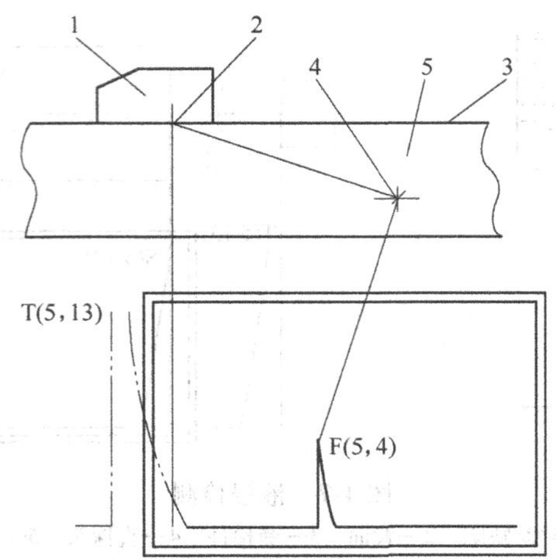

图 4-9　斜探头检测时的 A 扫描显示

1—斜探头　2—探头入射点　3—检测面　4—不连续/缺陷　5—受检件

T—发射脉冲指示　F—缺陷/不连续回波

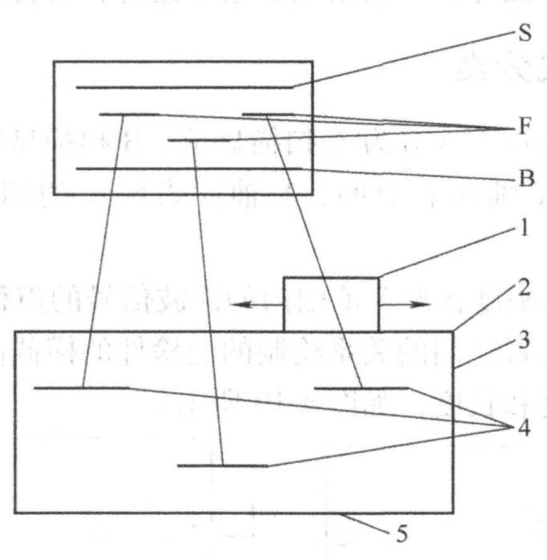

图 4-10　B 扫描显示

1—直探头沿直线扫描　2—检测面　3—受检件　4—不连续缺陷　5—背面

S—表面回波指示　F—缺陷回波指示　B—背面回波指示

C 扫描显示：受检件的二维平面显示，按探头扫描位置绘制幅度或声程在预置范围内的回波信号的存在，如图 4-11 所示。

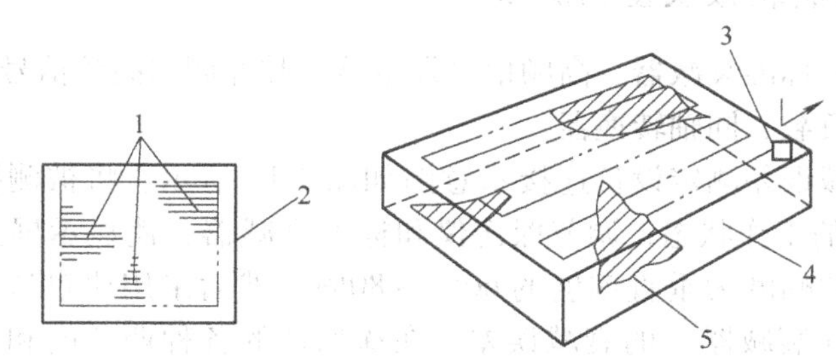

图 4-11 C 扫描显示

1—缺陷面积指示 2—显示屏图像代表顶视图 3—探头沿平行线扫描
4—受检件 5—不连续/缺陷区域

第二节 超声波探伤仪的调节及常用性能指标的测试

检测使用的 A 型显示脉冲反射式探伤仪的工作频率范围至少为 1 ~ 5MHz。探伤仪应配备衰减器或增益控制器。其精度为：任意相邻 12dB 误差在 ±1dB 内。其步进级每挡不大于 2dB，总调节量应大于 60dB，水平线性误差不大于 1%，垂直线性误差不大于 5%。探头声束轴线水平偏离角应不大于 2°，探头主声束垂直方向的偏离不应有明显的双峰。斜探头的公称折射角 β 为 45°、60°、70°或 K 值为 1.0、1.5、2.0、2.5，折射角的实测值与公称值的偏差应不大于 2°（K 值偏差不应超过 ±0.1），前沿距离的偏差应不大于 1mm。若受工件几何形状或检测面曲率等的限制，也可选用其他小角度的探头。系统的灵敏度必须大于 10dB 以上。远场分辨力，直探头 $X \geqslant 30$dB，斜探头 $Z \geqslant 6$dB。

探伤仪的水平线性和垂直线性，在探伤仪首次使用时每隔三个月应检查一次。斜探头及系统性能在表 4-1 规定的时间内必须检查一次。

表 4-1 斜探头及系统性能的检查周期

检查项目	检查周期
前沿距离 折射角或 K 值 偏离角	开始使用及每隔 6 个工作日
灵敏度余量 分辨力	开始使用、修补后及每隔 1 个月

一、衰减器衰减误差的测试

测试设备：标准衰减器、高频信号发生器、脉冲调制高频信号发生器、阻抗匹配器、终端负载、同轴转换器。

衰减器衰减误差测定设备连接示意图如图 4-12 所示。将被测探伤仪置一收一发即“双”的工作状态，调节探伤仪和标准衰减器，使显示屏上显示的脉冲调制高频信号的幅度为垂直刻度的 60% ~80%，然后采用比较法，从标准衰减器读出探伤仪（衰减器）的衰减误差。在探伤仪的各种调节度和规定的工作频率范围内，改用不同的频率，重复多次测试。测试结果以 dB 表示，读数精确到 0.1dB。

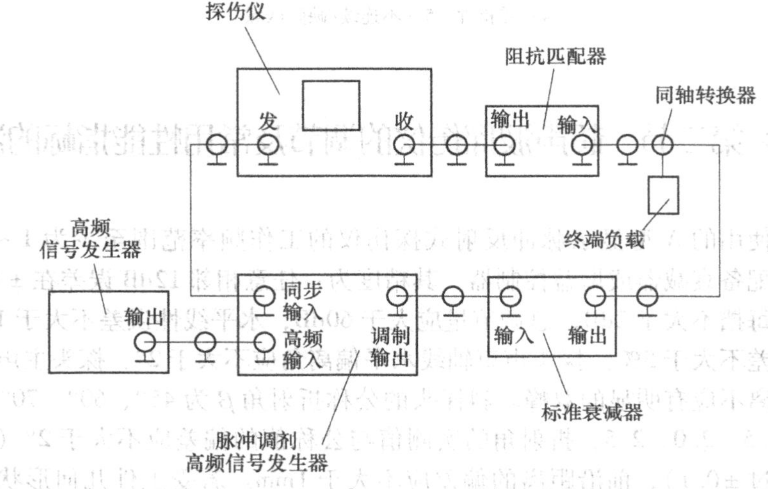

图 4-12　衰减器衰减误差测定设备连接示意图

二、垂直线性误差的测试

测试设备：各种频率的常用直探头、CS 对比试块或图 4-13 所示 DB—P 试块、探头压块。

连接探头并将其固定在试块上（见图 4-14），调节探伤仪，使显示屏上显示的检测图形中孔波幅度恰为垂直刻度的 100%，且衰减器至少有 30dB 的衰减余量。调节衰减器，依次记下每衰减 2dB 时孔波幅度的百分数，直至 26dB，然后将孔波幅度实测值与表 4-2 中的理论值相比较，取最大正偏差 $d_{(+)}$，与最大负偏差 $d_{(-)}$的绝对值的和为垂直线性误差 Δd。

$$\Delta d = |d_{(+)}| + |d_{(-)}| \tag{4-2}$$

式中　Δd——垂直线性误差（%）。

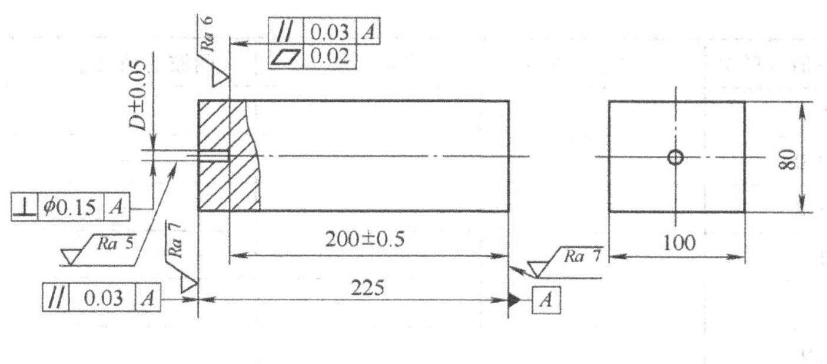

试块型号	DB-P Z20-2	DB-P Z20-4
孔径 D	$\phi 2$	$\phi 4$

$\sqrt{Ra\ 4}\ (\sqrt{\ })$

未注公差尺寸的极限偏差按 IT14

图 4-13 DB—P 试块

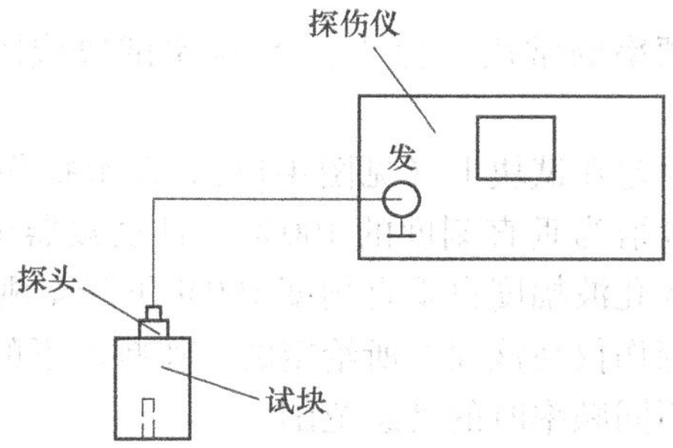

图 4-14 垂直线性测量示意图

将底波幅度调为垂直刻度的 100%，重复多次测试。在工作频率范围内，改用不同频率的探头，重复测试。

表 4-2 垂直线性测量记录表

衰减量/dB	波高理论值（%）	测试值（%）	偏差（%）	回波的消失情况
0	100.0			—
2	79.4			—
4	63.1			—
6	50.1			—
8	39.8			—
10	31.6			—

（续）

衰减量/dB	波高理论值（%）	测试值（%）	偏差（%）	回波的消失情况
12	25.1			—
14	20.0			—
16	15.8			—
18	12.5			—
20	10.0			—
22	7.9			—
24	6.3			—
26	5.0			
30				

三、动态范围的测试

测试设备：各种频率的常用直探头、CS 对比试块或图 4-13 所示 DB—P 试块、探头压块。

连接探头并将其固定在试块上（见图 4-14），调节探伤仪，使显示屏上显示的检测图形中孔波幅度恰为垂直刻度的 100%，且衰减器至少有 30dB 的衰减余量。调节衰减器，读取孔波幅度自垂直刻度 100% 下降至刚能辨认的最小值时衰减器的调节量，定为探伤仪在该探头所给定的工作频率下的动态范围。按同样的方法测试不同回波、不同频率时的动态范围。

四、水平线性误差的测试

测试设备：不同厚度的对比试块 CSK—IA、DB—D1 试块（见图 4-15）或 DB—P 试块等，5MHz 或其他频率的常用直探头、探头压块。

连接探头并根据被测探伤仪中扫描范围档级的要求将探头固定于适当厚度的试块上，再调节探伤仪，使其显示多次无干扰底波。

在不具有“延迟扫描”功能的探伤仪中，在分别将底波调到相同幅度（如垂直刻度的 80%）的条件下，使第一次底波 B_1 的前沿对准水平刻度“2”，第五次底波 B_5 的前沿对准水平刻度“10”，然后再依次将每次底波调到上述相同幅度，分别读取第二、三、四次底波前沿与水平刻度的偏差 L_2、L_3、L_4，然后取其最大偏差 L_{max}。按式（4-3）计算水平线性误差 ΔL。

$$\Delta L=\frac{|L_{max}|}{0.8B}\times 100\% \tag{4-3}$$

式中　ΔL——水平线性误差；

B——水平全刻度数。

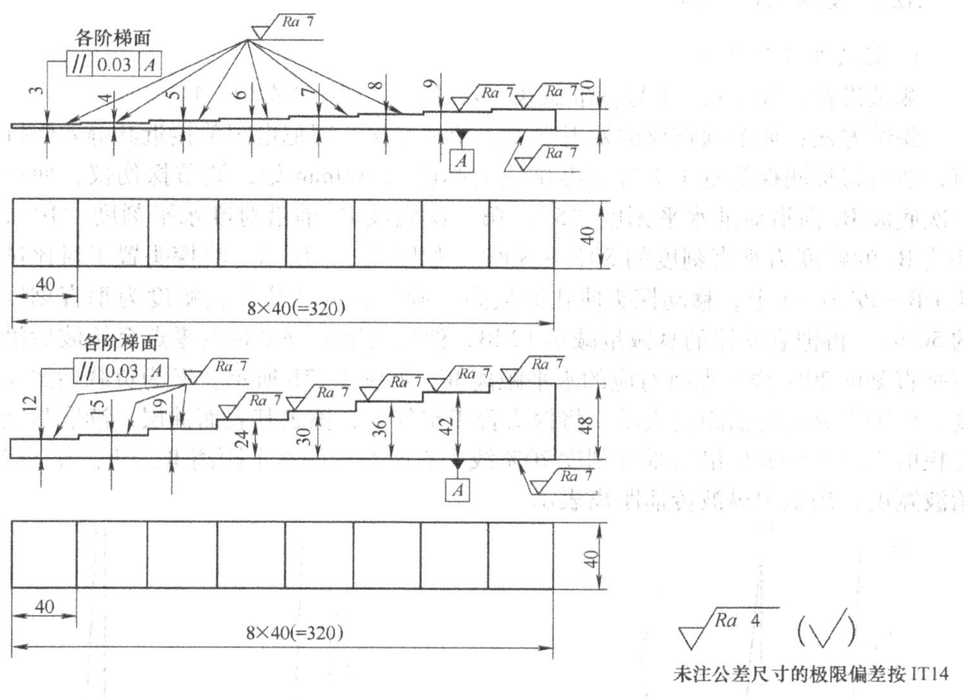

图 4-15　DB—D1 试块

在具有“延迟扫描”功能的探伤仪中（见图 4-16），使第一次底波 B_1 的前沿对准水平刻度“2”，第五次底波 B_5 的前沿对准水平刻度“10”，然后读取第二至第五次底波中的最大偏差值 L_{max}，再按式（4-3）计算水平线性误差 ΔL。

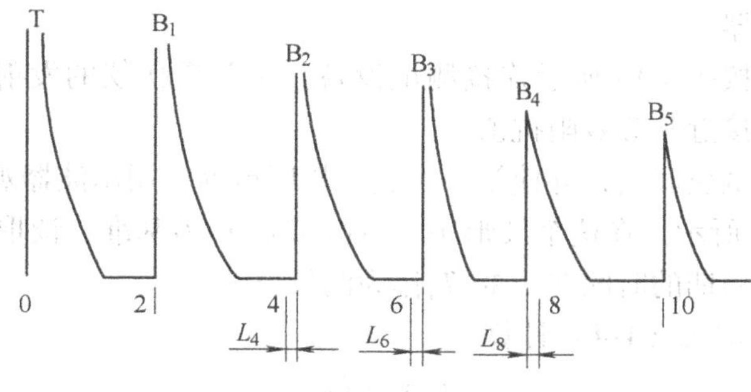

图 4-16　“延迟扫描”功能

在探伤仪扫描范围的每个档级至少应测试一种扫描速度下的水平线性误差。

五、直探头的测试

1. 始波宽度的测试

测试设备：探伤仪、1号标准试块、对比试块 DB—PZ 20—4。

测试方法：调节探伤仪的发射强度，使被测探头阻尼电阻值接近其等效阻抗值，然后将被测探头置于1号标准试块上厚度为100mm处，调节探伤仪，使第一次底波 B_1 前沿对准水平刻度“5”，第二次底波 B_2 前沿对准水平刻度“10”，并使 B_2 的幅度为垂直刻度的50%～80%，如图4-17a所示。将探头置于对比试块DB—PZ20—4上，移动探头使孔波最高，调节衰减器使孔波幅度为垂直刻度的50%，再把衰减器的衰减量减小12dB，然后读取从刻度板的零点至始波后沿与垂直刻度20%线交点所对应的水平距离 W，如图4-17b所示。W 为负载始波宽度，用钢中纵波传播距离表示。将探头置于空气中，擦去其表面油层，读取从刻度板的零点至始波后沿与垂直刻度20%线交点所对应的水平距离 W_o。W_o 为空载始波宽度，用钢中纵波传播距离表示。

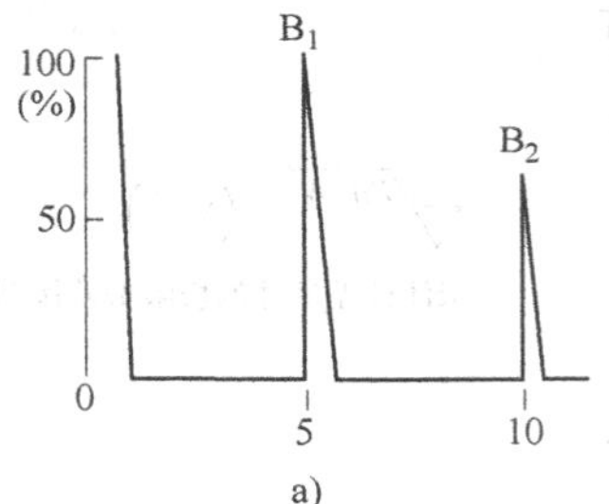

a)

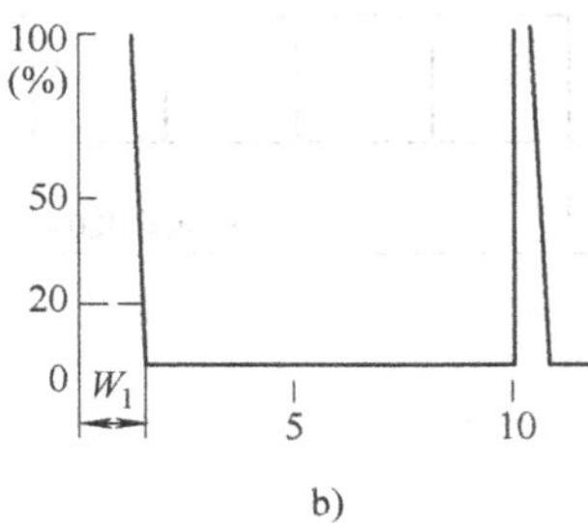

b)

图4-17　始波宽度

2. 回波频率的测试

测试设备：探伤仪、对比试块DB—P中声程为被测探头近场区长度1～1.5倍的试块、示波器。

测试方法：按图4-18所示连接测试设备。调节探伤仪的发射强度，使被测探头阻尼电阻值接近其等效阻抗值。

将探头对准试块底面，并使第一次底波幅度最高，用示波器观察底波的扩展波形，如图4-19所示。在这个波形中，以峰值点 P 为基准，读取其前一个和其后两个共计三个周期的时间 T_3，把 T_3 作为测量值。

回波频率 f_e 按式（4-4）计算

$$f_e = 3/T_3 \qquad (4\text{-}4)$$

式中　f_e——回波频率（MHz）；

T_3——时间（μs）。

在测试中，当波形无法读取三个周期时，也可以读取峰值点前一个和后一个

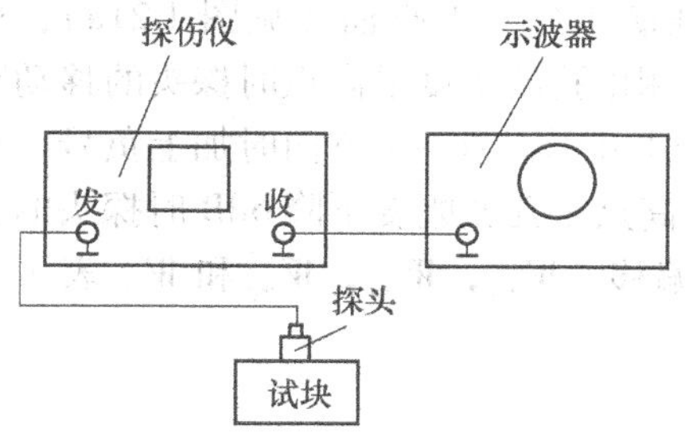

图 4-18 测试设备的连接

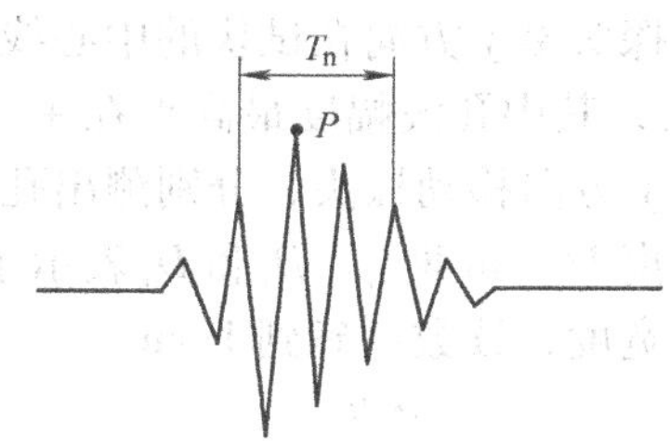

图 4-19 扩展波形

共计两个周期的时间 T_2，并按 $f_2=2/T_2$ 计算。

3. 声轴的偏移和声束宽度的测试

声轴的偏移反映了主声束中心轴线与晶片中心法线的重合程度。声轴偏离角除直接影响缺陷定位和指示长度的测量精度外，还会导致检测者对缺陷方向产生误判，从而影响对检测结果的分析。

测试设备：探伤仪；对比试块 DB—H_1，如图 4-20 所示。

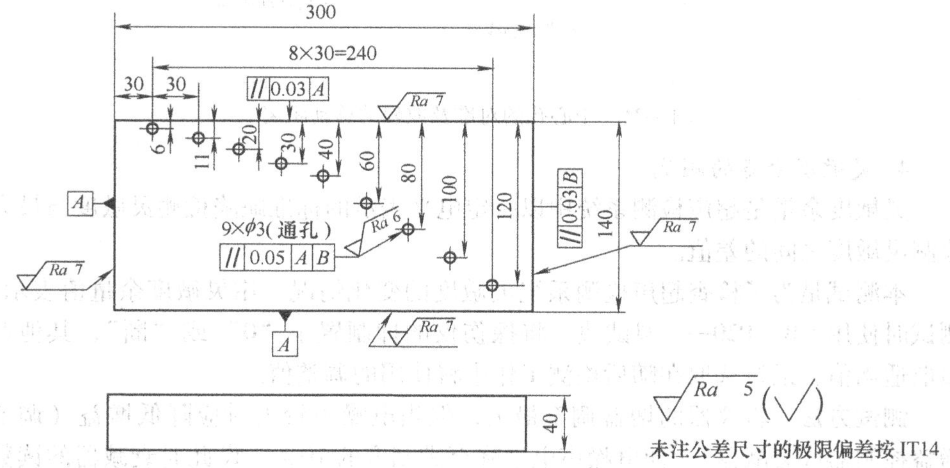

图 4-20 对比试块 DB—H_1

测试方法：在试块上选取深度约为 2 倍被测探头近场区长度的横通孔，标出探头的参考方向，将探头的几何中心轴对准横通孔的中心轴（见图 4-21a），然后使探头沿 x 方向对准试块中心线移动，测出孔波幅度最高点时探头的移动距离 D_x，其中孔波幅度最高点在 $+x$ 方向时加上正号，在 $-x$ 方向时加上负号。继续沿 x 方向移动探头，分别测出孔波幅度最高点至孔波幅度下降 6dB 时探头的移动距离 W_{+x} 和 W_{-x}，如图 4-21b 所示。使探头沿 y 方向对准试块中心线移动，标出探头的参考方向，将探头的几何中心轴对准横通孔的中心轴（见图4-21a），然后使探头沿 y 方向在试块的中心线上移动，测出孔波幅度最高点时探头的移动距离 D_y，其中孔波幅度最高点在 $+y$ 方向时加上正号，在 $-y$ 方向时加上负号。继续沿 y 方向移动探头，分别测出孔波幅度最高点至孔波幅度下降6dB时探头的移动距离 W_{+y} 和 W_{-y}。D_x 和 D_y 表示了声轴的偏移，W_{+x}，W_{-x}，W_{+y} 和 W_{-y} 表示了声束宽度，读数精确到1mm。

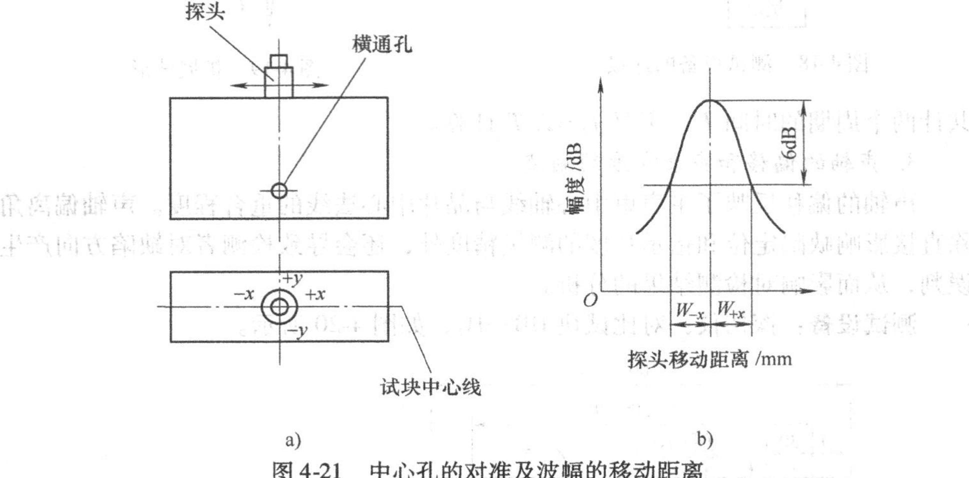

图4-21　中心孔的对准及波幅的移动距离

4. 灵敏度余量的测试

灵敏度余量是超声检测系统中以一定电平表示的标准缺陷检测灵敏度与最大检测灵敏度之间的差值。

本测试是为了检查超声检测系统灵敏度的变化情况，用灵敏度余量值表示。测试时使用DB—P20—2型试块，将探伤仪的抑制置于“0”或“断”，其他调整取适当值，最好选取在随后检测工作中将使用的调整值。

测试方法：将仪器的增益调至最大，但当电噪声较大时应降低增益（调节增益控制器或衰减器），使电噪声电平降至满刻度的10%。设此时衰减器的读数为 S_0，将探头压在试块上，中间加适当的耦合剂，以保持稳定的声耦合，调节衰减器，使平底孔回波高度降至满刻度的50%。设此时衰减器的读数为 S_i，则超声检测系统的灵敏度余量（以dB表示）为

$$S = S_i - S_0 \tag{4-5}$$

5. 分辨力的测试

分辨力是超声检测系统能够把距探头不同距离的两个邻近缺陷在显示屏上作为两个回波区别出来的能力。

本测试是为了检查超声检测系统的分辨力。测试时使用1号标准试块或

CSK—IA 型试块，将探伤仪的抑制置于“0”或“断”，其他调整取适当值。

测试方法：将探头压在试块上如图 4-22 所示的位置，中间加适当的耦合剂以保持稳定的声耦合，调整仪器的增益并左右移动探头，使来自 A、B 两个面的回波幅度相等并为满刻度的 20% ~30%，如图 4-22 中的 h_1。调节衰减器，使 A、B 两波峰间的波谷上升到原来波峰高度，此时衰减器所释放的 dB 数（等于用衰减器读出的缺口深度 h_1/h_2 之值）即为以 dB 值表示的超声检测系统的分辨力。

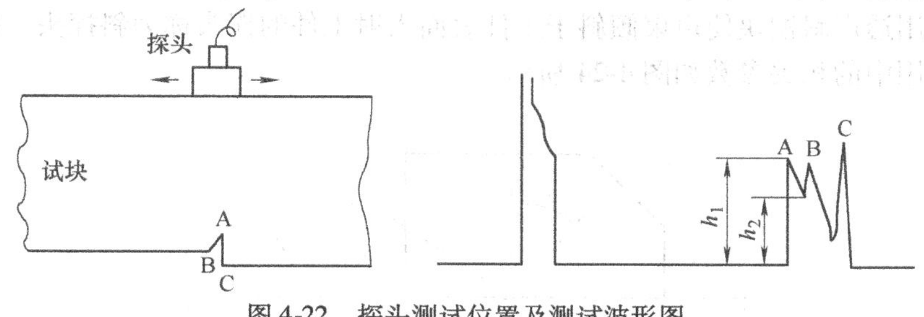

图 4-22　探头测试位置及测试波形图

6. 盲区的测试

盲区是指从检测面到能够发现缺陷的最小距离。盲区内的缺陷一概不能被发现。本测试是为了测定超声检测系统在规定检测灵敏度下，从检测表面至可检测缺陷的最小距离。测试时使用 DZ—1 型试块，将探伤仪的抑制旋钮置于“0”或“断”，除灵敏度调节外，其他调整取适当值。

测试方法：调节超声波探伤仪的灵敏度，使其符合检测规范的要求（作为参考，可以采用 ϕ20mm 直探头，并调整仪器灵敏度，使来自 DB—P Z20—2 型或 Z20—4 型试块的平底孔回波达显示屏满刻度的 50%）。将探头压在图 4-23 所

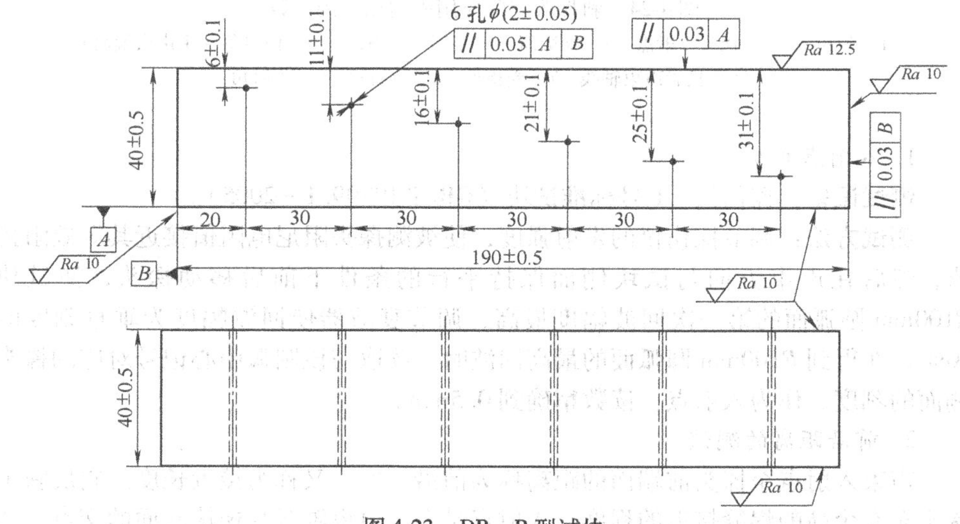

图 4-23　DB—P 型试块

示的 DB—P 型试块上，中间加适当耦合剂以保持稳定的声耦合。选择能够分辨得开的最短检测距离的 ϕ2mm 横孔，并将孔的回波幅度调至大于显示屏满刻度的50%，若回波的前沿和始波后沿相交的波谷低于显示屏满刻度的10%，则此最短距离即为盲区。

六、斜探头的测试

利用透声斜楔块使声束倾斜于工件表面入射工件的探头称为斜探头。斜探头实际应用中的相关参数如图 4-24 所示。

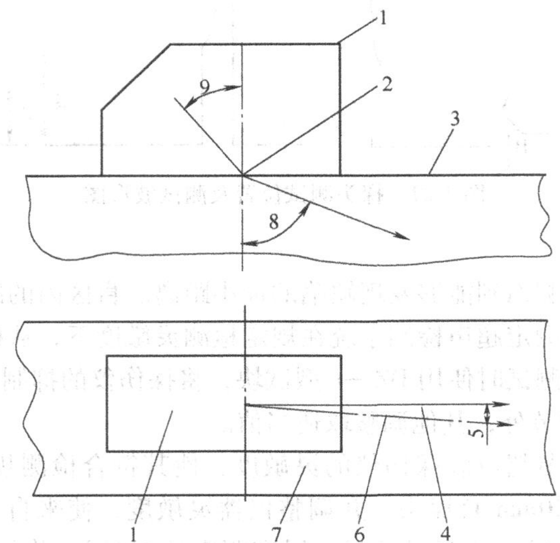

图 4-24 斜探头实际应用中的相关的参数

1—斜探头 2—探头入射点 3—检测面 4—探头参考轴线 5—偏向角（主声束偏离） 6—投影声束轴线 7—受检件 8—折射角 9—入射角

1. 入射点的测试

测试设备：探伤仪、1 号标准试块（GB/T 19799. 1—2005）。

测试方法：调节探伤仪的发射强度，使被测探头阻尼电阻值接近其等效阻抗值，然后在声束方向与试块侧面保持平行的条件下前后移动探头，使试块 R100mm 圆弧面的第一次回波幅度最高，调节衰减器使回波幅度为垂直刻度的50%，在得到 R100mm 圆弧面的最高回波时，读取与该圆弧中心记号对应的探头侧面的刻度，作为入射点，读数精确到 0. 5mm。

2. 前沿距离的测试

声束入射点至探头前端面的距离称为前沿长度，又称为接近长度。它反映了探头对有余高的焊缝接近的程度。入射点是探头声束轴线与楔块底面的交点。在

探头使用前和使用过程中，要经常测定入射点位置，以便对缺陷进行准确定位。测试设备有探伤仪、1 号标准试块、刻度尺。

测试方法：调节探伤仪的发射强度，使被测探头阻尼电阻值接近其等效阻抗值，然后在声束方向与试块侧面保持平行的条件下前后移动探头，使试块 R100mm 圆弧面的第一次回波幅度最高，调节衰减器使回波幅度为垂直刻度的 50%，在得到 R100mm 圆弧面的最高回波时，读取与该圆弧中心记号对应的探头侧面的刻度，作为入射点，用刻度尺测量入射点至探头前沿的距离 L，读数精确到 0.5mm。

3. K 值的测试

折射角 γ 或 K 值大小决定了声束入射工件的方向和声波传播途径，是为缺陷定位计算提供的一个有用数据，因此探头使用前和使用磨损后均需测量 γ 或 K 值。测试设备有探伤仪、1 号标准试块。

测试方法：将探头置于 1 号标准试块上，当 $K<1.5$ 时，将探头放在图 4-25a 所示的位置，观察 ϕ50mm 孔的回波；当 $1.5<K<2.5$ 时，将探头放在图 4-25b 所示的位置，观察 ϕ50mm 孔的回波；当 $K>2.5$ 时，观察图 4-25c 所示 ϕ1.5mm 横通孔的回波。前后移动探头，直到孔的回波最高时固定下来，然后在试块上读出与测得的入射点相对应的角度刻度 β，β 即为被测探头折射角，读数精确到 0.5°。K 值计算公式为

$$K=\tan\beta \tag{4-6}$$

式中　β——折射角（°）；

K——β 的正切值。

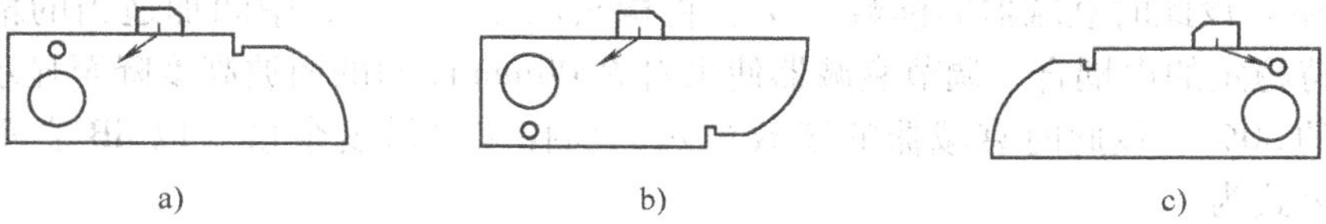

图 4-25　探头测试位置

4. 声轴偏斜角的测试

测试设备：探伤仪、1 号标准试块（GB/T 19799.1—2005）。

测试方法：将探头置于 1 号标准试块 25mm 厚的表面上，对于 $K\leqslant1$ 的探头，测试时用试块上端面，如图 4-26a所示；对于 $K\geqslant1$ 的探头，测试时用下端面，如图 4-26b 所示。前

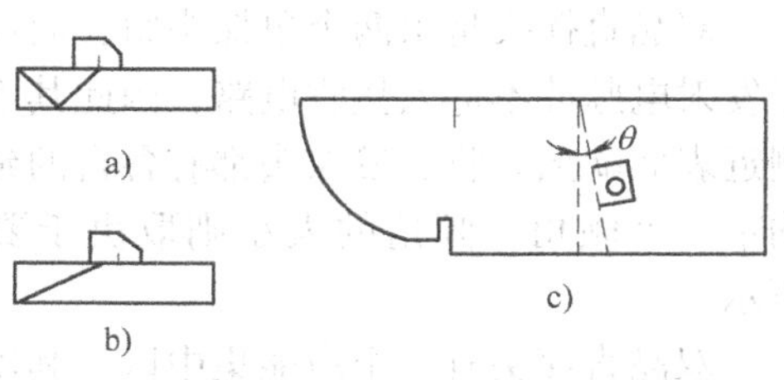

图 4-26　测试方法及位置

后移动和左右摆动探头，使所测试端面回波幅度最高，然后用量角器测量探头侧面与试块端面法线的夹角，如图 4-26c 所示。夹角 θ 表示声轴偏斜角，读数精确到 0.5°。

5. 斜探头分辨力的测试

本测试是为了检查超声检测系统（斜探头）的分辨力。测试时使用 CSK—IA 型试块，将探伤仪的抑制旋钮置于“0”或“断”，其他调整取适当值。根据斜探头的折射角或 K 值，将探头压在 CSK—IA 型试块上，中间加适当的耦合剂以保持稳定的声耦合，移动探头位置，使来自 ϕ50mm 和 ϕ44mm 两孔的回波 A、B 高度相等，并为显示屏满刻度的 20% ~30%，如图 4-27 中的 h_1。

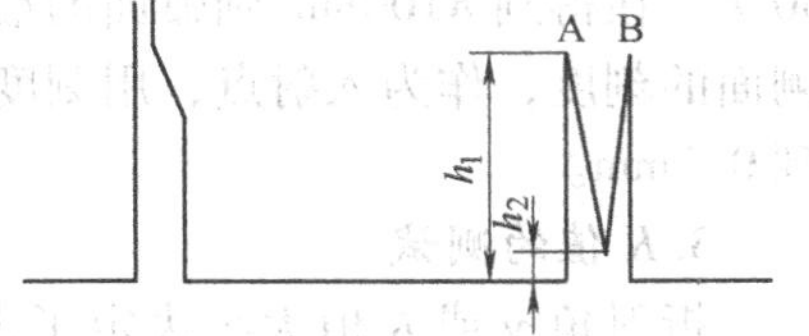

图 4-27　测试波形图

调节衰减器，使 A、B 两波峰间的波谷上升到原来波峰高度，此时衰减器所释放的 dB 数（等于用衰减器读出的缺口深度 h_1/h_2 之值）即为以 dB 值表示的超声检测系统（斜探头）分辨力。

6. 斜探头灵敏度余量的测试

本测试是为了检查超声检测系统在经过一段时间的使用后的灵敏度变化情况，以及在实际应用中表示不同斜探头灵敏度的相对值。测试时使用 1 号标准试块（GB/T 19799. 1—2005）或 CSK—IA 型试块，将探伤仪的抑制旋钮置于“0”或“断”，其他调整取适当值。将超声波探伤仪的增益调至最大，但当电噪声较大时应降低增益（调节增益控制器或衰减器），使电噪声电平降至显示屏满刻度的 10%。设此时衰减器的读数为 a_0，将探头压在试块上，中间加适当的耦合剂以保持稳定的声耦合，调节衰减器使来自 R100mm 曲面的回波高度降至显示屏满刻度的 50%。设此时衰减器的读数为 a_1，斜探头灵敏度余量（以 dB 表示）的计算公式为

$$a = a_1 - a_0 \tag{4-7}$$

七、双晶直探头的测试

双晶直探头是由两个单探头组合而成的，一个用于发射，一个用于接收。由于发射电脉冲不进入接收电路，因此其不受探伤仪器放大器的阻塞影响，可以检测近表面缺陷。收、发探头都有各自的延迟块，并且两个延迟块的声束入射平面均带一个倾角，倾角的大小则取决于要检测区域距检测面的深度，如图 4-28 所示。

双晶直探头有一个声能集中区，利用这一特点，可提高检测区内的缺陷检测灵敏度。由于来自声强集中区以外的噪声得以降低，因此可提高信噪比。

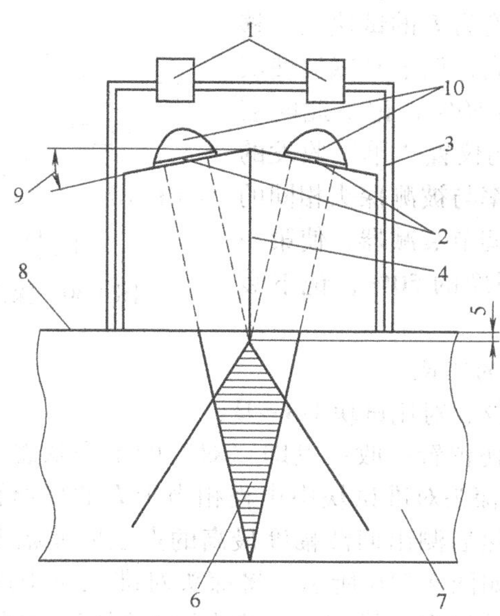

图 4-28 双换能器直探头的组成和声束

1—接头 2—换能器 3—外壳 4—隔声层 5—会聚距离 6—会聚区 7—受检件 8—检测面 9—屋顶角 10—换能器背衬

1. 距离幅度特性的测试

测试设备：探伤仪、对比试块 DB—D_1、DB—P。

测试方法：将探伤仪置一收一发即“双”的工作状态；将被测探头置于试块上，使试块底面回波幅度最高，记下回波幅度和试块厚度。用同样的方法依次测出不同厚度试块的底面回波幅度。

厚度幅度特性用直角坐标图表示，其中纵坐标为回波幅度（单位为 dB），横坐标为试块厚度（单位为 mm），并在图中标出回波幅度最高的试块厚度 L 以及比波幅最高时低 6dB 所对应的试块厚度 L_1 和 L_2，如图 4-29 所示。

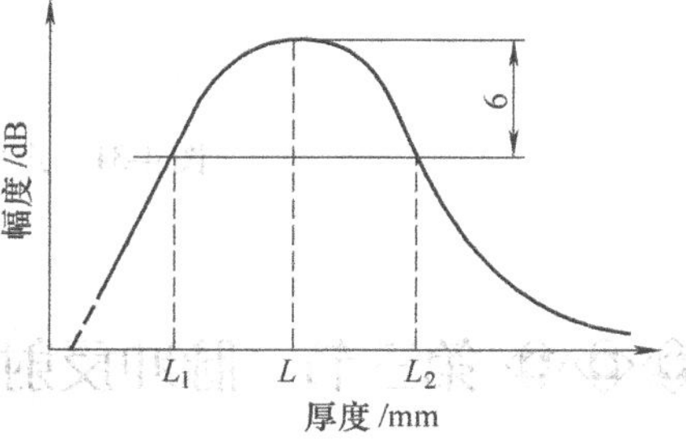

图 4-29 厚度幅度特性

2. 相对灵敏度的测试

测试设备：探伤仪、两个 T 型衰减器、石英晶片固定试块、对比试块 DB—D_1、DB—P。

测试方法：将探伤仪置一收一发即

“双”的工作状态，然后将发射端和接收端各接上T型衰减器（见图4-30），接上被测探头，并置于厚度为L的试块上，移动探头使底波幅度最高，调节衰减器使底波幅度为垂直刻度的50%，记下此时衰减器的读数S。将探伤仪置“单”收发的工作状态，换接上频率与被测探头相同的石英晶片固定试块，调节衰减器，使第一次底波幅度为垂直刻度的50%，记下衰减器的读数S_0。

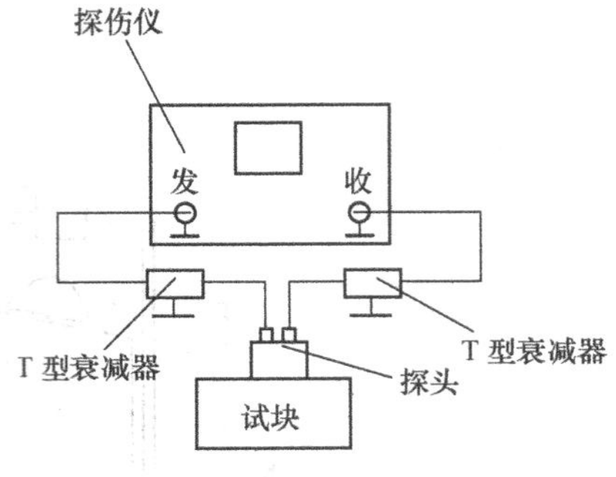

图4-30　探伤仪测试连接图

3. 声束交区宽度的测试

测试设备：探伤仪、对比试块DB—H。

测试方法：将探伤仪置一收一发即“双”的工作状态，标出探头的参考方向（见图4-31a），将探头对准试块中声程相当于L的横通孔，并使其x方向沿试块的中心线移动，然后测出回波幅度最高的点至回波幅度下降6dB的探头移动距离W_{+x}和W_{-x}，如图4-31b所示。将探头对准试块中声程相当于L的横通孔，并使其y方向沿试块中心线移动，测出回波幅度最高的点至回波幅度下降6dB的探头移动距离W_{+y}和W_{-y}。探头移动距离W_{+x}、W_{-x}和W_{+y}、W_{-y}分别表示探头的x方向和y方向的声束交区宽度，读数精确到1mm 。

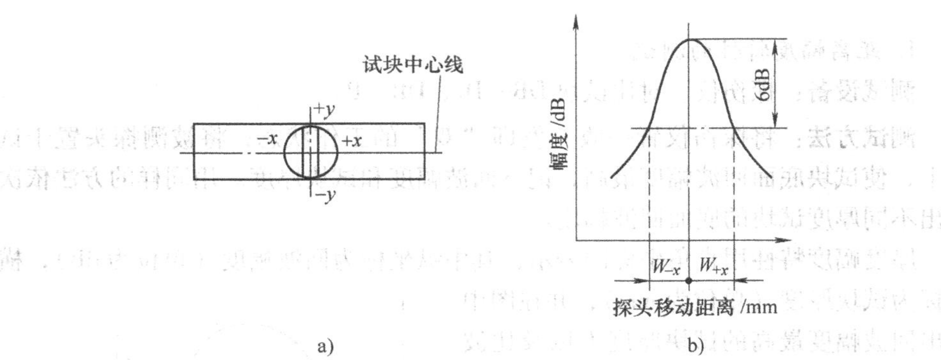

图4-31　声束交区宽度的测试方法

◈◈◈ 第三节　脉冲反射式超声波检测的技术要求

在进行超声波检测前，应根据被检工件的结构、材料、加工制造工艺、质

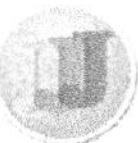

量要求等合理选择检测方法和工艺。本节主要介绍脉冲反射式超声波检测。脉冲反射式超声波检测的基本检测程序为：检测前的准备，探伤仪、探头、试块的选择，探伤仪的调节与检测灵敏度的确定，耦合补偿，扫查方式的选择，缺陷的测定、记录和等级评定，仪器和探头系统的复核等。

一、检测仪的选择

超声波探伤仪是超声波检测的主要设备，检测前应根据检测要求和现场条件来进行选择：对检测定位要求高的，应选择水平线性误差小的仪器；对定量要求高的，应选择垂直线性好、衰减器精度高的仪器；对大型零件的检测，应选择灵敏度余量高、信噪比高、功率大的仪器；对近表面缺陷的检测和区分相邻缺陷，应选择盲区辨、分辨力好的仪器；对室外现场的检测，应选择重量轻、显示屏亮度好、抗干扰能力强的携带式仪器。在实际检测中，一般采用 A 型脉冲反射式超声波探伤仪，其工作频率范围为 0.5 ~ 10MHz，仪器至少在显示屏满刻度的 80% 范围内呈线性显示。探伤仪应具有 80dB 以上的连续可调衰减器，步进级每挡不大于 2dB，其精度为任意相邻 12dB 误差在 ±1dB 以内，最大累计误差不超过 1dB，水平线性误差不大于 1%，垂直线性误差不大于 5%，其余指标应符合 JB/T 10061—1999 的规定。

二、探头的选择

在超声波检测中，探头是超声波发射和接收的关键部件。探头种类很多，类型多样。检测前应根据被检对象的形状、材料、制造工艺和可能出现的缺陷种类选择探头。探头的选择包括探头的类型、频率、晶片尺寸和斜探头 K 值的选择等。

探头晶片面积一般不应大于 500mm^2，且任一边长原则上不大于 25mm。单晶斜探头声束轴线水平偏离角不应大于 2°，主声束垂直方向不应有明显的双峰。超声波探伤仪和探头的系统性能在达到所探工件的最大检测声程时，其有效灵敏度余量应不小于 10dB。超声波探伤仪和探头的组合频率与公称频率误差不得大于 ±10%。超声波探伤仪和直探头组合的始脉冲宽度（在基准灵敏度下）：对于频率为 5MHz 的探头，不大于 10mm；对于频率为 2.5MHz 的探头，不大于 15mm。直探头的远场分辨力应不小于 30dB，斜探头的远场分辨力应不小于 6dB。超声波探伤仪和探头的系统性能应按 JB/T 9214—2010 和 JB/T 10062—1999 的规定进行测试。

常用的探头类型有纵波直探头、横波斜探头、纵波斜探头、表面波探头、双晶探头、聚焦探头等。一般根据工件的形状和可能出现缺陷的部位、方向等条件来选择探头类型，以使声束轴线尽量与缺陷垂直。纵波直探头只能发射和接收纵波，波束轴线垂直于检测面，主要用于检测与检测面平行的缺陷，如锻件、钢板中的夹层、折叠等缺陷。横波斜探头主要用于检测与检测面垂直或成一定角度的缺陷，如焊缝中的未焊透、未熔合等缺陷。表面波探头用于检测工件表面缺陷，双晶探头用于检测工件近表面缺陷，聚焦探头用于水浸检测管材或板材。

超声波检测频率在0.5～10MHz之间，选择范围大。一般选择超声波检测频率时应考虑：波的绕射使超声波检测最小缺陷的灵敏度约为$\lambda/2$，由$c=f\lambda$可知，提高频率，波长变小，有利于发现较小的缺陷；提高频率，脉冲宽度度变小，分辨力提高，有利于区分相邻缺陷；由$\theta_0=\arcsin\frac{1.22\lambda}{D}$可知，提高频率，波长变短，则半扩散角变小，声束指向性好，能量集中，有利于发现缺陷并对缺陷定位。由$N=D^2/4\lambda$可知，提高频率，波长变短，近场区长度增大，对检测不利；由$a_3=C_2Fd^3f^4$可知，增加频率，衰减急剧增加。频率的高低对检测有较大的影响。频率高，灵敏度和分辨力高，指向性好，对检测有利；频率高，近场区长度大，衰减大，对检测不利。在实际检测中要全面分析、考虑各方面的因素，合理选择频率。一般在保证检测灵敏度的前提下尽可能选用较低的频率。对于晶粒较细的锻件、轧制件和焊接件等，一般选用较高的频率，常用2.5～5.0MHz；对晶粒较粗大的铸件、奥氏体钢等，宜选用较低的频率，常用0.5～2.5MHz。如果频率过高，就会引起严重衰减，显示屏上会出现林状回波，信噪比下降，甚至无法检测。

探头圆晶片尺寸一般为$\phi10\sim\phi30$mm。晶片大小对检测也有一定的影响，因此在选择晶片尺寸时要考虑：由$\theta_0=\sin\frac{1.22\lambda}{D}$可知，增加晶片尺寸，半扩散角减小，波束指向性变好，超声波能量集中，对检测有利；由$N=D^2/4\lambda$可知，增加晶片尺寸，近场区长度迅速增加，对检测不利。晶片尺寸越大，辐射的超声波能量就越大，探头未扩散区扫查范围也就越大，远距离扫查范围相对变小，发现远距离缺陷能力增强。晶片尺寸对声束指向性、近场区长度、近距离扫查范围和远距离缺陷检出能力有较大影响。在实际检测中，当检测面积范围大的工件时，为了提高检测效率，宜选用大晶片探头；当检测厚度大的工件时，为了有效地发现远距离的缺陷，宜选用大晶片探头；当检测小型工件时，为了提高缺陷定位精度，宜选用小晶片探头；当检测表面不太平整、曲率较大的工件时，为了减少耦合损失，宜选用小晶片探头。

在横波检测中，探头的K值对检测灵敏度、声束轴线的方向、入射点至底面反射点的距离有较大的影响。当用有机玻璃斜探头检测钢制工件时，在β_s为40°（$K=0.84$）左右时，声压往复透射系数最大，即检测灵敏度最高。由$K=\tan\beta_s$可知，K值越大，β_s就越大，一次波的声程也就越大。因此在实际检测中，当工件厚度较小时，应选用较大的K值，以便增加一次波的声程，避免近场区检测；当工件厚度较大时，应选用较小的K值，以减少声程过大引起的衰减，

便于发现深度较大处的缺陷。在焊缝检测中，还要保证主声束能扫查整个焊缝截面。对于单面焊根部未焊透的检测，还要考虑端角反射问题，应使 $K=0.7\sim1.5$，因为 $K<0.7$ 或 $K>1.5$ 时，端角反射系数很低，容易引起漏检。

三、耦合剂的选择

在探头和被检件之间促进声波传导的现象称为耦合。耦合剂是施加于探头和检测面之间用于改善超声能量传递的介质，如水，甘油等。使用超声耦合剂的目的首先是充填接触面之间的微小空隙，不使这些空隙间的微量空气影响超声波的穿透；其次是通过耦合剂的“过渡”作用，使探头与工件之间的声特性阻抗差减小，从而减小超声能量在此界面的反射损失。另外，耦合剂还起到“润滑”作用，减小探头面与工件之间的摩擦力，使探头能灵活地滑动。耦合剂应满足的要求有：能润湿工件和探头表面，流动性、粘度和附着力适当，不难清洗；声特性阻抗高，透声性能好；对超声探头、工件、人体无腐蚀和损伤作用，不污染环境；稳定性好，不受气候变化影响；来源广，价格便宜。甘油声特性阻抗高，耦合性能好，常用于一些重要工件的精确检测，但价格较贵，对工件有腐蚀作用。水玻璃的声特性阻抗较高，常用于表面粗糙的工件检测，但清洗不太方便，且对工件有腐蚀作用。水的来源广，价格低，常用于水浸检测，但会使工件生锈。机油的粘度、流动性、附着力适当，对工件无腐蚀作用，价格也不贵，因此是目前应用较广的耦合剂。化学糨糊也常用作耦合剂，耦合效果比较好。

四、检测面的准备

在确定检测面时，应保证工件被检部分均能得到充分检查。焊缝的表面质量应经外观检测合格。所有影响超声检测的锈蚀、飞溅和污物等都应予以清除，其表面粗糙度应符合检测要求，一般要求检测面的表面粗糙度 $Ra\leqslant6.3\mu m$。表面的不规则状态不得影响检测结果的正确性和完整性，否则应做适当的处理。

耦合损失是当超声波穿过探头和受检件之间的界面时超声能的损失。影响声耦合的主要因素有：耦合层的厚度、耦合剂的声特性阻抗、工件表面粗糙度和工件表面形状。

在脉冲反射式超声波检测中，探头接收到的返回声压与入射声压之比称为往复透过系数。

$$T=\frac{4Z_1Z_3}{(Z_1+Z_3)^2\cos^2\frac{2\pi d_2}{\lambda_2}+\left(Z_2+\frac{Z_1Z_3}{Z_2}\right)^2\sin^2\frac{2\pi d_2}{\lambda_2}} \tag{4-8}$$

由式（4-8）可知：当 $d_2=n\times\frac{\lambda_2}{2}$（$n$ 为整数）时，有

$$T=\frac{4Z_1Z_3}{(Z_1+Z_3)^2} \tag{4-9}$$

即当超声波垂直入射到两侧介质声特性阻抗不同的薄层时，若薄层厚度等于半波长的整数倍，则通过薄层的声强透射系数与薄层的性质无关，好像不存在薄层一样。

当 $d_2=(2n+1)\frac{\lambda_2}{4}$（$n$ 为整数），且 $Z_2=\sqrt{Z_1Z_3}$时，有

$$T=\frac{4Z_1Z_3}{\left(Z_2+\frac{Z_1Z_3}{Z_2}\right)^2}=1 \tag{4-10}$$

即当超声波入射到两侧介质声特性阻抗不同的薄层时，若薄层厚度等于$\lambda_2/4$的奇数倍，薄层声特性阻抗为其两侧介质声特性阻抗几何平均值，即 $Z_2=\sqrt{Z_1Z_3}$，其声强透射系数等于1，超声波全透射。

耦合层厚度对耦合有较大的影响。当耦合层厚度为 $\lambda/4$ 的奇数倍时，透声效果差，耦合不好，反射回波低。当耦合层厚度为 $\lambda/2$ 的整数倍或很薄时，透声效果好，反射回波高。

工件表面粗糙度对声耦合有明显的影响。对于同一耦合剂，表面粗糙度越高，耦合效果就会越差，反射回波也就低。对于声特性阻抗低的耦合剂，随着表面粗糙度变差，耦合效果降低得更快。

耦合剂的声特性阻抗对耦合效果也有较大的影响。对于同一检测面，耦合剂声特性阻抗越大，耦合效果就会越好，反射回波也就越高，例如当表面粗糙度 $Rz=100\mu m$ 时，$Z=2.4$ 的甘油耦合回波比 $Z=1.5$ 的水耦合回波高 6~7dB。

工件表面形状不同，耦合效果也就不同，其中平面耦合效果好，凸曲面次之，凹曲面差。这是因为常用探头表面为平面，与曲面接触为点接触或线接触，声强透射系数低。特别是凹曲面，探头中心不接触，因此耦合效果更差。不同曲率半径的耦合效果也不相同，曲率半径大，耦合效果好。标准规定检测曲面工件时，例如当检测面曲率半径 $R\leqslant W^2/4$ 时（W 为探头接触面宽度，环缝检测时为探头宽度，纵缝检测时为探头长度），应采用与检测面曲率相同的对比试块。

五、材质衰减和耦合损耗的测定

在实际检测中，当调节检测灵敏度用的试块与工件厚度尺寸、表面粗糙度、曲率半径不同时，往往由于工件耦合损耗大而使检测灵敏度降低。为了弥补耦合损耗，必须增大探伤仪的输出来进行补偿。

1. 工件材质衰减系数的测定

纵波材质衰减系数的测定：在工件无缺陷完好区域，选取三处检测面与底面

平行且有代表性的部位，调节仪器使第一次底面回波幅度（B_1 或 B_n）为显示屏满刻度的50%，记录此时衰减器的读数，再调节衰减器，使第二次底面回波幅度（B_2 或 B_m）为显示屏满刻度的50%，两次衰减器读数之差即为 B_1-B_2 或 B_n-B_m 的 dB 差值（不考虑底面反射损失）。

1）衰减系数的计算公式（$T<3N$，且满足 $n>3N/T$，$m=2n$）

$$\alpha=[(B_n-B_m)-6]/2(m-n)T \tag{4-11}$$

式中　α——衰减系数（单程）(dB/mm)；

B_n-B_m——两次衰减器的读数之差(dB)；

T——工件检测厚度（mm）；

N——单晶直探头近场区长度（mm）；

m、n——底波反射次数。

2）衰减系数的计算公式（$T\geqslant 3N$）

$$\alpha=[(B_1-B_2)-6]/2T \tag{4-12}$$

式中　B_1-B_2——两次衰减器的读数之差（dB）；

α——衰减系数（单程）(dB/mm)；

T——工件检测厚度（mm）。

工件上三处衰减系数的平均值即作为该工件的衰减系数。

3）横波超声材质衰减系数的测量：制作与受检工件材质相同或相近，厚度约为40mm，表面粗糙度与对比试块相同的平面型试块，如图4-32所示。斜探头按深度1∶1调节仪器时基扫描线。另选用一只与该探头尺寸、频率、K 值相同的斜探头，将两探头按图4-32所示方向置于平板试块上，两探头入射点间距为1P，将仪器调为一发一收状态，找到最大反射波幅，记录其波幅值 H_1（dB）。将两探头拉开2P 的距离，找到最大反射波幅，记录其波幅值 H_2（dB）。

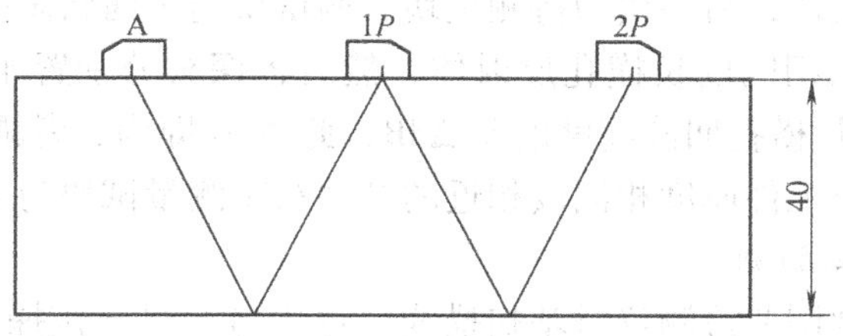

图4-32　超声衰减的测定

衰减系数 α_H 的计算公式为

$$\alpha_H=(H_1-H_2-\Delta)/(S_2-S_1) \tag{4-13}$$

$$S_1=40/\cos\beta+l_1$$

$$S_2=80/\cos\beta+l_1$$

$$l_1 = l_0 \tan\alpha / \tan\beta$$

式中　l_0——晶片到射点的距离，作为简化处理时可取 $l_1 = l_0$(mm)；

Δ——不考虑材质衰减时，声程 S_1、S_2 大平面的反射波幅 dB 差，可用公式 $20\lg(S_2/S_1)$ 计算或从该探头的距离-波幅曲线上查得，Δ 约为 6dB。

如果在图 4-32 所示试块和对比试块的检测面测得波幅相差不超过 1dB，则可不考虑工件的材质衰减系数。

2. 耦合损耗的测定

在表面耦合状态不同，其他条件（如材质、反射体、探头和仪器等）相同的工件和试块上测定二者回波或穿透波的高分贝差。

直探头可以利用试块底波回波高度与厚度相近的工件底波回波高度的差测量耦合损耗。

横波斜探头可以利用与工件材质、热处理状态等相同或相近但表面状态不同的试块测量，如图 4-33 所示。

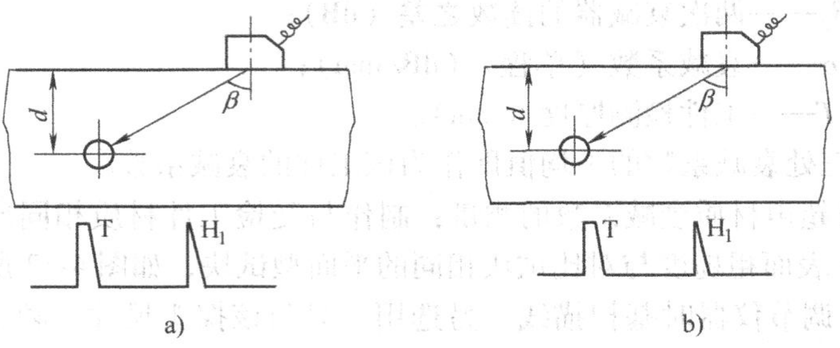

图 4-33　耦合损耗 dB 差值的测定

a）对比试块　b）待测试块

一块为对比试块，另一块为待测试块，两试块的表面状态同工件。分别在两试块同深度处加工相同的长横孔反射体，然后将探头分别置于两试块上（见图 4-33），测出二者长横孔回波高度的差 ΔdB，此 ΔdB 即为二者耦合损耗差。

也可以采用与工件厚度相同或相近的端角粗略测量试块与工件的耦合差。

3. 传输损失差的测定

斜探头按深度调节检测仪时基扫描线。选用另一只与该探头尺寸、频率、K 值相同的斜探头，两探头按图 4-34 所示方向置于对比试块检测面上，两探头入射点距离为 $1P$，将检测仪调为一发一收状态。在对比试块上，找出最大反射波幅，记录其波幅值 H_1(dB)。在受检工件上（不通过焊接接头）用同样的方法测出接收波最大反射波幅，记录其波幅值 H_2(dB)。

传输损失差 ΔV 按式（4-14）计算。

$$\Delta V = H_1 - H_2 - \Delta_1 - \Delta_2 \qquad (4\text{-}14)$$

式中　Δ_1——不考虑材质衰减时，声程 S_1、S_2 大平面的反射波幅 dB 差，可用式 $20\lg(S_2/S_1)$ 计算或从探头的距离-波幅曲线上查得（dB）；

S_1——对比试块中的声程（mm）；

S_2——工件板材中的声程（mm）；

Δ_2——试块中声程 S_1 与工件中声程 S_2 的超声材质衰减差值（dB）。若试块材质衰减系数灵敏度小于 0.01dB/mm，则此项可以不予考虑。

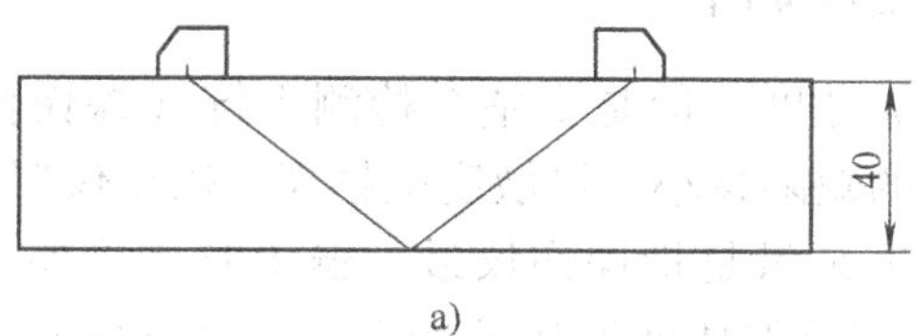

a)

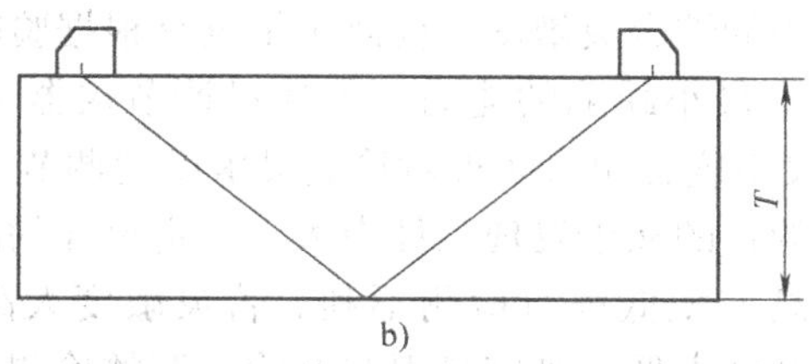

b)

图 4-34　传输损失的测定

a）对比试块　b）工件母材

◈◈◈ 第四节　超声纵波检测技术

一、扫描速度的调节

探伤仪显示屏上时基扫描线的水平刻度值 τ 与实际声程 x（单程）的比例关系（即 $\tau : x = 1 : n$）称为扫描速度或时基扫描比例。例如，扫描速度为 1∶2 表示仪器显示屏上水平刻度 1mm 表示实际声程 2mm。检测前应根据探测范围来调节扫描速度，以便在规定的范围内发现缺陷并对缺陷进行定位。调节扫描速度的一般方法是：根据检测范围，利用已知尺寸的试块或将工件上的两次不同反射波的前沿分别对准相应的水平刻度值。不能利用一次反射波和始波来调节扫描速度，因为始波与一次反射波间的时间差包括超声波通过保护膜、耦合剂（直探头）或有机玻璃斜楔（斜探头）的时间，这样调节扫描速度误差大。纵波检测一般按纵波声程来调节扫描速度。具体调节方法是：将纵波探头对准厚度适当的平底面或曲底面，使两次不同的底波分别对准相应的水平刻度值。

例如，检测厚度为200mm的工件，扫描速度为1：4，现得用IIW试块来调节。将探头对准试块上厚度为100mm的底面，调节探伤仪上“深度微调”“脉冲移位”等旋钮，使底波B_2、B_4分别对准水平刻度50、100，这时扫描线水平刻度值与实际声程的比例正好为1：4，扫描速度就调好了。

二、检测灵敏度的调节

超声波检测中的灵敏度一般是指整个检测系统（探伤仪和探头）发现最小缺陷的能力。能发现的缺陷越小，灵敏度就越高。探伤仪探头的灵敏度常用灵敏度余量来衡量。灵敏度余量是指探伤仪最大输出时（增益、发射强度最大，衰减和抑制为0），使规定反射体回波达基准高所需衰减的衰减总量。灵敏度余量大，说明仪器与探头的灵敏度高。灵敏度余量与检测仪和探头的综合性能有关，因此又叫探伤仪与探头的综合灵敏度。检测灵敏度是根据验收产品的技术条件规定或标准中规定的检出最小缺陷的能力。可通过调节仪器上的“增益”“衰减器”“发射强度”等灵敏度旋钮来实现对检测灵敏度的调节。

调整检测灵敏度的目的在于发现工件中大于一定尺寸的缺陷，并对缺陷进行定量。检测灵敏度太高或太低都对检测不利。若灵敏度太高，则显示屏上杂波多，判伤困难；若灵敏度太低，则容易引起漏检。调整检测灵敏度的常用方法有试块调整法和工件底波调整法两种。

1. 试块调整法

根据工件对灵敏度的要求选择相应的试块，将探头对准试块上的人工缺陷，调整探伤仪上的相应旋钮，使显示屏上人工缺陷的最高反射回波达到基准波高，这时灵敏度就调好了。

用超声波检测厚度为50mm的锻件时，检测灵敏度的要求是：不允许存在最大声程处ϕ2mm平底孔当量大小的缺陷。检测灵敏度的调整方法是：先加工一块材质、表面粗糙度、厚度与工件相同的ϕ2mm平底孔试块，将探头对准ϕ2mm平底孔，使探伤仪保留一定的衰减余量，“抑制”旋钮置“0”，调“增益”旋钮使ϕ2mm平底孔的最高回波达80%或60%，这时检测灵敏度就调好了。

2. 工件底波调整法

利用试块调整法调整检测灵敏度，操作简单，但需要加工不同尺寸和不同当量尺寸的试块，成本高，同时还要考虑工件与试块因耦合和衰减不同而进行的补偿。利用工件底波调整法来调整检测灵敏度，不需要加工试块，也不需要考虑耦合补偿。

利用工件底波调整法调整检测灵敏度是以工件底面回波与同深度的人工缺陷（如平底孔）回波分贝差为定值为根据的，这个定值可以由理论公式计算出来，

具体为

$$\Delta = 20\lg\frac{p_B}{p_f} = 20\lg\frac{2\lambda x}{\pi D_f^2} \tag{4-15}$$

式中　x——工件厚度，$x \geqslant 3N$；

D_f——要求探出的最小平底孔尺寸。

利用工件底波调整法调整检测灵敏度时，将探头对准工件底面，使探伤仪保留足够的衰减余量，一般大于$\Delta+(6\sim10)$dB（考虑搜索灵敏度），将“抑制”旋钮置“0”，调“增益”旋钮使底波B_1高度达基准高（如80%），然后用衰减器增益ΔdB（即使衰减余量减少ΔdB），这时检测灵敏度就调好了。

由于理论公式只适用于$x \geqslant 3N$的情况，因此利用工件底波调检测灵敏度的方法也只能用于$x \geqslant 3N$的工件，同时要求工件具有平行底面或圆柱曲底面，且底面光洁干净。当底面粗糙或有水、油时，将使底面反射率降低，底波下降，这样调整的检测灵敏度将会偏高。

例如，用2.5P20Z直探头检测$x=200$mm的钢制工件，钢中的波速为5900m/s，检测灵敏度为200/ϕ2平底孔（在200mm处发现ϕ2mm平底孔缺陷）。用工件底波调整灵敏度的方法如下：

利用理论计算公式算出200mm处大平底面与ϕ2mm平底孔回波的分贝差Δ为

$$\Delta = 20\lg\frac{p_B}{p_{\phi 2}} = 20\lg\frac{2\lambda x}{\pi D_f^2}$$

$$= 20\lg\frac{2\times 2.36\times 200}{3.14\times 2^2} \approx 38\text{dB}$$

将探头对准工件大平底面，使衰减器衰减50dB，调“增益”旋钮使底波B_1高度达80%，然后使衰减器的衰减量减少38dB，即衰减器保留6dB，这时ϕ2mm灵敏度就调好了，也就是说这时200mm处的平底孔回波正好达基准高（即200mm处ϕ2mm回波高为6dB）。如果粗探时为了便于发现缺陷，则可使衰减器的衰减量再减少6dB的搜索灵敏度来进行扫查，但当发现缺陷以后对缺陷进行定量时，应将衰减器调回6dB。

试块调整法和工件底波调整法的应用条件不同。工件底波调整法主要用于具有平底面或曲底面的大型工件的检测，如锻件的检测。试块调整法主要用于无底波和厚度小于3N的工件的检测，如焊缝、钢板、钢管的检测。

三、缺陷的定位

直探头检测缺陷定位主要是定位缺陷的三维尺寸，即检测面上x、y方向和深度方向Z的尺寸。

1. 缺陷深度尺寸的定位

探伤仪按 1∶n 调节纵波扫描速度。若缺陷波前沿所对的水平刻度值为 m，则缺陷至探头的距隔 $x_f = nm$。若探头波束轴线不偏离，则缺陷正位于探头中心轴线上。例如，用纵波直探头检测工件时，探伤仪按 1∶4 调节纵波扫描速度，检测中显示屏上水平刻度值 $m = 30$mm 处出现一个缺陷波，那么此缺陷至探头的距离 $x_f = nm = 4 \times 30\text{mm} = 120\text{mm}$。直探头测量定位主要参数如图 4-35 所示。图 4-35 中，h 表示缺陷深度，x_1、x_2 分别表示缺陷端点在 x 方向的尺寸，y_1、y_2 表示缺陷端点在 y 方向的尺寸。

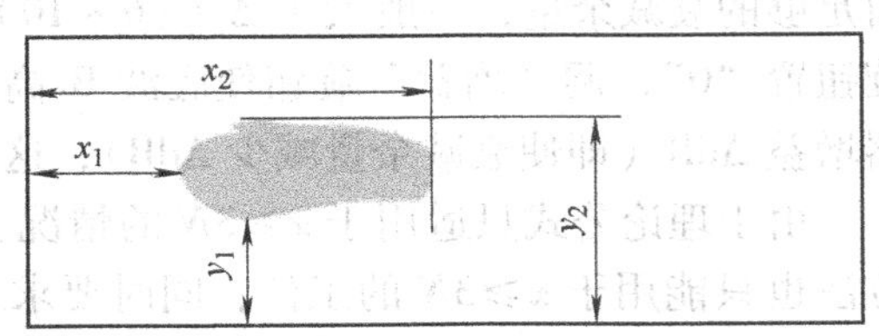

图 4-35　直探头测量定位主要参数

2. 缺陷平面尺寸的定位

缺陷的平面尺寸是指在 x 和 y 方向上缺陷的轮廓（端部）距边沿的距离。

影响缺陷定位的主要因素：探伤仪的水平线性和水平刻度精度，探头的主声束偏向，探头波束双峰，探头晶片发射、接收声波指向性。

斜探头检测缺陷的定位方法如图 4-36 所示。

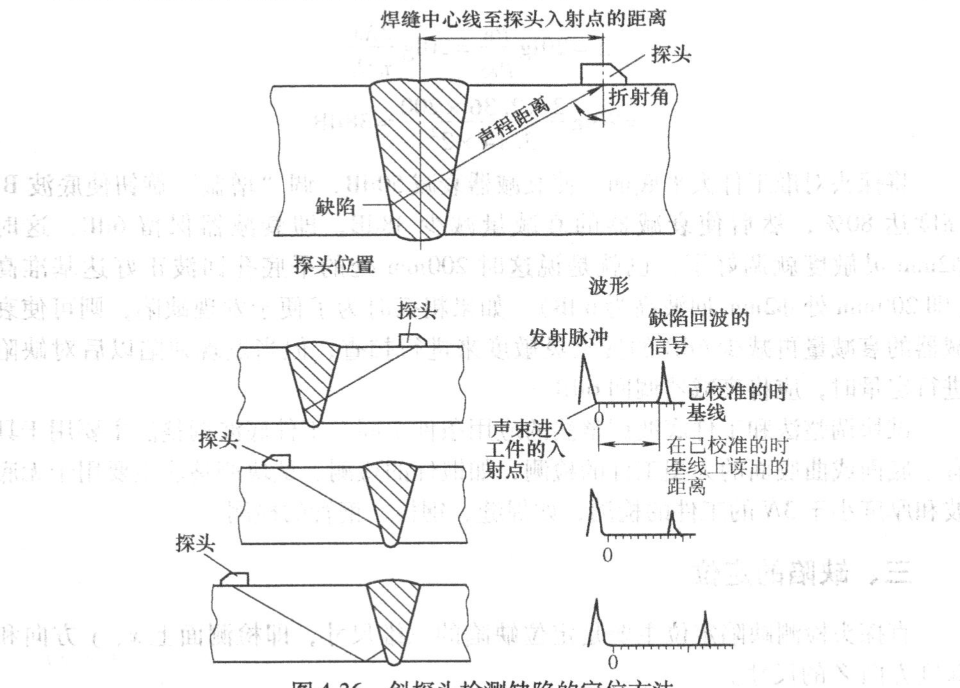

图 4-36　斜探头检测缺陷的定位方法

四、缺陷尺寸的测量

缺陷尺寸的测量主要是确定缺陷的面积和长度。常用的定量方法有当量法、底波高度法和测长法三种。当量法和底波高度法用于缺陷尺寸小于声束截面的情况，测长法用于缺陷尺寸大于声束截面的情况。

1. 当量法

当量法确定的缺陷尺寸是缺陷的当量尺寸。当量法有当量试块法、当量计算法和当量 AVG 曲线法。

当量试块法是将工件中的自然缺陷回波与试块上的人工缺陷回波进行比较来对缺陷进行定量的方法。加工制作一系列含有不同声程和不同直径的人工缺陷（如平底孔）试块，当在检测中发现缺陷时，将工件中自然缺陷回波与试块上人工缺陷回波进行比较，若同声程处的自然缺陷回波与某人工缺陷回波高度相等，则该人工缺陷的尺寸就是此自然缺陷的当量尺寸。利用当量试块法对缺陷尺寸进行定量时要尽量使试块与被检工件的材质、表面粗糙度和形状一致，并且检测条件（如灵敏度、对探头施加的压力等）不变。当量试块法直观，定量比较准确，但需制作大量试块，成本高，并且操作麻烦，现场检测不方便。当量试块法应用在 $x<3N$ 的情况下或特别重要零件的缺陷尺寸的精确定量。

当量计算法是当 $x \geqslant 3N$ 时，根据检测中测得的缺陷波高的 dB 值，利用规则反射体的理论回波声压公式进行计算，从而确定缺陷当量尺寸的定量方法。当量计算法对缺陷尺寸进行定量时可以不需要试块。

例 4-1 用 2.5P14Z 探头检测厚度为 420mm 的饼形钢制工件，钢中 $c_L=5900\text{m/s}$，$\alpha=0.01\text{dB/mm}$ 不考虑介质衰减，利用底波调整 ϕ2mm 平底孔检测灵敏度。检测中在 210mm 处发现一个缺陷，其回波比底波低 26dB，求此缺陷的当量尺寸。

解

$$\lambda=\frac{c}{f}=\frac{5900\text{m/s}}{2.5\text{MHz}}=2.36\text{mm}$$

$$N=\frac{D_s^2}{4\lambda}=\frac{20\text{mm}\times20\text{mm}}{4\times2.36\text{mm}}=42.4\text{mm}$$

$$3N=3\times42.4\text{mm}=127.2400\text{mm}$$

即 $x>3N$，因此可应用当量计算法。

设 420mm 处大平底回波声压为 p_{f1}，210mm 处缺陷回波声压为 p_{f2}，则有

$$\Delta_{12}=20\lg\frac{p_{f1}}{p_{f2}}=40\lg\frac{D_{f1}x_2}{D_{f2}x_1}+2\alpha\ (x_2-x_1)\ =26\text{dB}$$

$$40\lg\frac{D_{f1}x_2}{D_{f2}x_1}=26-2\alpha\ (x_2-x_1)$$

$$= 26\text{dB} - 2 \times 0.01\text{dB/mm} \times 210\text{mm} = 21.8\text{dB}$$

$$D_{f1} = \frac{D_{f2} x_1 \times 10^{0.545}}{x_2} = \frac{2\text{mm} \times 210\text{mm} \times 10^{0.545}}{420\text{mm}} = 3.5\text{mm}$$

即该缺陷的当量平底孔尺寸为 $\phi 3.5$mm。

例 4-2 用 2.5P20Z 探头径向检测直径为 500mm 的实心圆柱钢工件，$c_L = 5900$ m/s，$\alpha = 0.01$dB/mm，利用底波调整 500/ϕ2 灵敏度，检测中在 400mm 处发现一缺陷，其回波比灵敏度基准波高 22dB，求此缺陷的当量尺寸。

解

$$\lambda = \frac{c}{f} = \frac{5900\text{m/s}}{2.5\text{MHz}} = 2.36\text{mm}$$

$$N = \frac{D_s^2}{4\lambda} = \frac{20\text{mm} \times 20\text{mm}}{4 \times 2.36\text{mm}} = 42.4\text{mm}$$

$$3N = 3 \times 42.4\text{mm} = 127.2400\text{mm}$$

即 $x > 3N$，因此可以利用当量计算法。

设 400mm 处缺陷回波声压为 p_{f1}，500mm 处 ϕ2mm 回波声压为 p_{f2}，则有

$$\Delta_{12} = 20\lg\frac{p_{f1}}{p_{f2}} = 40\lg\frac{D_{f1} x_2}{D_{f2} x_1} + 2a(x_2 - x_1) = 22\text{dB}$$

$$40\lg\frac{D_{f1} x_2}{D_{f2} x_1} = 22 - 2a(x_2 - x_1)$$

$$= 22\text{dB} - 2 \times 0.01\text{dB/mm} \times 100\text{mm} = 20\text{dB}$$

$$D_{f1} = \frac{D_{f2} x_1 \times 10^{0.5}}{x_2} = \frac{2\text{mm} \times 400\text{mm} \times 10^{0.5}}{500\text{mm}} = 5.1\text{mm}$$

即此缺陷的当量平底孔尺寸为 $\phi 5.1$mm。

当量 AVG 曲线法是利用通用 AVG 曲线或实用 AVG 曲线来确定工件中缺陷的当量尺寸。当量 AVG 曲线法在以前计算条件不好的情况下大量使用，目前使用很少，检测人员可以利用计算器计算，并且计算结果精度更高。

2. 测长法

测长法根据缺陷波高与探头移动距离来确定缺陷的尺寸。当工件中缺陷尺寸大于声束截面时，应采用测长法来确定缺陷的长度。按标准方法测定的缺陷长度称为缺陷的指示长度。由于实际工件中缺陷的取向、性质等都会影响缺陷回波高，因此缺陷的指示长度与缺陷的实际长度存在一定的误差。

根据测定缺陷指示长度时的灵敏度基准不同将测长法分为相对灵敏度测长法、绝对灵敏度测长法和端点峰值法。

（1）相对灵敏度测长法　相对灵敏度测长法以缺陷最高回波为相对基准，沿缺陷的长度方向移动探头，降低一定的分贝值来测定缺陷的长度。降低的分贝值有 6dB、20dB 等。常用的相对灵敏度测长法是降低 6dB 法即半波高度法和端

点半波高度法。

1）半波高度法：波高降低 6dB 后正好为原来波高的 1/2，因此称为半波高度法。反射体尺寸［长度、高度和（或）宽度］评定方法是将探头从获得最大回波幅度位置移动至回波幅度降低至其 1/2（下降 6dB），以此移动范围评定反射体尺寸的方法。采用半波高度法测量时，先移动探头找到缺陷的最大反射波，然后沿缺陷方向左右移动探头，当缺陷波高降低 1/2 时，探头中心线之间的距离就是缺陷的指示长度；或者移动探头找到缺陷的最大反射波后，调节衰减器，使缺陷波高降至基准波高，然后用衰减器将仪器灵敏度提高 6dB，沿缺陷方向移动探头，当缺陷波高降至基准波高时，探头中心线之间的距离就是缺陷的指示长度，如图 4-37 所示。半波高度法是缺陷测长较常用的方法。

2）端点半波高度法：当缺陷各部分的反射波高有很大变化时，采用端点波高降低 6dB 的方法测长。在发现缺陷后，使探头沿着缺陷方向左右移动，找到缺陷两端的最大反射波，分别以这两个端点的反射波高为基准，继续向左、向右移动探头，当端点反射波高降低 1/2 时，探头中心线之间的距离为缺陷指示长度，如图 4-38 所示。该方法用于缺陷反射波有多个高点的缺陷指示长度的测量。

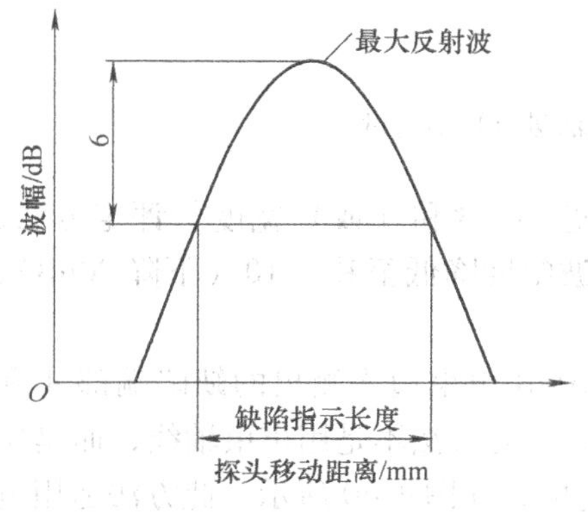

图 4-37　半波高度法测长

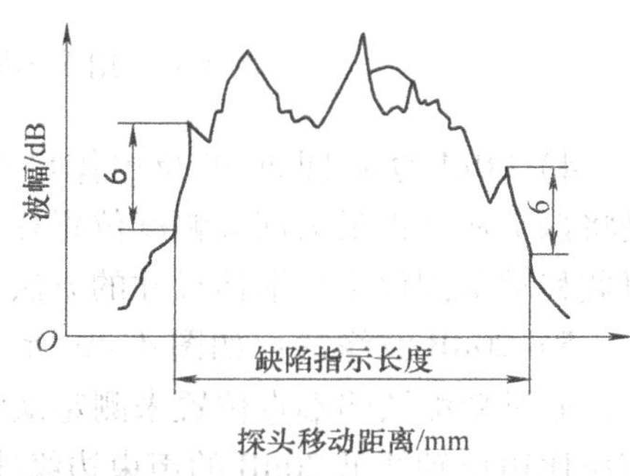

图 4-38　端点半波高度法测长

半波高度法和端点半波高度法都属于相对灵敏度法，因为它们是以被测缺陷本身的最大反射波或以缺陷本身两端的最大反射波为基准来测定缺陷长度的。

3）端部最大波幅法：精确校正时基线、测定声束角度和探头入射点位置，使探头沿缺陷伸展方向扫查，在缺陷两端识别声束完全离开缺陷前的最后一个峰值回波，用图 4-39 中的点 A 和 A_1，当端部回波达到最大时即可测出缺陷的两边 A 和 A_1，然后使最后一个峰值回波达到最大，记下探头位置和回波的声程距离，沿声束轴线方向标出缺陷的端部位置，并根据已知的探头位置将此点标在焊缝的实际尺寸草图上，最后对缺陷另一端重复以上操作，将标出的两点连接起来，即可得到缺陷的尺寸、位置和取向。为保证不漏过缺陷端点，应尽可能从其他方向或用其他声束角度进行重复测量。对大平面缺陷或体积状缺陷，也应沿长度方向在几个位置进行测定。

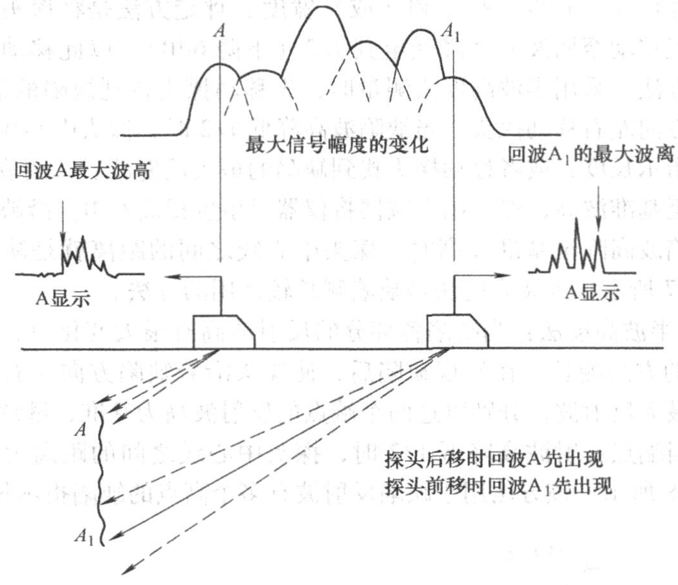

图 4-39　用端部最大波幅法进行缺陷定量

4）20dB 法：即 20dB 反射体尺寸［长度、高度和（或）宽度］评定方法，是将探头从获得最大回波幅度位置移动至回波幅度降低至其 1/10（下降 20dB），以此移动范围评定反射体尺寸的方法。

5）20dB 波缘法：如图 4-40 所示，沿 20dB 声束边缘测出的缺陷端部 *A* 和 A_1，通过精测缺陷端点位置来测定缺陷尺寸。但此方法不是用声束轴线，而是用声压比声束轴线低 20dB 的声束边缘线来测定的，如图 4-40 所示。此方法适用范围与最大波幅法相同，可用于测定在被测方向显示波形特征的任意尺寸的缺陷。与最大波幅法相同，正确识别缺陷端部回波也是 20dB 波缘法进行尺寸测定的基本问题。

（2）绝对灵敏度测长法　绝对灵敏度测长法是在仪器灵敏度一定的条件下，使探头沿缺陷长度方向平行移动，当缺陷波高降到规定位置（见图 4-41 所示 *B* 线）时，探头移动的距离即为缺陷的指示长度。绝对灵敏度测长法测得的缺陷指示长度与测长灵敏度有关。测长灵敏度越高，则缺陷长度越大。在自动检测中常用绝对灵敏度法测长。

（3）端点峰值法　端点峰值法是检测时探头在测长扫查过程中，发现缺陷反射波有多个高点时，以缺陷两端反射波极大值之间探头的移动长度来确定缺陷

指示长度的方法，如图 4-42 所示。

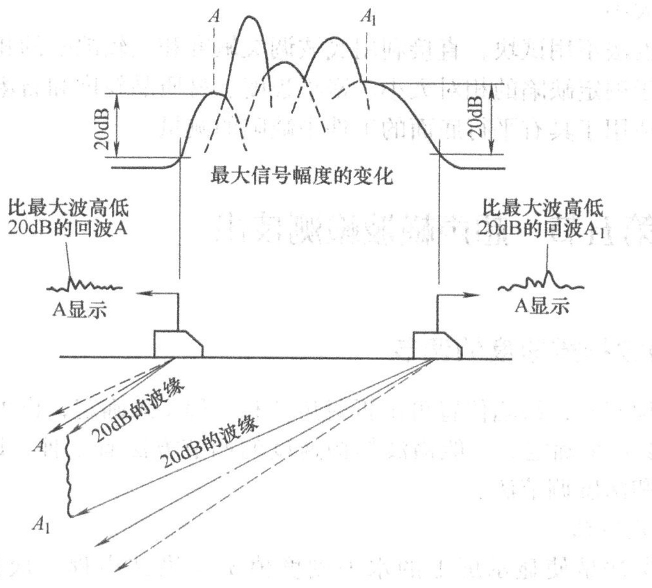

图 4-40 用 20dB 波缘法进行缺陷定量

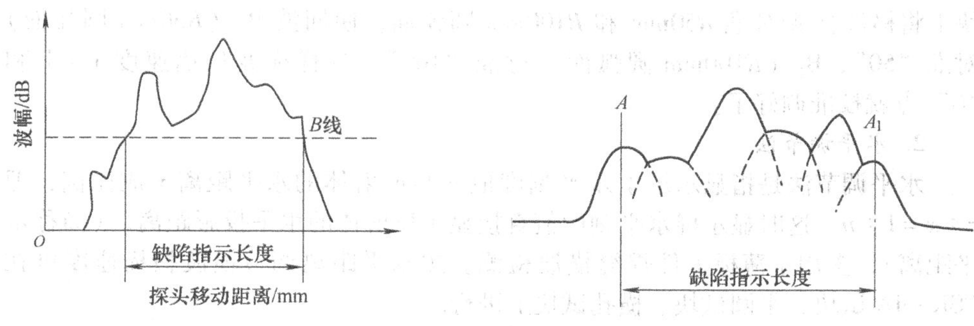

图 4-41 绝对灵敏度测长法

图 4-42 端点峰值测长法

3. 底波高度法

底波高度法是利用缺陷波与底波的相对波高来确定缺陷相对大小的方法。

当工件中存在缺陷时，缺陷反射会使工件底波下降或消失。缺陷越大，缺陷波就越高，底波就降低甚至消失，因此可用缺陷波高与底波波高之比来表示缺陷的相对大小。底波高度法常用于钢板和锻件的检测。标准中用到的底波高度法有 F/B_F法、F/B_G法和 B_G/B_F法三种。F/B_F法是在一定的灵敏度条件下，以缺陷波高 F 与缺陷处底波高 B_F之比来衡量缺陷的相对大小。F/B_G法是在一定的灵敏度条件下，以缺陷波高 F 与无缺陷处底波高 B_G之比来衡量缺陷的相对大小。$B_G/$

B_F法是在一定的灵敏度条件下，以无缺陷处底波B_G与缺陷处底波B_F之比来衡量缺陷的相对大小。

底波高度法不用试块，直接利用底波调灵敏度和比较缺陷的相对大小，操作方便，可用于测定缺陷的相对大小、密集程度、材质晶粒度和石墨化程度等。底波高度法只适用于具有平行底面的工件中缺陷的测量。

第五节　超声横波检测技术

一、横波扫描速度的调节

在横波检测时，缺陷位置可由折射角β和声程x来确定，也可由缺陷的水平距离l和深度d来确定。一般横波扫描速度的调节方法有三种，即声程调节法、水平调节法和深度调节法。

1. 声程调节法

声程调节法是使显示屏上的水平刻度值τ与横波声程x成比，即$\tau : x = 1 : n$。这时探伤仪显示屏上直接显示横波声程。按声程调节横波扫描速度可在CSK—IA、IIW2、半圆试块以及其他试块或工件上进行。例如，在CSK—IA试块上将横波探头对准R50mm和R100mm圆弧面，使回波B_1（R50mm圆弧面）对准“50”，B_2（R100mm圆弧面）对准“100”，这样横波扫描速度1∶1和“0”点就校准调好了。

2. 水平调节法

水平调节法是指显示屏上水平刻度值τ与反射体的水平距离x成比例，即$\tau : x = 1 : n$。这时显示屏水平刻度值直接显示反射体的水平投影距离，（简称水平距离），多用于薄板工件焊缝横波检测。按水平距离调节横波扫描速度可在CSK—IA试块、半圆试块、横孔试块上进行。

（1）利用CSK—IA试块调节　先计算R50mm、R100mm圆弧面对应的水平距离l_1、l_2，即

$$\left.\begin{aligned} l_1 &= \frac{KR_1}{\sqrt{1+K^2}} \\ l_2 &= \frac{KR_2}{\sqrt{1+K^2}} = 2l_1 \end{aligned}\right\} \tag{4-16}$$

式中　K——斜探头的K值（实测值）；

R_1——R50mm圆弧半径；

R_2——R100mm 圆弧半径。

然后将探头对准 R50mm、R100mm 圆弧面，调节检测仪使 B_1、B_2分别对准水平刻度 l_1、l_2。当 $K=1.0$ 时，$l_1=35\text{mm}$，$l_2=70\text{mm}$。若使 B_1 对准水平刻度 35mm 处，B_2对准水平刻度 70mm 处，则水平距离扫描速度为 1∶1。

（2）利用 R50mm 半圆试块调节　先计算 B_1、B_2对应的水平距离 l_1、l_2，即

$$\left.\begin{aligned} l_1 &= \frac{KR}{\sqrt{1+K^2}} \\ l_2 &= \frac{3KR}{\sqrt{1+K^2}} = 3\,l_1 \end{aligned}\right\} \tag{4-17}$$

然后将探头对准 R50mm 圆弧，调节探伤仪使 B_1、B_2分别对准水平刻度 l_1、l_2。当 $K=1.0$ 时，$l_1=35\text{mm}$，$l_2=105\text{mm}$。先使 B_1、B_2分别对准 0mm、70mm，再调“脉冲移位”使 B_1对准 35mm，则水平距离扫描速度为 1∶1。

（3）利用横孔试块调节　以 CSK—ⅢA 试块为例，设探头的 $K=1.5$，并计算深度为 20mm、60mm 的 $\phi1\text{mm}\times6$ 对应水平距离 l_1、l_2，即

$$l_1 = Kd_1 = 1.5\times20\text{mm} = 30\text{mm}$$
$$l_2 = Kd_2 = 1.5\times60\text{mm} = 90\text{mm}$$

调节探伤仪使深度为 20mm、60mm 的 $\phi1\text{mm}\times6$ 的回波 H_1、H_2分别对准水平刻度 30mm、90mm，这时水平距离扫描速度 1∶1 就调好了。需要指出的是，这里 H_1、H_2不是同时出现的，当 H_1对准 30mm 时，H_2 不一定正好对准 90mm，因此往往要反复调试，直至 H_1对准 30mm，H_2 正好对准 90mm。

3. *深度调节法*

深度调节法是使示波屏上的水平刻度值 τ 与反射体深度 d 成比例，即 $\tau : d = 1 : n$，这时显示屏水平刻度值直接显示深度。该方法常用于较厚工件焊缝的横波探伤。按深度调节横波扫描速度可在 CSK—IA 试块、半圆试块和横孔试块等试块上进行。

（1）利用 CSK—IA 试块调节　先计算 R50mm、R100mm 圆弧反射波 B_1、B_2对应的深度 d_1、d_2，即

$$\left.\begin{aligned} d_1 &= \frac{R_1}{\sqrt{1+K^2}} \\ d_2 &= \frac{R_2}{\sqrt{1+K^2}} = 2d_1 \end{aligned}\right\} \tag{4-18}$$

式中　R_1——R50mm 圆弧的半径；

R_2——R100mm 圆弧的半径。

然后调节探伤仪使 B_1、B_2分别对准水平刻度值 d_1、d_2。当 $K=2.0$ 时，$d_1=$

22.4mm，d_2 = 44.8mm，调节探伤仪使 B_1、B_2 分别对准水平刻度 22.4mm、44.8mm，则深度 1∶1 就调好了。

（2）利用 *R*50mm 半圆试块调节　先计算半圆试块 B_1、B_2 对应的深度 d_1、d_2，即

$$\left.\begin{aligned} d_1 &= \frac{R}{\sqrt{1+K^2}} \\ d_2 &= \frac{3R}{\sqrt{1+K^2}} = 3d_2 \end{aligned}\right\} \tag{4-19}$$

然后调节探伤仪使 B_1、B_2 分别对准水平刻度值 d_1、d_2 即可，这时深度 1∶1 调好。

（3）利用横孔试块调节　使探头分别对准深度 d_1 = 40mm，d_2 = 80mm 的 CSK—IA 试块上的 ϕ1mm ×6 横孔，调节仪器使 d_1、d_2 对应的 ϕ1mm ×6 回波 H_1、H_2 分别对准水平刻度 40mm、80mm，这时深度 1∶1 就调好了。这里同样要注意反复调试，使 H_2 对准 40mm 时的 H_2 正好对准 80mm。

二、横波检测面为平面时缺陷的定位

精确确定缺陷位置的目的不仅仅是便于返修，同时还能提供缺陷取向等对缺陷定性有用的情报。缺陷位置由探头入射点与反射体间的水平距离和缺陷深度决定。当用横波斜探头检测平面时，波束轴线在检测面处发生折射，工件中缺陷的位置由探头的折射角和声程确定或由缺陷的水平方向和垂直方向的投影来确定。由于横波扫描速度可按声程、水平、深度来调节，因此缺陷定位的方法也不一样，下面分别加以介绍。

横波检测时常用参数如图 4-43 ~ 图 4-45 所示。

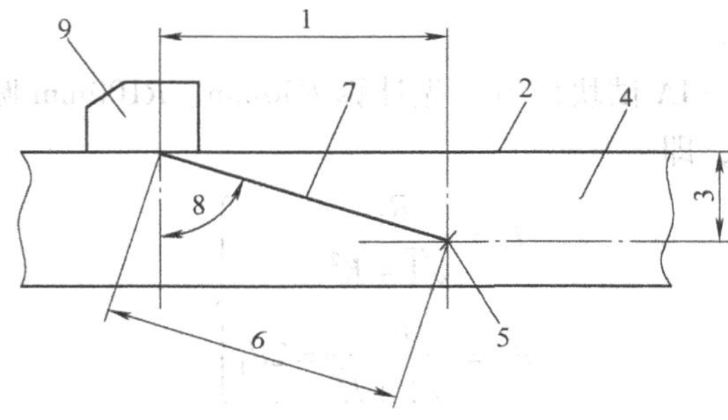

图 4-43　与直接扫查相关的参数

1—投影声程长度　2—检测面　3—缺陷深度　4—受检件　5—不连续缺陷　6—声程长度　7—声束轴线　8—折射角　9—斜探头

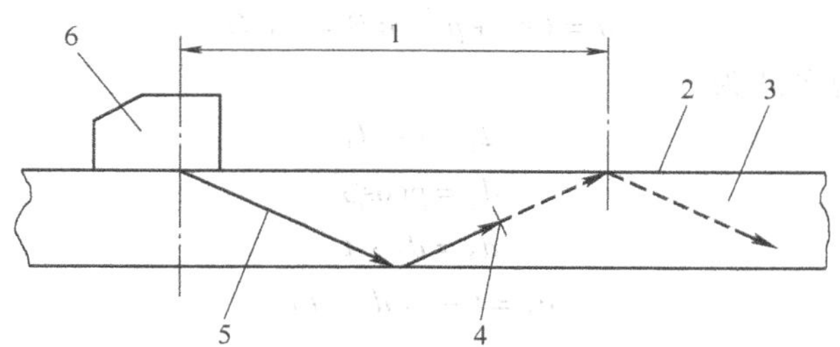

图 4-44　二次波技术和多次波技术相关参数

1—跨距　2—检测面　3—受检件　4—不连续/缺陷　5—声束轴线　6—斜探头

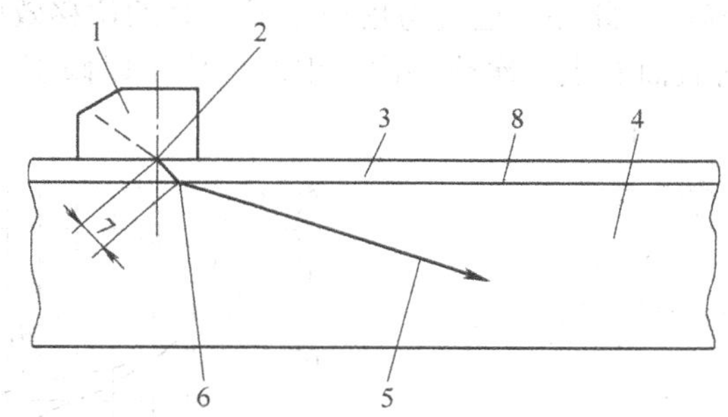

图 4-45　间隙检测技术相关参数

1—斜探头　2—探头入射点　3—耦合剂　4—受检件　5—声束轴线　6—声束入射点　7—耦合剂声程　8—检测面

横波检测时的缺陷定位方法有计算法、作图法等。

1. 计算法

根据声程、探头角度及厚度很容易算出深度和距离（见图 4-46），而声程可直接从显示屏上读出。在发现缺陷信号后，应垂直于焊缝中心线前后移动探头，找到最大发射波高，就能计算出水平距离，即

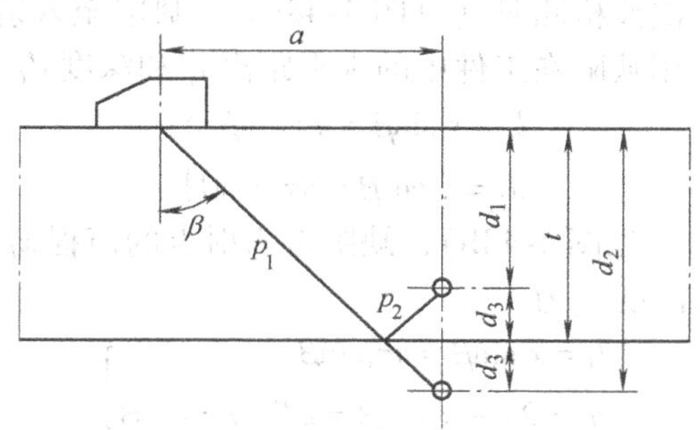

图 4-46　计算相关的参数

$$a=(p_1+p_2)\sin\beta=p\sin\beta \tag{4-20}$$

深度的计算公式为

$$d_1=t-d_3$$
$$d_2=p\cos\beta$$
$$d_3=d_2-t$$
$$d_1=t-(d_2-t)$$
$$d_1=t-(p\cos\beta-t)$$
$$d_1=2t-p\cos\beta$$

计算结果的精度取决于扫描线调节得是否准确、探头入射点的位置是否真实及探头角度是否正确等。此外，还要考虑波束反射时的位移效应，特别是探头角度为70°时，在材料表面发生一次或多次反射时，应予以修正，如图4-47所示。

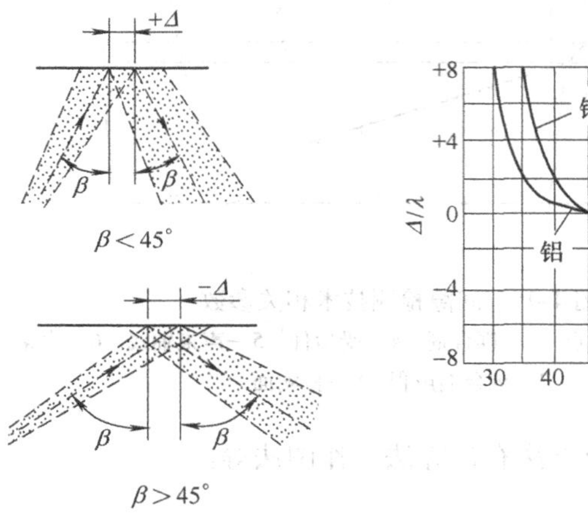

图4-47　波束反射时的位移效应

（1）按声程调节扫描速度　探伤仪按声程1∶n调节横波扫描速度，缺陷波水平刻度为x_f，在一次波检测时（见图4-48a），缺陷至入射点的声程$x_f=n\tau_f$，如果忽略横孔直径，则缺陷在工件中的水平距离l_f和深度d_f为

$$\left.\begin{aligned}l_f&=x_f\sin\beta=n\tau_f\sin\beta\\d_f&=x_f\cos\beta=n\tau_f\cos\beta\end{aligned}\right\} \tag{4-21}$$

在二次波检测时（见图4-48b），缺陷至入射点的声程$x_f=n\tau_f$，则缺陷在工件中的水平距离l_f和深度d_f为

$$\left.\begin{aligned}l_f&=x_f\sin\beta=n\tau_f\sin\beta\\d_f&=2T-x_f\cos\beta=2T-n\tau_f\cos\beta\end{aligned}\right\} \tag{4-22}$$

式中　T——工件厚度；

β——探头横波折射角。

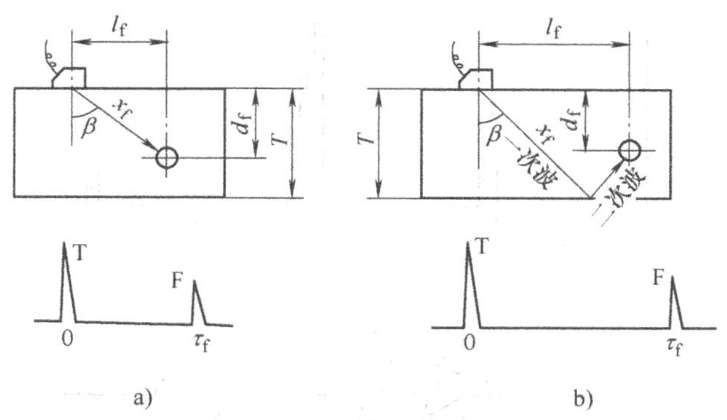

图 4-48 横波检测时的缺陷定位

a）一次波检测 b）二次波检测

（2）按水平调节扫描速度 探伤仪按水平距离 1：n 调节横波扫描速度，缺陷波的水平刻度值为 τ_f，采用 K 值探头检测。

一次波检测时，缺陷在工件中的水平距离 l_f 和深度 d_f 为

$$\left.\begin{aligned} l_f &= n\tau_f \\ d_f &= \frac{l_f}{K} = \frac{n\tau_f}{K} \end{aligned}\right\} \tag{4-23}$$

二次波检测时，缺陷波在工件中的水平距离 l_f 和深度 d_f 为

$$\left.\begin{aligned} l_f &= n\tau_f \\ d_f &= 2T - \frac{l_f}{K} = 2T - \frac{n\tau_f}{K} \end{aligned}\right\} \tag{4-24}$$

（3）按深度调节扫描速度 探伤仪按深度 1：n 调节横波扫描速度，缺陷波的水平刻度值为 τ_f，采用 K 值探头检测。一次波检测时，缺陷在工件中的水平距离 l_f 和深度 d_f 为

$$\left.\begin{aligned} l_f &= Kn\tau_f \\ d_f &= n\tau_f \end{aligned}\right\} \tag{4-25}$$

二次波检测时，缺陷在工件中的水平距离 l_f 和深度 d_f 为

$$\left.\begin{aligned} l_f &= Kn\tau_f \\ d_f &= 2T - n\tau_f \end{aligned}\right\} \tag{4-26}$$

2. 作图法

为准确测定缺陷位置，应保持声束与焊缝方向垂直，前后移动探头，在显示屏上找到最大回波信号，由显示屏缺陷信号位置可读得声程值，再测量探头入射点到焊缝中心线的距离，把这些距离值画在焊缝断面图上，即可定出缺陷位置。此程序应在焊缝两侧进行，如图 4-49 所示。

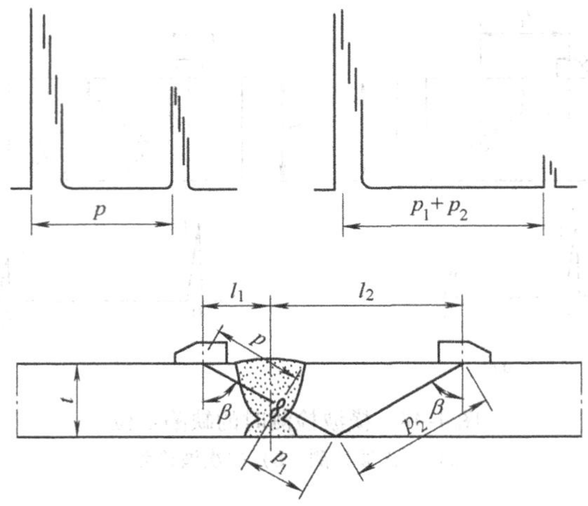

图 4-49　作图法测量缺陷位置

确定缺陷的取向和形状是缺陷定位的重要组成部分。同时需要使用不同角度的探头从多个方向进行扫查，做大量测定。每次扫查都应细心测量声程及探头入射点到焊缝中心线的距离。材料表面状况对定位精度的影响也应予以特别注意，表面不平可能引起超声波双重折射，因而材料中的折射角可能改变。对于特定探头，在沿假定声束轴线作图时，上述角度的偏差将会使缺陷定位不准。

三、横波周向检测圆柱曲面时缺陷的定位

当横波检测圆柱面时，若沿周向检测，则缺陷定位与平面时不同。下面简单介绍外圆周向检测和内壁周向检测两种情况。

1. 外圆周向检测

在外圆周向检测圆柱曲面时，缺陷的位置由深度 H 和弧长 L 来确定，如图 4-50 所示。显然，H、L 与平板工件中缺陷的深度 d 和水平距离 l 是有较大差别的。

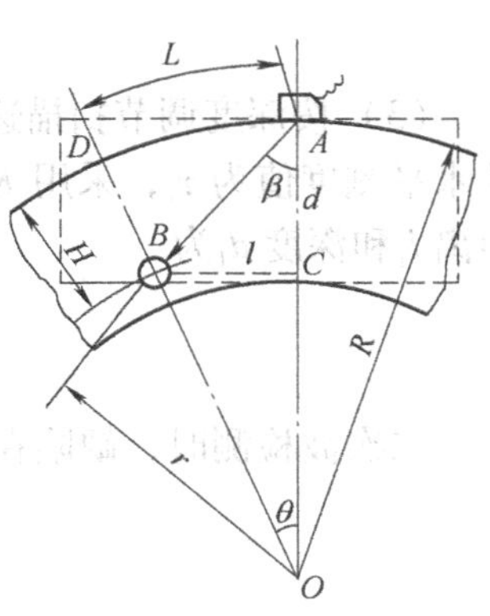

图 4-50　外圆周向检测定位

图 4-50 中：

$AC=d$（平板工件中缺陷深度）

$BC=d\tan\beta=Kd=l$（平板工件中缺陷水平距离）

$$AO=R,\ CO=R-d$$

$$\tan\theta=\frac{Kd}{R-d},\ \theta=\arctan\frac{Kd}{R-d}$$

$$BO=\sqrt{(Kd)^2+(R-d)^2}$$

从而可得：

$$\left.\begin{aligned}H&=OD-OB=R-\sqrt{(Kd)^2+(R-d)^2}\\L&=\frac{R\pi\theta}{180}=\frac{R\pi}{180}\arctan\frac{Kd}{R-d}\end{aligned}\right\}\qquad(4\text{-}27)$$

经对不同直径的工件和不同深度的 d 值的计算，得出当探头从圆柱曲面外壁作周向检测时，弧长 L 总比水平距离 l 值大，但深度 H 却总比 d 值小，而且差值随着 d 值的增加而增大。

2. 内壁周向检测

在内壁周向检测圆柱曲面时，缺陷的位置由深度 h 和弧长 L 来确定，如图 4-51 所示。这里的 h 和 L 与平板工件中缺陷深度 d 和水平距离 l 是有较大差别的。

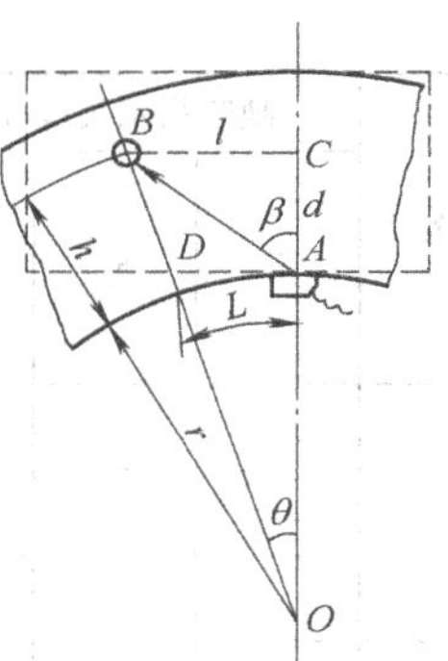

图 4-51　内圆周向检测定位

图 4-51 中：

$AC=d$（平板工件中缺陷的深度）

$BC=d\tan\beta=Kd=l$（平板工件中缺陷的水平距离）

$$AO=r,\qquad CO=r+d$$

$$\tan\theta=\frac{BC}{OC}=\frac{Kd}{r+d},$$

$$\theta=\arctan\frac{Kd}{r+d}$$

$$BO=\sqrt{(Kd)^2+(r+d)^2}$$

从而可得：

$$\left.\begin{aligned}h&=OB-OD=\sqrt{(Kd)^2+(r+d)^2}-r\\L&=\frac{r\pi\theta}{180}=\frac{r\pi}{180}\arctan\frac{Kd}{r+d}\end{aligned}\right\}\qquad(4\text{-}28)$$

经对不同直径的工件和不同深度的 d 值的计算，得出当探头从圆柱曲面内壁作周向检测时，弧长 L 总比水平距离 l 值小，但深度 h 却总比 d 值大。

四、横波检测时缺陷的定量

横波检测时缺陷的定量主要是测量缺陷最大波高幅度、指示长度、最大波高点的平面坐标位置、缺陷起点和终点的 x 方向位置等参数。

缺陷记录参数见表 4-3。其中，S_1 为缺陷起点与试板左端头间的距离，S_2 为缺陷终点与试板左端头间的距离，S_3 为缺陷波幅最高时与试板左端头间的距离。缺陷记录参数位置如图 4-52 所示。

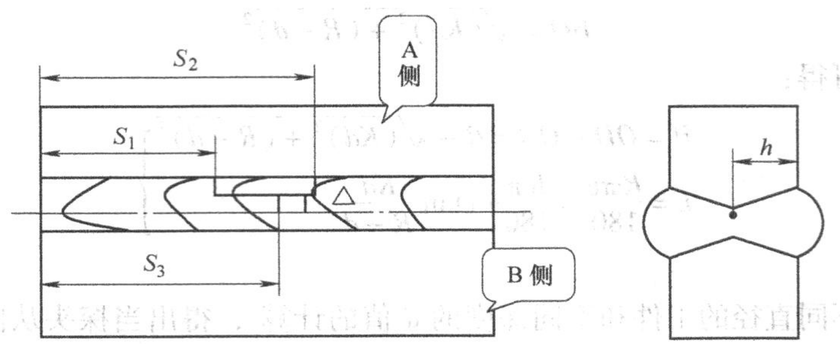

图 4-52　缺陷记录参数位置

表 4-3　焊缝横波检测时记录的缺陷参数

序号	缺陷指示长度/mm			波幅最高点						评定等级
	S_1	S_2	长度	缺陷距焊缝中心线距离/mm		缺陷距焊缝表面深度/mm	S_3	高于定量线 dB 值	波高区域	
				A 侧	B 侧					

第六节　缺陷自身高度的测定

设备的安全可靠性除与缺陷长度有关外，还与缺陷自身高度有关。在脆性断裂破坏中，有时缺陷高度比长度更为重要。但缺陷高度的测定比长度的测定难度大。缺陷包括表面开口缺陷和未开口缺陷。表面开口缺陷又分为上表面开口缺陷和下表面开口缺陷。下面介绍常用的三种测定缺陷自身高度的方法。

一、端点衍射波法

（1）一般要求　检测人员应掌握一定的断裂力学和焊接基础知识，掌握端点衍射波法的传播特性，对检测中可能出现的问题能做出正确的分析、判断和处

理。测定时应采用直射波法，若确有困难，则也可用一次反射回波法。灵敏度应根据需要确定，但应使噪声回波高度不超过显示屏满刻度的20%。原则上应选$K1$，2.5~5MHz的探头。当采用双探头测高时，两只探头的K值与楔块内纵波声程应相同。聚焦斜探头的声束宽度与声束范围等主要技术参数，均应满足所检测缺陷的要求。

（2）端点衍射波测定方法　该方法主要根据缺陷端点反射波来辨认衍射回波，并通过缺陷两端点衍射回波之间的延迟时间差值来确定缺陷自身高度，如图4-53所示。

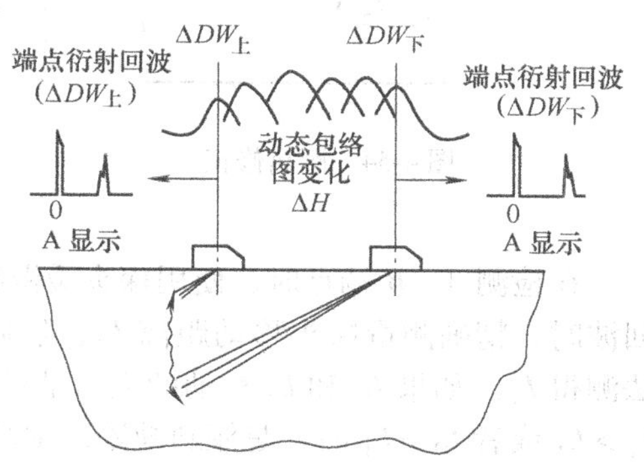

图4-53　端点衍射回波法测缺陷自身高度

（3）测定程序　在CSK—IA、CSK—ⅢA试块上精确校正时基线，进行距离修正，如图4-54所示。

1）水平修正值

$$\Delta L_1 = R\sin\beta \tag{4-29}$$

2）深度修正值

$$\Delta H_1 = R\cos\beta \tag{4-30}$$

（4）测定方法

1）开口缺陷：当检测面与缺陷不在同一面上时（见图4-54），将探头置于表面开口背侧，使声束轴线对准角镜，记录反射回波高度为显示屏满刻度的80%时的ΔC。

将灵敏度提高15~25dB，使探头沿缺陷伸展方向扫查，当声束轴线完全离开缺陷端点的第一个峰值回波时，既是端点衍射波。记录端点与检测面间的距离ΔDW。

按式（4-31）求出缺陷自身高度ΔH。

$$\Delta H = \Delta C - \Delta DW \tag{4-31}$$

当检测面与缺陷在同一面上时：

$$\Delta H = \Delta DW \tag{4-32}$$

2）焊接接头内部缺陷：当用单晶斜探头对焊接接头内部的垂直缺陷测高时，将探头置于任意检测面，前后缓慢移动探头扫查缺陷，当发现缺陷的上下端点反射波时，再微动探头，使缺陷的上端点和下端点后毗邻出现上下端点衍射回波，记录回波位置，按式（4-33）计算缺陷高度。

$$\Delta H = \Delta DW_{下} - \Delta DW_{上} \tag{4-33}$$

单晶斜探头对焊接接头内部倾斜缺陷测高如图4-55所示。

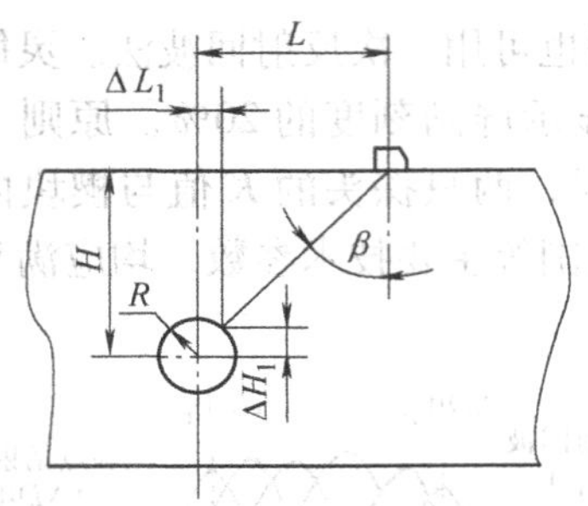

图 4-54　距离修正

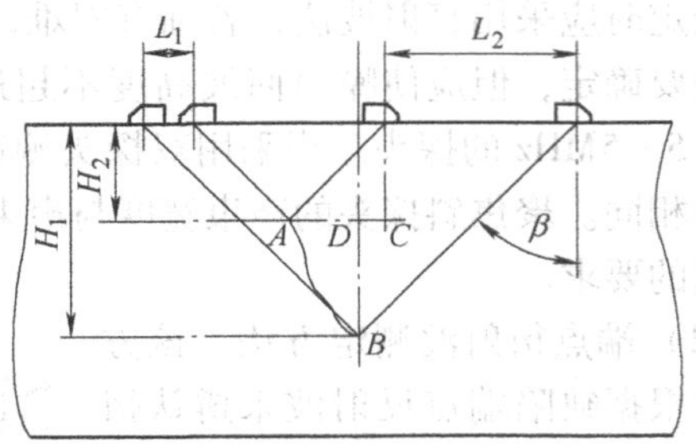

图 4-55　单晶斜探头对焊接接头内部倾斜缺陷测高

在检测 A、B 端点时，使用探头缓慢移动扫查缺陷，当发现 A 点和 B 点衍射回波时，精确测量探头移动距离 L_1，然后再将探头移到对应侧，用以上相同方法测得 L_2。如果 L_1 和 L_2 移动的距离是对称的，则可解释为垂直缺陷。原则上当 $L_1 > L_2$ 或者 $L_2 > L_1$ 时，是倾斜缺陷。缺陷的倾角 θ 可按式（4-34）计算。

$$\theta = \arctan\left[(L - \Delta H\tan\beta)/\Delta H\right] \tag{4-34}$$

倾斜缺陷的倾斜长度 AB 按式（4-35）计算。

$$AB = \left[(L - \Delta H\tan\beta)^2 + \Delta H^2\right]^{\frac{1}{2}} \tag{4-35}$$

式中　AB——缺陷倾斜长度（mm）；

ΔH——缺陷倾斜高度（mm）；

$\tan\beta$——斜探头折射角正切值；

L（L_1 或 L_2）——探头从 B 点移动至 A 点的距离（mm）。

在缺陷距检测面较深或者端点衍射信号被端点部位的散射波所淹没无法识别时，可选双晶斜探头 V 形串接法进行测高，如图 4-56 所示。操作步骤如下：

① 选择两只相同型号的球晶片聚焦斜探头（或常规探头），且 K 值相同。

② 用单晶斜探头确认缺陷的上下端点距检测面的深度。

③ 将探头（探头 1）置于缺陷上端点位置，将另一只探头（探头 2）置于缺陷的另一侧与之相对称的位置，把探伤仪转换成一发一收的工作状态，将反射波辐射调至显示屏高的 80%。

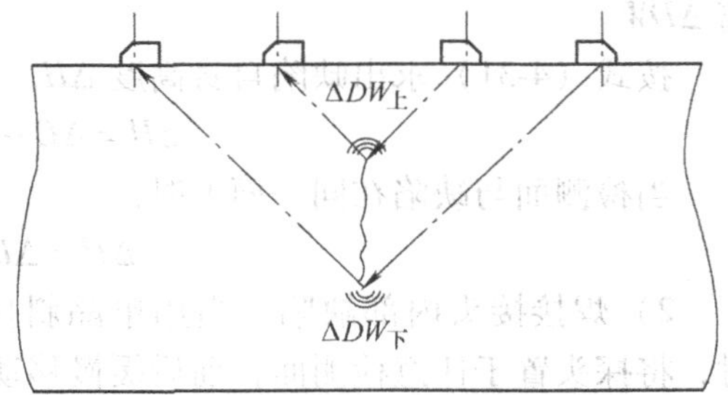

图 4-56　双晶斜探头 V 形串接法缺陷测高

④ 移动探头 2，当端点反射波辐射度达显示屏满刻度的 80% 时固定探头 2，移动探头 1，扫寻端点反射波。该信号波幅达到最高或其前方出现新的最高反射

波时，固定探头 1 的位置，再次移动探头 2，扫寻上端点衍射回波。如此轮流移动两只探头，直到最终确认缺陷端点衍射波为止。测定缺陷端点衍射波的时间延迟（时间差值）即可获得缺陷上端点距检测面的深度 $\Delta DW_{上}$。

⑤ 依次轮流移动两只探头，按上述方法扫寻缺陷下端点衍射波，即可获得缺陷下端点距检测面的深度 $\Delta DW_{下}$。

按式（4-36）计算缺陷高度。

$$\Delta H = \Delta DW_{下} - \Delta DW_{上} \tag{4-36}$$

3）注意事项。读取缺陷端点衍射回波幅度的位置应为显示屏纵轴满刻度 10% 以上的峰值位置。为了保证测高精度，测试值记小数点后一位数。在记录缺陷高度时，应将探伤仪闸门确定在端点衍射回波峰值上。

二、端部最大回波法

1）一般要求：端部最大回波法测定缺陷自身高度时应采用直射波法，若确有困难，则也可采用一次反射回波法。灵敏度应根据需要确定，但应使噪声回波高度不超过显示屏满刻度的 20%。对于探头，原则上应选 $K1$，2.5～5MHz 的探头。聚焦斜探头的声束宽度与声束范围等主要技术参数，均应满足所检测缺陷的要求。

2）测定方法：使探头沿缺陷延伸方向扫查，为保证不漏过缺陷端点，应尽可能多地从几个方面或用其他声束角度进行重复测量。对大平面缺陷或体积状缺陷，应沿长度方向在几个位置进行测定。在测定缺陷高度时，应在相对垂直于缺陷长度的方向进行前后扫查。由于缺陷端部的形状不同，扫查时应适当转动探头，以便能清晰地测出端部回波。当存在多个杂乱波峰时，应把能确定出缺陷最大自身高度的回波确定为缺陷端部回波，如图 4-57 所示。注意：当端部回波达到最大时即可测出缺陷的两边 A 和 A_1。测定时应以缺陷两端的峰值回波 A 和 A_1 作为基点。基点原则上以端部回波波高为显示屏满刻度的 50% 时的回波前沿值的位置为准，如图 4-58 所示。

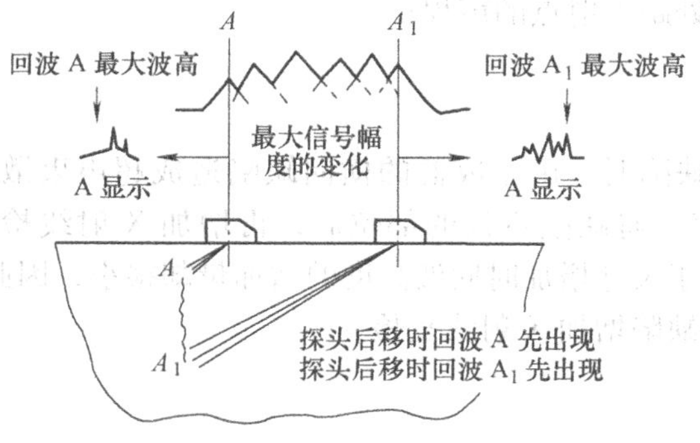

图 4-57 端部最大波幅法测定缺陷自身高度

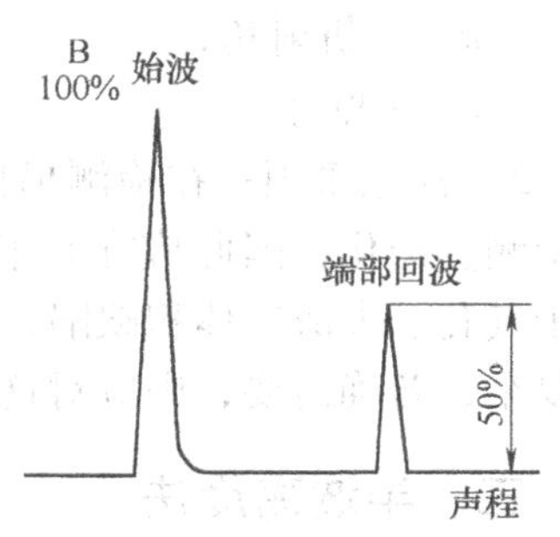

图 4-58 端部回波声程读数

① 内部缺陷：如图4-59a 所示，探头前后扫查，探头相应与探头前后位置缺陷的上下端部回波，按式（4-37）求出缺陷自身高度 ΔH。也可用深度1∶1 调整时基线，直接测定。

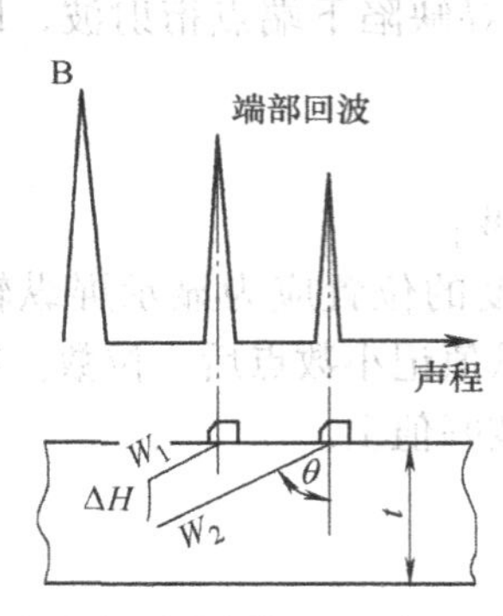

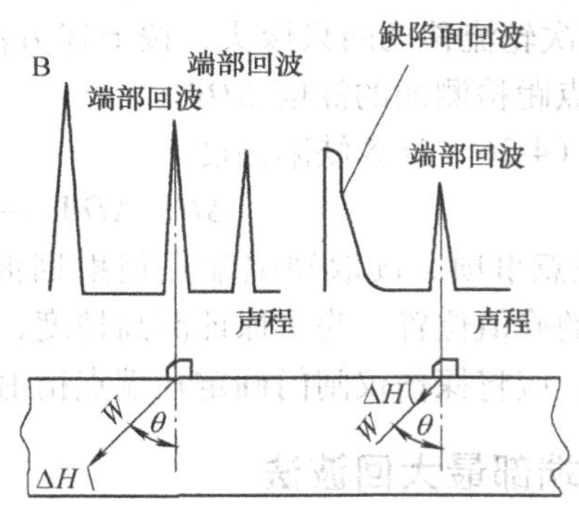

图4-59 缺陷高度的测定方法

$$\Delta H = (W_1 - W_2)\cos\theta \tag{4-37}$$

式中 W_1，W_2——缺陷上下端部峰值回波处距入射点的声程；

θ——折射角。

② 表面开口缺陷：如图 4-59b 所示，检测出缺陷端部的峰回波，按式（4-38）和式（4-39）求出缺陷自身高度 ΔH。缺陷开口处与检测面在同一侧时（见图4-59b 右半图）缺陷自身高度为

$$\Delta H = W\cos\theta \tag{4-38}$$

式中 W——缺陷端部峰值回波处距入射点的声程；

θ——折射角。

缺陷在检测面时（见图4-59b 左半图）缺陷自身高度为

$$\Delta H = (t - W)\cos\theta \tag{4-39}$$

式中 W——缺陷端部峰值回波处距入射点的声程；

θ——折射角；

t——壁厚。

3）注意事项：在检测横向缺陷时，由于成群的横向缺陷造成超声束散射，使检测复杂化，因此应在打磨掉有碍缺陷辨认的部位后，再增加 X 射线检测。对于气孔、夹渣等体积缺陷，由于尺寸增加时回波高度的增加量却很小，因此比较复杂，若确需要，则应对这些缺陷增加 X 射线复检。

三、半波高度法

1）一般要求：半波高度法测定时应采用直射波法，若确有困难，则也可采

用一次反射回波法。灵敏度应根据需要确定，但应使噪声回波高度不超过显示屏满刻度的20%。对于探头，原则上应选$K1$，2.5～5MHz的探头。聚焦斜探头的声束宽度与声束范围等主要技术参数，均应满足所检测缺陷的要求。

2）测定方法：使探头垂直于焊接接头方向扫查，沿缺陷在高度方向的伸展观察回波包络线的形态。若缺陷的端部回波比较明显，则以端部最大回波处作为半波高度法的起始点；若缺陷回波只有单峰，且变化比较明显，则以最大回波处作为起始点；若回波高度变化很小，则可将回波迅速降落前的半波高值作为半波高度法测高的起始点，如图4-60所示的A和A_1点。测定时将回波高度的选定值调到显示屏满刻度的80%～100%，移动声束使之偏离缺陷边缘，直至回波高度降低6dB，然后根据已知的探头入射点位置、声束角度和声程长度，标出缺陷的边缘位置。

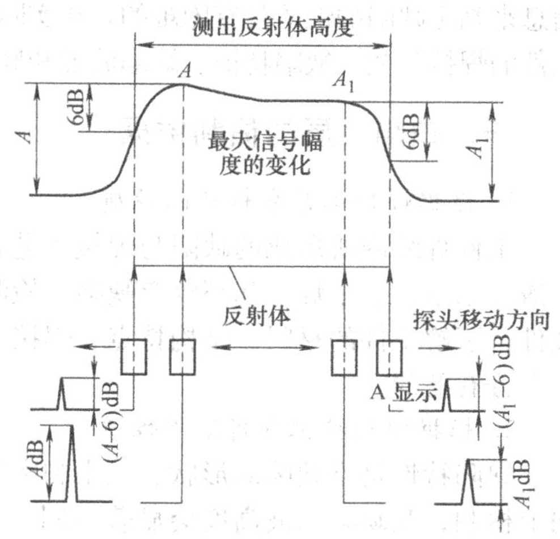

图4-60　用半波高度法测定缺陷自身高度

① 内部缺陷：缺陷自身高度为

$$\Delta H=(W_2-W_1)\cos\theta \tag{4-40}$$

式中　W_1，W_2——缺陷上、下边缘位置至入射点的声程（mm）；

θ——折射角（°）。

② 表面开口缺陷：当缺陷开口处在检测面一侧时，缺陷自身高度为

$$\Delta H=W\cos\theta \tag{4-41}$$

式中　W——缺陷下面边缘位置至入射点的声程（mm）；

θ——折射角（°）。

当缺陷开口处在检测面另一侧时，缺陷自身高度为

$$\Delta H=t-W\cos\theta \tag{4-42}$$

式中　t——壁厚（mm）；

W——缺陷上边缘位置至入射点的声程（mm）；

θ——折射角（°）。

第七节　缺陷性质的分析与判别

在用超声波检测确定工件中缺陷的位置和大小的同时，还应尽可能判定缺陷

的性质。不同性质的缺陷，其危害程度不同，例如裂纹就比气孔、夹渣危害大得多。因此，缺陷定性十分重要。缺陷定性是一个很复杂的问题，目前的A型超声波探伤仪只能提供缺陷回波的时间和幅度两方面的信息。检测人员根据这两方面的信息来判定缺陷的性质是有困难的。在实际检测中，探伤人员常常根据经验，结合工件的焊接工艺、缺陷特征、缺陷波形和底波情况来分析和估计缺陷的性质。

一、缺陷性质的估判依据

1. 根据焊接工艺分析缺陷性质

工件焊缝内所形成的缺陷与焊接工艺密切相关。焊接过程中可能产生气孔、夹渣、未熔合、未焊透和裂纹等缺陷。检测前应查阅焊接工件的图样和焊接工艺文件，了解工件的材料、结构特点、焊接工艺。这对正确判定和估计缺陷的性质是十分有益的。

2. 根据缺陷特征分析缺陷性质

缺陷特性是指缺陷的形状、大小和密集程度。对于平面形缺陷，在不同的方向上检测，其缺陷回波高度会显著不同。在垂直于缺陷方向检测，缺陷回波高；在平行于缺陷方向检测，缺陷回波低，甚至无缺陷回波。一般的裂纹、夹层等缺陷就属于平面形缺陷。对于点状缺陷，在不同方向检测，其缺陷回波无明显变化。一般的气孔、小夹渣等属于点状缺陷。对于密集型缺陷，缺陷波密集且互相连接，在不同的方向上检测，缺陷回波情况类似。一般的密集气孔、疏松等属于密集型缺陷。

3. 根据缺陷波形分析缺陷性质

缺陷波形分为静态波形和动态波形两大类。静态波形是指探头不动时缺陷波的高度、形状和密集程度。动态波形是指探头在检测面上移动时，缺陷波的变化情况。

4. 根据底波分析缺陷的性质

当工件内部存在缺陷时，超声波被缺陷反射，使到达底面的声能减少，底波高度降低，甚至消失。不同性质的缺陷，其反射面不同，底波高度也不一样，因此在某些情况下可以利用底波情况来分析和估计缺陷的性质。当缺陷波很强，底波消失时，可认为是大面积缺陷，如夹层、裂纹等。当缺陷波与底波共存时，可认为是点状缺陷（如气孔、夹渣）或面积较小的其他缺陷。当缺陷波为互相彼连且高低不同的缺陷波，底波明显下降时，可认为是密集型缺陷，如白点、疏松、密集气孔和夹渣等。当缺陷波和底波都很低，或者两者都消失时，可认为是大而倾斜的缺陷或者疏松。若出现“林状回波”，则可认为是内部组织粗大。

二、缺陷性质的估判程序

1）反射波幅低于评定线或按本部分判断为合格的缺陷原则上不予定性。

2）对于超标缺陷，首先应进行缺陷类型识别，对于可判断为点状缺陷的一般不予定性。

3）对于判定为线状、体积状、面状或多重的缺陷，应进一步测定和参考缺陷平面、深度位置、缺陷高度、缺陷各向反射特性、缺陷取向、缺陷波形、动态波形、回波包络线和扫查方法等参数，同时结合工件结构、坡口形式、材料特性、焊接工艺和焊接方法进行综合判断，尽可能定出缺陷的实际性质。

缺陷类型的识别和性质估判与缺陷定位、定量一般同时进行，也可单独进行。

三、缺陷类型的识别

缺陷类型的识别是将探头从两个方向扫查（即前后扫查和左右扫查），通过观察回波动态波形来进行的。缺陷类型只用单个探头或只通过单向扫查是不太可能识别的，宜采用一种以上的声束方向做多种扫查，包括前后扫查、左右扫查、转动扫查和环绕扫查，以此对各种超声信息进行综合评定来识别缺陷。

1. 点状缺陷

点状缺陷是指气孔和小夹渣等小缺陷，大多属于体积性缺陷。点状缺陷的回波幅度较小，在探头左右扫查和前后扫查时均显示动态波形Ⅰ，转动扫查时情况相同。在对点状缺陷做环绕扫查时，从不同方向、用不同声束角度检测，进行声程差修正后，回波高度基本相同。

2. 线性缺陷

线性缺陷是指有明显的指示长度，但不易测出其断面尺寸的缺陷。线性夹渣、线性未焊透或线性未熔合均属于这类缺陷。这类缺陷在长度上也可能是间断的，如链状夹渣、断续未焊透和断续未熔合等。当探头对准这类缺陷进行前后扫查时，一般显示波形Ⅰ的特征，左右扫查时则显示波形Ⅱ的特征，或者有点像波形Ⅲa。在转动扫查和环绕扫查时，回波高度在与缺陷平面相垂直方向的两侧迅速降落。只要信号不能明显断开较大的距离，就表明缺陷基本连续。若缺陷断面大致为圆柱形，则只要声束垂直于缺陷的纵轴，在对声轴距离进行修正后，回波高度变化就会较小。若缺陷断面为平面状，则从不同方向、用不同角度检测时，回波高度在与缺陷平面相垂直的方向会有明显降落。在长度方向上断续缺陷的波高包络有明显降落，此时应在明显断开的位置附近进行转动扫查和环绕扫查，若观察到在垂直方向附近的波高迅速降落，且无明显的二次回波，则证明缺陷是断续的。

3. 体积状缺陷

这种缺陷有可测的长度和明显的断面尺寸，如不规则或球形的大夹渣。体积状缺陷在左右扫查时一般显示动态波形Ⅱ或Ⅲa 的特征，在前后扫查时显示波形Ⅲa 或Ⅲb 的特征。在转动扫查时，若声束垂直于缺陷纵轴，则所显示的波形颇似波形Ⅲb 的特征，一般可观察到最高回波。在环绕扫查时，在缺陷轴线的垂直方向两侧，回波高度有不规则的变化。这种缺陷在方向变动较大或更换多种声束角度时，仍能被检测到，但回波高度有不规则变化。

4. 平面状缺陷

这种缺陷有长度和明显的自身高度，其表面既有光滑的，也有粗糙的，如裂纹、面状未熔合或面状未焊透等。平面状缺陷在左右扫查和前后扫查时显示回波动态波形Ⅱ或Ⅲa、Ⅲb 的特征。在对表面光滑的缺陷做转动扫查和环绕扫查时，在与缺陷平面相垂直方向的两侧，回波高度迅速降落。在对表面粗糙的缺陷做转动扫查时，显示动态波形Ⅲb 的特征，而做环绕扫查时，在与缺陷平面相垂直方向的两侧，回波高度的变化均不规则。由于缺陷相对于波束的取向及其表面粗糙度不同，因此回波幅度变化很大。

5. 多重缺陷

这是一群相隔距离很近的缺陷，用超声波无法单独定位、定量，如密集气孔或再热裂纹等。在做左右扫查和前后扫查时，由各个反射体产生的回波在时基线上出现的位置不同，次序也不规则。每个单独的信号显示波形Ⅰ的特征。根据回波的不规则性，可将此类缺陷与有多个反射面的裂纹区分开来。通过转动扫查和环绕扫查，可大致了解密集型缺陷的性质是球形还是平面型点状反射体。从不同方向，用不同角度测出的回波高度的平均量值，若反射有明显方向性，则表明该缺陷是一群平面型点状反射体。

（1）静态波形

1）气孔。虽然气孔的反射率高，但是由于其大多呈球形，因此其波峰不会很高。单个气孔的波形为单峰，如图 4-61 所示。当探头左右扫查时，其波形很快消失。当探头做环绕扫查时，其波幅变化不大。

2）夹渣。由于夹渣的反射率低，因此其波幅一般不高。夹渣的波峰一般比较毛糙，且从各个方向检测时，当量明显不一样，如图 4-62 所示。

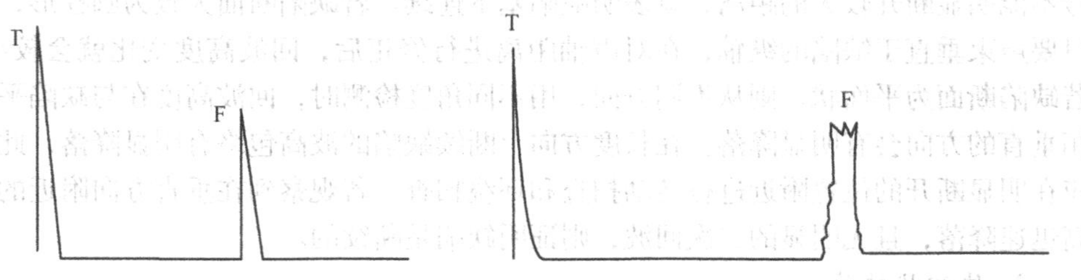

图 4-61 单个气孔的波形　　图 4-62 点状夹渣的波形

3）未焊透。由于未焊透的反射率高，因此其反射波幅高。当探头左右扫查时，其波形稳定，波幅变化不大。当从焊缝两侧检测时，其波幅高度相差不大，

如图 4-63 所示。

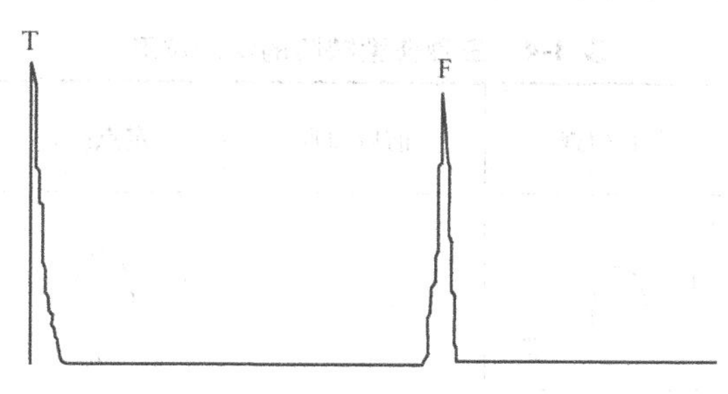

图 4-63　未焊透的波形

4）裂纹。裂纹的反射率高。当声束方向与裂纹面反射理想时，反射波幅很高，陡峭程度比夹渣严重。由于裂纹面往往呈锯齿形，因此其波峰往往呈多峰出现，当探头做转动扫查时，波幅起伏变化，如图 4-64 所示。

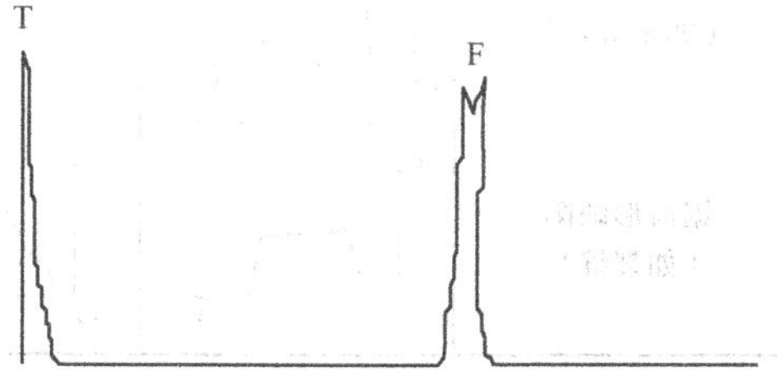

图 4-64　裂纹的波形

5）未熔合。未熔合分为坡口未熔合和层间未熔合。坡口未熔合波形的主要特征是：当探头在焊缝的一侧检测时，由于反射面理想，因此反射波幅很高；但当探头在焊缝的另一侧检测时，由于反射条件很差，因此反射波幅很低。在有些情况下，由于检测条件和反射条件均很差，因此在焊缝某一侧很难发现未熔合的信号。层间未熔合的波形与一般夹渣的波形很难区别，如图 4-65 所示。

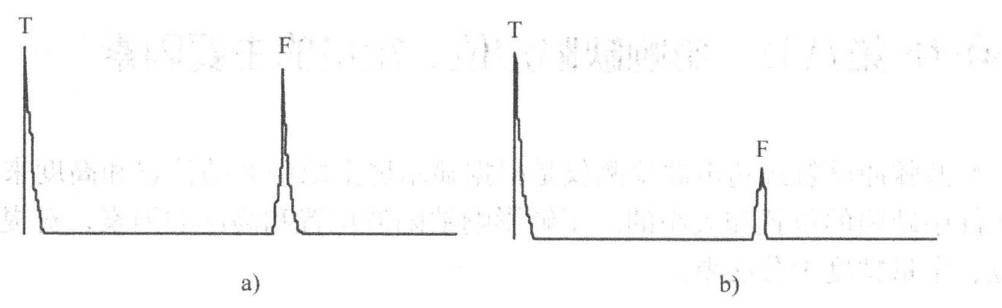

图 4-65　未熔合的波形
a）坡口未熔合的波形　b）层间未熔合的波形

以上是各种缺陷的典型波形。在实际检测中依靠静态波形来区别缺陷性质的难度较高，只有不断地总结波形和实物解剖的经验，才能较好地判断缺陷的性质。

（2）动态波形　当探头做左右扫查、前后扫查、定点扫查和环绕扫查时，缺陷的波形会发生变化并有某种规律可循。三种典型缺陷的动态波形见表4-4。

表 4-4　三种典型缺陷的动态波形

探头扫查方式 包络线特征	左右扫查	前后扫查	定点扫查	环绕扫查
圆形缺陷 （如气孔）	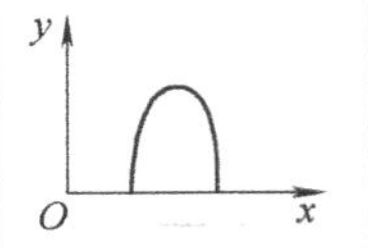 y O x	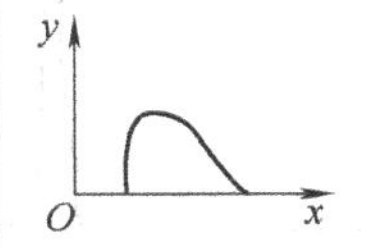 y O x	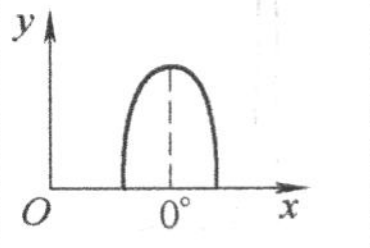 y O 0° x	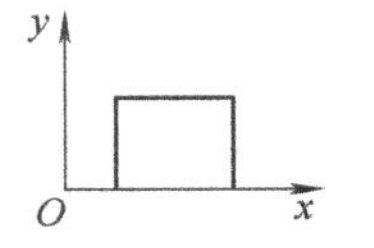 y O x
平直缺陷 （如未焊透）	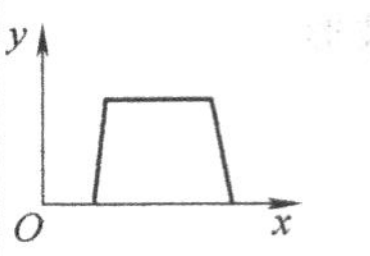 y O x	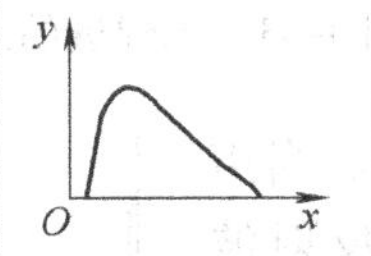 y O x	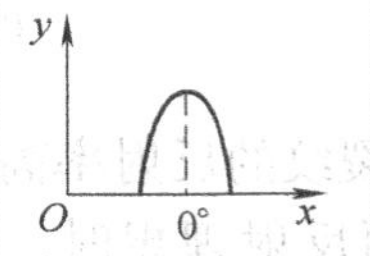 y O 0° x	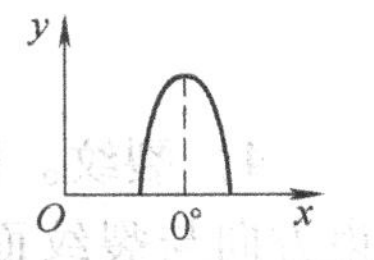 y O 0° x
锯齿形缺陷 （如裂缝）	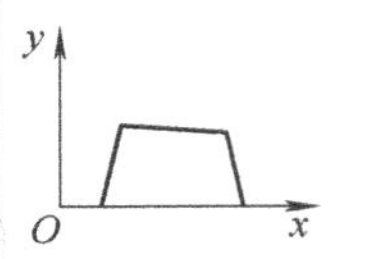 y O x	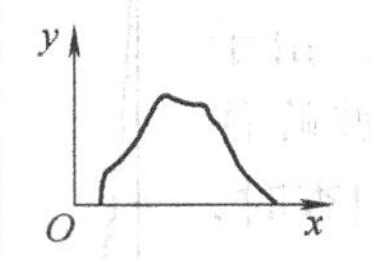 y O x	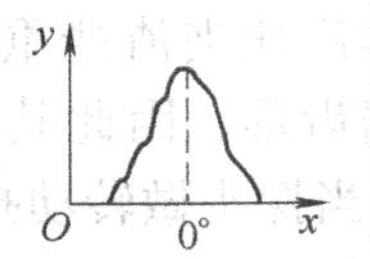 y O 0° x	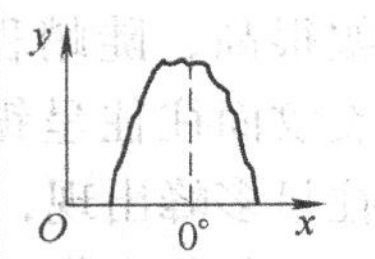 y O 0° x

与静态波形相比，通过动态波形能较好地对缺陷的性质作出判断，在实际探伤工作中要学会这种方法。必须指出，仅从回波形态来辨认缺陷性质对超声波检测来说是很困难的，必须有丰富的实践经验和焊接、材料、工艺知识。因此，在实际检测中往往不对这种方法作硬性规定。当判定为裂纹时，若有可能，则应进行必要的验证。

第八节　影响缺陷定位、定量的主要因素

A 型脉冲反射式超声波检测仪是根据显示屏上缺陷波的位置和高度来评价被检工件中缺陷的位置和大小的。了解影响缺陷波位置和高度的因素，对提高缺陷定位、定量精度十分必要。

一、影响缺陷定位的主要因素

1. 探伤仪的影响

探伤仪水平线性的好坏对缺陷定位有一定的影响。当探伤仪水平线性不佳时，缺陷定位误差大。探伤仪时基线比例是根据示波屏上水平刻度值来调节的。当探伤仪水平刻度不准时，缺陷定位误差增大。

2. 探头的影响

（1）声束偏离　无论是垂直入射检测还是倾斜入射检测，都假定波束轴线与探头晶片几何中心重合。但实际上这两者往往难以重合。当实际声束轴线偏离探头几何中心轴线较严重时，缺陷定位精度一定会下降。

（2）探头双峰　一般探头发射的声场只有一个主声束，远场区轴线上声压最高。但有些探头性能不佳，存在两个主声束，当发现缺陷时，不能判定是哪个主声束发现的，因此也就难以确定缺陷的实际位置。

（3）斜楔磨损　横波探头的斜楔在检测过程中将会磨损。当操作者用力不均时，探头斜楔前后的磨损量不同。当斜楔后面的磨损量较大时，折射角增大，探头 K 值增大。当斜楔前面的磨损量较大时，折射角减小，K 值也减小。此外，探头斜楔磨损还会使探头入射点发生变化，影响缺陷定位。

（4）探头指向性　若探头半扩散角小，指向性好，则缺陷定位误差小，反之定位误差大。

3. 工件本身的影响

（1）工件表面粗糙度　当工件表面粗糙时，不仅耦合不良，而且由于表面凹凸不平，使声波进入工件的时间产生差异。当凹槽深度为 $\lambda/2$ 时，进入工件的声波相位正好相反，这样就犹如一个正负交替变化的次声源作用在工件上，使进入工件的声波互相干涉，形成分叉，从而使缺陷定位困难。

（2）工件材质　工件材质对缺陷定位的影响可从波速和内应力两方面来讨论。当工件与试块的波速不同时，就会使探头的 K 值发生变化。另外，工件内应力较大时，将使声波的传播速度和方向发生变化。当应力方向与波的传播方向一致时，若应力为压缩应力，则应力作用使工件弹性增加，这时波速加快。反之，若应力为拉伸应力，则波速减慢。当应力与波的传播方向不一致时，波动过程中质点振动轨迹受应力干扰，使波的传播方向产生偏离，影响缺陷定位。

（3）工件表面形状　当检测曲面工件时，探头与工件接触有两种情况：一种情况是平面与曲面接触，这时为点接触或线接触，若握持探头的方法不当，则探头折射角容易发生变化；另一种情况是将探头斜楔磨成曲面，使探头与工件曲面接触，这时折射角和声束形状将发生变化，影响缺陷定位。

（4）工件边界　当缺陷靠近工件边界时，侧壁反射波与直接入射波在缺陷处产生干涉，使声场声压的分布发生变化，声束轴线发生偏离，进而使缺陷定位误差增加。

（5）工件温度　探头的 K 值一般是在室温下测定的。当检测的工件温度发生变化时，工件中的波速发生变化，使探头的折射角随之发生变化。

（6）工件中的缺陷　工件内缺陷的方向也会影响缺陷定位。当缺陷倾斜时，扩散波未入射至缺陷时回波较高，而定位时误认为缺陷在轴线上，从而导致定位不准。

4. 操作人员操作水平和责任心的影响

（1）仪器时基线比例　仪器时基线比例一般在试块上调节。当工件与试块的波速不同时，仪器的时基线比例发生变化，影响缺陷定位精度。另外，在调节比例时，回波前沿没有对准相应水平刻度或读数不准，也会使缺陷定位误差增加。

（2）入射点、K 值　在横波检测时，若测定探头的入射点、K 值误差较大，也会影响缺陷定位。

（3）定位方法　当横波周向检测圆筒形工件时，缺陷定位与探测平板形工件时不同，若仍按平板工件处理，则定位误差较大。

二、影响缺陷定量的因素

1. 探伤仪及探头性能的影响

探伤仪和探头性能的优劣，对缺陷定量精度影响很大。探伤仪的垂直线性、衰减器精度、频率、探头形式、晶片尺寸、折射角大小等都直接影响回波高度。因此，在检测时，除了要选择垂直线性好、衰减器精度高的探伤仪外，还要注意频率、探头形式、晶片尺寸和折射角的选择。

（1）频率的影响　由 $\Delta B_{\mathrm{f}}=20\lg\dfrac{2\lambda x_{\mathrm{f}}^{2}}{\pi D_{\mathrm{f}}^{2}x_{\mathrm{B}}}=20\lg\dfrac{2cx_{\mathrm{f}}^{2}}{\pi fD_{\mathrm{f}}^{2}x_{\mathrm{B}}}$ 可知，超声波频率 f 对大平底与平底孔回波高度的分贝差 ΔB_{f} 有直接影响。f 增加，ΔB_{f} 减少；f 减少，ΔB_{f} 增加。因此在实际检测中，频率 f 偏差不仅对利用底波调节灵敏度有影响，而且对用当量计算法定量缺陷有影响。

（2）衰减器精度和垂直线性的影响　A 型脉冲反射式超声波检测仪是根据相对波高来对缺陷进行定量的。相对波高常用衰减器来度量。因此，衰减器精度直接影响缺陷的定量，若衰减器精度低，则定量误差大。当采用面板曲线图对缺陷进行定量时，探伤仪的垂直线性好坏将会影响缺陷定量的精度。垂直线性差，则定量误差大。

（3）探头形式和晶片尺寸的影响　不同部位和不同方向的缺陷，应采用不同形式的探头进行检测。例如，锻件、钢板中的缺陷大多平行于检测面，宜采用纵波直探头进行检测；焊缝中危险性大的缺陷大多垂直于检测面，宜采用横波探头进行检测；工件表面缺陷宜采用表面波探头进行检测；近表面缺陷宜采用分割式双晶探头进行检测。这样定量误差小。晶片尺寸影响近场区长度和波束指向性，因此对定量也有一定的影响。

（4）探头 K 值的影响　当超声波倾斜入射时，声压往复透射系数与入射角有关。对横波 K 值斜探头而言，不同 K 值的斜探头的灵敏度不同。因此，斜探

头 K 值的偏差也会影响缺陷定量。特别是用横波检测平板对接焊缝根部未焊透等缺陷时，不同 K 值的斜探头检测同一根部缺陷，其回波高相差较大。当 $K=0.7\sim1.5$（$\beta_s=35°\sim55°$）时，回波较高；当 $K=1.5\sim2.0$（$\beta_s=55°\sim63°$）时，回波很低，容易引起漏检。

2. 耦合与衰减的影响

（1）耦合的影响　在超声波检测中，耦合剂的声特性阻抗和耦合层厚度对回波高度有较大的影响。当耦合层厚度等于半波长的整数倍时，声强透射系数与耦合剂性质无关。当耦合层厚度等于 $\lambda/4$ 的奇数倍，声特性阻抗为两侧介质声特性阻抗的几何平均值（$Z_2=\sqrt{Z_1Z_3}$）时，超声波全透射。因此，在实际检测中，耦合剂的声特性阻抗对探头施加的压力会影响缺陷回波高度，进而影响缺陷定量。此外，当探头与调灵敏度用的试块和被探工件表面耦合状态不同，而又没有进行恰当的补偿时，也会使定量误差增加，精度下降。

（2）衰减的影响：实际工件是存在介质衰减的。由介质衰减引起的分贝差等于 $2\alpha x$ 可知，当衰减系数 α 较大或距离 x 较大时，由此引起的分贝差也较大。这时如果仍不考虑介质衰减的影响，那么定量精度势必受到影响。因此在检测晶粒较粗大的工件和大型工件时，应测定材质的衰减系数 α，并在定量计算时考虑介质衰减的影响，以便减少定量误差。

3. 工件几何形状和尺寸的影响

工件底面形状不同，回波高度就会不一样。凸曲面使反射波发散，回波高度减小；凹曲面使反射波聚，回波高度增大。对于圆柱体而言，当沿外圆径向检测时，入射点处的回波声压理论上同平底面工件，但实际上由于圆柱面耦合不及平面，因此其回波高度小于平底面的回波高度。在实际检测中应综合考虑以上因素对缺陷定量的影响，否则会使定量误差增加。

工件底面与检测面的平行度以及底面的粗糙度、干净程度也对缺陷定量有较大的影响。当工件底面与检测面不平行、底面粗糙或沾有水或油污时，将会使底波下降，这样利用底波调节的灵敏度将会偏高，使缺陷定量误差增加。

当检测工件侧壁附近的缺陷时，侧壁干涉会使缺陷定量不准，误差增加。对于侧壁附近的缺陷，当靠近侧壁检测时其回波高度小，当远离侧壁检测时其回波高度反而大。为了降低侧壁的影响，宜选用频率高、晶片直径大、指向性好的探头检测，或者进行横波检测，必要时还可采用试块比较法来定量，以便提高定量精度。

工件尺寸的大小对定量也有一定的影响。当工件尺寸较小，缺陷位于 $3N$ 以内时，利用底波调灵敏度并定量将会使定量误差增加。

4. 缺陷的影响

（1）缺陷形状的影响　工件中实际缺陷的形状是多种多样的。缺陷的形状对其回波波高有很大影响。平面形缺陷的波高与缺陷面积成正比，与波长的二次方和距离的二次方成反比；球形缺陷的波高与缺陷直径成正比，与波长的一次方和距离的二次方成反比；圆柱形缺陷的波高与缺陷直径的1/2次方成正比，与波长的一次方和距离的3/2次方成反比。对于各种形状的点状缺陷，当其尺寸很小时，缺陷形状对波高的影响就变得很小。当点状缺陷直径远小于波长时，缺陷波高正比于缺陷平均直径的三次方，即缺陷波高随着缺陷大小的变化十分急剧。当缺陷变小时，波高急剧下降，很容易下降到检测仪不能发现的程度。

（2）缺陷方位的影响　前面谈到的都是假定超声波入射方向与缺陷表面垂直时的情况，但实际缺陷表面相对于超声波入射方向往往不垂直，因此估计出的缺陷尺寸偏小的可能性很大。当超声波垂直缺陷表面时，缺陷波最高；当有倾角时，缺陷波高随着入射角的增大而急剧下降。

（3）缺陷波的指向性　缺陷波高与缺陷波的指向性有关。缺陷波的指向性与缺陷大小有关，而且差别较大。当超声波垂直入射于圆平面形缺陷时，若缺陷直径为波长的2~3倍，则缺陷波具有较好的指向性，缺陷回波较高。当缺陷直径低于上述值时，缺陷波指向性变坏，缺陷回波降低。当缺陷直径大于波长的3倍时，不论是垂直入射还是倾斜入射，都可把缺陷对超声波的反射看成是镜面反射。当缺陷直径小于波长的3倍时，不能将缺陷反射看成镜面反射，这时缺陷波能量呈球形分布。垂直入射和倾斜入射都有大致相同的反射指向性。表面光滑与否，对反射波指向性已无影响，因此，检测时倾斜入射也可能发现这种缺陷。

（4）缺陷表面粗糙度的影响　缺陷表面光滑与否，可用波长衡量。如果缺陷表面凹凸不平的高度差小于1/3波长，就可认为该表面是平滑的，这样的表面反射声束类似镜子反射光束，否则就是粗糙表面。对于表面粗糙的缺陷，当超声波垂直入射时，超声波被乱反射，同时各部分反射波由于相位差而产生干涉，使缺陷回波波高随着粗糙度的增大而下降。当超声波倾斜入射时，缺陷回波波高随着缺陷表面凹凸程度与波长的比值增大而增高。当缺陷表面凹凸程度接近波长时，即使入射角较大，也能接收到回波。

（5）缺陷性质的影响　缺陷回波波高受缺陷性质的影响。超声波在界面的反射率是由界面两边介质的声特性阻抗决定的。当两边介质的声阻抗差异较大时，近似地可认为是全反射，反射声波强。当两边介质的声阻抗差异较小时，就有一部分超声波透射，使反射的超声波变弱。所以，若工件中缺陷性能不同，则大小相同的缺陷波波高不同。通常含气体的缺陷，如钢中的白点、气孔等，其声特性阻抗与钢声特性阻抗相差很大，可以近似地认为超声波在缺陷表面是全反射。但是，对于非金属夹杂物等缺陷，缺陷与材料之间的声特性阻抗差异较小，透射的超声波已不能忽略，缺陷波高相应降低。另外，金属中非金属夹杂的反射与夹杂层厚度有关。一般来说，当夹杂层厚度小于1/4波长时，随着夹杂层厚度

的增加，反射相应增加；当夹杂层厚度超过 1/4 波长时，缺陷回波波高保持在一定水平上。

（6）缺陷位置的影响　缺陷波高还与缺陷位置有关。当缺陷位于近场区时，同样大小的缺陷随着位置的起伏而变化，定量误差大。所以，在实际检测中总是尽量避免在近场区检测定量。

复习思考题

1. 超声波探伤仪和探头的主要性能指标有哪些？
2. 简述影响耦合的因素。
3. 常用的调节检测灵敏度的方法有哪几种？
4. 缺陷定量的方法有哪几种？
5. 缺陷的当量定量法有哪几种？
6. 测定缺陷指示长度的方法分为哪两大类？
7. 怎样选择超声波检测的频率？
8. 超声波检测时，缺陷状况对回波高度有哪些影响？
9. 测定缺陷自身高度的方法有哪几种？试说明每种方法的原理、特点和应用场合。
10. 分析缺陷性质的基本原则是什么？

第五章

钢板超声波检测

培训学习目标：了解钢板制造过程中可能出现的缺陷，能够针对不同的缺陷类型选择合理的检测方法，并能够正确评定检测结果。

第一节　钢板生产加工过程中可能产生的缺陷

超声波检测主要是针对中厚钢板，一般要求钢板厚度在6mm以上。中厚钢板是由钢坯轧制而成的。中厚钢板轧机的类型有二辊式、三辊劳特式、四辊式、万能式。中厚钢板轧机工作原理简图如图5-1所示。通过控制加热温度、轧制温度、变形制度等工艺参数来控制奥氏体的状态和相变产物的组织状态，从而达到控制钢材组织和性能的目的。

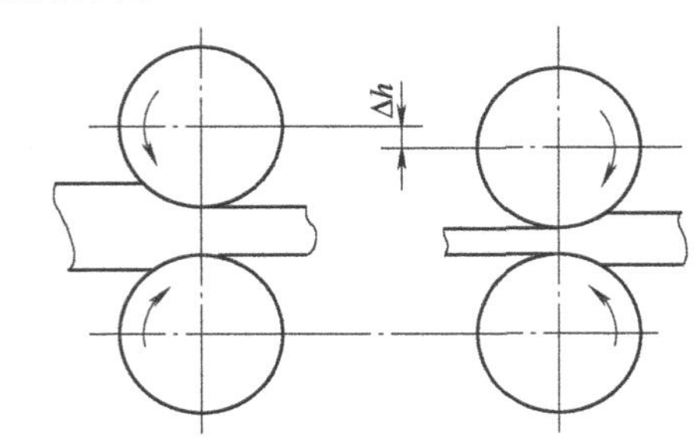

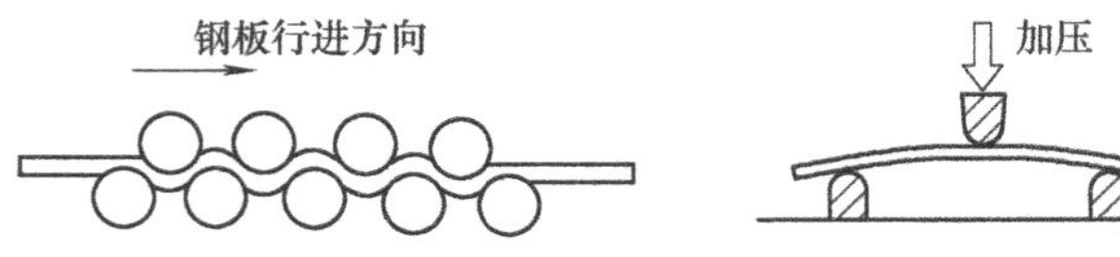

图5-1　中厚钢板轧机工作原理简图

用于生产中厚钢板的原材料有扁钢锭、初轧板坯、锻压坯、压铸坯和连铸板

坯等。连铸板坯常见的缺陷有表面纵裂纹、表面横裂纹、星状裂纹、皮下气泡和夹杂、鼓肚、内部裂纹、中心偏析和中心疏松、非金属夹杂等。皮下气孔和夹杂不规则地分布在连铸板坯表面上。钢液面的波动卷入保护渣或其他杂质，它们浸入钢液产生夹杂。钢液脱氧不充分会产生皮下气孔。

钢坯原材料中有气泡、气囊、缩孔、夹杂、严重疏松和严重偏析存在，轧制时不能使其分离的部分得到焊合形成夹层。这类缺陷通常表现为：在钢板截面上出现平行于轧制面的分层或局部的缝隙。

钢板裂纹多产生于表面，呈不规则形状，其方向和部位因纵横轧制的方法不同而异。单个裂纹可在任何部位产生；密集的裂纹则多分布在钢板的边缘部位，如皱纹和鱼鳞纹。较厚的钢板在蓝脆区的温度范围内剪切，也可能在断面上产生发纹。

钢板内部因有气体，在轧制后不能贴合而形成气孔。厚钢板有时由于氢的析出和聚集还会产生白点，如图 5-2 所示。

氧化皮压入是指由于原材料表面有氧化皮或在轧制过程中产生的再生氧化皮未除尽，在轧制完成后，钢板表面粘附一层灰黑色或红棕色的一般呈块状或条状的氧化皮。

折叠的产生主要是因操作不当而使轧件刮框或碰撞异物，造成局部卷凸，或者因轧辊掉皮而造成周期性凸包，经轧制后压合，形成折叠。另外，在对原材料表面进行清理时，没有将其尖锐的棱角清除掉，或在清除时的深宽比不符合标准等，均会导致钢板表面局部形成双层金属折合，其外形与裂纹相似。

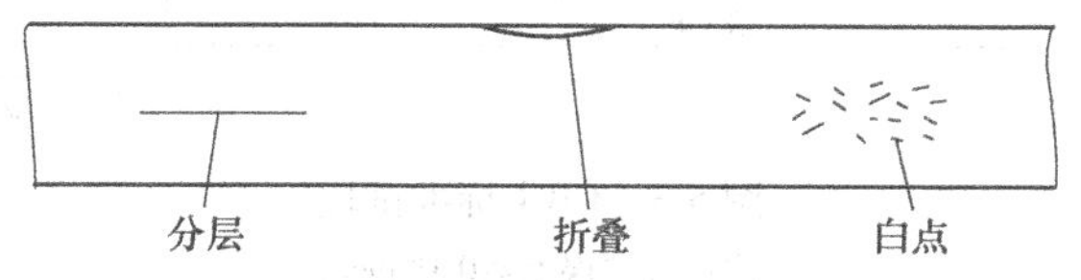

图 5-2　钢板中的常见缺陷

由钢板的加工工艺可知，钢板的内部缺陷主要是与表面平行的层状缺陷。

第二节　钢板直探头超声纵波检测

一、对探伤仪的要求

钢板直探头超声纵波检测采用 A 型脉冲反射式超声波探伤仪。其工作频率范围为 0.5 ~ 10MHz，在显示屏满刻度的 80% 范围内呈线性显示。探伤仪应具有 80dB 以上的连续可调衰减器，步进级每挡不大于 2dB。其精度为：任意相邻 12dB 的误差在 ±1dB 以内，最大累计误差不超过 1dB；水平线性误差不大于

1%，垂直线性误差不大于5%。其余指标应符合JB/T 10061—1999的规定。

探头的选用可以参照表5-1的规定进行。

表5-1　板材超声检测探头的选用

板厚/mm	采用探头	公称频率/MHz	探头晶片尺寸
6～20	双晶直探头	5	晶片面积不小于150mm²
>20～40	单晶直探头	5	ϕ14～ϕ20mm
>40～250	单晶直探头	2.5	ϕ20～ϕ25mm

标准试块：当用双晶直探头检测厚度不大于20mm的钢板时，采用CBⅠ标准试块，如图5-3所示；当用单晶直探头检测厚度大于20mm的钢板时，采用CBⅡ标准试块（见图5-4和表5-2），其厚度应与被检钢板厚度相近。

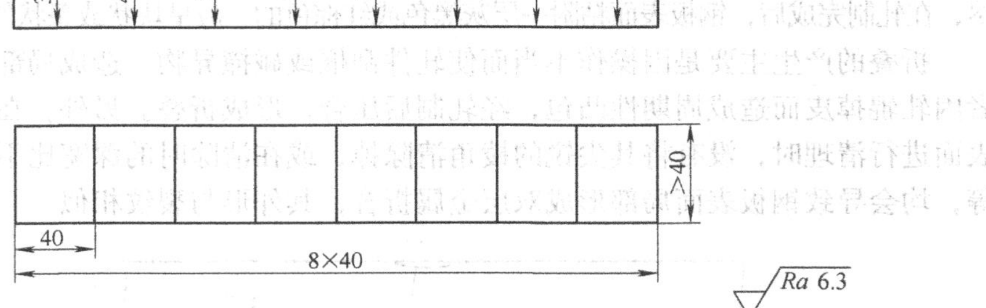

图5-3　CBⅠ标准试块

注：尺寸误差≤0.05mm。

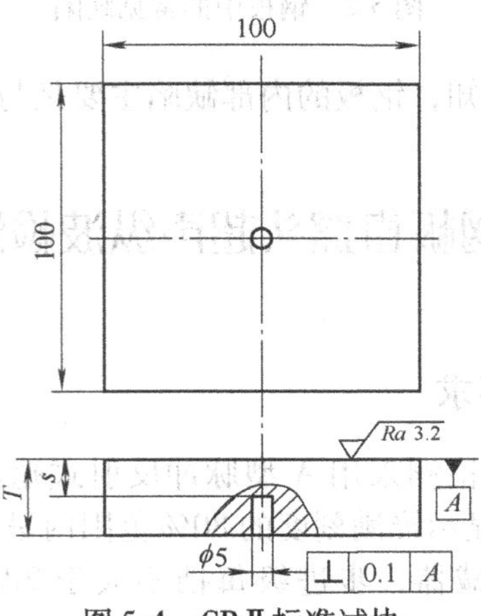

图5-4　CBⅡ标准试块

表 5-2 CBⅡ标准试块 （单位：mm）

试块编号	被检钢板厚度	检测面到平底孔的距离 S	试块厚度 T
CBⅡ—1	>20～40	15	≥20
CBⅡ—2	>40～60	30	≥40
CBⅡ—3	>60～100	50	≥65
CBⅡ—4	>100～160	90	≥110
CBⅡ—5	>160～200	140	≥170
CBⅡ—6	>200～250	190	≥220

当板厚不大于 20mm 时，可先用 CBⅠ试块将工件等厚部位第一次底波高度调整到显示屏满刻度的 50%，再提高 10dB 作为基准灵敏度。当板厚大于 20mm 时，应将 CBⅡ试块 ϕ5mm 平底孔第一次反射波高调整到显示屏满刻度的 50% 作为基准灵敏度。当板厚不小于探头的三倍近场区尺寸时，也可取钢板无缺陷完好部位的第一次底波来校准灵敏度。

二、检测方式和扫查面

在检测钢板缺陷时，可选钢板的任一轧制表面进行检测，当检测人员认为需要或设计上有要求时，也可选钢板的上、下两轧制表面分别进行检测。耦合方式可采用直接接触法或液浸法。

在检测时，探头应沿垂直于钢板压延方向且间距不大于 100mm 的平行线进行扫查（见图 5-5a），在钢板剖口预定线两侧各 50mm（当板厚超过 100mm 时，以板厚的 1/2 为准）内应做 100% 扫查，如图 5-5b 所示。

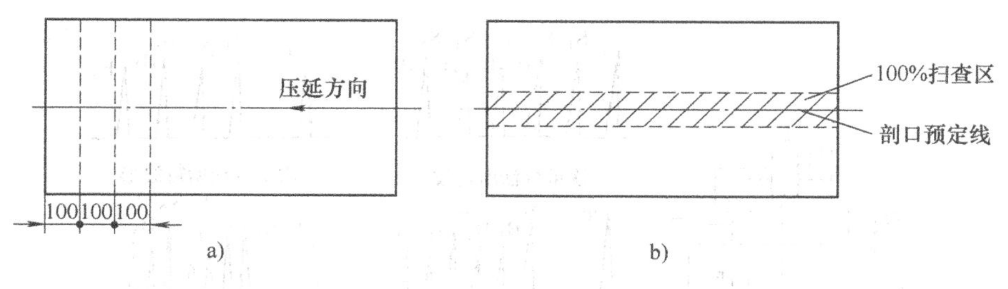

图 5-5 探头扫查

三、缺陷的测定与记录

1. 检测过程中缺陷的判定

1）第一次反射波（F_1）的波高大于或等于显示屏满刻度的 50% 时，即可视为缺陷。

2）当底面第一次反射波（B_1）的波高未达到显示屏满刻度时，若缺陷第一次反射波（F_1）的波高与底面第一次反射波（B_1）的波高之比大于或等于50%，则可视为缺陷。

3）当底面第一次反射波（B_1）的波高低于显示屏满刻度的50%时，即可视为缺陷。

2. 钢板检测常见的缺陷波形

钢板纵波探伤时常见的6种基本波形如图5-6所示。钢板水浸重合波探伤时常见的波形如图5-7所示。

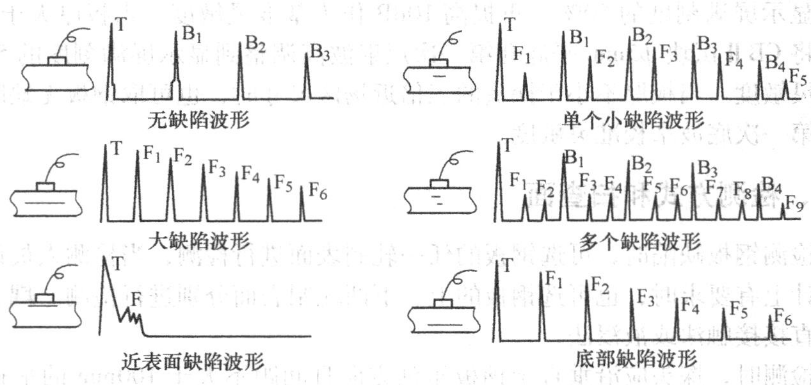

图5-6　钢板纵波检测时常见的6种基本波形

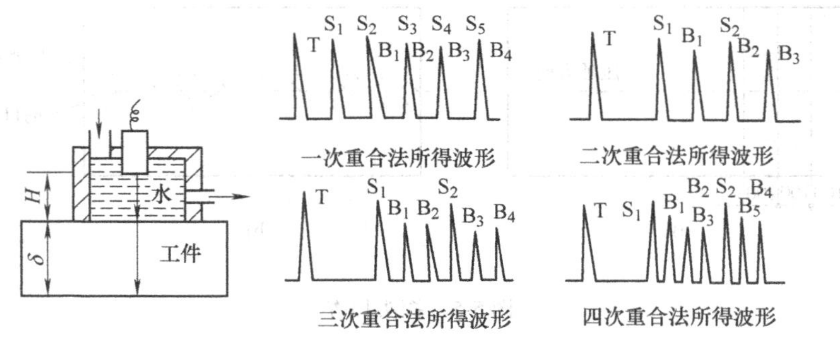

图5-7　钢板水浸重合波检测时常见的波形

3. 缺陷的边界范围或指示长度的测定方法

1）在检出缺陷后，应在它的周围继续进行检测，以确定缺陷的延伸情况。

2）当用双晶直探头确定缺陷的边界范围或指示长度时，探头的移动方向应与探头的隔声层相垂直，并使缺陷波的波高下降到基准灵敏度条件下显示屏满刻度的25%，或者使缺陷第一次反射波的波高与底面第一次反射波的波高之比为50%。此时，探头中心的移动距离即为缺陷的指示长度，探头中心点即为缺陷的边界点。这两种方法测得的结果以较严重者为准。

3）当用单晶直探头确定缺陷的边界范围或指示长度时，移动探头使缺陷波第一次反射波的波高下降到基准灵敏度条件下显示屏满刻度的25%，或者使缺陷第一次反射波的波高与底面第一次反射波的波高之比为50%。此时，探头中心的移动距离即为缺陷的指示长度，探头中心即为缺陷的边界点。这两种方法测得的结果以较严重者为准。

4）当确定底面第一次反射波（B_1）的波高低于显示屏满刻度50%缺陷的边界范围或指示长度时，移动探头（单晶直探头或双晶直探头），使底面第一次反射波的波高升高到显示屏满刻度的50%。此时，探头中心移动距离即为缺陷的指示长度，探头中心点即为缺陷的边界点。

5）当板厚较薄，确需采用第二次缺陷波和第二次底波来评定缺陷时，基准灵敏度应以相应的第二次反射波来校准。

四、缺陷的评定方法

缺陷指示长度的评定规则为：对于单个缺陷，将其指示的最大长度作为该缺陷的指示长度，若单个缺陷的指示长度小于40mm，则可不作记录。

1. 单个缺陷指示面积的评定规则

1）对于单个缺陷，将其指示的面积作为该缺陷的单个缺陷指示面积。

2）对于多个缺陷，当其相邻间距小于100mm或间距小于相邻较小缺陷的指示长度（取其较大值）时，将各缺陷面积之和作为单个缺陷指示面积。

2. 缺陷面积百分比的评定规则

在任一1m×1m检测面积内，按缺陷面积所占的百分比来确定缺陷面积百分比。若钢板面积小于1m×1m，则可按比例折算。

五、缺陷的评定和报告

钢板的质量分级参照有关标准。对于坡口预定线两侧各50mm（当板厚大于100mm时，以板厚的1/2为准）内的缺陷，在检测过程中，检测人员若确认钢板中有白点、裂纹等危害性缺陷存在，则应重点评判。

钢板超声波检测报告格式可参照表5-3。

表 5-3　钢板超声波检测报告　　　　报告编号：

委 托 单 位				
钢板材质			壁厚	mm
炉批号			热处理状态	
表面状态			检测比例	
执行标准			验收级别	
检测条件及工艺参数	仪器型号		仪器编号	
	探头型号		检测灵敏度	
	试块型号		扫查方式	
	耦 合 剂	□机油 □糨糊□甘油	检 测 面	
	扫描调节		表面补偿	dB

检测部位及缺陷情况

钢板编号	缺陷编号	缺陷埋藏深度/mm	缺陷长度/mm	缺陷面积/mm^2	每平方米内缺陷百分比（%）	坡口区域	评定级别	备注

检测部位示意图：

详细的检测部位、缺陷情况及缺陷位置在超声检测部位示意图中标明

检测结论			
检验/日期		审核/日期	

第三节　钢板斜探头超声横波检测

根据钢板产生缺陷的特点，用超声横波检测方法检测钢板中的非夹层性缺陷，作为直探头检测的补充。

一、探头和试块的选用

一般选用$K1$斜探头，圆晶片直径应在13～25mm之间，方晶片面积应不小于200mm^2。若有特殊需要，也可选用其他尺寸和K值的探头。探头检测频率为2～5MHz。

对比试块用钢板应与被检钢板厚度相同，声学特性也应相同或相似。对比试块上的人工缺陷反射体为V形槽，角度为60°，槽深为板厚的3%，槽的长度至少为25mm，如图5-8所示。对于厚度超过50mm的钢板，要在钢板的底面加工第二个相同尺寸的校准槽。

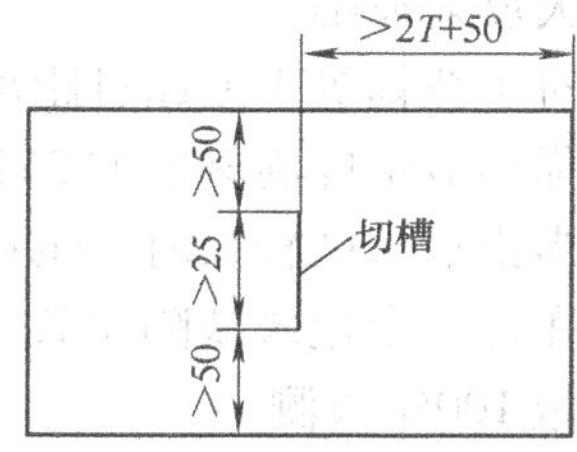

图5-8　对比试块

二、基准灵敏度的确定

1. 厚度小于或等于50mm的钢板

把探头置于试块有槽的一面，使声束对准槽的宽边，找出第一个全跨距反射的最大波幅，调节检测仪，使该反射波的最大波幅为显示屏满刻度的80%，并在显示屏上记录下这个幅值点。

移动探头，得到第二个全跨距信号，并找出信号最大反射波幅，记下这一信号幅值点在显示屏上的位置，将显示屏上这两个槽反射信号幅值点连成一条直线，此直线即为距离-波幅曲线。

2. 厚度为50～150mm的钢板

将探头声束对准试块背面的槽，并找出第一个1/2跨距反射的最大波幅。调节检测仪，使反射波的最大波幅为显示屏满刻度的80%，并在显示屏上记下这个幅值点。不改变检测仪的调整状态，在3/2跨距上重复该项操作。

不改变检测仪的调整状态，把探头再次置于试块表面，使波束对准试块表面上的槽，并找出全跨距最大反射波的位置，在显示屏上记下这一幅值点。在显示屏上将上述所确定的点连成线，此线即为距离－波幅曲线。

3. 厚度为150～250mm的钢板

把探头置于试块表面，使声束对准试块底面上的切槽，并找出第一个1/2跨距反射的最大波幅。调节检测仪，使这一反射波的波幅为显示屏满刻度的80%，并在显示屏上记下这个幅值点。

不改变检测仪的调整状态，把探头再次置于试块表面，以全跨距对准切槽，获得最大反射波幅，在显示屏上记下这个幅值点。

在显示屏上将上述所确定的点连成线，此线即为距离-波幅曲线。

三、扫查方法

在钢板的轧制面上以垂直和平行于钢板主要压延方向的格子线（格子线中心距为200mm）进行扫查，当发现缺陷信号时，移动探头使之能在显示屏上得到最大反射波幅。

对于波幅等于或超过距离-波幅曲线的缺陷，应记录其位置，并移动探头使波幅降到显示屏满刻度的25%后测量其长度。对于波幅低于距离-波幅曲线的缺陷，当指示长度较长时，也可记录备案。

在每一个记录缺陷位置上，应从记录的缺陷中心起，在200mm×200mm的区域做100%检测。

四、验收标准

等于或超过距离-波幅曲线的任何缺陷信号均应认为是不合格的。但是以纵波方法进行辅助检测时，若发现缺陷性质是分层类的，则应按纵波检测的规定处理。

第四节　复合钢板超声波检测

一般基板厚度大于或等于6mm的不锈钢、钛及钛合金、铝及铝合金、镍及镍合金、铜及铜合金复合板采用超声波检测。基板通常采用碳素钢板、低合金钢板或不锈钢板。复合钢板超声波检测主要用于复合板复合面接合状态的检测。

一、探头的选用

探头的选用参照钢板超声纵波检测的要求进行。双晶直探头的性能应符合要求。

二、基准灵敏度的确定

将探头置于复合钢板完全接合部位，将第一次底波的高度调节为显示屏满刻度的80%，以此作为基准灵敏度。

三、对比试块

1. 材料

对比试块应选用与被检复合钢板的规格、材质、热处理工艺和表面状态相同或相似的复合钢板制备。

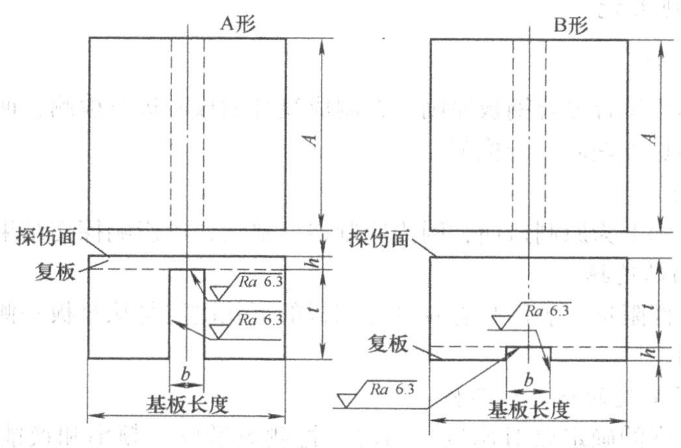

图 5-9　复合钢板的对比试块

h—对比试块的复板厚度　*t*—对比试块的基板厚度　*A*—所需试块尺寸

2. 对比试块的尺寸和形状（见图 5-9 和表 5-4、表 5-5）

检测面原则上应为轧制面、堆焊面或接合面。对比试块槽的宽度见表 5-4。

表 5-4　对比试块槽的宽度　　（单位：mm）

换能器直径	槽宽 *b*
14	5 ±0. 2
20	7 ±0. 2
30	10 ±0. 2

B 形对比试块的基板厚度见表 5-5。

表 5-5　B 形对比试块的基板厚度　　（单位：mm）

复合钢板的基板厚度	B 形对比试块的基板厚度 *t*
≤20	复合钢板的基板厚度或 15
>20 ~ 40	复合钢板的基板厚度或 30
>40 ~ 60	复合钢板的基板厚度或 50

（续）

复合钢板的基板厚度	B形对比试块的基板厚度 t
>60～100	复合钢板的基板厚度或80
>100	复合钢板基板厚度的0.8～1.2倍

四、检测工艺

1. 检测时间

轧制及爆炸压合复合钢板原则上在制成复合钢板时进行检测，而堆焊复合钢板则应在最终热处理后进行检测。

2. 检测面

检测面原则上为原制造面，因为原制造面整洁，不影响探伤结果。

3. 检测面的选择

根据声特性阻抗、表面状态及复合钢板的形状决定是从复板一侧检测还是从基板一侧检测。

4. 检测灵敏度的确定和调整

检测灵敏度的确定以对比试块为准。检测灵敏度、频率和换能器直径见表5-6。两种试块的波形如图5-10所示。

表5-6　检测灵敏度、频率和换能器直径

复合钢板的厚度/mm	检测灵敏度（%）	频率/MHz	换能器直径/mm
<50	B_c80	5	14或20
≥50	B_c80	5或2.5	20或30

注：B_c是对比试块或复合钢板完全接合部分的第一次底波高度。

在记录时，应将对比试块完全接合部分的B_c调整到显示屏满刻度的80%，然后再让探头接触人工缺陷部分，使得：

1）从复板一侧检测时，找出第一次底波B_1最小高度的位置，记录此时B_1的高度B_a，如图5-10a所示。

2）从基板一侧检测时，找出人工缺陷回波F最大高度的位置，并记录此时F的高度F_b及B_1的高度B_b，或记录F_b/B_b的分贝值，如图5-10b所示。

在调整检测灵敏度后，对复合钢板的完全接合部分进行检测，如果发现B_g相差10%以上，则应及时校正检测灵敏度，使得B_g为80%。

5. 扫查速度

手工操作时扫查速度应小于200m/s。如果使用带有自动报警装置的检测仪，以及进行水浸或局部水浸检测时，则不受此限制。

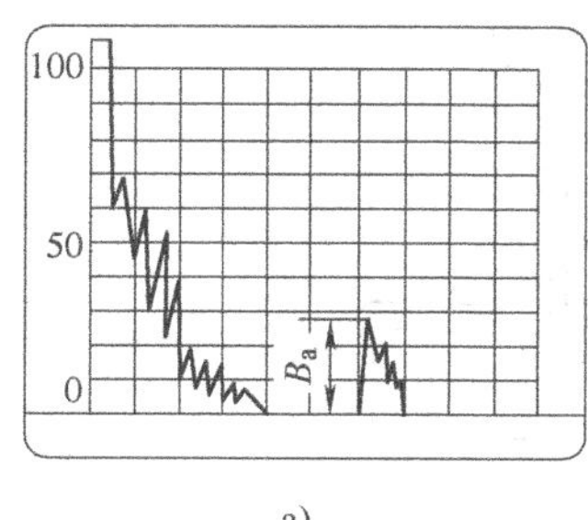

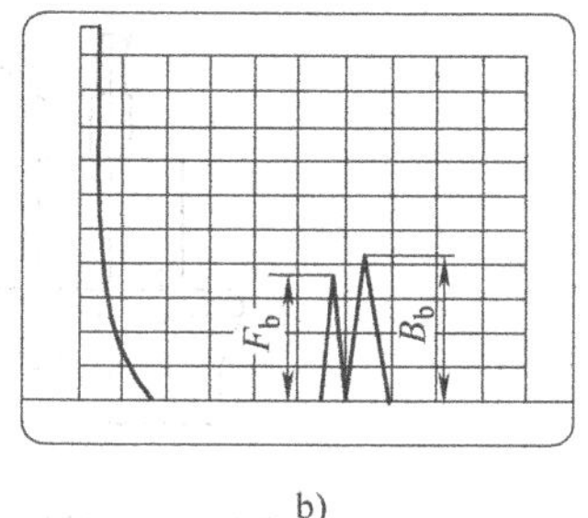

a)　　　　b)

图 5-10　对比试块的检测图形

a）A 形对比试块　b）B 形对比试块

五、检测方法

（1）检测面　一般可从基板或复板侧表面进行检测，如图 5-11 所示。耦合方式可采用直接接触法或液浸法。

（2）扫查方式

1）可采用 100% 扫查或沿钢板宽度方向扫查以及间隔为 50mm 的平行线扫查。

2）根据合同、技术协议书或图样的要求，也可采用其他扫查形式。

3）在坡口预定线两侧各 50mm 内应做 100% 扫查。

图 5-11　探头扫查方向

（3）未接合区的测定　当第一次底波的高度低于显示屏满刻度的 5%，且明显有未接合缺陷反射波存在时（≥5%），该部位称为未结合区。移动探头，使第一次底波升高到显示屏满刻度的 40%，以此时的探头中心作为未接合区边界点。

六、未接合缺陷的评定

（1）缺陷指示长度的评定　对于单个缺陷，将其指示的最大长度作为该缺陷的指示长度。缺陷长度或宽度的测定如图 5-12 所示。若单个缺陷的指示长度小于 25mm，则可不作记录。

（2）缺陷面积的评定　对于多个相邻的未接合区，当其最小间距小于或等于 20mm 时，应作为单个未接合区处理，其面积为各个未接合区面积之和。未接合缺陷常见波形如图 5-13 和图 5-14 所示。

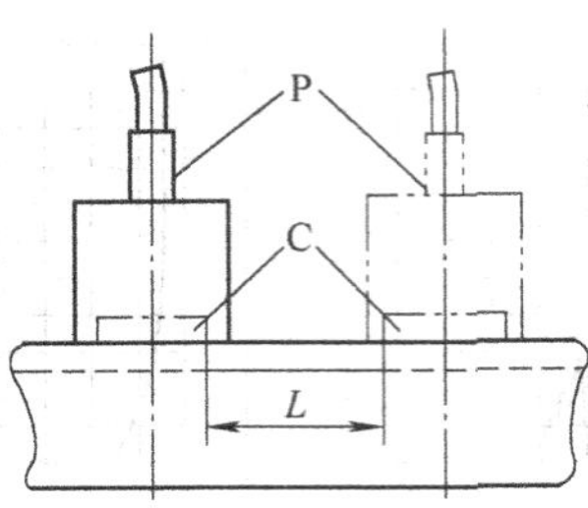

图 5-12　缺陷长度或宽度的测定

P—探头　C—换能器　L—缺陷的长度或宽度

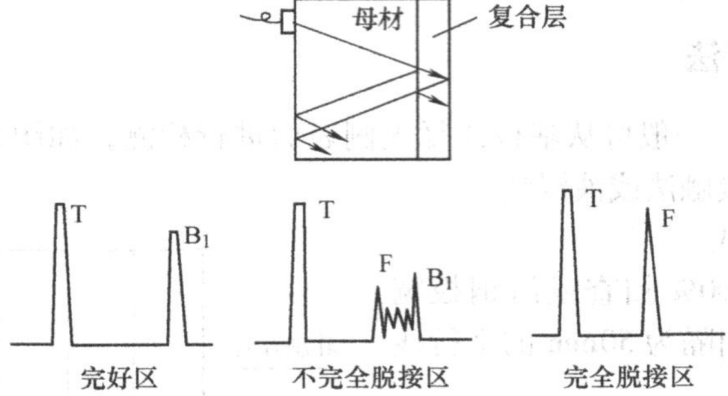

图 5-13　未接合缺陷常见波形（从母材侧检测）

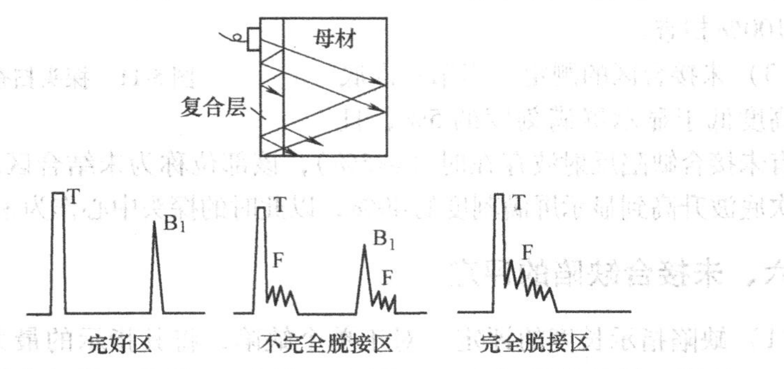

图 5-14　未接合缺陷常见波形（从复合层侧检测）

（3）未接合率的评定　未接合区总面积占复合板总面积的百分比称为未接合率。

图 5-15 ~ 图 5-20 分别给出了两种扫描比例复合层不同接合状态的波形。

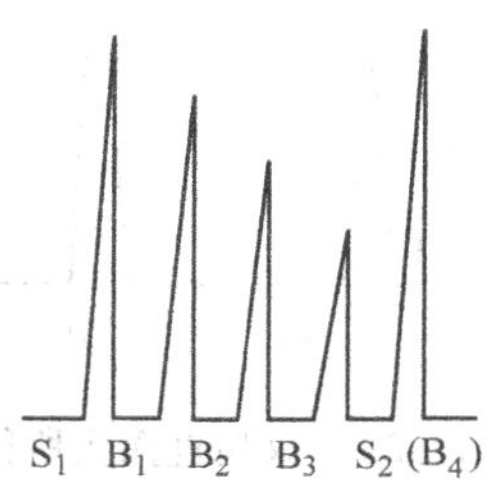

图 5-15 复合良好区域的波形（一）

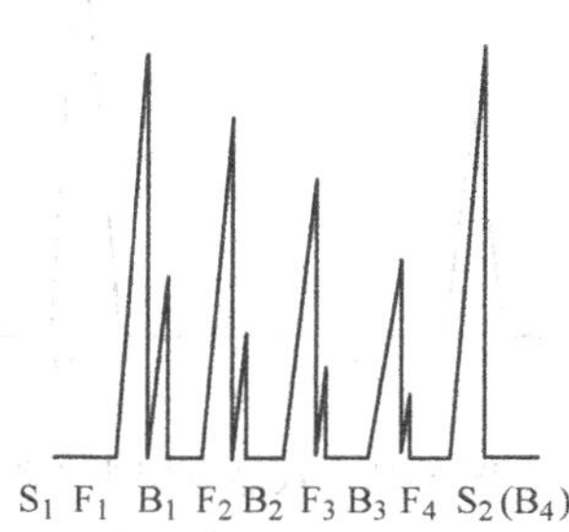

图 5-16 复合不好区域的波形（一）

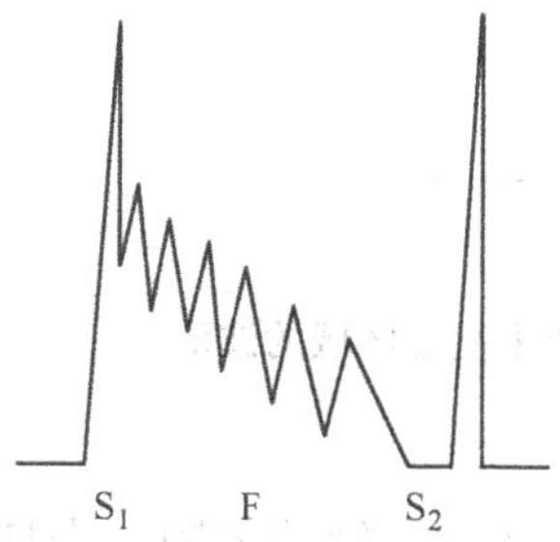

图 5-17 完全未复合区域的波形（一）

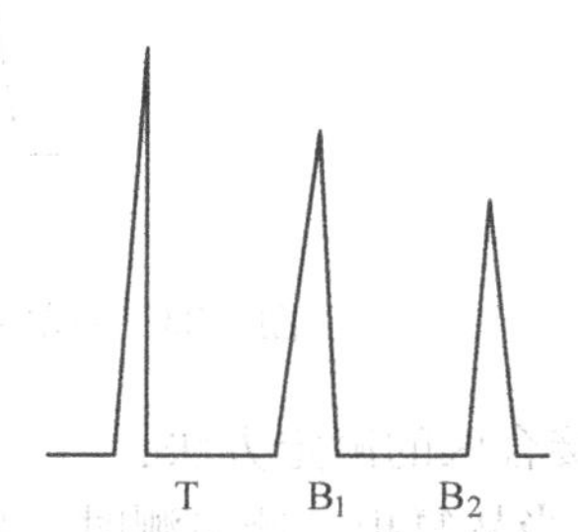

图 5-18 复合良好区域的波形（二）

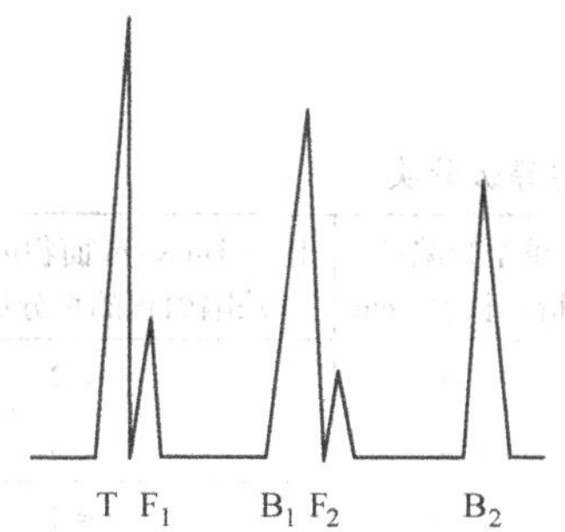

图 5-19 复合不好区域的波形（二）

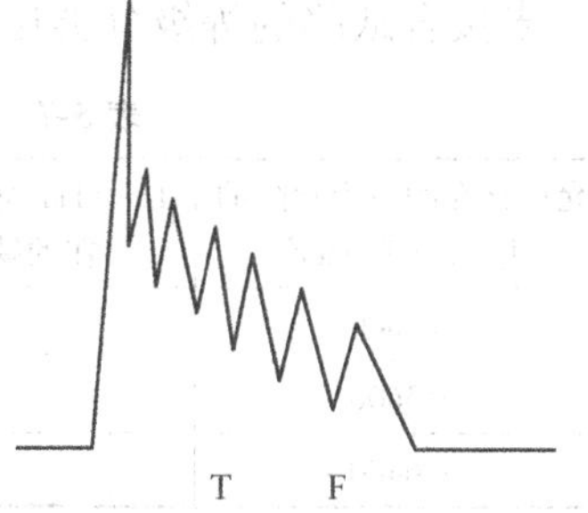

图 5-20 完全未复合区域的波形（二）

图 5-21 ~ 图 5-23 所示为采用双晶直探头直接法从复板侧检测时的几种常见波形。

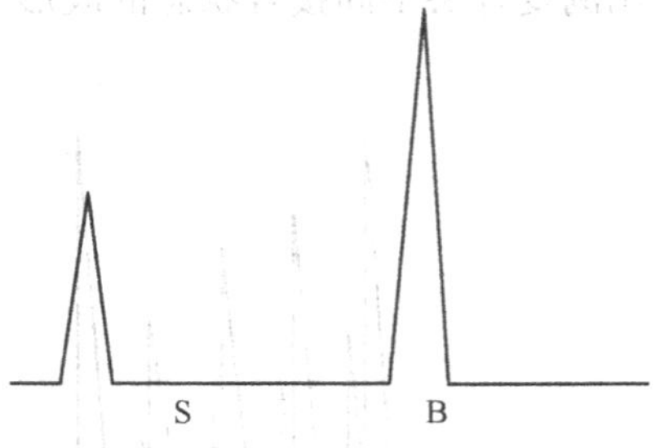

图 5-21 双晶直探头所得复合良好区域的波形

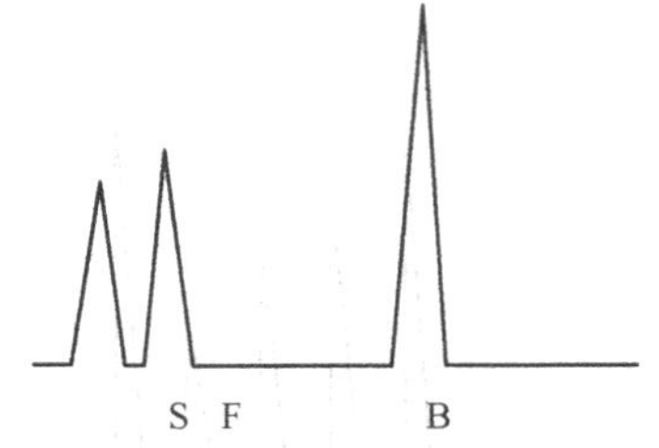

图 5-22 双晶直探头所得复合不好区域的波形

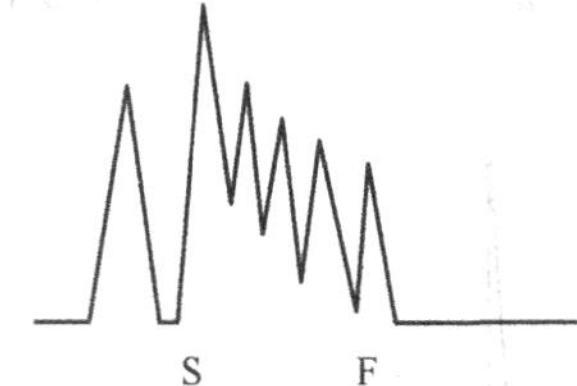

图 5-23 双晶直探头所得完全未复合区域的波形

未接合区的测定方法：

1）当从复板一侧检测时，采取全波消失法测定缺陷界限，未接合部分的宽度和长度从换能器内侧算起。

2）当从基板一侧检测时，采用半波高度法确定缺陷界限，未接合部分的长度和宽度从换能器中心算起。

3）未接合缺陷的等级分类见表 5-7。

表 5-7 未接合缺陷的等级分类

等级	允许存在的单个缺陷的指示面积/mm^2	1m×1m 面积内允许存在的缺陷个数	单个缺陷的指示长度/mm	任一 1m×1m 面积内允许存在缺陷面积的百分比（%）
Ⅰ	<1600	3	<60	≤2
Ⅱ	<3600	3	<80	≤3
Ⅲ	<6400	3	<120	≤4

注：当两个缺陷之间的最小距离≤20mm 时，其缺陷面积应为两个缺陷面积之和。面积小于 900mm^2 的未接合缺陷不计个数。

4）复合板的判废标准执行相关技术标准，一般边沿 500mm 及破口线两侧各 25mm 进行 100% 的检测，不允许存在未接合区域。

◈◈◈ 第五节 钢板超声波自动检测

钢板超声波自动检测一般采用纵波。被检钢板的金相组织不应在检测时产生影响检测的干扰回波。

一、钢板超声波自动检测系统

钢板超声波自动检测系统至少应包括超声波探伤仪、探头、控制系统、机械系统、辅助设备等，从功能方面来说包括检测系统、数据系统、自动控制系统、报告输出系统、缺陷标记系统等，为满足钢板检测的需要，还配套运输辊道、压紧辊、侧导辊、打正机等。超声波自动检测系统各通道的性能应符合 JB/T 10061—1999 的规定。

探头的选用应符合表 5-8 的规定。所选用探头应保证有效的检测区域。探头的频率和尺寸应保证被检钢板所探区域都具有所需的灵敏度。单晶探头的盲区应尽可能小，应不大于板厚的 15% 或 15mm 两者中的较小值。双晶探头的聚焦区应尽可能覆盖钢板的全厚度。

表 5-8 探头的选用

板厚/mm	所用探头	探头标称频率/MHz
6～40	双晶直探头	5.0
>40～60	双晶直探头或单晶直探头	≥2.5
>60	单晶直探头或双晶直探头	≥2.0

探头一般安装在测试钢板伺服驱动架上的探头机座内，并按照一定编码的通道根据钢板的宽度进行扫描。最窄的钢板要求测试一个通道，而最宽的钢板则需测试三个通道。在每次测试时，探头在支架内都执行浮移和倾斜功能。为了实现 100% 的检测，还需要一定的速度检测与位置检测元件。探头与被测材料应尽量接近，以便于超声波耦合。超声波自动检测一般用水作耦合剂。

二、对比试块

对比试块的声学性能和材质应与被检钢板相同或相近，并应保证其内部不存在影响检测的缺陷。试块上应加工一定数量和种类的人工缺陷，至少应包括校验表面和周边检测盲区的平底孔或刻槽，以及校验灵敏度所需的人工缺陷。动态试板的尺寸应符合自动检测设备的要求。试样长边应平行于压延方向，端面应平直，厚度公差应小于板厚的2%。有关标准推荐的对比试块如图5-24所示。图5-24中，人工缺陷1和3为人工平底槽，加云母焊合，埋藏深度为板厚的1/2，缺陷自身高度为0～0.3mm。人工缺陷2为表面铣槽（槽深为3mm）。人工缺陷1、2、3的尺寸（长×宽）为50mm×10mm。孔4、5、6分别是直径为5mm、8mm、11mm的人工平底孔，其中孔4距检测面7mm，孔5和6的深度为板厚的1/2。试块上的其他圆形缺陷是直径为5mm的人工平底孔（孔深可根据需要加工）。试块上的其他槽形缺陷是槽宽为3mm的人工槽（槽深可根据需要加工）。根据需要，试块上可加工其他人工缺陷。

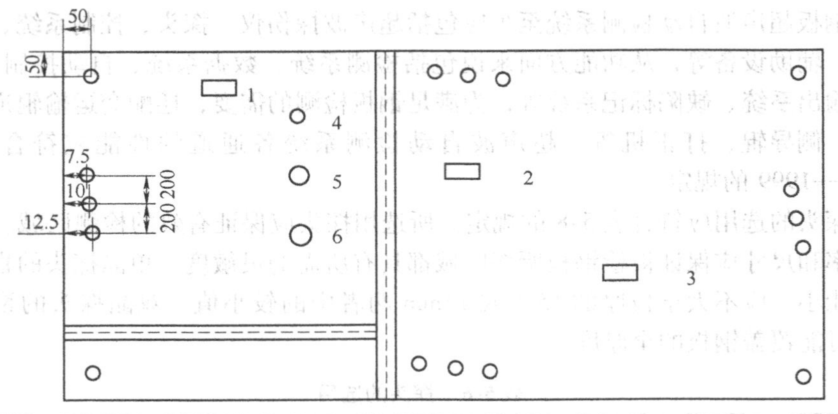

图5-24　有关标准推荐的对比试块

三、检测灵敏度

超声波自动检测设备的灵敏度可采用电子技术校准，也可采用对比试块进行校准。当采用电子技术校准时，检测设备的灵敏度利用被检钢板无缺陷部位的一次底波，根据探头的大平底DGS曲线、探头的ϕ5.0mm平底孔DGS曲线或ϕ5.0mm平底孔DAC曲线进行设定，并将ϕ5.0mm平底孔的DGS曲线或DAC曲线设为报警门限。探头的DGS曲线可由探头制造商提供，DAC曲线则应采用带有不同深度ϕ5.0mm平底孔的对比试块实际测量。

采用对比试块进行校准时，对于双晶直探头，在被检钢板无缺陷部位将第一次底波的高度调整到显示屏满刻度的50%，再提高不同板厚试块底波与ϕ5mm平底孔的孔波dB差（实际测量），并将其作为检测灵敏度；对于单晶直探头，将动态试块上的3mm平底槽第一次反射波的高度调整到显示屏满刻度的50%，再降低不同板厚试块上3mm平底槽与ϕ5mm平底孔的孔波dB差（实际测量），并将其作为检测灵敏度。

采用对比试块进行校准时，检测灵敏度应计入动态试块与被检钢板之间的表

面耦合声能损失（dB）。

在整套系统连续工作8h后，应重新用动态试块在相同灵敏度和相同检测速度下测试，对比8h前缺陷的检出情况，不应有新的漏检、误报。

四、检测方法

超声波自动检测一般在钢板轧制、剪切后进行，有时也在钢板剪切前或热处理后进行。检测时的钢板温度应小于90℃。可以从钢板任一轧制面进行检测，也可以从钢板的两个轧制面进行检测。

检测时，探头可沿垂直于轧制方向的直线扫查，也可沿平行于钢板轧制方向的直线扫查。当沿垂直于轧制方向的直线扫查时，扫查间距应不大于100mm，并在钢板周边50mm（当板厚大于100mm时，取板厚的1/2）内沿周边进行扫查。当沿平行于钢板轧制方向的直线扫查时，必须保证100%扫查整张钢板表面。

在用双晶片探头进行扫查时，探头隔声层应垂直于扫查方向。

超声波自动检测的速度应不影响检测结果的准确性，一般采用150～1000mm/s的检测速度，但在使用不带自动报警装置或自动记录功能的探伤仪或设备时，检测速度应不大于200mm/s。

在检测过程中，对缺陷的定义与接触式钢板检测方法一致。

五、缺陷的评判

对于有自动判定缺陷大小功能的超声波自动检测设备，缺陷的边界或指示长度由设备自动计算。对于无自动判定缺陷大小功能的超声波自动检测设备，在发现可疑缺陷后，缺陷的定位、定量由人工方法进行。

缺陷的评判与接触式钢板检测方法一致。

复习思考题

1. 钢板中的常见缺陷有哪几种？钢板检测为什么采用直探头？
2. 如何根据底波变化情况来判断缺陷大小？
3. 简要说明钢板检测中引起底波消失的几种可能情况。
4. 在钢板超声波检测中，常采用什么方法来调节检测灵敏度。
5. 在钢板检测中，如何测定缺陷的位置和大小？
6. 钢板中常见缺陷回波有何特点？如何判别？
7. 什么是复合板材？复合板材中的常见缺陷是什么？一般采用什么方法检测？如何调节检测灵敏度？

第六章

钢管超声波检测

培训学习目标：了解钢管制造过程中可能出现的缺陷，能够针对不同的缺陷类型选择合理的检测方法，并能够正确评定检测结果。

第一节 钢管中常见的缺陷

钢管是两端开口并具有中空封闭型断面，并且长度与断面周长成较大比例的钢材。管段或管件是长度与断面周长比值较小的钢材。

钢管属于经济型钢材，是钢铁工业的主要产品之一。其使用范围非常广泛，几乎涉及国民经济的各个部门，因此受到各国的普遍重视。我国于 1994 年成为世界第一大无缝钢管生产国，并一直保持至今。

钢管按生产方式分为热轧钢管、冷加工管（冷轧、冷拔和冷旋压）、焊接钢管三种，按外径（D）与壁厚（S）之比分为薄壁管（$D/S>20$）、厚壁管（$D/S=10\sim20$）、特厚壁管（$D/S<10$）。无缝钢管的生产工艺为：

1）热轧（挤压）无缝钢管：圆管坯→加热→穿孔→三辊斜轧、连轧或挤压→脱管→定径（或减径）→冷却→坯管→矫直→水压试验（或检测）→标记→入库。

2）冷拔（冷轧）无缝钢管：圆管坯→加热→穿孔→打头→退火→酸洗→涂油（镀铜）→多道次冷拔（冷轧）→坯管→热处理→矫直→水压试验（检测）→标记→入库。

从超声波的角度，一般将外径大于 100mm 的管材称为大直径管，将外径小于 100mm 的称为小直径管；将壁厚与管外径之比不大于 0.2 的金属管材称为薄壁管，将壁厚与管外径之比大于 0.2 的金属管材称为厚壁管。薄壁管和厚壁管是以折射横波是否可以到达管材内壁来区分的。

管材超声检测的目的是发现管材制造过程中产生的各种缺陷，避免将带有危险缺陷的管材投入使用。在役管材可能存在的缺陷（如疲劳裂纹）也可采用同样的检测方法进行质量监控。管材中的缺陷大多与管材轴线平行，因此，管材的检测以沿管材外圆做周向扫查的横波检测为主。在无缝管中也可能存在与管材轴线垂直的缺陷，因此必要时还应沿轴线方向进行斜入射检测。对于某些管材，可能还需进行纵波垂直入射检测。

钢管中常见的缺陷有裂纹、折叠、夹层、白点、轧破、结疤、凹坑、刮伤（擦伤）等。

第二节　钢管的超声波检测方法

钢管的超声波检测主要针对纵向缺陷，可根据钢管规格选用液浸法或接触法检测。

一、钢管超声横波检测

沿外圆做周向扫查的超声波横波检测是管材检测的主要方式。在实际检测时，通常希望得到的波形单一，形成的 A 显示波形清晰简单，以便于缺陷信号的正确判断。因此，常将管材检测的声束入射角选择在第一临界角和第二临界角之间，选择只出现纯横波的管材进行检测。管材检测最重要的目的是检测内、外壁的纵向裂纹。

1. 对比试块

内、外径之比大于 80% 的钢管，采用周向直接接触法横波检测。对比试块应选取与被检钢管规格相同，材质、热处理工艺和表面状况相同或相似的钢管制备。对比试块不得有大于或等于 ϕ2mm 当量的自然缺陷。对比试块的长度应满足检测方法和检测设备的要求。

钢管纵向缺陷检测试块的尺寸、V 形槽和位置应符合图 6-1 和表 6-1 的规定。

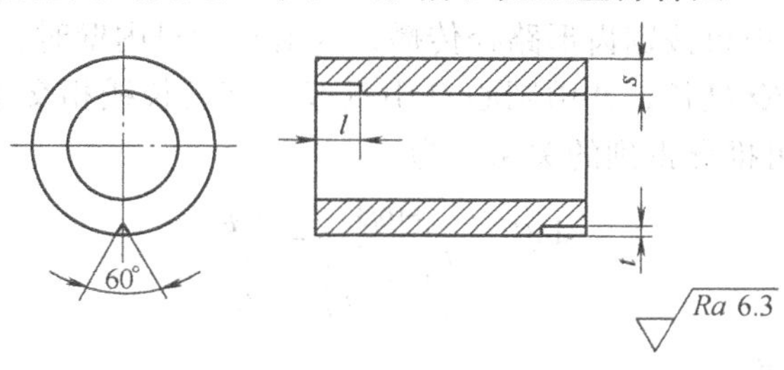

图 6-1　对比试块

表 6-1 对比试块上人工缺陷尺寸

级别	长度 l/mm	深度 t 占壁厚的百分比（%）
Ⅰ	40	5（0.2mm≤t≤1mm）
Ⅱ	40	8（0.2mm≤t≤2mm）
Ⅲ	40	10（0.2mm≤t≤3mm）

在检测纵向缺陷时，超声波束应由钢管横截面中心线一侧入射，在管壁内沿周向呈锯齿形传播，如图 6-2 所示。在检测横向缺陷时，超声波束应沿轴向倾斜入射，在管壁内沿轴向呈锯齿形传播，如图 6-3 所示。

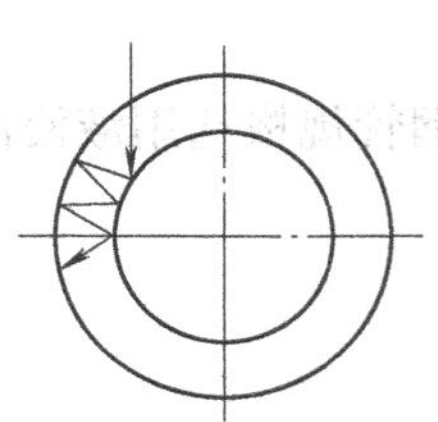
图 6-2 管壁内声束的周向传播

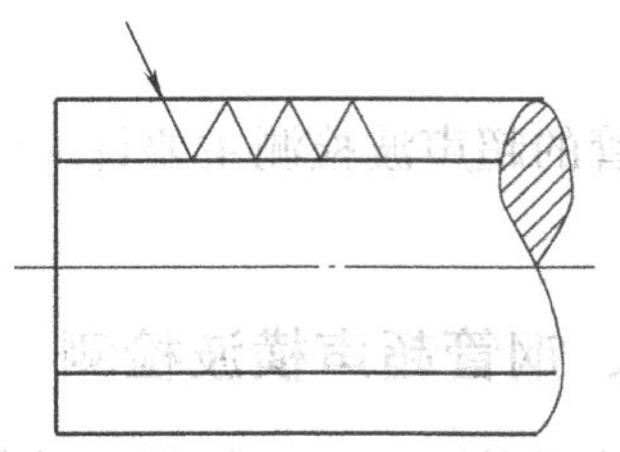
图 6-3 管壁内声束的轴向传播

探头相对于钢管螺旋进给的螺距应保证超声波束对钢管进行 100% 扫查时有不小于 15% 的覆盖率。自动检测应保证动态时的检测灵敏度，且内、外槽的最大反射波幅差不超过 2dB。每根钢管应从管子两端沿相反方向各检测一次。直接接触法横波基准灵敏度的确定，可直接在对比试块上将内壁人工 V 形槽的回波高度调到显示屏满刻度的 80%，再移动探头，找出外壁人工 V 形槽的最大回波，在显示屏上标出，连接两点即为距离-波幅曲线，作为检测时的基准灵敏度。

2. 横波检测的条件

在横波检测时，在管材中产生纯横波是声束能够检测到内壁缺陷的前提条件。如图 6-4 所示，当超声波以纵波入射角 α 进入管材（壁厚为 t，外径为 D）时，折射角为 β。声束按锯齿形路径传播，入射到管材内壁时，入射角为 β_1。将折射声束的轴线 PQ 延长，并由圆心 O 引垂线与该延长线相交于 q。由直角三角形 PqO 和 QqO，可推导得到的关系式为

$$\sin\beta_1 - \frac{\sin\beta}{\left(1-\frac{2t}{D}\right)} = \frac{\sin\beta}{\frac{r}{R}}$$

式中 r——内半径；

R——外半径。

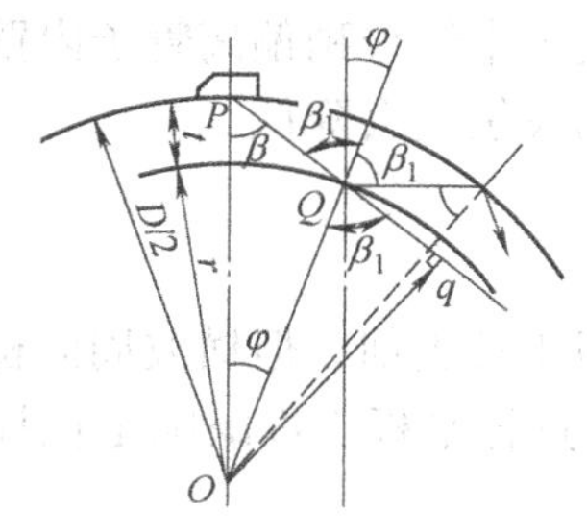

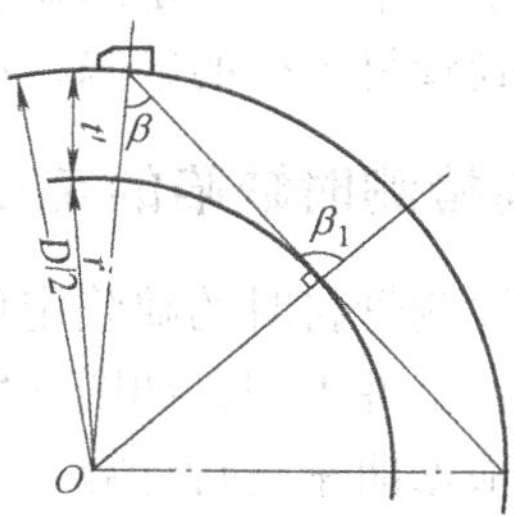

图6-4 斜角入射纵波检测时管材中的横波折射角及主声束传播情况

当$\beta_1=90°$时，声束轴线与管子内壁相切，为声束到达内壁的临界状态。此时，折射角β满足的关系为

$$\sin\beta=1-\frac{2t}{D}=\frac{r}{R} \tag{6-1}$$

因此，从几何关系上推导得出的声束到达内壁的条件为

$$\sin\beta<1-\frac{2t}{D}=\frac{r}{R} \tag{6-2}$$

由第一临界角公式可知，产生纯横波的条件是

$$\sin\alpha>\frac{c_{11}}{c_{12}} \tag{6-3}$$

式中 c_{11}——入射介质中的纵波速度；

c_{12}——管材中的纵波速度。

结合上面两个条件，可以得到，要在管材中得到纯横波并到达内壁，入射角必须满足的条件为

$$\frac{c_{11}}{c_{12}}<\sin\alpha=\frac{c_{11}}{c_{S2}}\sin\beta<\frac{c_{11}}{c_{S2}}\left(1-\frac{2t}{D}\right) \tag{6-4}$$

式中 c_{S2}——管材中的横波速度。

显然，并不是任何条件下式（6-4）均可成立，成立的条件是

$$\frac{c_{11}}{c_{12}}<\frac{c_{11}}{c_{S2}}\left(1-\frac{2t}{D}\right) \tag{6-5}$$

所以，在管材中为纯横波条件下，声束可到达内壁的前提条件是

$$\left(\frac{t}{D}\right)_{临界}<\frac{1}{2}\left(1-\frac{c_{S2}}{c_{12}}\right)$$

对于钢管，纵波速度为5850m/s，横波速度为3200m/s，$(t/D)_{临界}=0.23$。对于铝和铜，该值稍大，分别约为0.25和0.26。金属管材能否用横波检测，通常用厚度与外径比是否小于0.2作为判据，两者比值小于0.2的管材为薄壁管，可以实现横波检测。

实际上由于声束具有一定的宽度，即使声束轴线稍偏离管子内壁，扩散声束也有可能检测到管材内壁的缺陷，但此时的灵敏度会降低。

二、周向检测时缺陷的定位

横波轴向检测管材时的缺陷定位与平板工件类似，但横波周向检测管材时的缺陷定位与平板工件不同，如图6-5所示。这样平板工件缺陷定位计算公式也就不适用了，应根据曲率进行计算。

为了便于计算，引进声程修正系数μ和跨步修正系数m。其中：

$$\mu=\frac{AC}{AG}$$

$$m=\frac{AE}{AH}$$

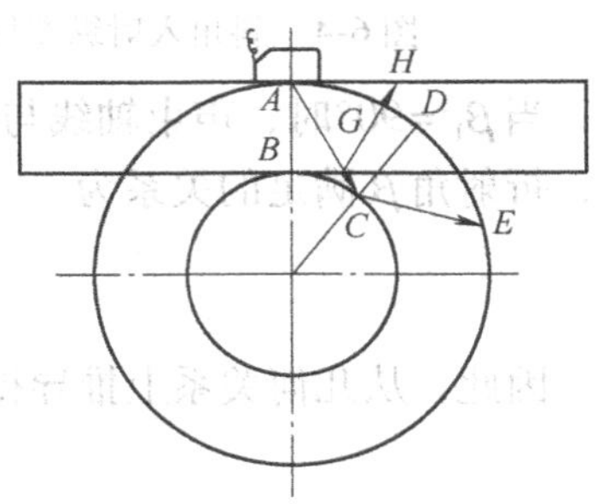

图6-5　横波周向检测管材与平板

管材缺陷大多出现在内、外壁上。内壁缺陷可用一次波检测到，外壁缺陷可用二次波检测到。

当一次波检测发现内壁缺陷时，缺陷定位计算公式为

$$\begin{cases}AC=\dfrac{\mu T}{\cos\beta}\\AD=mT\tan\beta\end{cases}\tag{6-6}$$

式中　μ——声程修正系数；

m——跨距修正系数；

T——管材壁厚（mm）；

β——探头折射角（°）。

当二次波检测发现外壁缺陷时，缺陷定位计算公式为

$$\begin{cases}ACE=\dfrac{2\mu T}{\cos\beta}\\AE=2mT\tan\beta\end{cases}\tag{6-7}$$

三、探头入射点与折射角的测定

为实现管材检测时良好的耦合条件，常将探头修磨为与管材曲率半径相同的曲面（见图6-6），但这时探头的入射点和折射角发生了变化，因此需要重新测定入射点和折射角。由于这时探头表面为曲面，因此常规测定入射点和折射角的方法就不能用了，而要用特殊的方法

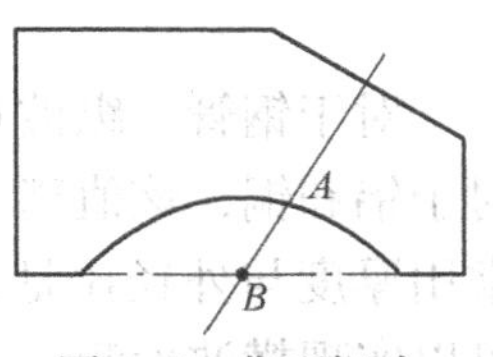

图6-6　曲面探头

和试块来测定。

1. 入射点的测定

如图 6-7 所示，将探头楔块的圆弧置于试块的棱角上，前后移动探头，则棱角反射波最高时试块棱角处对应的点即为探头入射点。这种方法称为棱角反射法。

2. 折射角的测定

先加工一个图 6-8 所示的实心圆柱体试块，试块材质与被检工件相同。将超声波探头置于试块上，前后移动探头，找到 $\phi1.5$mm 的横孔，然后将探头置于试块上，前后移动探头，找到 $\phi1.5$mm 横孔的最高回波，测定探头入射点 A 至 $\phi1.5$mm 横孔的距离 b，并连接过入射点 A 的直径 AB，这时 $\angle BAC$ 为探头的折射角 β。

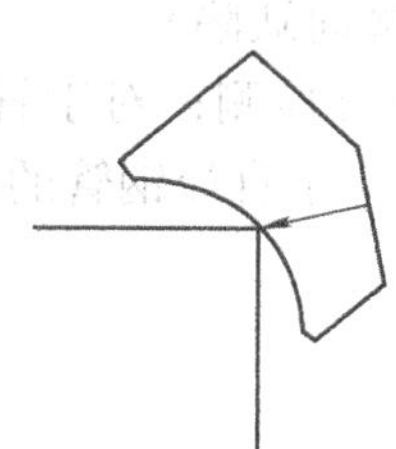

图 6-7　入射点的测定

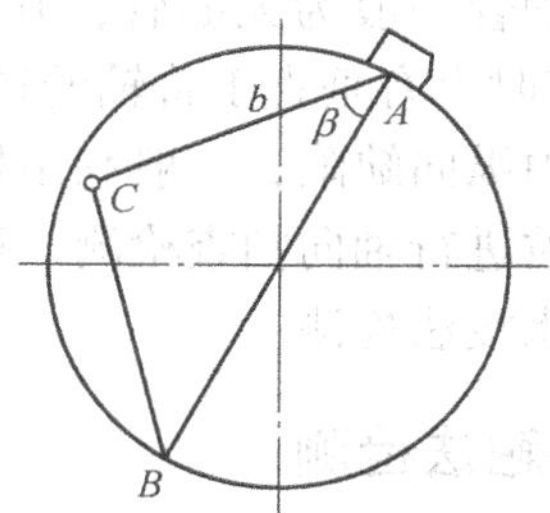

图 6-8　折射角的测定（一）

由 $b = AB\cos\beta = D\cos\beta$ 得

$$\beta = \arccos\frac{b}{D} \tag{6-8}$$

式中　D——圆柱试块的直径（mm）。

探头的折射角还可用图 6-9 所示的试块来测定。该试块的材质、外径、壁厚同被探管材。试块内、外壁上有两个同深度的小槽，设探头楔块中的声程为 δ，则显示屏上一次波的声程 $a = W_S + \delta$，二次波的声程 $b = 2W_S + \delta$，可得试块内一次波声程 W_S 为

$$W_S = b - a \tag{6-9}$$

式中　a——显示屏上试块内壁小槽对应的声程；

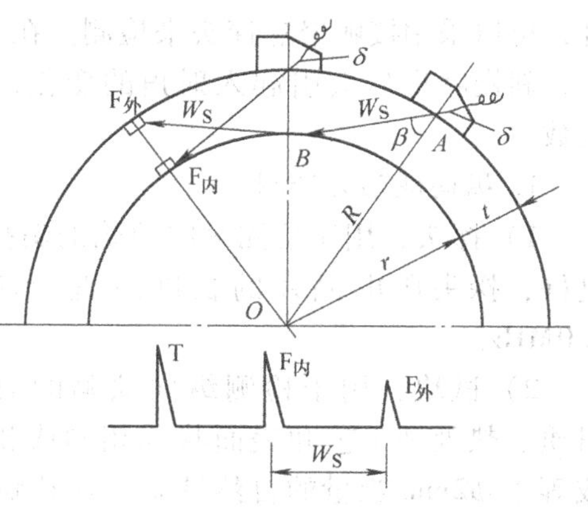

图 6-9　折射角的测定（二）

b——显示屏上试块外壁小槽对应的声程。

在图 6-9 所示的△*OBA* 中，由余弦定理得探头折射角为

$$\beta = \arccos\left[\frac{t}{W_S}\left(1-\frac{t}{D}\right)+\frac{W_S}{D}\right] \tag{6-10}$$

式中 t——试块的壁厚（mm）；

D——试块的外径（mm）；

W_S——试块中一次波声程（mm）。

◆◆◆ 第三节 小直径钢管的超声波检测

小直径钢管一般为无缝管，其主要缺陷为平行于管轴的径向缺陷（称为纵向缺陷），有时也有垂直于管轴的径向缺陷（称为横向缺陷）。

对于管内纵向缺陷，一般利用横波进行周向扫查检测；对于管内横向缺陷，一般利用横波进行轴向扫查检测。按耦合方式不同，小直径钢管的检测可分为接触法检测和水浸法检测。

一、接触法检测

接触法检测是指探头通过薄层耦合介质与钢管直接接触进行检测的方法。这种方法一般为手工检测，检测效率低，但设备简单，操作方便，机动灵活性强，适用于单件小批量及规格多的情况。

在用接触法检测小直径管材时，由于其管径小，曲率大，因此常规横波斜探头与管材接触面小、耦合不良，波束严重扩散，灵敏度低。为了改善耦合条件，常将探头的有机玻璃斜楔加工成与管材表面相吻合的曲面。为了提高检测灵敏度，可以采用接触聚焦探头来检测。在实际检测中，有机玻璃斜楔的磨损量较大，斜楔磨损后会引起入射角的变化，因此在检测过程中应增加检测校准的次数。

1. 纵向缺陷的检测

1）探头：用于检测纵向缺陷的斜探头应进行加工，使之与工件表面吻合良好；探头压电晶片的长度或直径应不大于 25mm，探头的频率为2.5～5.0MHz。

2）试块：用于检测纵向缺陷的对比试块应选取与被检钢管规格相同，材质、热处理工艺和表面状况相同或相似的钢管制备。对比试块不得有大于或等于 ϕ2mm 当量的自然缺陷。对比试块的长度应满足检测方法和检测设备的要求。对比试块上的人工缺陷为 V 形槽。V 形槽的位置和尺寸参见图 6-1 和

表 6-1。

3）灵敏度的调节：把探头置于对比试块上做周向扫查检测，然后将试块上内壁 V 形槽的最高回波调至显示屏满幅度的 80%，再移动探头找到外壁 V 形槽的最高回波，二者波峰的连线为距离——波幅曲线，作为基准灵敏度。一般在基准灵敏度的基础上提高 6dB 作为扫查灵敏度。

4）扫查：探头沿径向按螺旋线进行扫查，具体扫查方式有四种：一是探头不动，在管材周向旋转的同时做轴向移动；二是探头做轴向移动，管材转动；三是管材不动，探头沿螺旋线运动；四是探头旋转，管材做轴向移动。探头扫查螺旋线的螺距不能太大，要保证超声波束对管材进行 100% 扫查，并有不小于 15% 的覆盖。

5）探头沿周向扫查，以使声束在管壁内沿周向呈锯齿形传播，如图 6-2 所示。

6）评定和验收：在扫查过程中，当发现缺陷时，要将检测仪调回基准灵敏度，若缺陷回波幅度大于或等于基准灵敏度，则判为不合格。若不合格，则允许在公差范围内采取修磨方法进行处理，然后再复检。

2. 横向缺陷的检测

1）探头：用于检测横向缺陷的探头应进行加工，使之与工件表面吻合良好；探头的晶片长度或直径应不大于 25mm，探头的频率为 2.5 ~5.0MHz。

2）试块：用于检测横向缺陷的对比试块同样应选用与被检钢管规格相同，材质、热处理工艺和表面状况相同或相似的钢管制备。对比试块上的人工缺陷为 V 形槽。V 形槽的位置和尺寸参见图 6-1 和表 6-1。

3）灵敏度的调节：对于只用于检测外表面人工缺陷的试块，可直接将对比试块上的人工缺陷最高回波调至显示屏满刻度的 50% 作为基准灵敏度。

二、液浸法检测

液浸法检测无缝钢管时常用的是水浸耦合横波脉冲反射法，因为水浸法有利于实现检测过程的自动化，而且在超声波通过水介质时容易收敛声束，提高检测信噪比，同时利用超声波在水和管材两种介质分界面上的折射和波型转换可得到纯横波。液浸法检测使用线聚焦探头或点聚焦探头。无缝钢管超声波自动检测系统参数，包括入射角、偏心距、探头频率和焦距、水层深度。无缝钢管超声波自动检测系统的组成如图 6-10 所示。无缝钢管超声波自动检测系统的工作原理如图 6-11 所示。该系统采用横波脉冲反射法，具有八个通道，两组（每组四个）探头，从相对方向双向入射。

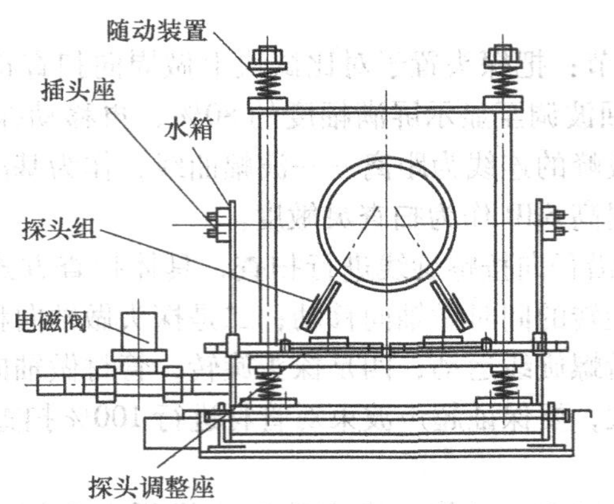

图 6-10　无缝钢管超声波自动检测系统的组成

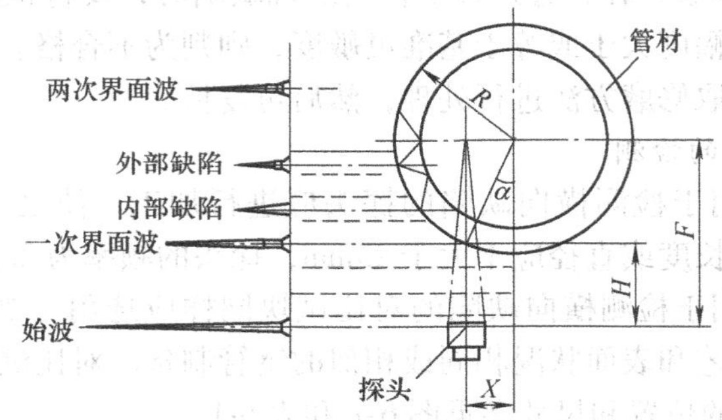

图 6-11　无缝钢管超声波自动检测系统的工作原理

1. 管材水浸检测入射角的选择（见图 6-12）

为保证管内的折射横波，入射角的范围选取如下：

$$\alpha_1 \geqslant \arcsin\frac{c_{L1}}{c_{L2}} \tag{6-11}$$

式中　α_1——声束入射角；

c_{L1}——水中纵波波速；

c_{L2}——管材中纵波波速。

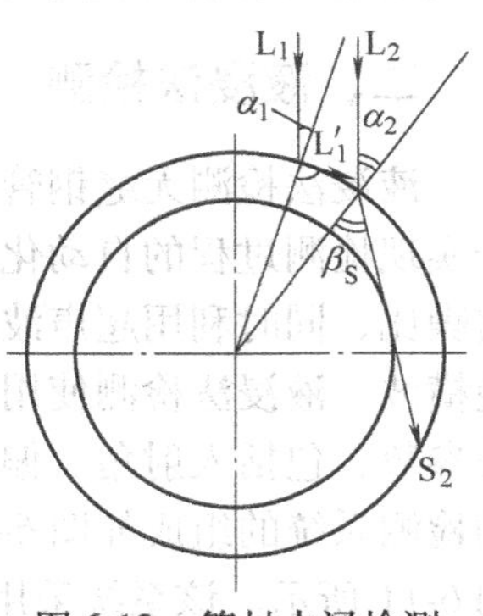

图 6-12　管材水浸检测入射角的范围

同时，为了检测管内壁的缺陷，折射横波必须投射到管内壁上，因此水中纵波入射角还必须使折射横波的折射角满足如下关系

$$\beta_S \leqslant \arcsin \frac{r}{R} \tag{6-12}$$

即

$$\alpha_2 \leqslant \arcsin\left(\frac{c_{L1}}{c_{L2}} \frac{r}{R}\right) \tag{6-13}$$

式中 β_S——折射横波的折射角；

r——管材内半径（mm）；

R——管材外半径（mm）。

根据折射定律，入射角必须满足的关系为

$$\alpha_2 \leqslant \arcsin\left(\frac{r}{R} \frac{c_{L1}}{c_S}\right) \tag{6-14}$$

式中 α_2——声束入射角；

c_S——管材中的横波波速。

综合以上条件可得利用横波检测管材的入射角范围应该为

$$\arcsin \frac{c_{L1}}{c_{L2}} \leqslant \alpha \leqslant \arcsin\left(\frac{c_{L1}}{c_S} \frac{r}{R}\right) \tag{6-15}$$

2. 水中声程的选择

探头晶片至管壁的距离为水声程，也称为水层距离。水声程选择的原则是使钢管内、外壁缺陷回波位于钢管第一次界面回波 S_1 与第二次界面回波 S_2 之间，以不受界面干扰。因为水中纵波波速约为钢中横波波速的 1/2，因此当水层距离大于钢中横波声程的 1/2 时就可使钢管内、外壁缺陷回波位于钢管界面回波 S_1 与 S_2 之间，如图 6-13 所示。

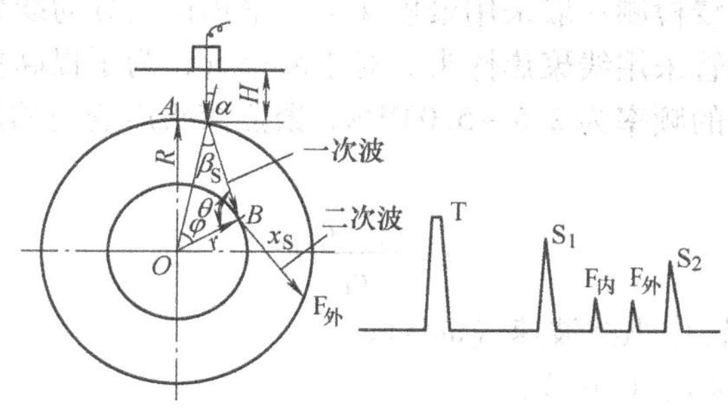

图 6-13 水层厚度的选择

3. 焦距的选择

用水浸聚焦探头检测小直径钢管时，应使探头的焦点落在与声束轴线垂直的管心线上，如图 6-14 所示。

在△OAB 中，$OA = R$，$OB = F - H$，则

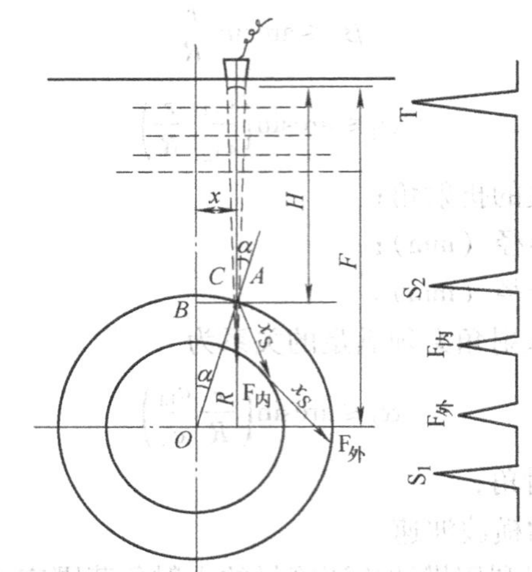

图 6-14　焦距的选择

$$F = H + \sqrt{R^2 - x^2} \tag{6-16}$$

式中　F——焦距（mm）；

H——水层厚度（mm）；

R——钢管外半径（mm）；

x——偏心距（mm）。

4. 探头的选择

小直径钢管水浸检测一般采用聚焦探头。聚焦探头分为线聚焦探头和点聚焦探头两种。一般钢管采用线聚焦探头。对于薄壁管，为了提高检测能力，也可用点聚焦探头。探头的频率为 2.5 ~5.0MHz。聚焦探头声透镜的曲率半径 r 应符合的条件为

$$r = \frac{c_1 - c_2}{c_1} F \tag{6-17}$$

式中　c_1——声透镜中纵波波速（m/s）；

c_2——水中波速（m/s）；

F——水中焦距（mm）。

对于有色玻璃声透镜，$c_1 = 2730\text{m/s}$，$c_2 = 1480\text{m/s}$，则

$$r = \frac{c_1 - c_2}{c_1} F = \frac{2730\text{m/s} - 1480\text{m/s}}{2730\text{m/s}} F \approx 0.46F$$

5. 偏心距的选择

偏心距是指探头声束轴线与管材中心轴线的水平距离，常用 x 表示。入射角 α 随着偏心距 x 的增大而增大，因此控制 x 就可控制 α。

偏心距范围由以下两个条件决定：

1）纯横波检测条件

$$\alpha_1 \geqslant \arcsin \frac{c_{L1}}{c_{L2}} \tag{6-18}$$

2）横波检测内壁条件

因为

$$\frac{\sin\alpha_2}{\sin\beta_S} = \frac{c_{L1}}{c_{S2}}$$

所以

$$\alpha_2 \leqslant \arcsin\left(\frac{c_{L1}}{c_{S2}} \frac{r}{R}\right) \tag{6-19}$$

综合 1）、2）有

$$\arcsin \frac{c_{L1}}{c_{L2}} \leqslant \alpha \leqslant \arcsin\left(\frac{c_{L1}}{c_{S2}} \frac{r}{R}\right)$$

又因

$$\alpha = \arcsin \frac{x}{R}$$

所以

$$\frac{c_{L1}}{c_{L2}} R \leqslant x \leqslant \frac{c_{L1}}{c_{S2}} r \tag{6-20}$$

对于水浸检测钢管，$c_{L1} = 1480\text{m/s}$，$c_{L2} = 5900\text{m/s}$，$c_{S2} = 3230\text{m/s}$，得到偏心距 x 的选择条件为

$$0.251R \leqslant x \leqslant 0.458r \tag{6-21}$$

取平均值为

$$x = \frac{0.251R + 0.458r}{2} \tag{6-22}$$

式中　R——小直径钢管外半径（mm）；

r——小直径钢管内半径（mm）。

6. 液浸法基准灵敏度的确定

1）水层距离应根据聚焦探头的焦距来确定。

2）调整时，一边用适当的速度转动管子，一边将探头慢慢偏心，使对比试样管内、外表面上的人工缺陷所产生的回波幅度均达到显示屏满刻度的 50%，以此作为基准灵敏度。若不能达到此要求，则也可在内、外槽设立不同的报警电平。

扫查灵敏度一般应比基准灵敏度高 6dB。若缺陷回波幅度大于或等于相应的对比试块人工缺陷回波幅度，则判为不合格。

例　用有机玻璃聚焦探头水浸检测 $\phi 38\text{mm} \times 2.5\text{mm}$ 小直径钢管，已知水中

$c_{L1}=1480\text{m/s}$，钢中 $c_{L2}=5900\text{m/s}$，$c_{S2}=3230\text{m/s}$。求偏心距 x、水层厚度 H、焦距、声透镜曲率半径 r'。

解

1）求偏心距 x（平均值）

$$R=19\text{mm},\ r=R-t=19\text{mm}-2.5\text{mm}=16.5\text{mm}$$

$$\begin{aligned}x&=\frac{0.251R+0.458r}{2}\\&=\frac{0.251\times19\text{mm}+0.458\times16.5\text{mm}}{2}\\&=6.163\text{mm}\end{aligned}$$

2）求水层厚度 H

$$\sin\alpha=\frac{x}{R}=\frac{6.163\text{mm}}{19\text{mm}}=0.324$$

$$\sin\beta_S=\frac{c_{S2}}{c_{L1}}\sin\alpha=\frac{3230\text{m/s}}{1480\text{m/s}}\times0.324=0.707$$

求钢中横波全声程的 $1/2x_S$，在图 6-13 所示的 $\triangle ABO$ 中，由正弦定律得

$$\frac{\sin\theta}{R}=\frac{\sin\beta_S}{r}$$

因为 $\theta>90°$，所以

$$\theta=\arcsin\left(\frac{R}{r}\sin\beta_S\right)=\arcsin\left(\frac{19\text{mm}}{16.5\text{mm}}\times0.707\right)=125.5°$$

$$\varphi=180°-\theta-\beta_S=180°-125.5°-\arcsin0.707=9.5°$$

又由正弦定律得

$$x_S=\frac{\sin\varphi}{\sin\beta_S}r=\frac{\sin9.5°}{0.707}\times16.5\text{mm}=3.85\text{mm}$$

水层厚度选取 $H>3.85\text{mm}$，这时可取 $H=10\text{mm}$。

3）求焦距 F

$$F=H+\sqrt{R^2-x_S^2}=10\text{mm}+\sqrt{(19\text{mm})^2-(3.85\text{mm})^2}=18.6\text{mm}$$

4）求声透镜曲率半径 r'

由 $F=2.2r'$ 得

$$r'\approx0.455F=18.6\text{mm}\times0.455\approx8.46\text{mm}$$

第四节　大直径薄壁钢管超声波检测

外径大于 100mm 的钢管，曲率半径较大，探头与管壁声耦合较好，通常采

用接触法检测，批量较大时也可采用水浸检测。采用接触法检测时，若管径不太大，为了实现更好的耦合，需将探头斜楔磨成与管材表面相吻合的曲面，也可在探头前加装与管材吻合良好的滑块。

大直径钢管的成型方法较多，如穿孔法、高速挤压法、锻造法和焊接法等。因此大直径钢管内的缺陷比较复杂，既可能有平行于轴线的径向缺陷和周向缺陷，又可能有垂直于轴线的径向缺陷。不同类型的缺陷需要采用不同的方法来检测。常用的方法有纵波垂直入射检测法，横波周向或轴向检测法。

一、纵波垂直入射检测法

如图 6-15 所示，对于与管轴平行的周向缺陷，一般采用纵波单晶直探头或双晶直探头检测。当缺陷较小时，缺陷波 F 与底波 B 同时出现，这时可根据 F 波的高度来评价缺陷的当量大小。当缺陷较大时，底波 B 将会消失，这时可用半波高度法来测定缺陷的面积。

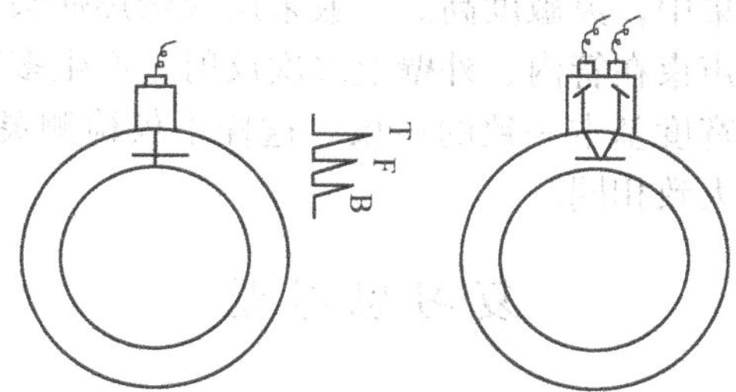

图 6-15 纵波垂直入射检测法

二、横波周向检测法

如图 6-16 所示，对于与管轴平行的径向缺陷，常采用横波单晶斜探头或双晶斜探头进行周向检测。

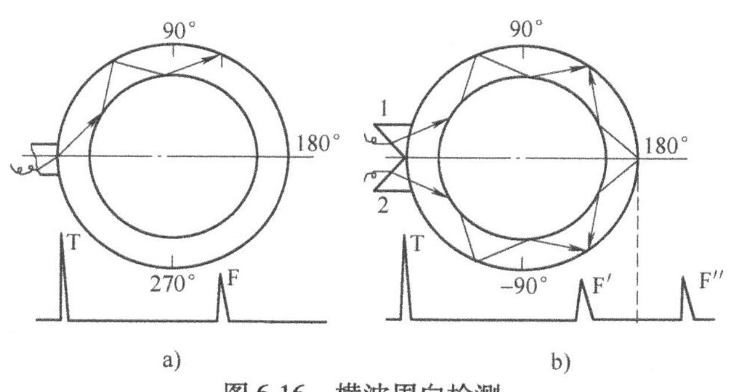

图 6-16 横波周向检测

a）单晶斜探头检测 b）双晶斜探头检测

单晶斜探头检测如图 6-16a 所示。这时缺陷的判别与普通斜探头检测类似。考虑到缺陷的取向不同，检测时，探头应做正反两个方向的全面排查，以免漏检。

双晶斜探头检测如图 6-16b 所示。这时两个探头单独收发，同一缺陷在显示屏上可能同时出现两个缺陷波。图 6-16b 中的 F′、F″就是探头 1、2 接收到的同一缺陷回波，它们处于 180° 的两侧对称位置。当探头沿管外壁做周向移动时，F′、F″在 180° 的两侧做对称移动，据此可对缺陷进行判别。

三、横波轴向检测法

对于与管轴垂直的径向缺陷，常用单晶斜探头或双晶片斜探头进行轴向检测。单晶斜探头检测时，声束在内壁的反射波进一步发散，声能损失大，因此外壁缺陷灵敏度较低。双晶斜探头检测时，只要内、外壁缺陷处于两晶片发射声场交集区内，内、外壁缺陷灵敏度就基本一致。水浸聚焦检测大直径钢管时，聚焦探头声束敛聚，能量集中，灵敏度高。一般采用线聚焦探头检测，焦点调在管材中心线上。这样横波声束在管内、外壁上多次反射，产生多次敛聚发散，在整个管子截面上形成平均宽度基本一致的声束。这样不仅检测灵敏度较高，而且内、外壁缺陷检出灵敏度大致相同。

复习思考题

1. 钢管中常见缺陷有哪些？
2. 小直径钢管水浸检测时，如何调节声束入射角度？
3. 小直径钢管水浸聚焦检测时，为什么一般要求声束在水中的焦点要在管子的中心轴线上？
4. 小直径钢管水浸检测时，如何调节检测灵敏度？

第七章

锻件和铸件超声波检测

培训学习目标： 了解铸件和锻件制造过程中可能出现的缺陷，能够针对不同的缺陷类型选择合理的检测方法，并能够正确评定检测结果。

第一节 铸件和锻件的内部缺陷

一、铸件内部常见缺陷

铸件是金属液注入铸型中冷却凝固而成的。铸件内部常见缺陷有气孔、缩孔、缩松和疏松、夹杂、裂纹、冷隔等，如图7-1～图7-4所示。气孔是由于金属液含气量过多，铸型潮湿及透气性不佳而形成的空洞。铸件中的气孔分为单个分散气孔和密集气孔。缩孔是由于金属液冷却凝固时体积收缩得不到补充而形成的缺陷。缩孔多位于浇冒口附近和截面最大部位或截面突变处。夹杂分为非金属夹杂和金属夹杂两类。非金属夹杂是冶炼时金属与气体发生化学反应形成的产物或浇注时耐火材料、型砂等混入钢液形成的夹杂物。金属夹杂是异种金属偶尔落入钢液中未能熔化而形成的夹杂物。裂纹是在钢液冷却过程中由于内应力（热应力和组织应力）过大使铸件局部开裂而形成的缺陷。铸件截面尺寸突变处和应力集中严重处容易出现裂纹。裂纹是最危险的缺陷。缩孔残余是铸锭中的缩孔

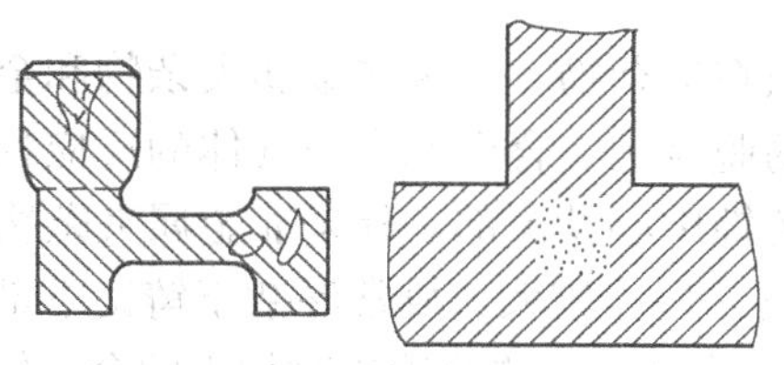

图7-1 缩孔、缩松

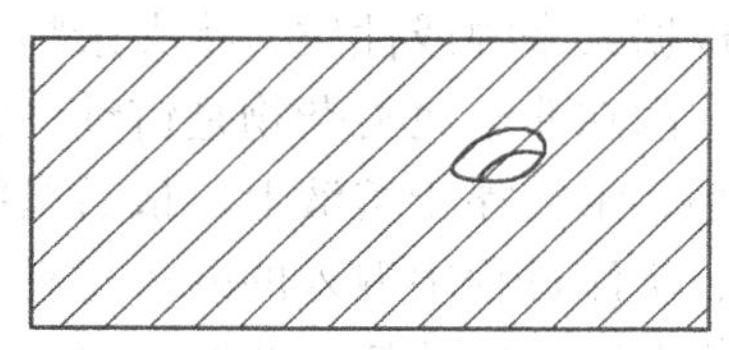

图7-2 金属夹杂物

在锻造时切头量不足所残留下来的，多见于端部。疏松是金属液在凝固收缩时形成的非常细小的孔穴。

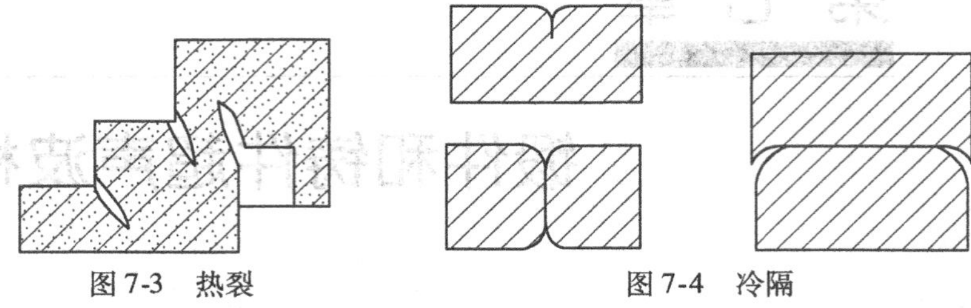

图 7-3　热裂　　　　图 7-4　冷隔

二、锻件内部常见缺陷

锻件是使铸锭或锻坯在锻锤或模具的压力下变形制成的具有一定形状和尺寸的零件毛坯。锻压过程包括加热、变形和冷却。锻造的方式大致分为镦粗、拔长和滚压。镦粗时，锻压力施加于坯料的两端，形变发生在横截面上。拔长时，锻压力施加于坯料的外圆，形变发生在长度方向。滚压时，先镦粗坯料，然后冲孔，再插入芯轴并在外圆施加锻压力。滚压既有纵向变形，又有横向变形。镦粗主要用于饼类锻件；拔长主要用于轴类锻件。筒形锻件一般先镦粗，后冲孔，再滚压。为了改善锻件的组织性能，锻后还要进行正火、退火或调质等热处理。因此，锻件的晶粒一般都很细，有良好的透声性。锻件中的缺陷主要有两种：一种是由铸锭中缺陷引起的缺陷；另一种是锻造过程及热处理时产生的缺陷。锻件内部的常见缺陷有：

1. 缩孔

缩孔是铸锭冷却收缩时在头部形成的缺陷，在锻造时因切头量不足而残留下来，多见于轴类锻件的头部，具有较大的体积，并位于横截面中心，在轴向具有较大的延伸长度。

2. 缩松

缩松是在铸锭凝固收缩时形成的孔隙和孔穴，在锻造过程中因变形量不足而未被消除。缩松多出现在大型锻件中。

3. 夹杂物

根据其来源或性质，将夹杂物分为内在夹杂物、外来非金属夹杂物和金属夹杂物。内在非金属夹杂物是铸锭中包含的脱氧剂、合金元素与气体的反应物，尺寸较小，常漂浮于熔液上，最后集结在铸锭中心及头部。外来非金属夹杂物是在冶炼、浇注过程中混入的耐火材料或杂质，尺寸较大，故常混杂于铸锭下部，而偶然落入的非金属夹杂物则无确定的位置。金属夹杂物是冶炼时加入的合金较多且尺寸较大，或者浇注时飞溅小颗粒或异种金属落入后未被完全熔化而形成的缺陷。

4. 裂纹

锻件裂纹的形成原因很多。按形成原因，裂纹可大致分为因冶金缺陷（如缩孔残余）在锻造时扩大而形成的裂纹，因锻造工艺不当（如加热温度过高、加热速度过快、变形不均匀、变形量过大、冷却速度过快等）而形成的裂纹，热处理过程中形成的裂纹（如淬火时加热温度较高，使锻件组织粗大，淬火时产生的裂纹；冷却不当引起的开裂；回火不及时或不当，由锻件内部残余应力引起的裂纹）。

5. 折叠

热金属的突出部位被压折并嵌入锻件表面形成的缺陷称为折叠，多发生在锻件的内圆角和尖角处。折叠表面上的氧化层能使该部位的金属无法连接。

6. 白点

白点是因锻件含氢量较高，锻后冷却过快，钢中溶解的氢来不及逸出，造成应力过大而引起的开裂。白点主要集中于锻件大截面中心，一般总是成群出现。通常合金元素总含量超过3.5%~4.0%（质量分数）时或含Cr、Ni、Mn的合金钢锻件容易产生白点。高碳钢、马氏体钢和贝氏体钢中多出现白点。奥氏体钢和低碳铁素体钢中一般不出现白点。

三、铸件和锻件超声波检测的特点

铸件重要的特点是组织不致密、不均匀和晶粒粗大，透声性差。不均匀的组织、粗糙的表面都会导致超声波散射量增大，声能损失严重。与锻件相比，铸件的可探厚度减小。另外，粗糙的表面会使耦合变差也是铸件检测灵敏度低的原因。

铸件不均匀是由铸件各部分冷却速度不同引起的。铸件的不致密性是由树枝结晶的方式引起的。铸件晶粒粗大是由于高温冷却凝固过程缓慢，生核、长核时间长。铸件的不致密性、不均匀性和晶粒粗大，使超声波散射衰减和吸收衰减明显增加、透声性降低。

铸件表面粗糙，声耦合差，检测灵敏度低，波束指向性不好，检测时探头磨损严重。铸件检测时常采用高粘度耦合剂来改善这种不良的耦合条件。

铸件检测干扰杂波多，一是由于粗晶和组织不均匀性引起的散乱反射，形成草状回波，使信噪比下降，特别是频率较高时尤为严重；二是由于铸件形状复杂，一些轮廓反射回波和迟到的变型波引起的非缺陷信号多。此外，铸件粗糙的表面也会产生一些反射回波，干扰对缺陷的正确判定。

铸件分为铸钢和铸铁。二者的缺陷状况和材质及表面特点基本相同，因此其检测方法也大致相同。

锻件中缺陷所具有的特点与其形成过程有关。铸锭组织在锻造过程中沿金属延伸方向被拉长，由此形成的纤维状组织通常被称为金属流线。金属流线方向一般代表锻造过程中金属延伸的主要方向。除裂纹外，锻件中的多数缺陷，尤其是由铸锭中缺陷引起的锻件缺陷，常常是沿金属流线方向分布的，这是锻件中缺陷的重要特征之一。

铸件和锻件超声波检测常用技术有：纵波直入射检测、纵波斜入射检测、横波检测。由于锻件外形可能很复杂，有时为了发现不同取向的缺陷，在同一个锻件上需同时采用纵波和横波检测。其中，纵波直入射检测是最基本的检测方式。

第二节　碳素钢锻件的超声波检测

根据锻件产生缺陷的特点，锻件的超声波检测以纵波直探头检测为主，以横波斜探头检测为辅。钢锻件根据形状主要有以下几类：筒形锻件，即轴向长度 L 大于其外径 D 的轴对称空心锻件；环形锻件，即轴向长度 L 小于或等于其外径 D 的轴对称空心件；饼形锻件，即轴向长度 L 小于或等于其外径 D 的轴对称形锻件；碗形锻件，即中心部分凹进去的轴对称形锻件；方形锻件，即相交面互相垂直的六面体锻件等。锻件检测原则上应安排在热处理后进行，孔、台等结构的检测在机加工前进行，检测面的表面粗糙度 $Ra \leqslant 6.3\mu m$。

一、探头和试块的选用

根据锻件尺寸，选用双晶直探头或单晶直探头。双晶直探头的公称频率应选用5MHz，探头晶片面积不小于150mm^2；单晶直探头的公称频率应选用2～5MHz，探头晶片直径一般为ϕ14～ϕ25mm。

单晶直探头标准试块可采用CSⅠ试块。CSⅠ试块的形状和尺寸应符合图7-5和表7-1的规定。当工件检测距离小于45mm时，双晶直探头试块可采用CSⅡ标准试块。CSⅡ试块的形状和尺寸应符合图7-6和表7-2的规定。

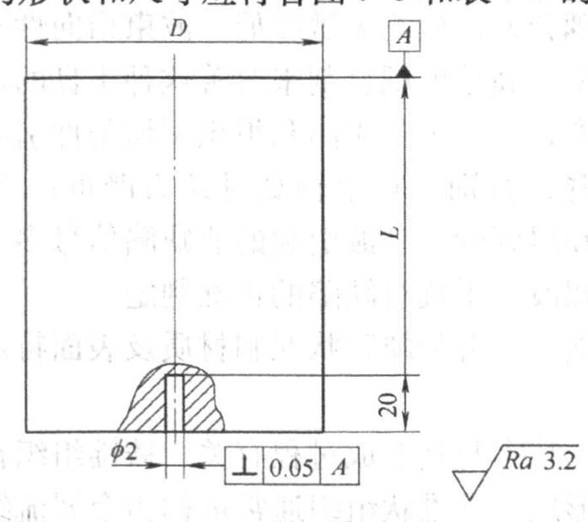

图7-5　CSⅠ标准试块

表 7-1 CS Ⅰ标准试块尺寸 （单位：mm）

试块序号	CS Ⅰ—1	CS Ⅰ—2	CS Ⅰ—3	CS Ⅰ—4
L	50	100	150	200
D	50	60	80	80

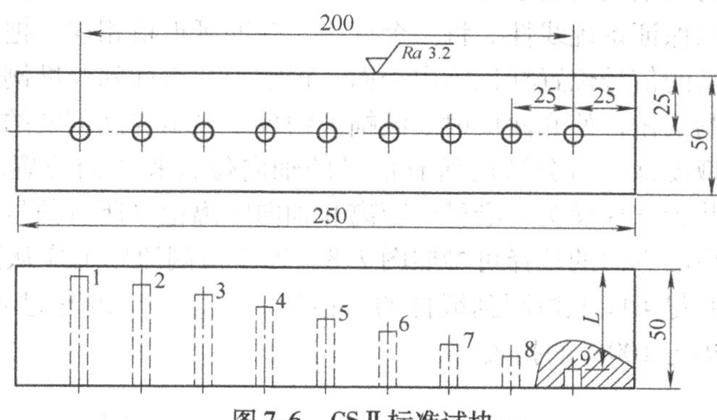

图 7-6 CS Ⅱ标准试块

表 7-2 CS Ⅱ标准试块尺寸 （单位：mm）

试块序号	孔 径	检测距离 L								
		1	2	3	4	5	6	7	8	9
CS Ⅱ—1	$\phi 2$	5	10	15	20	25	30	35	40	45
CS Ⅱ—2	$\phi 3$									
CS Ⅱ—3	$\phi 4$									
CS Ⅱ—4	$\phi 6$									

当检测面是曲面时，可采用 CS Ⅲ标准试块来测定由于曲率不同而引起的声能损失。CS Ⅲ试块形状和尺寸如图 7-7 所示。

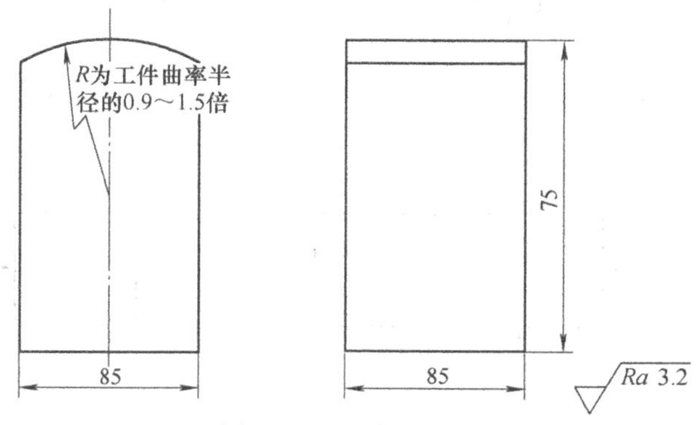

图 7-7 CS Ⅲ标准试块

二、检测技术

检测程序：在进行超声波检测时，锻件内表面不得有刀具划痕、疏松的氧化皮、磨屑或其他异物。为了使探头传输到锻件内部的能量基本保持恒定，内孔表面应精加工，以使其直径均匀一致。

用标准或买方规定的校准孔来确定检测灵敏度，所钻校准孔应与锻件内孔平行，将校准孔的波幅调到显示屏满刻度的100%，以此完成整个检测。检查距离并进行校正，以保证系统线性。将一个探头与脉冲延迟块相连，把从有机玻璃楔块曲面反射回来的信号位置标记为内表面，记录内孔表面到校准侧面的距离。调节扫描长度控制旋钮，使底面反射波波幅大约位于显示屏满刻度的3/4处，记录达到校准孔灵敏度某一百分数的所有信号的轴向位置和周向位置。以规则的间距，使用结构装置支撑探头，沿径向距离和轴向距离记录所有信号。

检测面和检测方向的选择可参照图7-8。纵波检测原则上应从两个相互垂直的方向进行，并尽可能地检测到锻件的全体积。当锻件厚度超过400mm时，应从相对两端面进行100%的扫查。

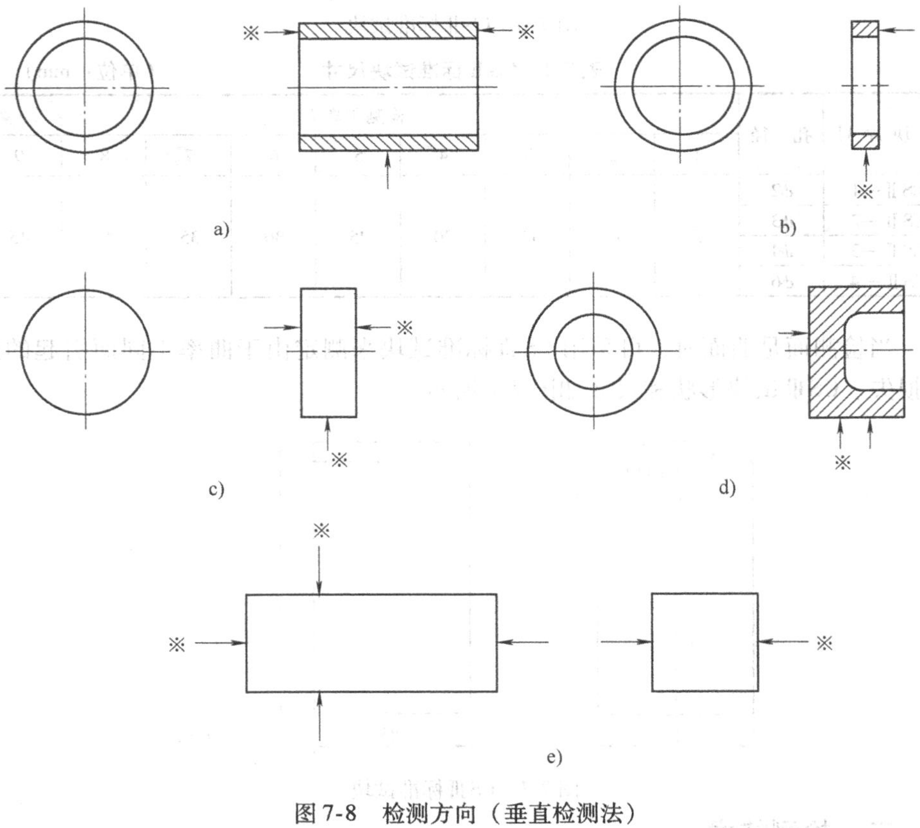

a)

b)

c)

d)

e)

图7-8　检测方向（垂直检测法）

a）情形一　b）情形二　c）情形三　d）情形四　e）情形五

注：↑为应检测方向，※为参考检测方向。

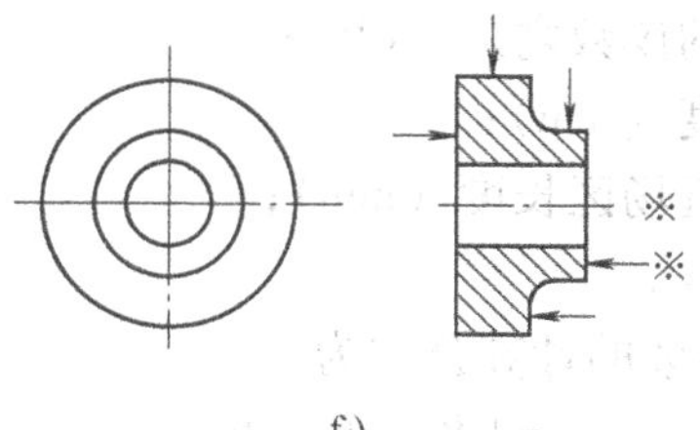

f)

图 7-8　检测方向（垂直检测法）（续）

f）情形六

注：↑为应检测方向，※为参考检测方向。

三、灵敏度的确定

单晶直探头基准灵敏度的确定方法有两种，当被检部位的厚度大于或等于探头的三倍近场区长度，且检测面与底面平行时，原则上可采用底波计算法确定基准灵敏度。当由于几何形状所限，不能获得底波或壁厚小于探头的三倍近场区时，可直接采用 CS Ⅰ 标准试块确定基准灵敏度。

采用底波调节法调节灵敏度时，将探头置于工件表面，使底面回波调至基准波高，再提高 dB 差，即调好了检测灵敏度。

采用试块调节法调节灵敏度时，将试块平底孔回波调至基准高（显示屏满刻度的40%～80%），并考虑表面耦合补偿和材质衰减差异补偿。当试块平底孔声程小于工件时要进行计算，求得声程引起的回波高度差进行修正，得到检测灵敏度。

双晶直探头基准灵敏度的确定应使用 CS Ⅱ 试块，依次测试一组不同检测距离的 ϕ3mm 平底孔（至少三个），调节衰减器，作出双晶直探头的距离-波幅曲线，并以此作为基准灵敏度。

扫查灵敏度一般不得低于最大检测距离处 ϕ2mm 平底孔的当量直径。

四、工件材质衰减系数的测定

在工件无缺陷完好区域，选取三处检测面与底面平行且有代表性的部位，调节衰减器使第一次底面回波幅度（B_1 或 B_n）为显示屏满刻度的50%，记录此时衰减器的读数，再调节衰减器，使第二次底面回波幅度（B_2 或 B_m）为显示屏满刻度的50%，两次衰减器读数之差即为 B_1-B_2 或 B_n-B_m（不考虑底面反射损失）。工件上三处衰减系数的平均值即可作为该工件的衰减系数。

衰减系数的计算公式为（$T<3N$，且满足 $n>3N/T$，$m=2n$）

$$\alpha=[B_n-B_m-6]/2(m-n)T \tag{7-1}$$

式中　α——单程衰减系数（dB/m）；

B_n-B_m——两次衰减器的读数之差（dB）；

T——工件检测厚度（mm）；

N——单晶直探头近场区长度（mm）；

m、n——底波反射次数。

当 $T \geqslant 3N$ 时，衰减系数的计算公式为

$$\alpha=[B_1-B_2-6]/2T \tag{7-2}$$

式中　B_1-B_2——两次衰减器的读数之差（dB）。

五、缺陷当量的确定

当被检缺陷的深度大于或等于探头的三倍近场区长度时，采用 AVG 曲线及计算法确定缺陷当量。对于三倍近场区长度内的缺陷，可采用单晶直探头或双晶直探头的距离-波幅曲线来确定缺陷当量，也可采用其他等效方法来确定。当计算缺陷当量时，若材质衰减系数超过 4dB/m，则应考虑进行修正。

1. 缺陷位置的测定

对于锻件中的缺陷，主要采用纵波直探头检测，因此可根据显示屏上缺陷前沿所对应的水平刻度值 τ_f 和扫描速度 1∶n 来确定缺陷在锻件中的位置。缺陷至探头的距离 x_f 为

$$x_f=n\tau_f \tag{7-3}$$

2. 缺陷大小的测定

锻件中尺寸小于声束截面的缺陷一般用当量法定量。若缺陷位于区域内，则常用当量计算法和当量 AVG 曲线法定量；若缺陷位于区域外，则常用试块比较法定量；对于尺寸大于声束截面的缺陷，一般采用测长法定量，常用的测长法有 6dB 法和端点 6dB 法。必要时还可采用底波高度法来确定缺陷的相对大小。下面重点介绍当量计算法和 6dB 法在锻件检测中的应用。

当量计算法利用各种规则反射体的回波声压公式和实际检测中测得的结果（缺陷的位置和波高）来计算缺陷的当量大小。当量计算法是目前锻件检测中应用最广的一种定量方法。用定量计算法定量时，要考虑调节检测灵敏度的基准。

当用平底面和实心圆柱体曲底面调节灵敏度时，当量计算公式为

$$\Delta B_f=20\lg\frac{p_B}{p_f}=20\lg\frac{2\lambda x_f^2}{\pi D_f^2 x_B}+2a(x_f-x_B) \tag{7-4}$$

当用空心圆柱体内孔或外圆曲底面调节灵敏度时，当量计算公式为

$$\Delta B_f=20\lg\frac{p_B}{p_f}=20\lg\frac{2\lambda x_f^2}{\pi D_f^2 x_B}\pm 102a(x_f-x_B) \tag{7-5}$$

在平面工件检测中，用 6dB 法测定缺陷的长度时，探头移动的距离就是缺

陷的指示长度，如图 7-9 所示。然而，对圆柱形锻件进行轴向检测时，探头的移动距离不再是缺陷的指示长度了，这时要按几何关系来确定缺陷的指示长度，如图 7-10 所示。

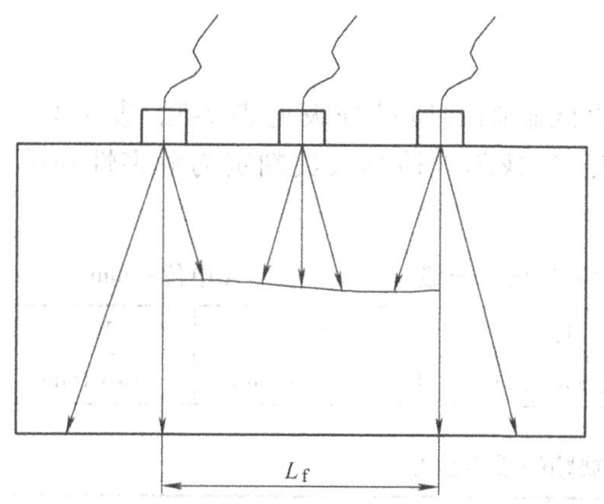

图 7-9　平面检测 6dB 测长法

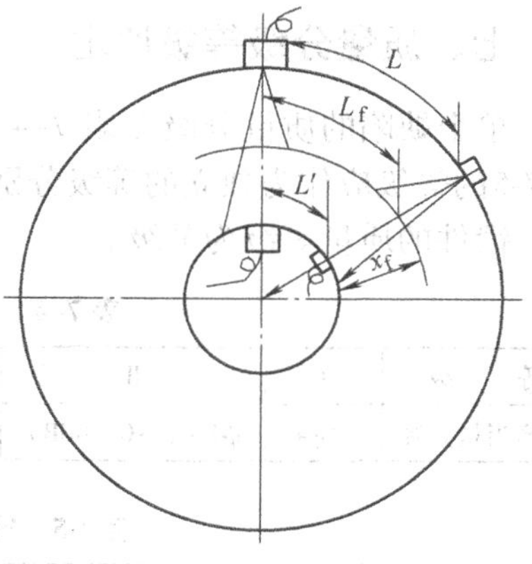

图 7-10　圆弧面检测 6dB 测长法

外圆周向测长时，缺陷的指示长度 L_f 为

$$L_f = \frac{L'}{r}(r - x_f) \tag{7-6}$$

式中　L'——探头移动的内圆弧长（mm）；

r——圆柱体内半径（mm）；

x_f——缺陷的声程（mm）。

六、缺陷记录

记录当量直径超过 ϕ4mm 的单个缺陷的波幅和位置；对于密集区缺陷，则应记录密集区缺陷中最大当量缺陷的位置和缺陷分布；对于饼形锻件，应记录大于或等于 ϕ4mm 当量直径的缺陷密集区，其他锻件应记录大于或等于 ϕ3mm 当量直径的缺陷密集区。缺陷密集区面积以 50mm × 50mm 的方块作为最小量度单位，其边界可由 6dB 法确定。底波降低量应按表 7-3 的要求记录。

表 7-3　由缺陷引起底波降低量的质量分级　　（单位：dB）

等　级		Ⅰ	Ⅱ	Ⅲ	Ⅳ	Ⅴ
底波降低量	B_G/B_F	≤8	>8 ~ 14	>14 ~ 20	>20 ~ 26	>26

注：本表仅适用于声程大于近场区长度的缺陷。

对于单个缺陷回波，如单个夹层，裂纹等的回波，由于其间隔大于 50mm，波高大于 ϕ2mm 当量，因此测量位置、当量一般用 6dB 测长法。

对于分散回波，如分散性夹层、夹杂等的回波，在工件中分布面广，缺陷间距大，在50mm×50mm×50mm内少于5个，波高大于ϕ2mm当量，应测量其当量、位置。

七、质量分级等级评定

单个缺陷的质量分级见表7-4。密集区缺陷的质量分级见表7-5。表7-3～表7-5的等级应作为独立的等级分别使用。当缺陷被检测人员判定为危害性缺陷时，锻件的质量等级为V级。

表7-4 单个缺陷的质量分级 （单位：mm）

等 级	Ⅰ	Ⅱ	Ⅲ	Ⅳ	Ⅴ
缺陷当量直径	≤ϕ4	ϕ4+（>0～8dB）	ϕ4+（>8～12dB）	ϕ4+（>12～16dB）	>ϕ4+16dB

表7-5 密集区缺陷的质量分级

等 级	Ⅰ	Ⅱ	Ⅲ	Ⅳ	Ⅴ
密集区缺陷占检测总面积的百分比（%）	0	>0～5	>5～10	>10～20	>20

八、钢锻件超声横波检测

对于内、外径之比大于或等于80%的承压设备，用环形和筒形锻件的超声横波检测。横波检测探头公称频率主要为2.5MHz，探头晶片面积为140～400mm²。原则上应采用*K*1探头，但根据工件几何形状的不同，也可采用其他的*K*值探头。

为了调整检测灵敏度，可利用被检工件壁厚或长度上的加工余量部分制作对比试块。在锻件的内外表面，分别沿轴向和周向加工平行的V形槽，将其作为标准沟槽。V形槽长度为25mm，深度为锻件壁厚的1%，角度为60°。也可采用其他等效的反射体（如边角反射等）来调整检测灵敏度。

锻件横波检测扫查方向如图7-11所示。

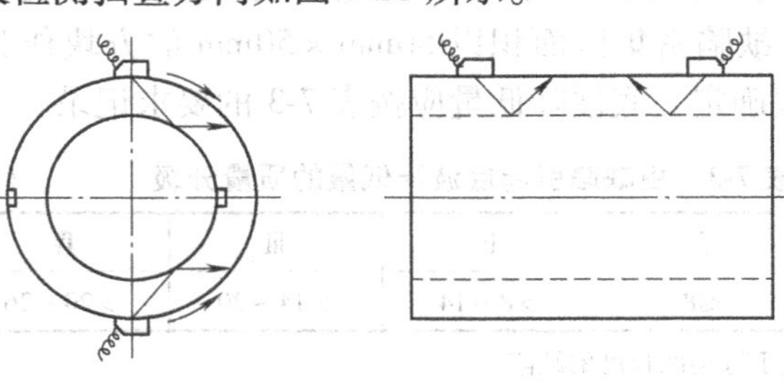

图7-11 锻件横波检测扫查方向

检测基准灵敏度的确定：从锻件外圆面将探头对准内圆面的标准沟槽，调整增益，使最大反射高度为显示屏满刻度的80%，并将该值标在面板上，将其作为基准灵敏度，然后，不改变仪器的调整状态，再移动探头测定外圆面的标准沟槽，并将最大的反射高度也标在面板上，将上述两点用直线连接并延长，绘出距离-波幅曲线，并使之包括全部检测范围。内圆面检测时的基准灵敏度也按上述方法确定，但探头斜楔应与内圆面曲率一致。

记录波幅大于距离-波幅曲线（基准线）高度50%的缺陷反射波和缺陷位置。缺陷指示长度按6dB法测定。当相邻两个缺陷间距小于或等于25mm时，按单个缺陷处理（中间间距不计）。

缺陷质量评级见表7-6。将波幅大于距离-波幅曲线（基准线）高度的缺陷的质量等级定为Ⅲ级。波幅在距离-波幅曲线（基准线）高度50%～100%的缺陷按表7-6分级。

表7-6 缺陷质量等级

质量等级	单个缺陷指示长度
Ⅰ	≤1/3壁厚，且≤100mm
Ⅱ	≤2/3壁厚，且≤150mm
Ⅲ	大于Ⅱ级者

九、缺陷性质分析

在锻件检测中，不同性质的缺陷，其回波是不同的。在实际检测时，可根据显示屏上的缺陷回波情况来分析缺陷的性质和类型。

1. 单个缺陷回波

在锻件检测中，显示屏上单独出现的缺陷回波称为单个缺陷回波。一般单个缺陷是指与临近缺陷间距大于50mm、回波高度不小于ϕ2mm当量的缺陷，如锻件中单个的夹层、裂纹等。当在检测中遇到单个缺陷时，要测定其位置和大小。当单个缺陷较小时，用当量法定量；当单个缺陷较大时，用6dB法测定其边界和面积范围。

2. 分散缺陷回波

在锻件检测中，工件中的缺陷较多且分散，缺陷彼此间距较大，这种缺陷的回波称为分散缺陷回波。这种缺陷一般在边长为50mm的立方体内少于5个，回波高度不小于ϕ2mm当量，如分散性的夹层。分散缺陷回波一般不太大，因此常用当量法定量，同时还要测定分散缺陷的位置。

3. 密集缺陷回波

在锻件检测中，显示屏上同时显示的缺陷回波很多，缺陷之间的间隔很小，甚至连成一片，这种缺陷的回波称为密集缺陷回波。

对于密集缺陷，根据不同的验收标准有不完全相同的划分方法。

1）以缺陷的间距划分，规定相邻缺陷间的距离小于某一值时为密集缺陷。

2）以单位长度时基线内显示的缺陷回波数量划分，规定在相当于工件厚度值的基线内，当探头不动或稍作移动时，一定数量的缺陷回波连续或断续出现时为密集缺陷。

3）以单位面积中的缺陷回波划分，规定在一定检测面积下，探出的缺陷回波数量超过某一值时，定义为密集缺陷。

4）以单位体积内缺陷回波数量划分，规定在一定体内缺陷回波数量多于规定值时，定义为密集缺陷。

在实际检测中，以单位体积内缺陷回波数量划分较多。一般规定在边长为50mm的立方体内，数量不少于5个，当量直径不小于ϕ2mm的缺陷为密集缺陷。密集缺陷可能是疏松、非金属夹杂物、白点或成群的裂纹等。

锻件内不允许有白点缺陷存在，这种缺陷危险性很大。通常白点的分布范围较大，且基本集中于锻件的中心部位。它的回波清晰、尖锐，成群的白点有时会使底波严重下降或完全消失。这些特点是判断锻件中白点的主要依据。白点的分布和波形如图7-12所示。

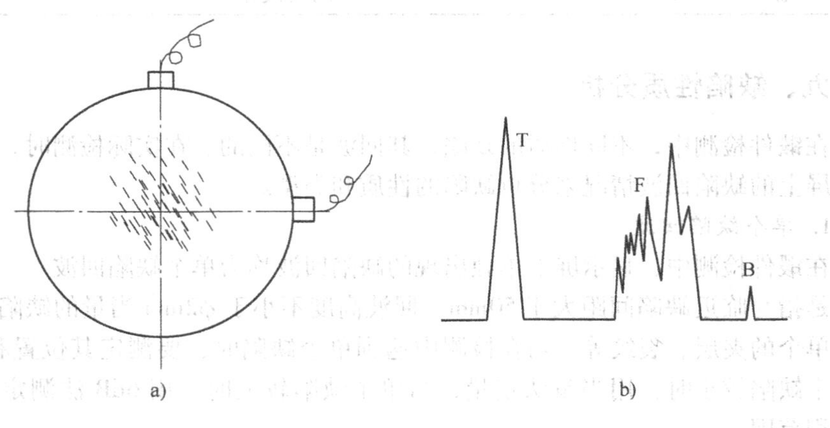

图7-12 白点的分布和波形

a）白点的分布 b）白点的波形

4. *游动回波*

在圆柱形轴类锻件检测过程中，当探头沿着轴的外圆移动时，显示屏上的缺陷回波会随着该缺陷检测声程的变化而游动。这种游动的动态波形称为游动回波。

游动回波的产生是由于不同波束射至缺陷上产生反射而引起的。当波束轴线

射至缺陷时，缺陷声程小，回波高。左右移动探头，当扩散波束射至缺陷时，缺陷声程大，回波低。这样同一缺陷回波的位置和高度随着探头移动而发生游动，如图 7-13 所示。

检测灵敏度不同，同一缺陷的游动情况也就不同。一般可根据检测灵敏度和回波的游动距离来鉴别游动回波。一般规定游动范围达 25mm 时，才算游动回波。

根据缺陷游动回波包络线的形状，可粗略地判断缺陷的形状。

5. *底面回波*

在锻件检测中，有时还可根据底波的变化情况来判别锻件中的缺陷情况。

当缺陷回波很高，并有多次重复回波，而底波严重下降甚至消失时，说明锻件中存在大平面缺陷。

当缺陷回波和底波都很低甚至消失时，说明锻件中存在大面积且倾斜的缺陷或在检测面附加有大缺陷。

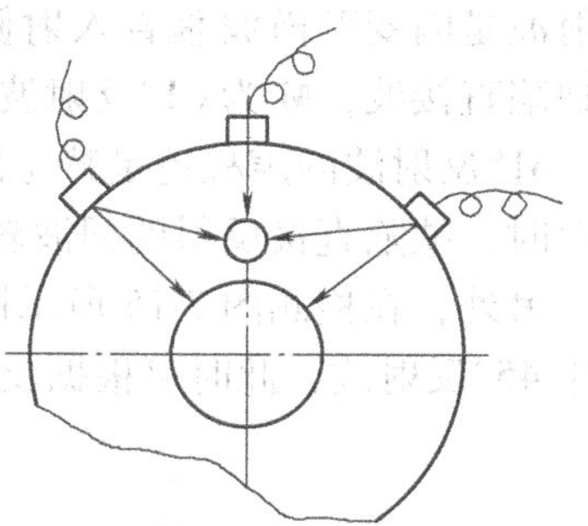

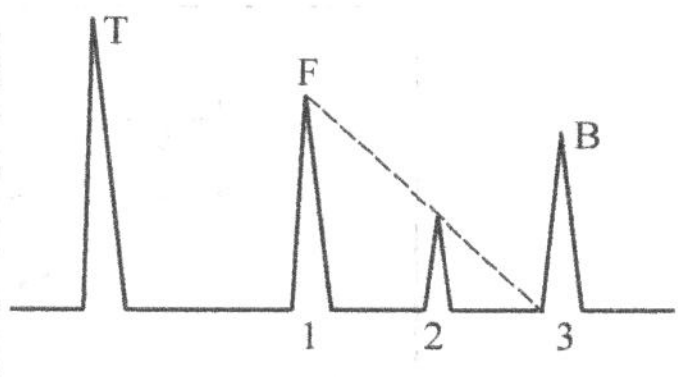

图 7-13 游动回波

当显示屏上出现密集的互相连接的缺陷回波，并且底波明显下降或消失时，说明锻件中存在密集缺陷。

十、非缺陷回波分析

在锻件检测中经常会出现一些非缺陷回波，从而影响对缺陷回波的判别。常见的非缺陷回波有以下几种：

1. *三角反射波*

当周向检测圆柱形锻件时，由于探头与圆柱面耦合不好，波束严重扩散，而在显示屏上出现两个三角反射波。这两个三角反射波的声程分别为 $1.3d$ 和 $1.67d$（d 为圆柱形锻件的直径），据此可以鉴别三角反射波。由于三角反射波总是位于底波之后，而缺陷波一般位于底波之前，因此三角反射波不会干扰对缺陷的判别。

2. *迟到波*

当轴向检测细长轴类锻件时，由于波型转换，在显示屏上会出现迟到波。迟到波的声程是特定的，而且可能出现多次。第一次迟到波位于底波之后 $0.76d$ 处（d 为轴类锻件的直径），以后各次迟到波的间距均为 $0.76d$。由于迟到波总在底波之后，而缺陷波一般位于底波之前，因此迟到波也不会影响对缺陷的判别。

另外，从扁平方向检测扁平锻件时，也会出现迟到波，检测时应注意判别。

3. 61°反射波

当锻件中存在与检测面成61°角的缺陷时，显示屏上会出现61°反射波。61°反射波是因变型横波垂直入射侧面而引起的，如图7-14所示。在图7-14中，F为缺陷直接波，M为61°反射波。

61°反射波的声程也是特定的，总是等于61°角所对直角边的边长。产生61°反射时，缺陷直接反射的回波较低，而61°反射波较高。

另外，在检测图7-15所示锻件中的缺陷时，也会出现61°反射波，同时还会产生45°反射波，此时可根据反射波的声程通过计算来判别。

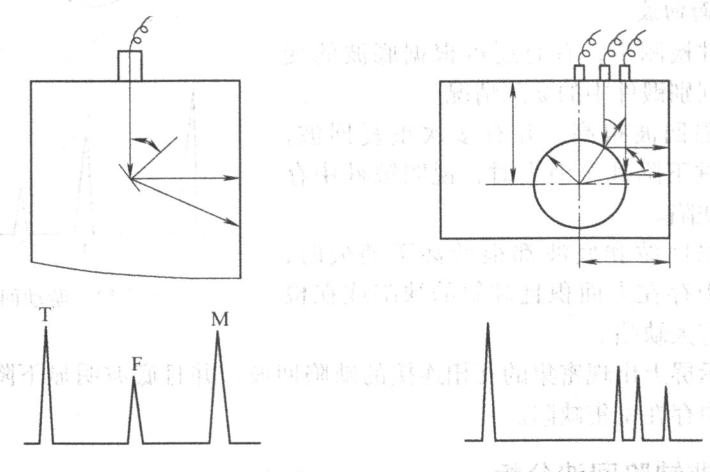

图7-14　倾斜缺陷的61°反射波　　　图7-15　特殊结构侧壁反射波

4. 轮廓回波

在对锻件进行检测时，锻件的台阶、凹槽等外形轮廓也会引起一些轮廓回波，检测时要注意判别。

此外，在锻件检测时还可能产生一些其他的非缺陷回波，这时应根据锻件的结构形状、材质和锻造工艺，应用超声波反射、折射和波型转换理论进行分析和判别。

十一、常见缺陷的波形特征

（1）白点的波形特征　白点的波形呈林状，波峰清晰，尖锐有力，缺陷回波出现位置与缺陷分布相对应，探头移动时缺陷回波切换，变化不快，降低检测灵敏度时，缺陷回波下降速度较底波慢。白点对底波反射次数影响较大，甚至使底波只反射一两次甚至消失。当提高灵敏度时，底波反射次数无明显增加。圆周各处检测波形均相类似。在纵向检测时，缺陷回波不会延续到锻坯的断头。典型

的白点波形如图 7-16 所示。

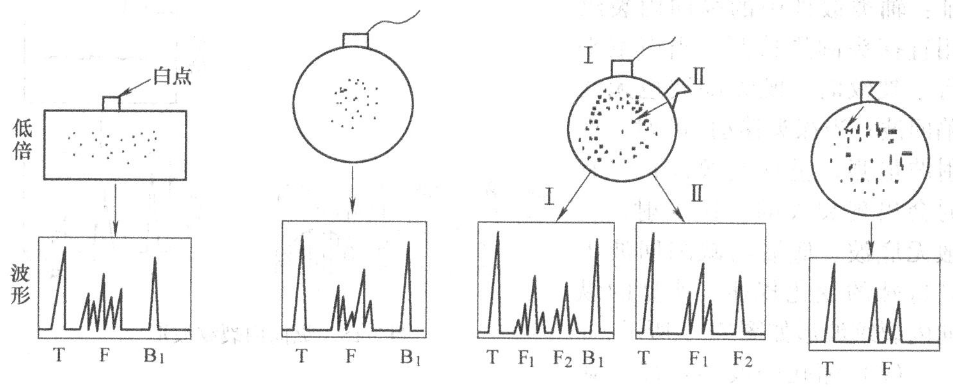

图 7-16　典型的白点波形

（2）内裂纹的波形特征

1）横向内裂纹的波形特征：轴类工件中的横向内裂纹用直探头检测，当声束平行于裂纹时，既无底波又无缺陷回波，提高灵敏度后出现一系列小缺陷回波；当探头从裂纹处移开时，底波多次反射，恢复正常。当斜探头轴向移动检测和直探头发射波纵向贯穿入射时，都出现典型的裂纹波形，即波形反射强烈，波底较宽，波峰分枝，成束状。当斜探头移向裂纹时，缺陷回波向始波移动，反之，向远离始波方向移动。典型的横向内裂纹波形如图 7-17 所示。

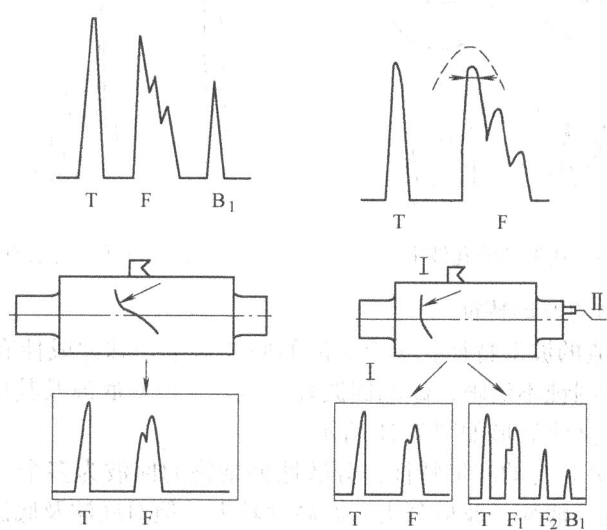

图 7-17　典型的横向内裂纹波形

2）纵向内裂纹的波形特征：轴类锻件中的纵向内裂纹用直探头圆周检测，当声束平行于裂纹时，既无底波也无缺陷回波；当探头移动90°时，反射波最强，呈现裂纹波形，有时会出现裂纹的二次反射，一般无底波。底波与缺陷回波出现特殊的变化规律。典型的纵向内裂纹波形如图7-18所示。

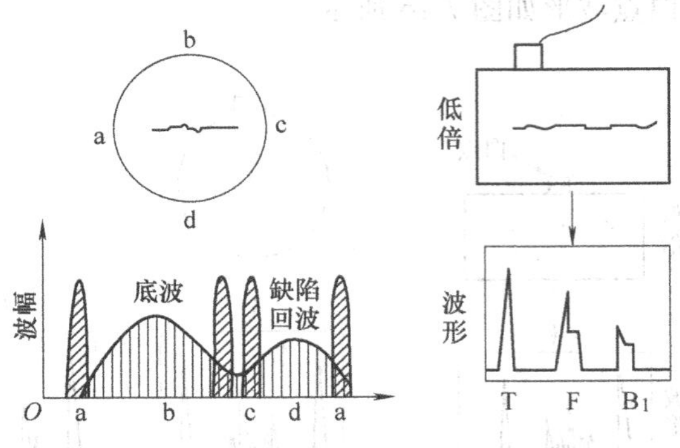

图7-18　纵向内裂纹波形

（3）缩孔的波形特征　缺陷回波反射强烈，波底宽大，成束状，在主缺陷回波附近常伴有小缺陷回波，对底波影响严重，常使底波消失；圆周各处缺陷回波基本类似缩孔，常出现在冒口端或热节处。典型的缩孔波形如图7-19所示。

（4）缩孔残余的波形特征　缺陷回波幅度强，出现在工件心部，沿轴向检测时缺陷回波具有连续性。由于缩孔因锻造而变形，因此圆周各处缺陷回波幅度差别较大，缺陷使底波严重衰减，甚至消失。典型的缩孔残余波形如图7-20所示。

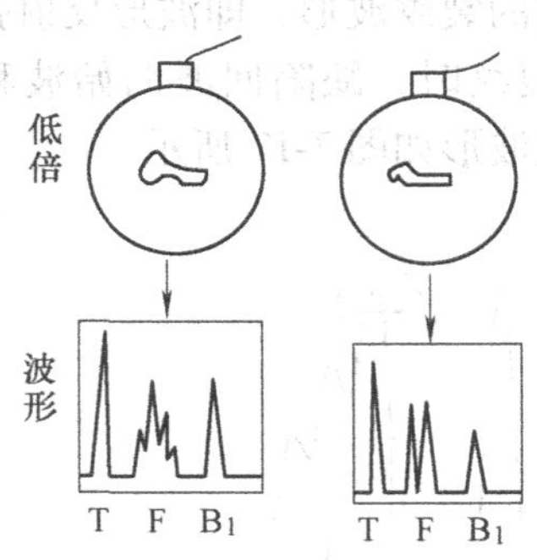

图7-19　典型的缩孔波形

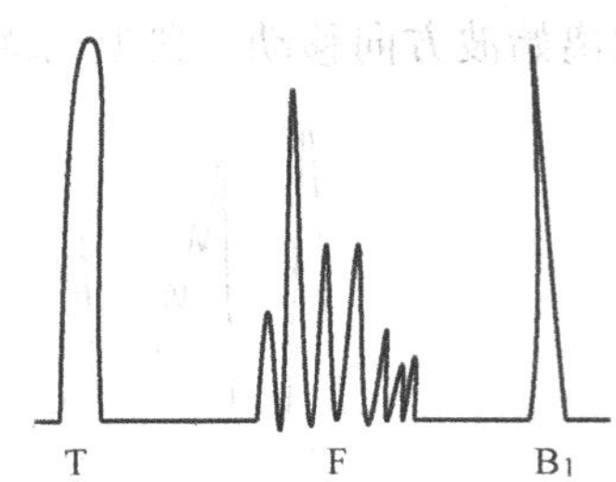

图7-20　典型的缩孔残余波形

（5）夹杂物的波形特征

1）单个夹渣的波形特征：单个夹渣的回波为单一脉冲或伴有小缺陷回波的单个脉冲，波峰圆钝不清晰，缺陷回波幅度虽高，但对底波及其反射次数影响不大。典型的单个夹渣波形如图7-21所示。

2）分散性夹杂物的波形特征：分散性夹杂物的回波为多个，有时呈现林状波，但波峰圆钝不清晰，波形分支，波高度较大，但对底波及底波多次反射次数影响较小。移动探头时，缺陷回波变化速度比白点快。典型的分散性夹杂物波形如图7-22所示。

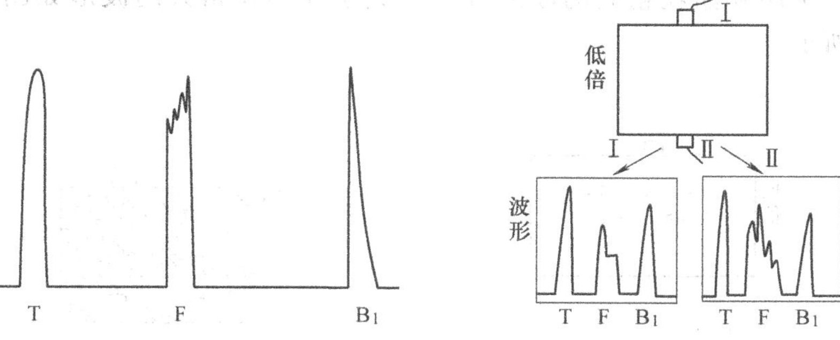

图 7-21　单个夹渣波形

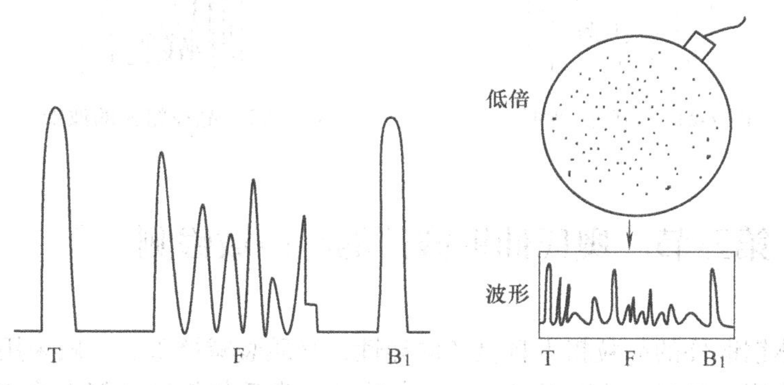

图 7-22　典型的分散性夹杂物波形

（6）疏松的波形特征　在低灵敏度时，疏松回波很低或无伤痕，提高灵敏度后才呈现典型的疏松波形。疏松回波对底波有一定影响，但影响不大，随着灵敏度的提高，底波变化变小。典型的疏松波形如图 7-23 所示。

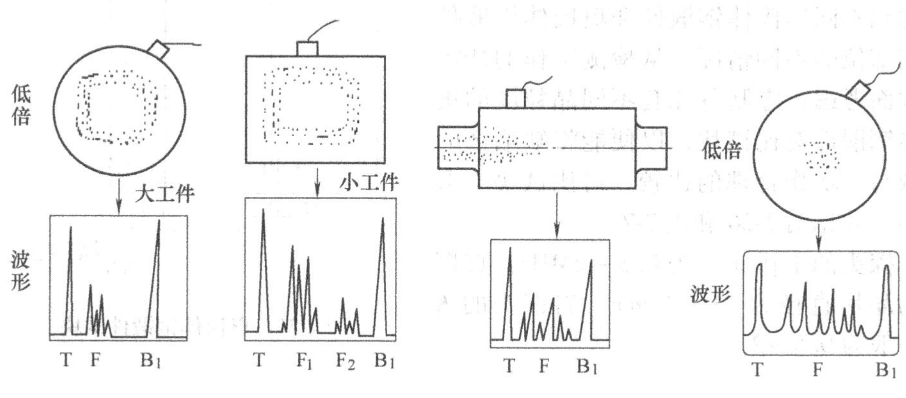

图 7-23　典型的疏松波形

（7）夹层和晶粒粗大的波形特征　夹层和晶粒粗大的波形如图 7-24 和图 7-25所示。

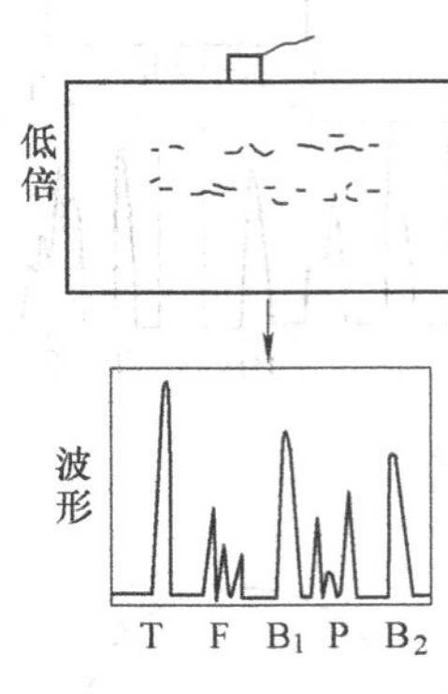

图 7-24　夹层的波形

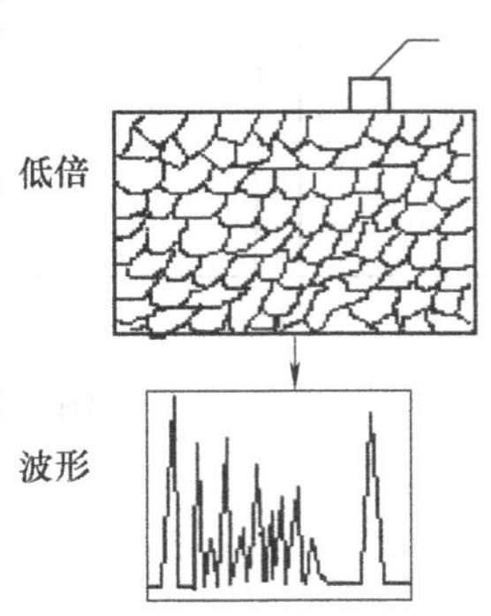

图 7-25　晶粒粗大的波形

第三节　奥氏体钢锻件的超声波检测

奥氏体钢锻件的晶粒粗大且呈各向异性，材质衰减严重。一般采用波长比较大的纵波检测，以减小衰减系数，提高信噪比。奥氏体钢锻件超声检测所采用的斜探头一般都是纵波斜探头。

为了克服奥氏体钢锻件晶粒粗大且呈各向异性的影响，采用的对比试块的晶粒大小和声学特性应与被测锻件尽可能相同。考虑到不同奥氏体钢锻件和奥氏体钢锻件不同部位的不同情况，从检测工作的严肃性方面考虑，应制备几套不同晶粒度的奥氏体钢锻件对比试块，以便能将缺陷区的衰减与试块作合理的比较。对比试块的形状和尺寸见图 7-26 和表 7-7。

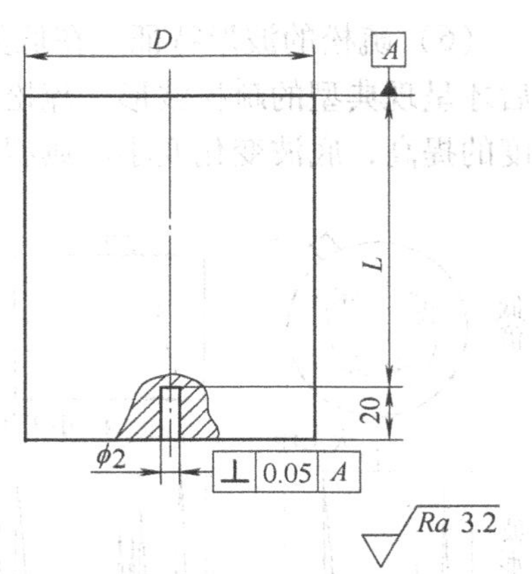

图 7-26　奥氏体钢锻件试块

探头的工作频率为 0.5～2MHz，直探头的晶片直径为 14～30mm，斜探头的 K 值一般为 0.5～2。

表 7-7 奥氏体钢锻件试块尺寸 (单位：mm)

$\phi3$		$\phi6$		$\phi10$		$\phi13$	
L	*D*	*L*	*D*	*L*	*D*	*L*	*D*
20	50	20	50	20	50	20	50
40	50	50	50	50	50	50	50
60	50	80	50	100	60	100	60
80	50	120	60	150	80	150	80
—	—	160	80	200	80	200	80
—	—	200	80	250	100	250	100
—	—	—	—	300	100	300	100
—	—	—	—	—	—	400	150
—	—	—	—	—	—	500	150
—	—	—	—	—	—	600	200

一、直探头检测

当板厚不大于600mm时，应根据锻件厚度和要求的质量等级，在适当厚度和当量的平底孔试块上，根据实测值绘制距离-波幅曲线；当板厚大于600mm时，在锻件无缺陷部位将底波调至显示屏满刻度的80%，以此为基准，绘出距离-波幅曲线。在条件允许时，可在锻件有代表性的部位加工一个或几个适当大小的对比孔或槽，代替试块作为校正和检测的基准。扫查灵敏度应至少比距离-波幅曲线（定量线）或基准灵敏度提高6dB。原则上应从两个相互垂直的方向进行检测，并尽可能地检测到锻件的全体积。

缺陷记录：由于缺陷的存在，底波降为显示屏满刻度25%以下。波幅大于基准线高度50%的缺陷信号都应记录。

单晶直探头检测的质量分级可以参照表7-8，斜探头检测的质量分级可以参照表7-9。

表 7-8 单晶直探头检测的质量分级 (单位：mm)

工件公称厚度	≤80		>80～200		>200～300		>300～600		>600	
工件质量等级	Ⅰ	Ⅱ	Ⅰ	Ⅱ	Ⅰ	Ⅱ	Ⅰ	Ⅱ	Ⅰ	Ⅱ
缺陷当量直径或因缺陷引起底波降低后的幅度	≤$\phi3$	>$\phi3$	≤$\phi6$	>$\phi6$	≤$\phi10$	>$\phi10$	≤$\phi13$	>$\phi13$	≥5%	<5%

表 7-9 斜探头检测的质量分级 (单位：mm)

等 级	Ⅰ	Ⅱ
缺陷大小	V形槽深为工件壁厚的3%，最大为3	V形槽深为工件壁厚的5%，最大为6

二、斜探头检测

对于内、外径之比大于或等于80%的承压设备，用奥氏体钢环形和筒形锻件的超声斜探头检测。用于调整检测灵敏度的对比试块，可以利用被检工件壁厚或长度上的加工余量部分制作。在锻件的内、外表面，分别沿轴向和周向加工平行的V形槽，将其作为标准沟槽。V形槽长度为25mm，深度t为锻件壁厚的3%或5%，角度为60°。也可采用其他等效的反射体（如边角反射等）。

基准灵敏度的确定：采用切槽法时，一般需将探头置于外圆表面上，使声束垂直于刻槽长度方向，移动探头并调整仪器灵敏度，使外壁槽第二次反射（W型反射）或内壁槽第二次反射（N型反射）回波高度至少为显示屏满刻度的20%。连接外壁槽第一次和第二次回波峰值点或内壁槽第一次和第二次回波峰值点，以此作为全跨距校正的距离-波幅曲线。如果采用全跨距校正从内、外壁表面的槽上都得不到至少为显示屏满刻度20%的第二次回波，则应采用半跨距校正（此时内、外壁均应各制一槽，并使其互不影响），使来自外壁槽的第一次回波高度至少为显示屏满刻度的20%。连接内壁槽第一次回波和外壁槽第一次回波的峰值点，以此作为半跨距校正的距离-波幅曲线。

记录波幅大于距离-波幅曲线（基准线）高度50%的缺陷反射波和缺陷位置。缺陷指示长度按6dB法测定。当相邻两个缺陷间距小于或等于25mm时，按单个缺陷处理。

质量评级可以参考有关标准。

第四节　铸件的超声波检测

采用超声波检测的铸件主要有球墨铸铁件和铸钢件两种。

一、检测条件的选择

1. 探头的选择

频率：双晶直探头为5MHz，单晶直探头为2～5MHz，用于检测晶粒粗大的锻件时可适当降低频率，可用1～2.5MHz。

晶片尺寸：$\phi14\sim\phi25$mm，常用$\phi20$mm。双晶直探头用于检测近表面缺陷，探头晶片面积一般不小于150mm^2。斜探头晶片面积一般为140～400mm^2，频率为1～2.5MHz。对于K值，检测与表面垂直的缺陷时宜用$K1$（45°），必要时用$K2$（60°～70°）。

通过比较参考反射体回波高度（通常是第一次底波）和噪声信号来评价材

料的超声可探性。评价时应选择铸钢件具有代表性的区域，该区域必须是上下面平行的最终表面和最大厚度。参考回波高度应至少高出噪声信号6dB。如果在检测的最大厚度处检测到的最小平底孔或相当的横孔直径的回波高度不大于噪声信号6dB，则超声可探性下降。在小于6dB的信噪比下，检测到的平底孔或相当的横孔直径应在检测报告中说明，并经供需双方同意。

在铸钢件检测中，应依据铸钢件的形状和检测的缺陷类型来选择直探头和斜探头。检测近表面区时，应使用双晶探头。在检测时，应尽可能从相对的两个方向检测。当只能从一个方向检测时，为了发现近表面缺陷，应附加使用近场分辨探头，在壁厚不到50mm时应使用双晶探头。

超声波传播采用表面平行区域的一次或多次底波来校对。为确定适当的平底孔尺寸，可以采用距离增益尺寸法（DGS）或者使用具有相同的材质、热处理状态和壁厚的平底孔试块。该试块的平底孔直径依据表7-10或相当的横孔直径制作。

表7-10 超声波可探性要求 （单位：mm）

壁厚	能探测的最小平底孔直径
≤300	3
>300～400	4
>400～600	6

2. 耦合剂

耦合剂（如机油、糨糊、甘油和水等）应润湿检测表面并确保超声波传播。在校准和检测中应使用同一种耦合剂。

被检表面应能使探头达到良好的耦合效果，应无影响声波传播和探头移动的锈蚀、氧化皮、焊接飞溅或其他不规则物。

当使用单晶探头时，为达到良好的耦合效果，被检表面的粗糙度至少应满足$Ra \leqslant 25\mu m$。机加工表面粗糙度应满足$Ra \leqslant 12.5\mu m$。特殊的检测技术对表面粗糙度的要求更高，如要求$Ra \leqslant 6.3\mu m$。

二、灵敏度的调整和缺陷的检测

1. 灵敏度的调整

在调整扫描速度范围后进行灵敏度的调整。灵敏度的调整方法有以下两种：

（1）距离幅度校正曲线法（DAC） 距离幅度校正曲线法是用一系列相同反射体（平底孔FBH或横孔SDH）的回波高度得出的。每个反射体有不同的声程，通常采用2～2.5MHz的频率和直径为6mm的平底孔校正。

（2）距离增益尺寸法（DGS） 距离增益尺寸法是用一系列理论上计算出的

声程、仪器增益、垂直于声束轴线的平底孔直径的关系得出的。

2. 缺陷的检测

为了便于探测缺陷，应将增益一直提高到显示屏上可见噪声水平线（扫查灵敏度）。

表 7-11 给出的平底孔或相当横孔的直径，在检测的最大厚度范围内，回波高度不低于显示屏满刻度的 40%。

在检测过程中，如果怀疑由缺陷引起的底波衰减量超出规定的记录值，则应降低检测灵敏度，准确测定底波衰减的 dB 值。

表 7-11　记录值

壁厚/mm	检测区域	不能测量尺寸的反射（点状缺陷）最小平底孔当量直径①/mm	能测量尺寸的反射（延伸性缺陷）最小平底孔当量直径/mm	底波衰减最小值/dB
≤300	—	4	3	12
>300～400	—	6	4	
>400～600	—	6	6	
—	1 级区域	3	3	6
—	特殊外层	3	3	—

① 平底孔直径转换成横孔直径的公式见式（7-1）。

平底孔直径和横孔直径的转换公式为

$$D_Q = \frac{4.935 \times D_{FBH}^4}{\lambda^2 s} \tag{7-7}$$

式中　D_Q——横孔直径（mm）；

D_{FBH}——平底孔直径（mm）；

λ——波长（mm）；

s——声程（mm）。

式（7-7）仅适用于 $D_Q \geqslant 2\lambda$，s 大于或等于 5 倍近场区长度，用单晶探头检测的场合。

斜探头的灵敏度使用自然的（非人工）平面型缺陷（裂纹尺寸在壁厚方向）或垂直于表面且远大于声束的侧壁来校核，探头底面要尽量与铸钢件表面形状吻合。

铸钢件供方应明确所用的检测工艺规范，在特定条件下要编制书面协议。此外，当供需双方没有其他约定时，应使用双晶直探头和斜探头检测铸钢件重要区域（如内圆角、变截面、加外冷铁处）、补焊区、准备焊接区、涉及铸钢件重要

性能的特殊外层等深度在 50mm 内的区域。

对于深度超过 50mm 的补焊区，应使用其他合适的斜探头补充检测。斜探头的角度大于 60°，声程不应超过 150mm。

探头的扫查应有重叠，重叠率应不大于直径或边长的 15%；应有规律地扫查所有被检区域，扫查速度应不超过 150mm/s。

在调整斜探头灵敏度时，应使反射体在显示屏上清晰地显示典型的动态回波壁厚分区如图 7-27 所示。壁厚方向上缺陷的尺寸如图 7-28 所示。

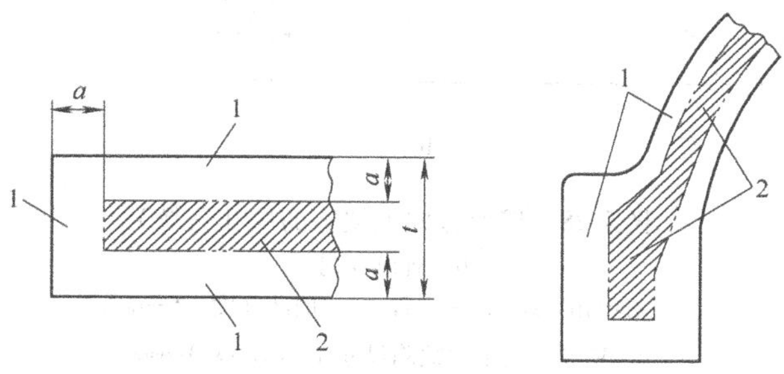

图 7-27　壁厚分区

1—外层　2—内层　t—壁厚　a—$t/3$（最大 30mm）

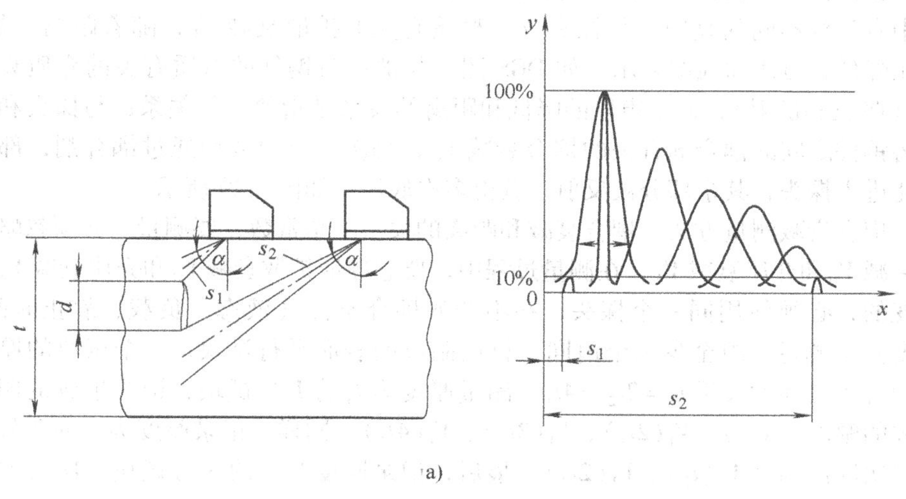

图 7-28　壁厚方向上缺陷的尺寸

a）断续反射

α—折射角　s_1，s_2—声程　y—回波高度　t—壁厚

d—壁厚方向上的缺陷尺寸 $d=(s_2-s_1)\cos\alpha$

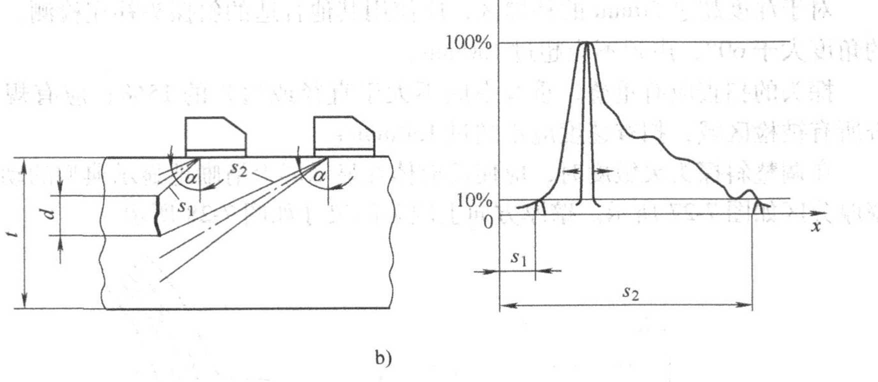

b)

图 7-28　壁厚方向上缺陷的尺寸（续）

b）连续反射

α—折射角　s_1，s_2—声程　y—回波高度　t—壁厚

d—壁厚方向上的缺陷尺寸 $d=(s_2-s_1)\cos\alpha$

三、耦合衰减的测定

在铸件探伤过程中，耦合传输损失变化大，必须给予考虑。在声波传播的过程中有三种不同的衰减：与探头及其材质有关的扩散衰减 V_D，随着距离增加，声压降低，可用曲线图表示，如 DGS 图；与被检铸钢件的材质有关的介质衰减 V_A（吸收和散射），通常声压的降低和距离的关系是指数函数关系；与探头和被检铸钢件之间的耦合剂有关的耦合衰减 V_{ct}，每次反射回波均通过耦合剂，部分声能进入探头，其余部分被反射，获得多次底波，如图 7-29 所示。

耦合衰减测量方法：耦合衰减和距离的关系不是常数，要测量它必须忽略扩散衰减 V_D和介质衰减 V_A。在测量过程中，要想保证扩散衰减 V_D和介质衰减 V_A是不变的，必须使用同一个探头，在不变的耦合条件（液态、负载、静止时间、温度）下测量一组至少三个由同一材质制成的表面平行试块，三个试块的厚度 t_1、t_2、t_3之间的关系 $t_3=2t_2=4t_1$。测量厚度为 t_1的 1 号试块，记录生成的四次底波的幅度 $V_1(t_1)$、$V_1(2t_1)$、$V_1(3t_1)$、$V_1(4t_1)$。同样，记录厚度为 t_2的 2 号试块二次底波幅度 $V_2(t_2)$、$V_2(2t_2)$，最后，记录厚度为 t_3的 3 号试块一次底波幅度 $V_3(t_3)$。

补偿量的计算：通常增益 V 的计算公式为

$$V=-20\lg\frac{A}{A_0} \tag{7-8}$$

式中　A、A_0——信号幅度。

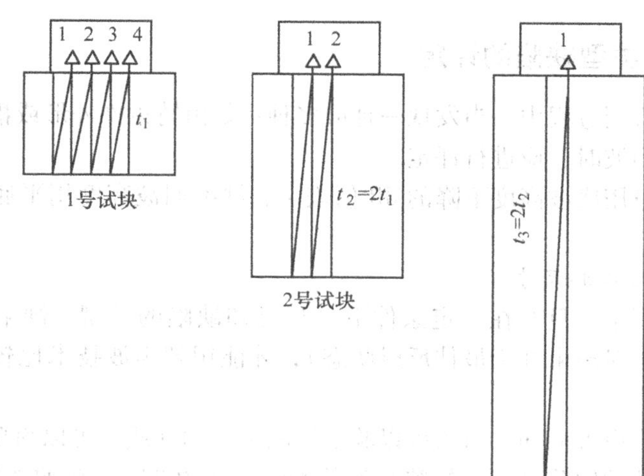

图 7-29　测量耦合衰减的步骤

厚度为 t_2 的 2 号试块的第二次底波和厚度为 t_3 的 3 号试块的第一次底波的声程是一样的，因此它们的扩散衰减 V_D 和介质衰减 V_A 是相等的。在 t_2 距离上耦合衰减的差为

$$V_2(2t_2) - V_3(t_3) = V_{ct}(t_2) \tag{7-9}$$

厚度为 t_1 的 1 号试块的第二次底波和厚度为 t_2 的 2 号试块的第一次底波的扩散系数 V_D 和介质衰减 V_A 是相等的。在 t_1 距离上耦合衰减的差为

$$V_1(2t_1) - V_2(t_2) = V_{ct}(t_1) \tag{7-10}$$

厚度为 t_3 的 1 号试块的第四次底波和厚度为 t_3 的 3 号试块的第一次底波的扩散衰减 V_D 和介质衰减 V_A 是相等的，但是测量的 $V_1(4t_1)$ 值包括三个不同距离 t_1、$2t_1$、$3t_1$ 的耦合衰减。在 $2t_1=t_2$ 和 t_1 距离上的衰减已由式（7-9）和式（7-10）算出，因此未知衰减 $V_{ct}(3t_1)$ 能被算出，即

$$V_1(4t_1) - V_3(t_3) - V_{ct}(t_1) - V_{ct}(t_2) = V_{ct}(3t_1) \tag{7-11}$$

用三个不同距离的耦合衰减值绘制出曲线图，如图 7-30 所示。$0.5t_1 \sim 3.5t_1$ 之间任一距离处的耦合衰减值不用作更多测量就可由曲线图算出。它们仅适用于符合相关标准规定合格的探头、耦合剂、材质。

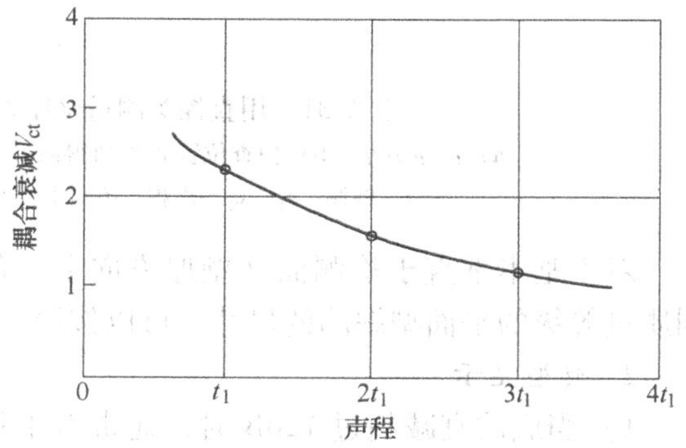

图 7-30　测定耦合衰减

四、不同类型缺陷的评定

在铸钢件检测过程中，当发现一种或多种不是由铸钢件外形或耦合引起的底波衰减或缺陷回波时，应进行评定。

底波衰减量用底波高度下降的 dB 值表示，缺陷回波高度用平底孔或横孔直径表示。

1. 缺陷的性质和尺寸

在工程应用中，只有在一定条件下（如已知缺陷的类型、缺陷具有简单的几何形状、缺陷对声束处于最佳反射状态），才能用超声波技术比较准确地测量缺陷的尺寸。

通过其他声束方向和入射角可以验证缺陷类型的性质，可以简单地将缺陷分为不能测量尺寸的缺陷（点状缺陷）和能测量尺寸的缺陷（延伸性缺陷）。

为准确测量缺陷的尺寸，推荐使用声束直径尽可能小的探头。

对于基本平行于检测面的缺陷，其尺寸的测定方法为：缺陷的边界可采用比端点最高信号波幅下降 6dB 的方法来测定。对于底波衰减，可采用比正常底波高度下降 6dB（2~2.5MHz 探头）的方法来测定。按照图 7-31 来测定壁厚方向上的缺陷尺寸。

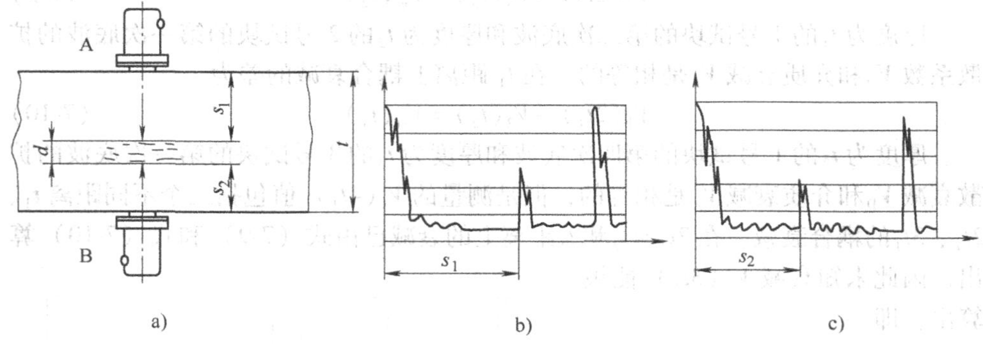

图 7-31　用直探头测量壁厚方向上缺陷的尺寸

a）测量方法　b）扫查位置 A 处所得波形　c）扫查位置 B 处所得波形

t—壁厚　s_1，s_2—声程　d—深度延伸[$d=t-(s_1-s_2)$]

对于基本垂直于检测面（壁厚方向上）的缺陷，其尺寸的测定方法为：不同质量等级的平面型缺陷的尺寸，可以按照回波降低 20dB 法测定。

2. 典型显示

1）当底波衰减超过 12dB 时，通常看不见缺陷回波。此类缺陷有海绵状缩松、气孔、夹杂或大倾斜的缺陷，如图 7-32 所示。

2）不能测量尺寸的半波缺陷，其半波尺寸小于或等于声束直径 D_F，如

图 7-33所示。

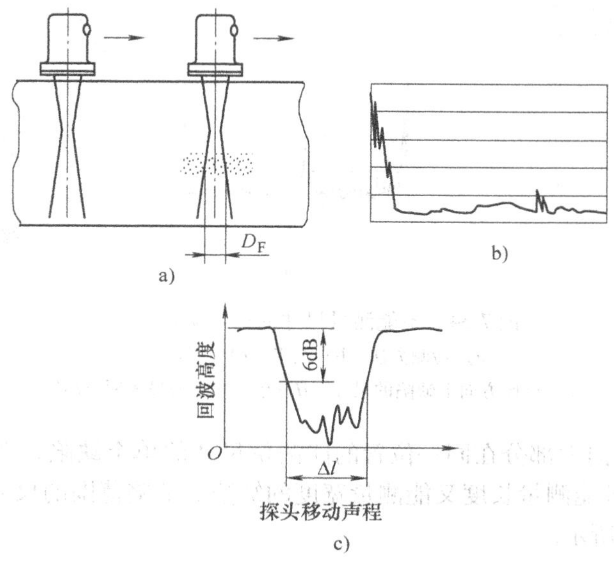

图 7-32 测量底波衰减超过 12dB 范围尺寸的缺陷

a) 检测方法 b) 波形 c) 回波动态

D_F—声束直径 Δl—缺陷尺寸（$\Delta l > D_F$）

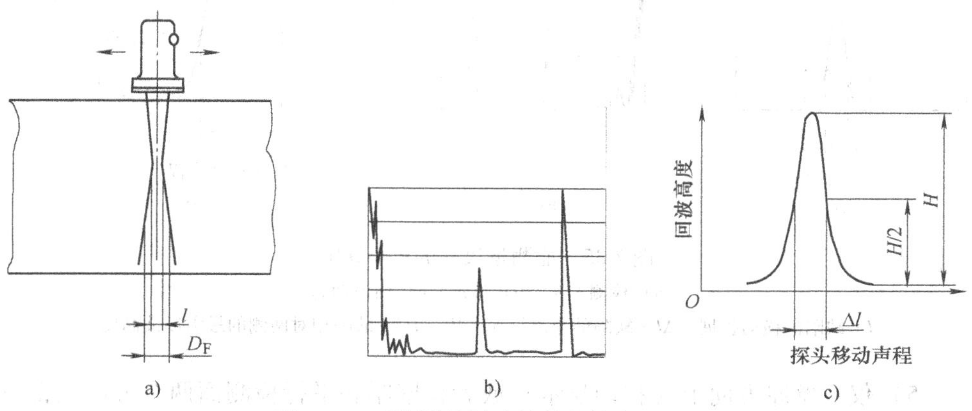

图 7-33 不能测量尺寸的单个缺陷（一）

a) 检测方法 b) 波形 c) 回波动态

l—缺陷的横向尺寸 H—单个缺陷的最大回波高度

D_F—声束直径 Δl——缺陷尺寸

3）能测量平行于检测面的尺寸而不能测量壁厚方向上的尺寸的单个缺陷。在反射点，其半波尺寸 Δd 小于或等于声束直径 D_F，如图 7-34 所示。

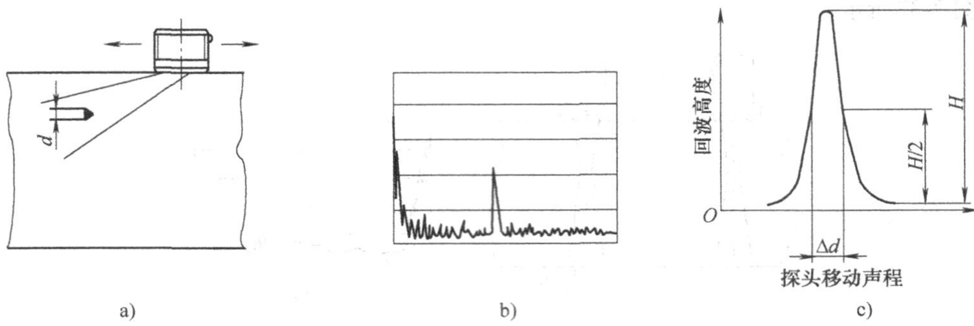

图 7-34 不能测量尺寸的单个缺陷（二）

a）检测方法 b）波形 c）回波动态

d—壁厚方向上缺陷的尺寸 *H*—单个缺陷的最大回波高度

4）壁厚方向大部分在同一位置的能测量尺寸的单个缺陷，即能测量长度不能测量宽度或既能测量长度又能测量宽度的缺陷。缺陷范围的尺寸大于声束尺寸 D_F，如图 7-35 所示。

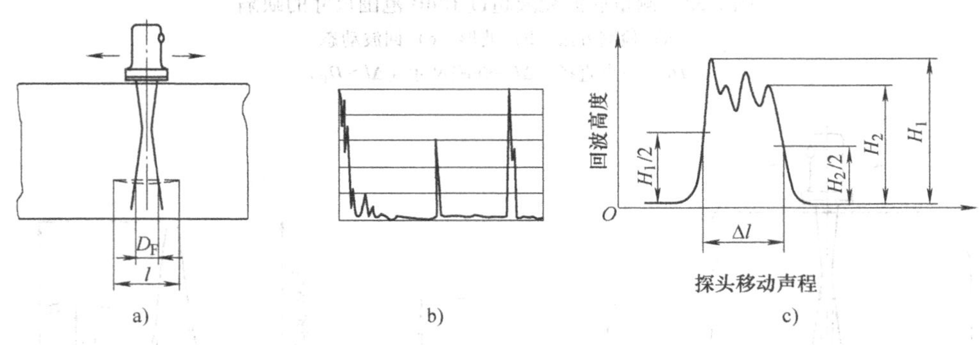

图 7-35 能测量尺寸的单个缺陷

a）检测方法 b）波形 c）回波动态

l—缺陷的横向扩展 Δ*l*—缺陷的半波尺寸 H_1、H_2—缺陷相对两侧的最大回波高度

5）仅在壁厚方向上（移动显示）或者在壁厚和平行检测面两个方向上都有明显回波动态的单个缺陷，如图 7-36 所示。

$$t = \Delta s\cos\alpha \tag{7-12}$$

式中 t——壁厚方向上的尺寸；

Δs——从位置 2 到位置 1 的声程差；

α——折射角。

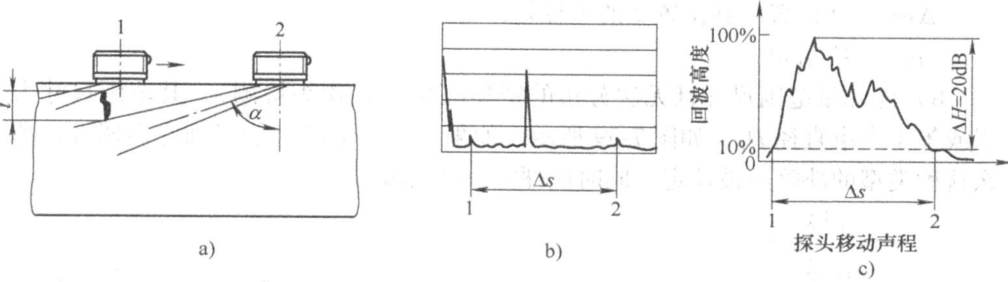

图 7-36 能测量壁厚方向上尺寸的单个缺陷

a）检测方法 b）波形 c）回波动态

1—探头位置 1 2—探头位置 2 ΔH—缺陷回波高度最大降低值 Δs—声程差

6）不能测量多个单个缺陷的尺寸，但能测量范围尺寸的多个缺陷。当探头移动声程改变时，所有的缺陷仍不能测量尺寸，如图 7-37 所示。

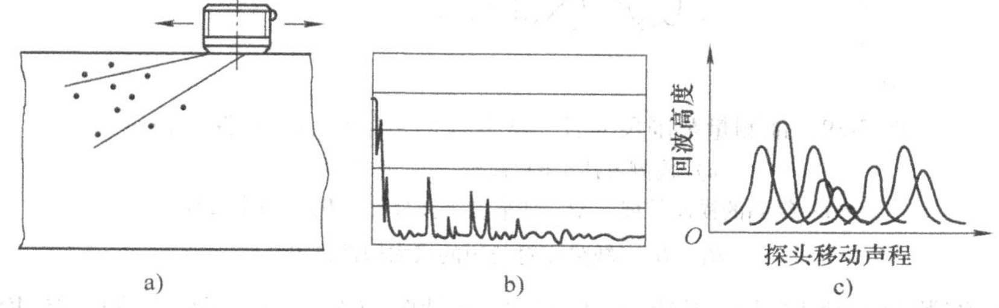

图 7-37 不能测量多个单个缺陷的尺寸，但能测量范围尺寸的多个缺陷

a）检测方法 b）波形 c）回波动态

7）能测量壁厚方向上尺寸的多个平面型缺陷，主要测量壁厚方向上的单个缺陷的尺寸，如图 7-38 所示。

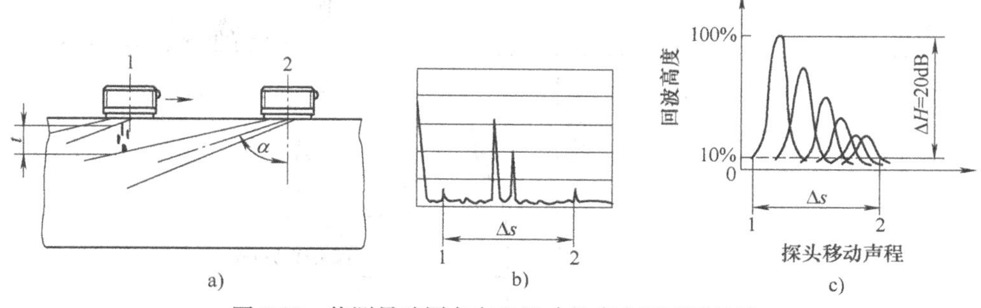

图 7-38 能测量壁厚方向上尺寸的多个平面型缺陷

a）检测方法 b）波形 c）回波动态

1—探头位置 1 2—探头位置 2 ΔH—缺陷回波高度最大降低值

$$t = \Delta s\cos\alpha \tag{7-13}$$

式中 t——壁厚方向上缺陷范围的尺寸；

Δs——从位置 1 到位置 2 的声程差；

α——折射角。

8）能测量范围尺寸且无法分辨的密集缺陷（直探头检测），其范围尺寸大于或等于声束直径 D_F，如图 7-39 所示。如果因几何形状不能得到底面回波，那么这种类型的缺陷应被评定，同时应评定底波衰减。

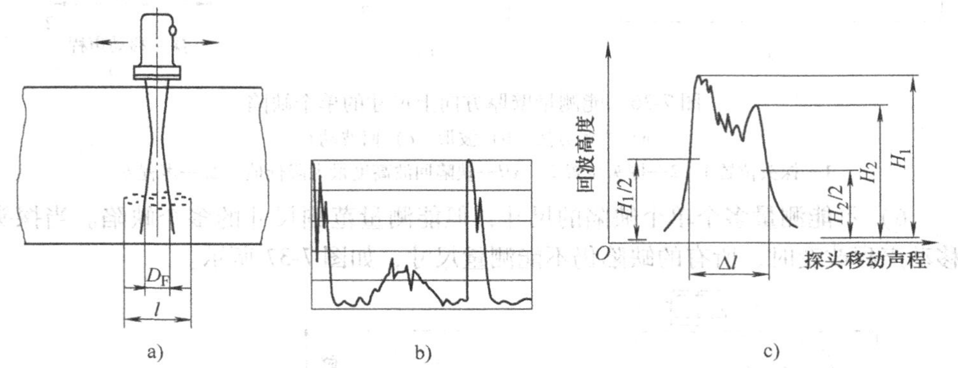

图 7-39　能测量范围尺寸且无法分辨的密集缺陷（直探头检测）

a）检测方法　b）波形　c）回波动态

l—缺陷的横向扩展　Δl—缺陷的半波尺寸　D_F—声束直径

H_1、H_2—缺陷相对两边的最大回波高度

9）能测量范围尺寸且无法分辨的密集型缺陷（斜探头检测），如图 7-40 所示。

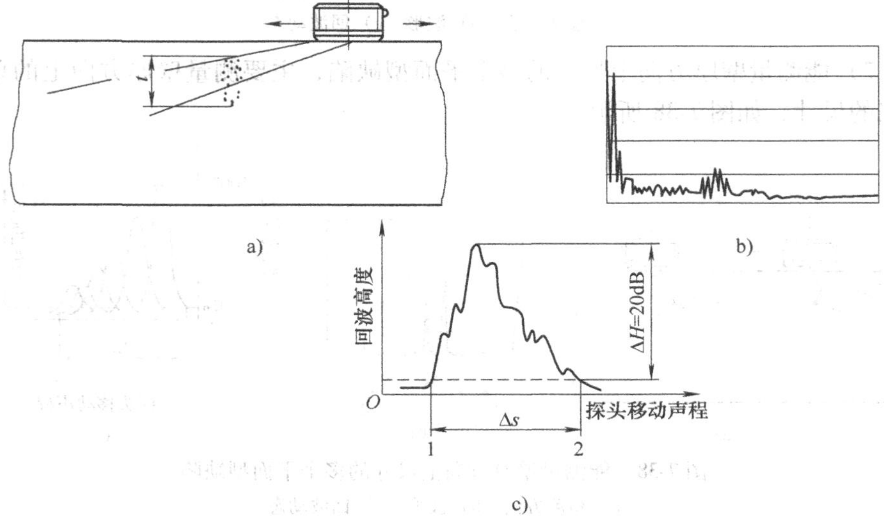

图 7-40　能测量范围尺寸且无法分辨的密集型缺陷（斜探头检测）

a）检测方法　b）波形　c）回波动态

1—探头位置 1　2—探头位置 2　ΔH—缺陷回波高度最大降低值

复习思考题

1. 锻件中常见的缺陷有哪几种？铸件中常见的缺陷有哪些？

2. 锻件一般分为哪几类？其缺陷各采用什么方法检测？

3. 在锻件超声波检测中，调节灵敏度的常用方法有哪几种？各适用于什么情况？

4. 利用锻件底波调节灵敏度有何好处？对锻件有何要求？

5. 在锻件超声波检测中，常用哪几种方法对缺陷进行定量检测？

6. 什么是游动回波？游动回波是怎样产生的？如何鉴别游动回波？

7. 在锻件超声波检测中，常用什么方法测定材质的衰减系数？影响测试结果精度的重要因素是什么？

8. 铸件超声波检测的困难是什么？

9. 在铸件超声波检测时，一般采用什么方法调节检测灵敏度？

10. 在铸件超声波检测时，一般用较低频率的原因是什么？

第八章

铁素体钢焊缝超声波检测

培训学习目标：了解铁素体钢焊缝可能出现的缺陷，正确掌握焊缝检测技术及操作要点，能够针对不同的缺陷类型选择合理的检测方法，并能够正确评定检测结果。

第一节 铁素体钢焊缝常见缺陷

焊接是利用加热或加压，或者二者并用的方法，通过原子或分子之间的结合和扩散，将两种或两种以上的同种或异种材料连接成一体的工艺过程。焊接的优点：焊接结构产品的质量轻，生产成本低；整体性好，具有良好的气密性、水密性；投资少、见效快；适用于几何尺寸大而材料较分散的制品；简化金属结构的加工工艺，缩短加工周期。其缺点是：结构无可拆性；焊接时局部加热，焊接接头的组织和性能与母材相比发生变化，产生焊接残留应力和焊接变形；焊接缺陷的隐蔽性，易导致焊接结构的意外破坏。焊接方法分为：将焊件接头加热至熔化状态，然后冷却结晶成一体，最容易实现原子结合的熔化焊；利用摩擦、扩散和加压等物理作用，克服表面不平度，除去氧化膜及其他污染物，使两个连接表面的原子相互接近到晶格距离，从而在固态条件下实现连接的固相焊接；采用熔点低于焊件（母材）的钎料与焊件一起加热，使钎料熔化（焊件不熔化）后，依靠钎料的流动充填接头预留空隙，并与固态的母材相互扩散、溶解，冷却后实现焊接的钎焊。超声波检测主要用于检测熔化焊焊接接头。

焊接结构常用接头形式有对接接头、角接接头、T 形接头、搭接接头，如图 8-1 所示。

焊缝中的缺陷主要有气孔、夹渣、焊接裂纹、未熔合、未焊透等。

1. 气孔

气孔是焊接时熔池中的气泡在凝固时未能逸出而残留下来所形成的空穴。气

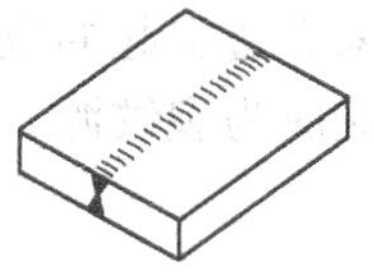

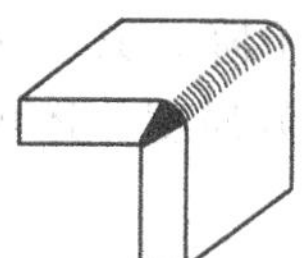

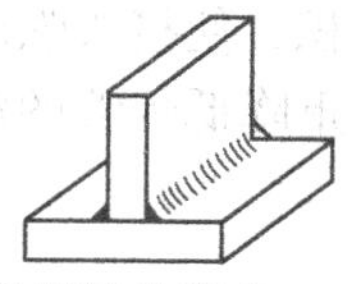

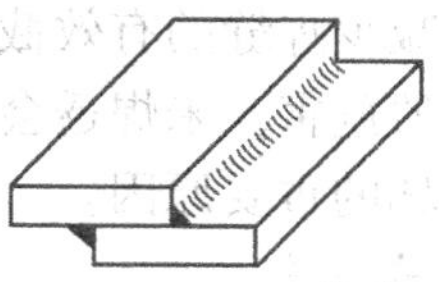

图 8-1　常用接头形式

孔可分为密集气孔、条虫状气孔和针状气孔等，如图 8-2 所示。根据气孔生成原因，可将气孔分为析出型气孔（如 N_2、H_2 气孔）和反应型气孔（如 CO 气孔）。气孔形成的气体来源有空气侵入，焊接材料吸潮，工件、焊丝表面的物质，药皮中高价氧化物或碳氢化合物的分解。

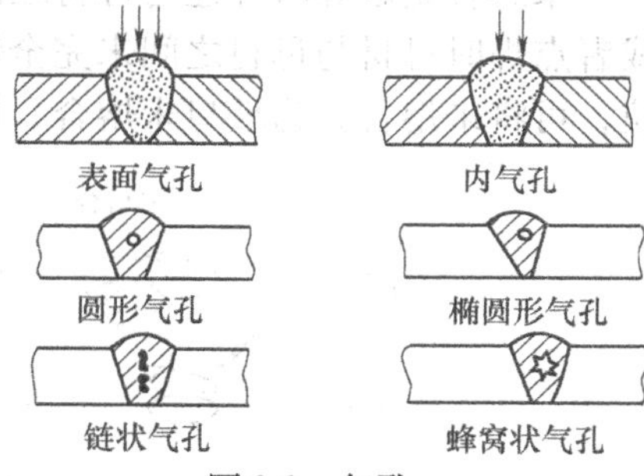

图 8-2　气孔

2. 夹渣

夹渣是焊后残留在焊缝中的焊渣，如图 8-3 所示。夹渣分为金属夹渣（指钨、铜等金属颗粒残留在焊缝之中，习惯上分别称为夹钨、夹铜）和非金属夹渣（未熔的焊条药皮或焊剂、硫化物、氧化物、氮化物残留于焊缝之中，冶金反应不完全，脱渣性不好）。按其分布与形状的不同，可将夹渣分为单个点状夹渣、单个条状夹渣、链状夹渣和密集夹渣。

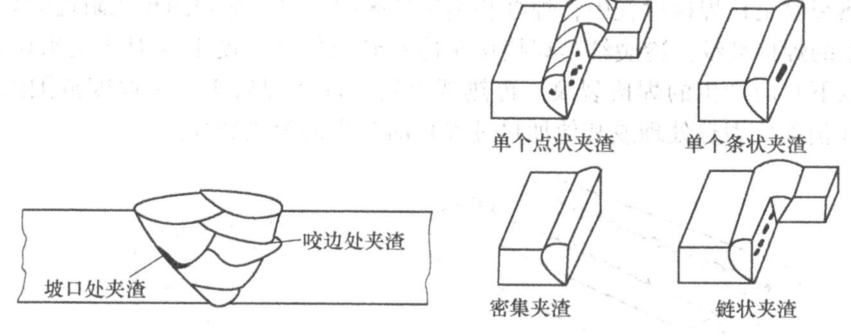

图 8-3　夹渣

3. 未焊透

未焊透是焊接时接头根部未完全焊透的现象，如图 8-4 所示。未焊透的危害

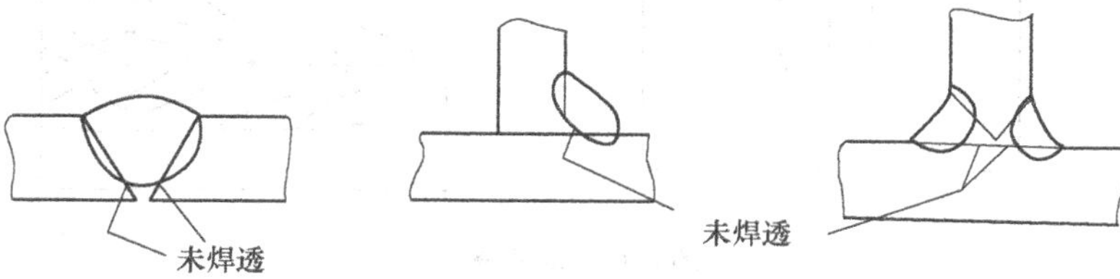

图 8-4　未焊透

之一是减少焊缝的有效截面积，使接头强度下降，其次是未焊透引起的应力集中所造成的危害。未焊透会严重降低焊缝的疲劳强度，还可能成为裂纹源，是造成焊缝破坏的重要原因。

4. 未熔合

未熔合是熔焊时焊道与母材之间或焊道与焊道之间未完全熔化结合的部分，或者点焊时母材与母材之间未完全熔化结合的部分，如图 8-5 所示。按其所在部位，可将未熔合分为坡口未熔合、层间未熔合和根部未熔合。

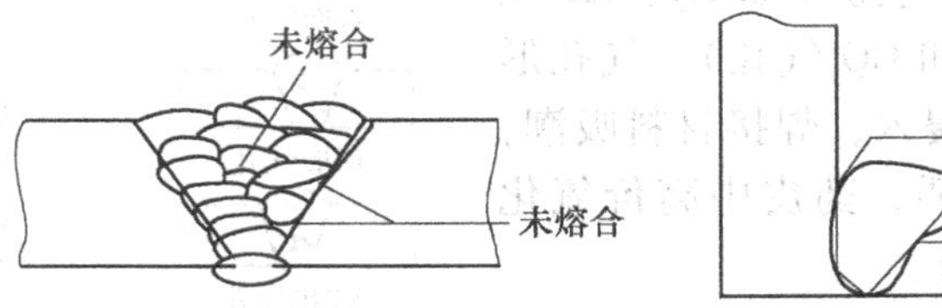

图 8-5 未熔合

5. 焊接裂纹

焊接裂纹是在焊接应力及其他致脆因素共同作用下，焊接接头中的局部地区因金属原子结合力遭到破坏而形成新界面，进而产生的缝隙，如图 8-6 所示。裂纹具有尖锐的缺口和大的长宽比特征。焊接裂纹包括热裂纹、冷裂纹和再热裂纹。热裂纹是在焊接过程中，焊缝和热影响区的金属冷却到固相线附近的高温区时产生的焊接裂纹。冷裂纹是焊接接头冷却到较低落温度下（对于钢来说在 Ms 温度以下）时产生的焊接裂纹。再热裂纹是焊件在焊后于一定温度范围内再次加热（消除应力热处理或其他加热过程）时产生的焊接裂纹。

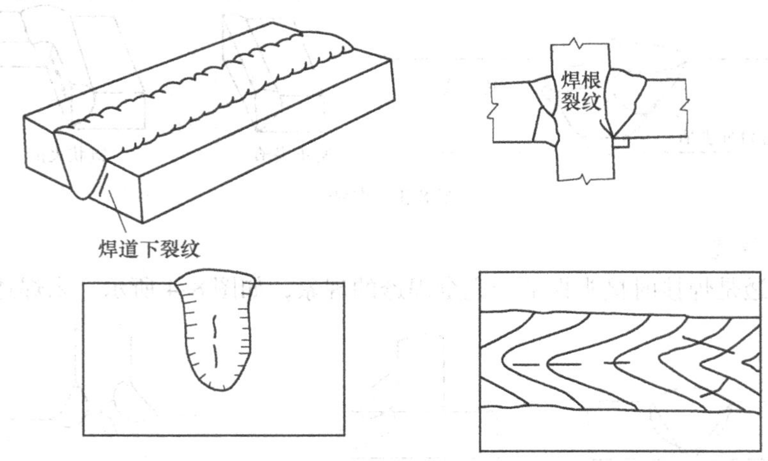

图 8-6 焊接裂纹

第二节 钢板对接焊缝的检测

一、检测准备

1. 检测前的准备

焊接工件表面应平整、光滑，其表面粗糙度一般不超过 $Ra6.3\mu m$。当用 4MHz 以上的频率检测时，表面粗糙度不得大于 $Ra3.2\mu m$。若焊接工件表面有飞溅物、氧化皮、凹坑及锈蚀等，则应予以清除，以保证良好的耦合。对于去除余高的焊缝，应将余高打磨到与临近母材平齐。对于保留余高的焊缝，若焊缝表面有咬边，则对较大的隆起和凹陷等也应进行适当的修磨，使其圆滑过渡，以免影响检测结果的评定。在对焊缝进行检测前，应划好检测区段，标记出检测区段编号。

焊缝两侧工件表面的修整宽度 P 一般根据母材厚度确定。厚度为 8～46mm 的焊缝采用二次波检测，检测面修整宽度为

$$P_2 \geqslant 2Kt + 50 \tag{8-1}$$

厚度大于 46mm 的焊缝采用一次波检测，检测面修整宽度为

$$P_1 \geqslant Kt + 50 \tag{8-2}$$

式中 K——探头 K 值；

t——母材厚度。

焊接接头的检测宽度为焊缝宽度每侧加热影响区宽度，具体数值根据板厚确定。焊接接头坡口形式及焊缝宽度如图 8-7 所示。

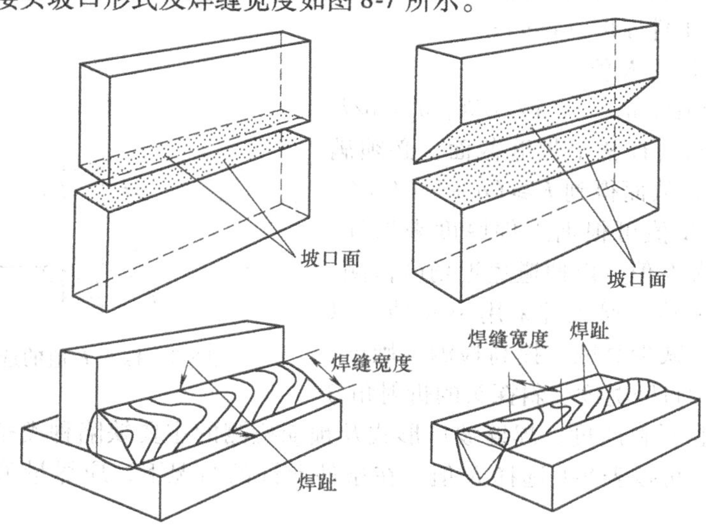

图 8-7 焊接接头坡口形式及焊缝宽度

检测区域应是焊缝本身再加上焊缝两侧相当于母材厚度30%的一般区域，这个区域的宽度最小10mm，最大20mm，如图8-8所示。

2. 耦合剂的选择

应选用适合的液体或糊状物作耦合剂。耦合剂应具有良好的透声性和适宜流动性，不应对材料和人体有损伤作用，同时应便于检测后的清理。典型的耦合剂为水、机油、甘油和糨糊。耦合剂中可加入适量的“润滑剂”或活性剂以便改善耦合性能。在试块上调节仪器和产品检测时应采用相同的耦合剂。

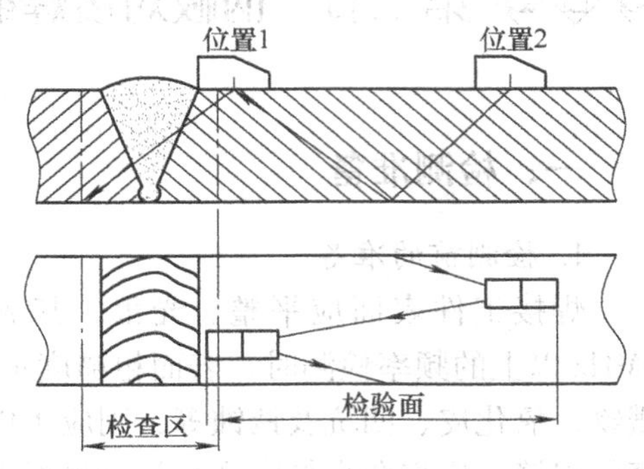

图8-8 检查区域

3. 检测频率的选择

检测频率一般为2.5～5.0MHz。对于板厚较小的焊缝，可采用较高的频率；对于板厚较大且衰减明显的焊缝，应选用较低的频率。

4. 探头K值的选择

用一、二次波单面检测双面焊时，为保证能扫查整个焊缝截面，探头K值必须满足的关系为

$$K \geqslant (a+b+l_0)/t \tag{8-3}$$

式中 a——上焊缝宽度的1/2（mm）；

b——下焊缝宽度的1/2（mm）；

l_0——探头的前沿距离（mm）；

t——工件厚度（mm）；

K——探头K值。

在图8-9中，$d_1=(a+l_0)/K$，$d_2=b/K$。

为保证能扫查整个焊缝截面，必须满足$d_1+d_2 \leqslant t$，从而得到$K \geqslant (a+b+l_0)/t$。一般斜探头K值可根据工件厚度来选择。薄工件采用大K值，以便避免近场区检测，提高定位量精度；厚工件采用小K值，以便缩短行程，减少衰减，提高检测灵敏度，同时还可减少打磨宽度。斜探头的折射角β或K值应依据材料厚度、焊缝坡口形式及预期检测的主要缺陷种类来选择。在实际检测时，可按表8-1选择K值。在条件允许的情况下，应尽量采用大K值探头。

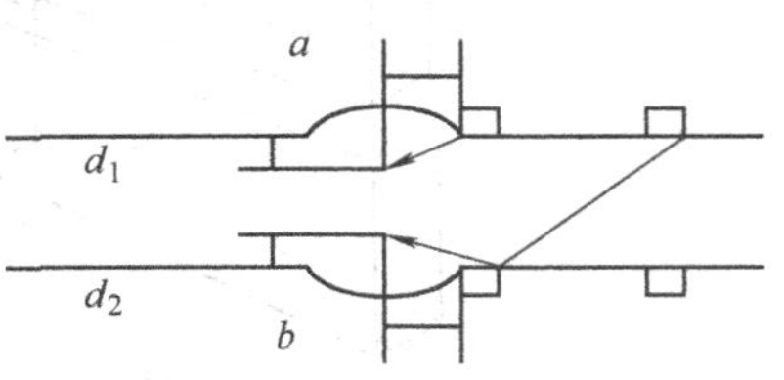

图8-9 探头K值的选择

表 8-1 斜探头 K 值、检测面及折射角

<table>
<tr><th rowspan="2">板厚/mm</th><th colspan="3">检测面</th><th rowspan="2">检测法</th><th rowspan="2">使用折射角或 K 值</th></tr>
<tr><th>A</th><th>B</th><th>C</th></tr>
<tr><td>≤25</td><td rowspan="2">单面单侧</td><td colspan="2" rowspan="3">单面双侧（1 和 2 或 3 和 4）或双面单侧（1 和 3 或 2 和 4）</td><td rowspan="2">直射法及一次反射法</td><td>70°（K2.5、K2.0）</td></tr>
<tr><td>>25 ~50</td><td>70°或 60°（K2.5、K2.0、K1.5）</td></tr>
<tr><td>>50 ~100</td><td>—</td><td rowspan="2">直射法</td><td>45°或 60°；45°和 60°；45°和 70°并用（K1 或 K1.5；K1 和 K1.5；K1 和 K2.0 并用）</td></tr>
<tr><td>>100</td><td>—</td><td colspan="2">双面双侧</td><td>45°和 60°并用（K1 和 K1.5 并用）</td></tr>
</table>

根据质量要求，检测等级分为 A、B、C 三级，检测的完善程度 A 级最低，B 级一般，C 级最高，检测工作的难度系数按 A、B、C 的顺序逐级增高。在检验前，应按照工件的材质、结构、焊接方法、使用条件及承受载荷的不同，合理地选用检测级别。A 级检测，采用一种角度的探头在焊缝的单面单侧进行检测，只对允许扫查到的焊缝截面进行检测，一般不要求做横向缺陷的检测。当母材厚度大于 50mm 时，不得采用 A 级检验。B 级检测原则上采用一种角度探头在焊缝的单面单侧进行检测，对整个焊缝截面进行检测。当母材厚度大于 100mm 时，采用双单双侧检测。其他附加要求是：将对接焊缝余高磨平，以便探头在焊缝上做平行扫查；焊缝两侧斜探头扫查经过的母材部分，要用直探头检查；当焊缝母材厚度大于或等于 100mm，窄间隙焊缝母材厚度大于或等于 40mm 时，一般要增加串列式扫查。

检测时要注意，K 值常因工件中的波速变化和探头的磨损而产生变化，所以检测前必须在试块上实测 K 值，并在以后的检测中经常校验。

对于焊缝下部及热影响区的纵向缺陷，可用半跨距法进行检测。对其余部分，当内面做过适当整形，又不能从其他面进行半跨距检查时，可用全跨距法检测。由于靠近焊缝的母材缺陷会干扰焊缝的横波检测，因其对其可用直探头检测。

5. 检测面的选择

（1）纵向缺陷 为了发现纵向缺陷，常采用以下三种方式进行检测。

1）板厚 $t=8\sim46$mm 的焊缝，以一种 K 值探头，用一、二次波在焊缝单面双侧进行检测。

2）板厚 $46<t\leqslant120$mm 的焊缝，以一种 K 值探头用一次波在焊缝两面双侧进行检测，若受几何条件限制，则也可在焊缝两面单侧或焊缝单面双侧采用两种 K 值探头进行检测。

3）板厚 $t\geqslant120$mm 的焊缝，用两种 K 值探头采用一次波在焊缝两面双侧进行检测。两种探头的折射角相差应不小于10°。

4）不同的超声波检测标准，对焊缝表面修磨要求也有区别，如图 8-10 所示。

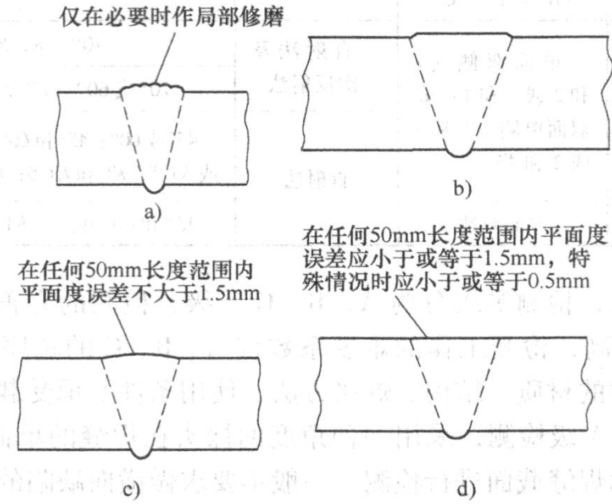

图 8-10　焊缝表面修磨要求

a）不修磨　b）部分修磨到轮廓光滑　c）部分修磨到轮廓接近平坦　d）完全磨平

（2）横向缺陷　为发现横向缺陷，常采用以下三种方式检测。

1）在已磨平的焊缝及热影响区表面，以一种（或两种）*K* 值探头，用一次波在焊缝两面做正、反两个方向的全面扫查，如图 8-11a 所示。

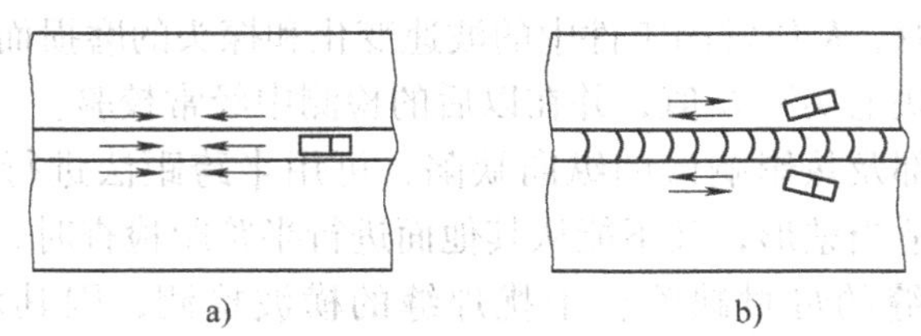

图 8-11　横向缺陷的扫查

2）用一种（或两种）*K* 值探头的一次波，在焊缝两面双侧做斜平行检测，声束轴线与焊缝中心线夹角成 10°～20°，如图 8-11b 所示。

二、距离-波幅曲线的绘制与应用

缺陷回波高度与缺陷大小及距离有关。大小相同的缺陷由于距离不同。回波高度也不相同。描述某一确定反射体回波高度随着距离变化的关系曲线称为距离-波幅曲线。它是 AVG 曲线的特例。距离-波幅曲线由定量线、判废线和评定线组成。评定线和定量线之间（包括评定线）称为 I 区，定量线与判废线之间

（包括定量线）称为Ⅱ区，判废线及其以上区域称为Ⅲ区。

焊缝检测常用试块为CSK—ⅠA、CSK—ⅡA、CSK—ⅢA、CSK—ⅣA试块。CSK—ⅠA试块是标准试块，是在ⅡW试块基础上改进后得到的。其结构及主要尺寸见图8-12。CSK—ⅠA试块有三点改进：首先，将直孔ϕ50mm改为ϕ50mm、ϕ44mm、ϕ40mm台阶孔，以便于测定横波斜探头的分辨力；其次，将R100mm改为R100mm、R50mm阶梯圆弧，以便于调整横波扫描速度和检测范围；最后，将试块上标定的折射角改为K值（$K=\tan\beta$），从而可直接测出横波斜探头的K值。

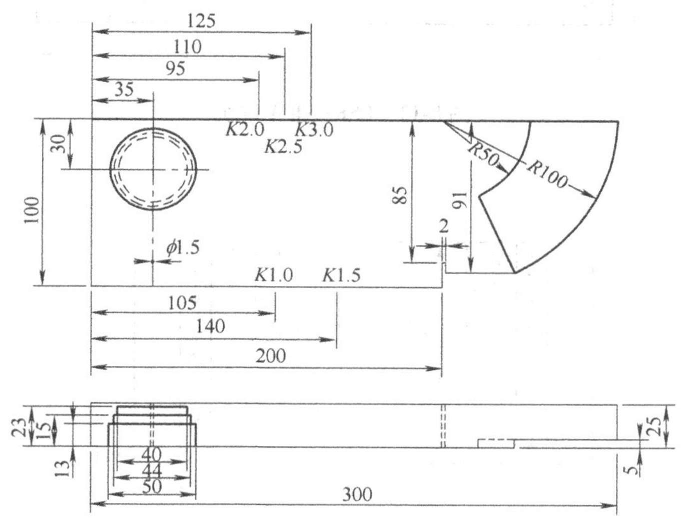

图8-12 CSK—ⅠA试块的结构及主要尺寸

表8-2 CSK—ⅣA标准试块尺寸 （单位：mm）

CSK—ⅣA	被检工件厚度	对比试块厚度	标准孔直径
No. 1	>120～150	135	6.4
No. 2	>150～200	175	7.9
No. 3	>200～250	225	9.5
No. 4	>250～300	275	11.1
No. 5	>300～350	325	12.7
No. 6	>350～400	375	14.3

CSK—ⅡA试块（见图8-13）、CSK—ⅢA试块（见图8-14）、CSK—ⅣA试块（见图8-15）是JB/T 4730.3—2005标准中规定的焊缝超声波检测用的横孔标准试块，主要用于测定横波距离-波幅曲线、斜探头的K值和调整横波扫描速度

和灵敏度等。CSK—ⅡAm 试块（见图 8-16）适用于壁厚为 6 ~ 8mm 的焊缝。CSK—ⅣA标准试块尺寸见表 8-2。

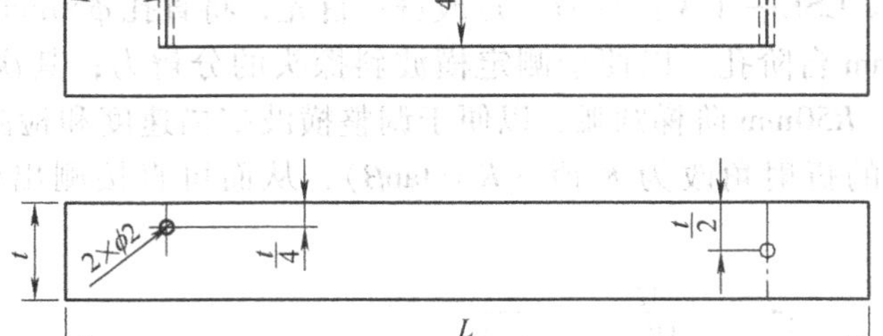

图 8-13　CSK—ⅡA 试块

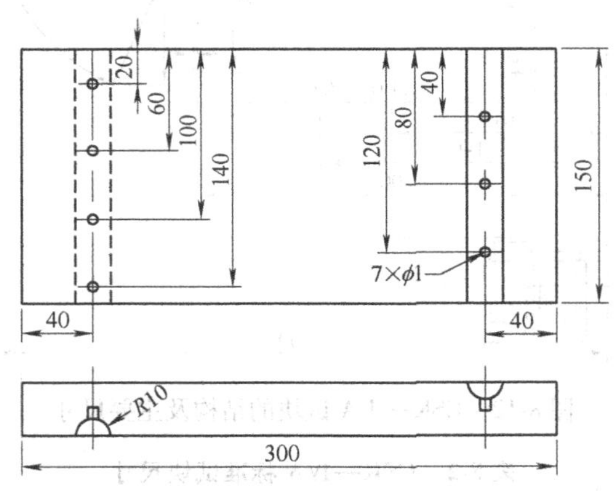

图 8-14　CSK—ⅢA 试块

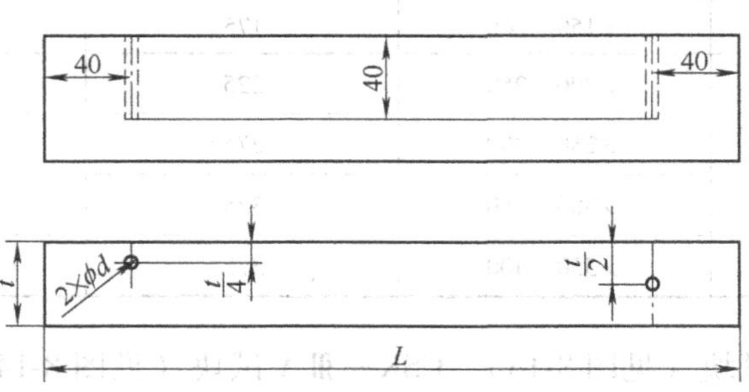

图 8-15　CSK—ⅣA 试块

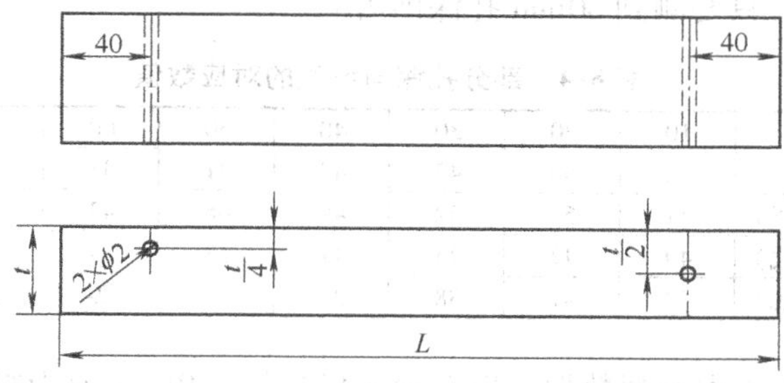

图 8-16 CSK—ⅡAm 试块

距离-波幅曲线有两种形式：一种是波幅用 dB 值表示作为纵坐标，距离为横坐标，称为距离-dB 曲线；另一种是波幅以毫米（或%）表示作为纵坐标，距离为横坐标，在实际检测中将其绘在显示屏面板上，称为面板曲线。距离-波幅曲线的灵敏度见表 8-3。

表 8-3 距离-波幅曲线的灵敏度（JB/T 4730.3—2005）

试块形式	板厚/mm	测长线	定量线	判废线
CSK—ⅡA	6～46	φ2×40－18dB	φ2×40－12dB	φ2×40－4dB
	>46～120	φ2×40－14dB	φ2×40－8dB	φ2×40＋2dB
CSK—ⅢA	8～15	φ1×6－12dB	φ1×6－6dB	φ1×6＋2dB
	>15～46	φ1×6－9dB	φ1×6－3dB	φ1×6＋5dB
	>46～120	φ1×6－6dB	φ1×6	φ1×6＋10dB
CSK—ⅣA	>120～400	φd－16dB	φd－10dB	φd

距离-波幅曲线与实用 AVG 曲线一样可以实测得到，也可由理论公式或通过 AVG 曲线得到，但在三倍近场区内只能实测得到。由于距离-波幅曲线是在实际检测中经常利用试块实测得到的，因此这里仅以 CSK—ⅢA 试块为例介绍距离-dB 曲线的绘制方法及其应用。

（1）距离-dB 曲线的绘制（设板厚为 30mm）

1）测定探头的入射点和 K 值，并根据板厚按水平或深度调节扫描速度，一般为 1∶1，这里按深度 1∶1 调节。

2）将探头置于 CSK—ⅢA 试块上，衰减 48dB（假定），调增益旋钮，使深度为 10mm 的 φ1×6 孔的最高回波高度达基准高的 60%，记下这时的衰减器读数和孔深，然后分别检测不同深度的 φ1×6 孔，使增益旋钮保持不动，用衰减器将各孔的最高回波高度调至基准高的 60%，记下相应的 dB 值和孔深，填入表 8-4，并将板厚为 30mm 对应的定量线、判废线和评定线的 dB 值填入表 8-4 中

（在实际检测中，只要测到60mm孔深即可）。

表8-4　部分孔深与波幅的对应数值

孔深/mm	10	20	30	40	50	60	70	80	90
φ1×6	52	50	47	44	41	38	36	34	32
φ1×6+5dB（判废线）	57	55	52	49	46	43	41	39	37
φ1×6−3dB（定量线）	49	47	44	41	38	35	33	31	29
φ1×6−9dB（评定线）	43	41	38	35	32	29	27	25	23

3）利用表8-4中所列数据，以孔深为横坐标，以dB值为纵坐标，在坐标纸上描点绘出定量线、判废线和评定线，标出Ⅰ区、Ⅱ区和Ⅲ区，并注明所用探头的频率、晶片尺寸和K值，如图8-17所示。

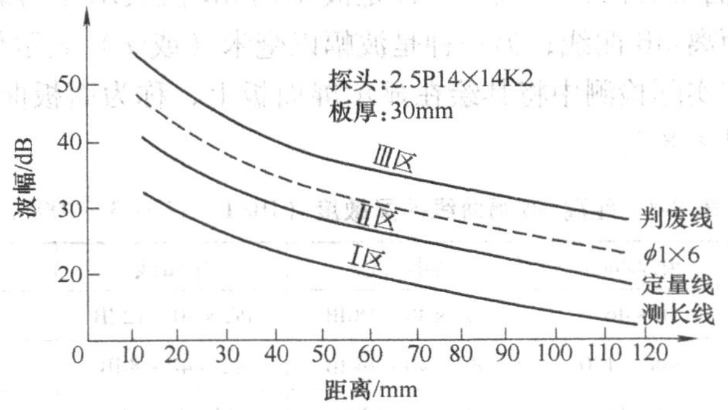

图8-17　距离-波幅曲线

4）用深度不同的两孔校验距离-dB曲线，若不相符，则应重测。

5）直接绘在探伤仪显示屏上的DAC曲线的制作步骤为：将时基线校正到所要使用的全检测范围，选择制作DAC曲线所要使用的横孔，调整探头位置，从具有最高反射的孔获得最大回波高度，然后调整增益，将该孔回波调到显示屏满刻度的80%，将回波峰值位置标在显示屏上，不改变仪器增益，将探头依次放在其他孔产生最大波幅的位置，并将回波峰值标在显示屏上，将显示屏或坐标纸上标出的各点连起来，即可得到专用探头的DAC曲线，如图8-18所示。

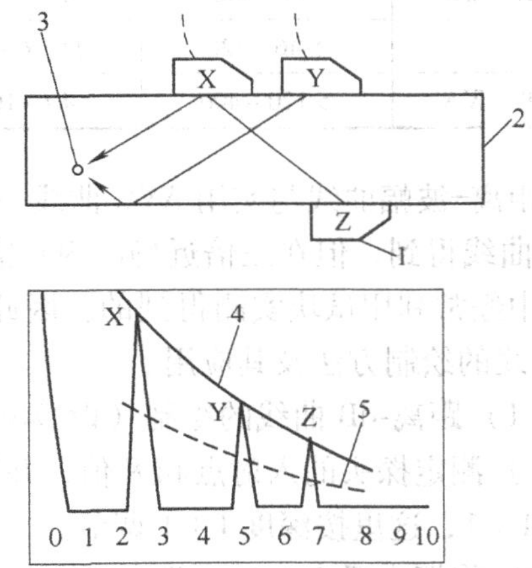

图8-18　DAC曲线的制作方法

1—斜探头　2—参考试块　3—参考反射体
4—距离幅度校正曲线（DAC）　5—50% DAC
X、Y、Z—探头位置

6）衰减和传输损失的修正。在调整最小扫查灵敏度或测试与横孔 DAC 曲线有关的回波高度时，若焊缝母材区和制作 DAC 曲线用试块之间的衰减或耦合差超过 2dB，则应进行修正。衰减和传输损失的测定方法如图 8-19 所示。

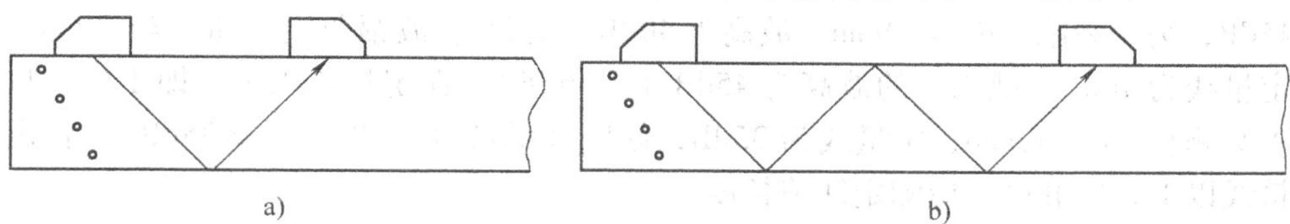

图 8-19　衰减和传输损失的测定方块

a）波高 V　b）波高 W

衰减的测定方法：使用一对相同的横波探头，其声束角度在 40°～50°之间，频率与随后焊缝检测用的探头相同，测试探头的晶片尺寸，应使声束呈 V 字形传播的声程 X 约为近场区长度的 3 倍以上，然后用单晶斜探头按常规方法校正时基线，将两探头置于被检材料上，使声束呈 V 字形传播，移动探头使回波高度最大，并记下波高 V（单位为 dB）及回波声程 X（单位为 mm），再将探头重新布置，使声束呈 W 形传播，记下波高 W（单位为 dB）及回波声程 Y（单位为 mm）。则衰减系数 A（单位为 dB/mm）为

$$A=\frac{(V-W)-6}{2(Y-X)} \tag{8-4}$$

传输损失的测定方法：校正时基线，测出图 8-19 中试块和被探材料 V 形直通信号之间的波高差 E（单位为 dB），记下试块声程 R_1（单位为 mm）和被检材料声程 R_2（单位为 mm），按衰减系数 A 和修正回波高度差 E，计算修正的波高 E_c 为

$$E_c=E+2R_2A \tag{8-5}$$

计算声程为 R_1 和 R_2 时的底面回波高度差 F（单位为 dB），则传输损失 B（单位为 dB）为

$$B=E_c-F \tag{8-6}$$

（2）距离-dB 曲线的应用

1）了解反射体波高与距离之间的对应关系。

2）调整检测灵敏度。标准要求焊缝检测灵敏度不低于评定线。这里板厚为 30mm，评定线为 $\phi1\times6-9$dB，二次波检测最大深度为 60mm，由距离-波幅曲线可知测长灵敏度为 29dB，因此将衰减器调到 29dB 时灵敏度就调好了。若考虑耦合补偿 3dB，则灵敏度为 26dB。在实际检测过程中还应定期利用某一深度的孔来校正检测灵敏度。

3）比较缺陷大小。例如，在检测中发现两缺陷。缺陷 1：$d_{f1}=30$mm，波高为 45dB。缺陷 2：$d_{f2}=50$mm，波高为 40dB。试比较两者的大小。由距离-波幅曲线可知：$d=30$mm，$\phi1\times6$ 孔的波高为 47dB，所以缺陷 1 当量为 $\phi1\times6+$

45dB - 47dB = ϕ1 ×6 - 2dB；d = 50mm，ϕ1 ×6 孔的波高为 41dB，所以缺陷 2 当量为 ϕ1 ×6 + 40dB - 41dB = ϕ1 ×6 - 1dB。不难看出缺陷 1 小于缺陷 2。

4）确定缺陷所处区域。例如，在检测中发现一缺陷，d_{f1} = 20mm，波高为 45dB，另一缺陷，d_{f2} = 60mm，波高为 40dB。由距离-波幅曲线可知：d = 20mm，定量线为 46dB，缺陷 1 的波高为 45dB（ < 46dB），在定量线以下，即Ⅰ区，故不必测长；d = 60mm，定量线为 35dB，缺陷 2 的波高为 40dB（ > 35dB），在定量线以上，即Ⅱ区，应测定缺陷长度。

三、扫查方式

检测灵敏度应不低于评定线灵敏度，扫查速度不应大于 15mm/s，相邻两次探头移动间隔保证至少有探头宽度 10% 的重叠。对波幅超过评定线的反射波，应根据探头位置、方向，反射波的位置，受检工件的材质、结构、曲率、焊接方法、焊缝种类、坡口形式、焊缝余高，以及背面衬垫、沟槽等情况，判断其是否为缺陷。判断为缺陷的部位应在焊缝表面作出标记。对于焊缝的检测，扫查方式有多种，常用的扫查方式有以下几种：

（1）锯齿形扫查　为检测纵向缺陷，应将斜探头垂直于焊缝中心线放置在检测面上，做锯齿形扫查，如图 8-20 所示。探头前后移动的范围应保证扫查到全部焊缝截面及热影响区。在保持探头垂直焊缝前后移动的同时，还应使其做 10° ~ 15°的左右转动。当探头沿锯齿形线路扫查时，探头要做 10° ~ 15°转动，以发现焊缝倾斜的缺陷。此外，每次前进的齿距 d 不得超过探头晶片直径，因为间距太大时，会造成漏检。

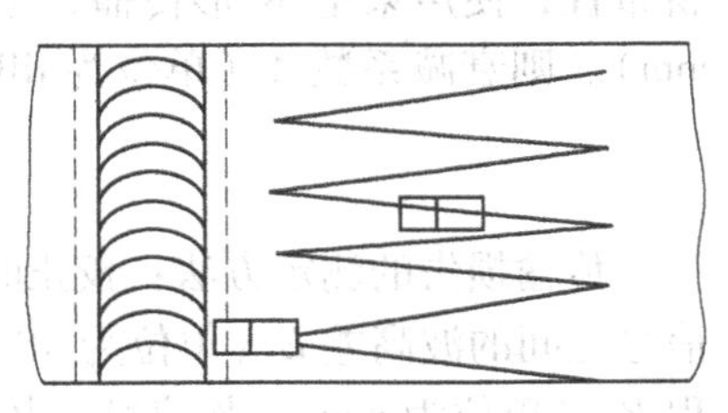
图 8-20　锯齿形扫查

（2）左右扫查与前后扫查　为确定缺陷的位置、方向、形状，观察缺陷动态波形或区分缺陷信号与伪信号，可采用前后、左右、转角、环绕等四种探头基本扫查方式。一般在用锯齿形扫查方式发现缺陷后，可用左右扫查和前后扫查的方式找到回波的最大值，用左右扫查的方式来确定缺陷焊缝方向的长度，用前后扫查的方式来确定缺陷的水平距离或深度，如图 8-21所示。

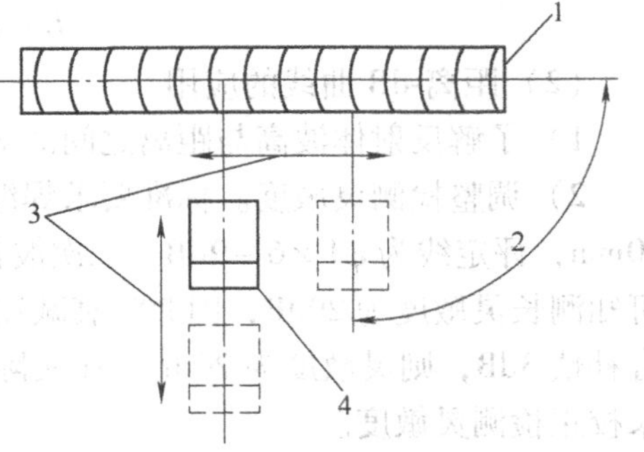

图 8-21　左右扫查与前后扫查

1—焊缝　2—探头取向

3—扫查方向　4—斜探头

（3）转角扫查　如图8-22所示，利用转角扫查方式可以推断缺陷的方向。

（4）环绕扫查　如图8-23所示，环绕扫查方式可用于推断缺陷的形状。在环绕扫查时，若回波高度几乎不变，则可判断为点状缺陷。

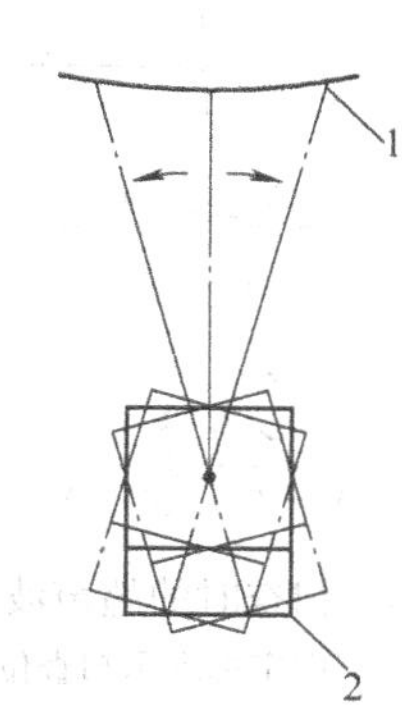

图8-22　转角扫查
1—不连续/缺陷　2—斜探头

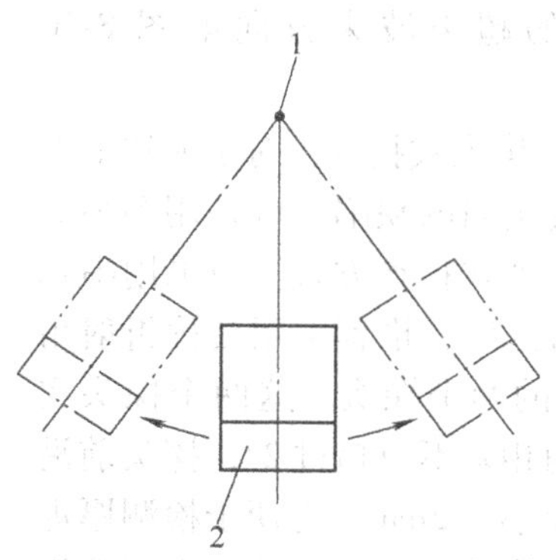

图8-23　环绕扫查
1—不连续/缺陷　2—斜探头

（5）平行或斜平行扫查　为了检测焊缝或热影响区的横向缺陷，对于磨平的焊缝，可将斜探头直接放在焊缝上做平行移动；对于有加强层的焊缝，可在焊缝两侧边缘，使探头与焊缝成一定夹角（10°～45°）做平行或斜平行移动，但要适当提高灵敏度，如图8-24和图8-25所示。

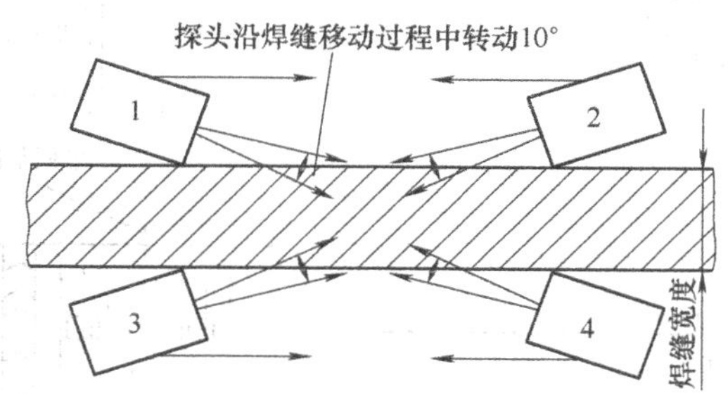

图8-24　表面未修磨的焊缝中横向缺陷的扫查

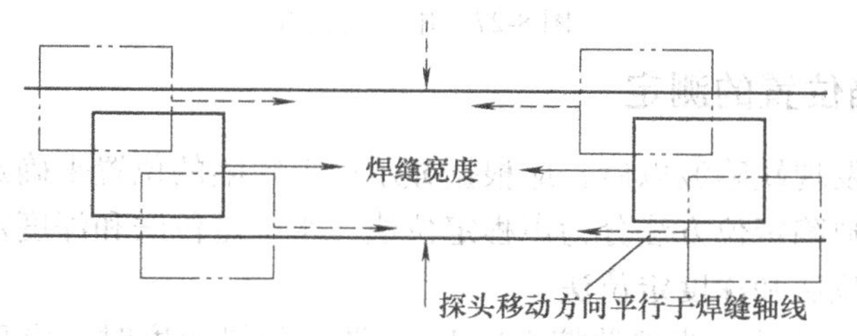

图8-25　表面已磨平的焊缝中横向缺陷的扫查

为防止缺陷的漏检，应使超声波束从两个以上方向进行检测。根据标准要求的检测质量等级要求，扫查时的超声波束方向如图 8-26 所示。

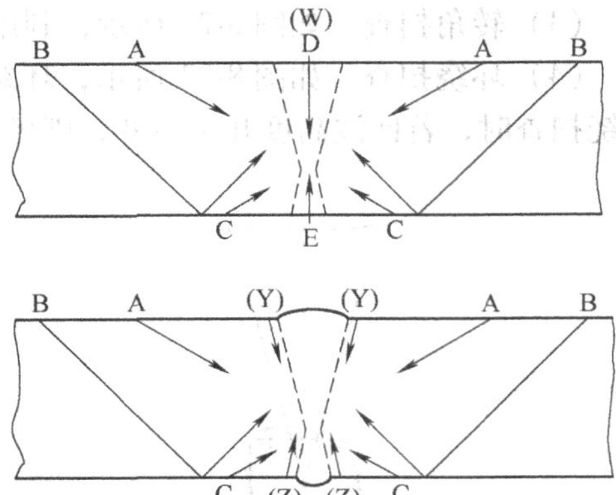

图 8-26　扫查时的超声波束方向

注：图中字母表示扫查位置。

（6）串列式扫查　对于大致上平行于焊缝走向的缺陷，应采用图 8-27 所示的串列式扫查方式。当采用串列式扫查方式时，推荐选用公称折射角均为 45°的两个探头。这两个探头实际折射角相差不应超过 2°，探头前沿长度差应小于 2mm。为便于检测厚焊缝坡口边缘未熔合的缺陷，也可选用两个不同角度的探头，但两个探头角度均应在 35°～55°范围内。

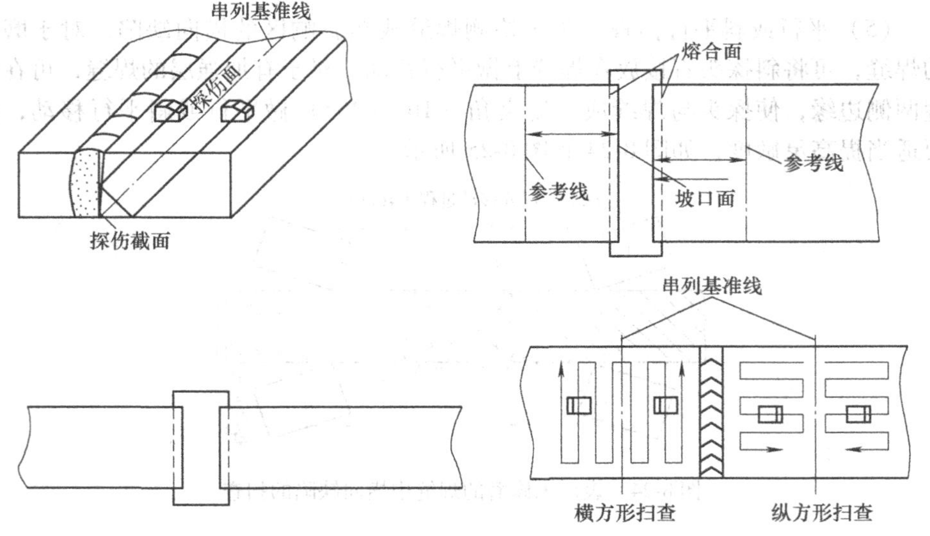

图 8-27　串列式扫查

四、缺陷位置的测定

在检测中发现缺陷波以后，应根据显示屏上缺陷的位置来确定缺陷在实际焊缝中的位置。缺陷定位方法分为声程定位法、水平定位法和深度定位法三种，一般常用水平定位法和深度定位法。

（1）水平定位法　当仪器按水平 1∶n 调节扫描速度时，应采用水平定位法

来确定缺陷位置。若仪器按水平 1∶1 调节扫描速度，则显示屏上缺陷波前沿所对的水平刻度值就是缺陷的水平距离。

（2）深度定位法　当仪器按深度 1∶n 调节扫描速度时，应采用深度定位法来确定缺陷的位置。

五、纵向接头焊缝的检测方法

对于检测面曲率半径在 50mm 以上但不足 1500mm，壁厚与外径之比在 13%以下的纵向接头焊缝，在检验时，当检测面曲率半径 R 小于或等于 $W^2/4$ 时（W 为探头宽度，见图 8-28），应采用与检测面曲率相同的对比试块。反射体的布置可参照对比试块确定，试块宽度应满足的关系为

$$b \geqslant 2\lambda S/D_e \tag{8-7}$$

式中　b——试块宽度（mm）；

λ——波长（mm）；

S——声程（mm）；

D_e——声源有效直径（mm）。

当有曲率的被检测体进行斜射波检测时，存在于板厚中心的缺陷的探头-缺陷距离 Y_H，在纵向接头的斜射波检测中不是指壁厚的 0.5 跨距-探头距离 Y_L 的 1/2。存在于板厚中心缺陷的声程 W_H，在纵向接头的斜射波检测中也不是指壁厚的 0.5 跨距声程 W_L 的 1/2。由于曲率的影响，从内壁、外壁检测时的结果都会不同。有曲率被检验工件斜射波检测的声程变化情况如图 8-29 所示。

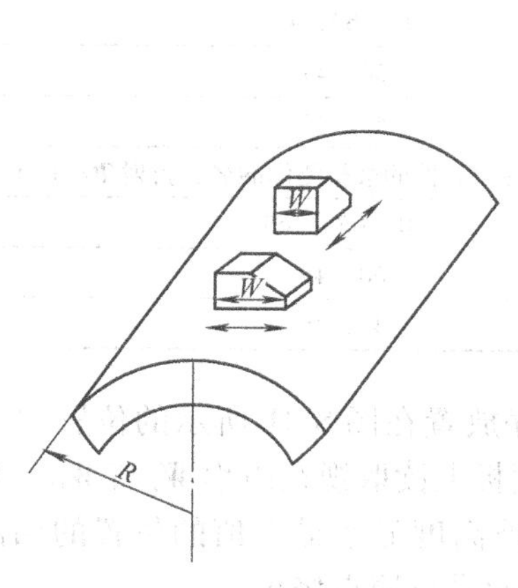

图 8-28　探头宽度 W

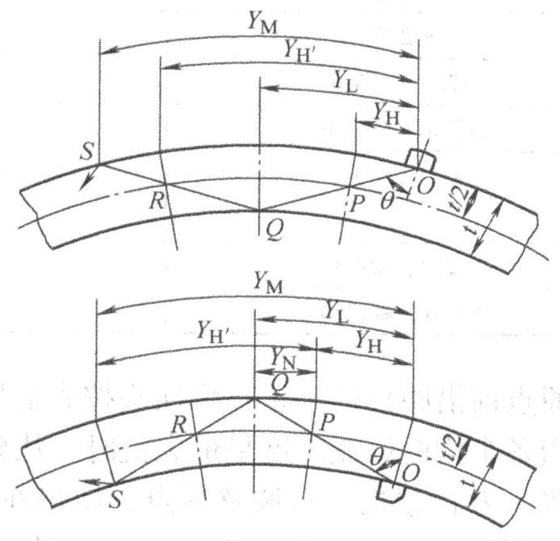

图 8-29　有曲率被检测工件斜射波检测的声程变化情况

$W_H=\overline{OP}$　$W'_H=\overline{OQ}+\overline{QR}$　$W_L=\overline{OQ}$　$W_L=\overline{OQ}+\overline{QS}$　$W_M=\overline{OQ}$　$W'_M=\overline{PQ}+\overline{QS}$

使用的标准试块及参考试块：根据被检测体的曲率半径选用标准试块及参考试块。一般当被检测体的曲率半径在250mm以上时，使用标准试块；当被检测体的曲率半径小于250mm时，应当加工图8-30所示的试块。

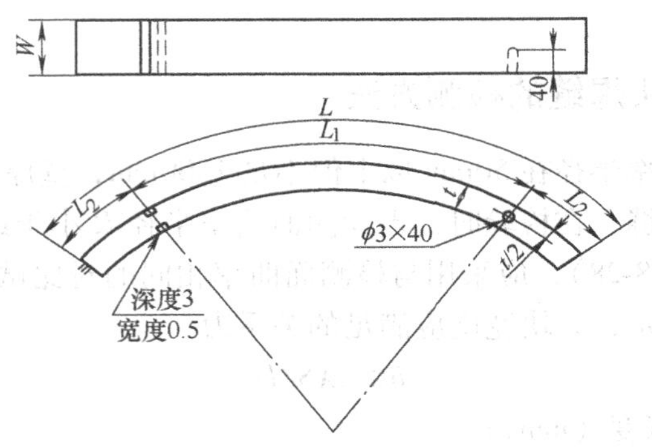

图8-30　试块样式

L—参考试块的长度　L_1—2跨距以上　L_2—1跨距以上

W—参考试块的宽度、(60mm以上)　t—参考试块的厚度

探头的接触面必须与被检测体的曲率相吻合。探头的接触面曲率半径必须在被检测体曲率半径的1.1~1.5倍之间。但当曲率半径在250mm以上，探头的接触面可为平面时，所用探头的名义折射角原则上按表8-5选用。

表8-5　在纵向接头检测中所用探头的名义折射角

t/D（%）	可使用的名义折射角/（°）
≤2.3	70，60，45
>2.3，≤5.8	60，45
>5.8，≤13.0	45，35
t/D（%）	可用于具有各向异性的被检测体的名义折射角/（°）
≤2.3	60（65），45
>2.3，≤4.0	60，45
>4.0，≤13.0	45，35

原点前沿距离的修正：将探头按先后顺序放置在图8-31所示的位置P及Q处，当各个槽的回波高度呈最大值时，从刻度板上读取视在声程W_P与W_Q，再将探头置于P位置处，只调整零点，使得在回波高度显示最大值的位置的回波的前沿在刻度板上与（W_Q-W_P）的值一致，以此进行原点修正。

$$W_P=\overline{PR}\quad W_Q=\overline{QS}+\overline{SO}\tag{8-8}$$

检测折射角的测定：从测出的W_Q及W_P计算0.5跨距的声程W_L，然后计算出t/W_L。从图8-32中纵轴上取出t/W_L值与横轴t/D值垂直相交的交点即为检测

折射角。

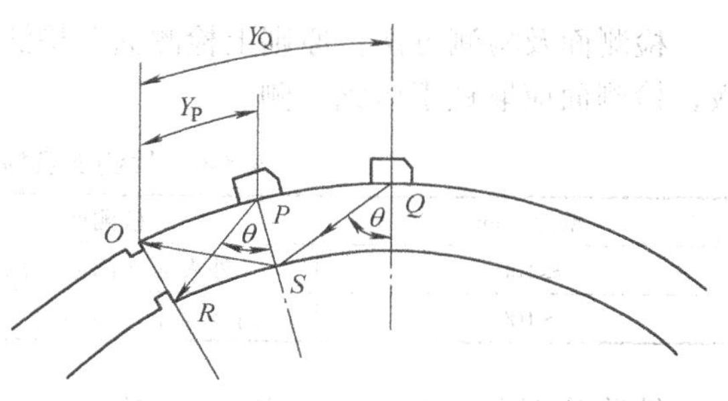

图 8-31　原点前沿距离的修正

把测定的 W_P 和 W_Q 以及与内、外表面位置相当的声程分别标在刻度板上。

（1）内表面

$$W_L = W_Q - W_P \tag{8-9}$$

（2）外表面

$$W_V = 2W_L \tag{8-10}$$

按先后顺序在图 8-33 中在位置 R 及 S 对准试块的标准孔，分别将得到回波最大值时的回波前沿位置标在刻度板上（见图 8-34），它们分别表示直射法及一次反射法的壁厚值声程 W_H 及 W'_H。

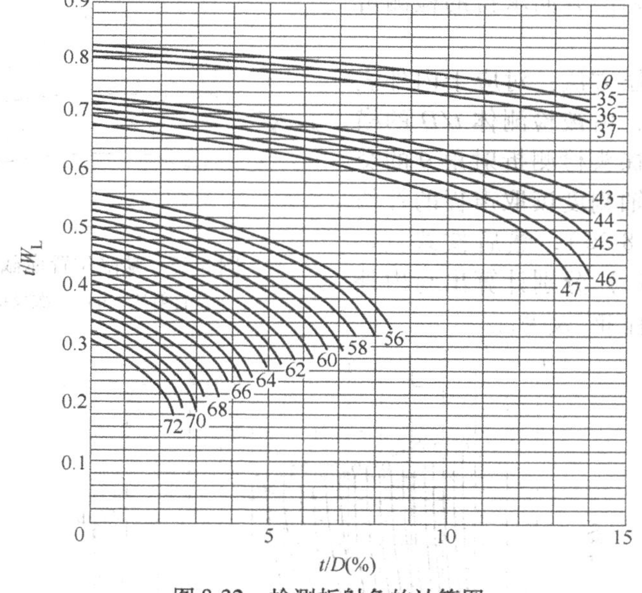

图 8-32　检测折射角的计算图

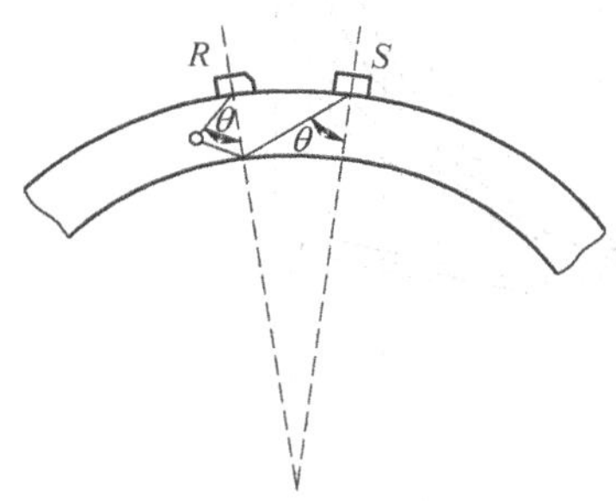

图 8-33　壁厚半值声程

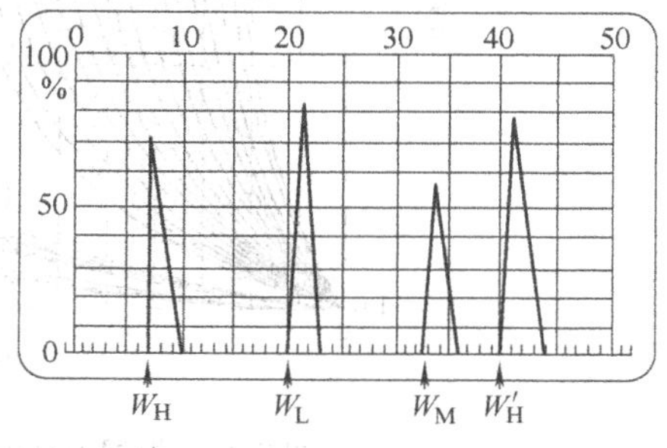

图 8-34　时间轴上的特定点表示举例

检测面及检测方法：原则上检测面及检测方法按表8-6选取，但对于复合钢板，检测面应取铁素体钢一侧。

表8-6　检测面及检测方法

壁厚/mm	检测面	检测方法
≤100	外表面（凸面）两侧	直射法及一次反射法
>100	内外表面（凸凹面）两侧	直射法

缺陷位置的推算方法：进行声程及探头距离的修正，推算缺陷在纵向接头横截面上的位置（参照图8-35），但当被检测体具有声波各向异性时，使用在检出缺陷的方向求得的检测折射角。

声程的补偿方法：对应于内外表面位置的声程，由被检测体 t/D 的横轴刻度与所用探头检测折射角 θ 的交点相对应的纵轴刻度读取声程的补偿系数 k（见图8-36），然后按式（8-11）和式（8-12）分别计算出与内外表面相应的声程 W_L 及 W_V。

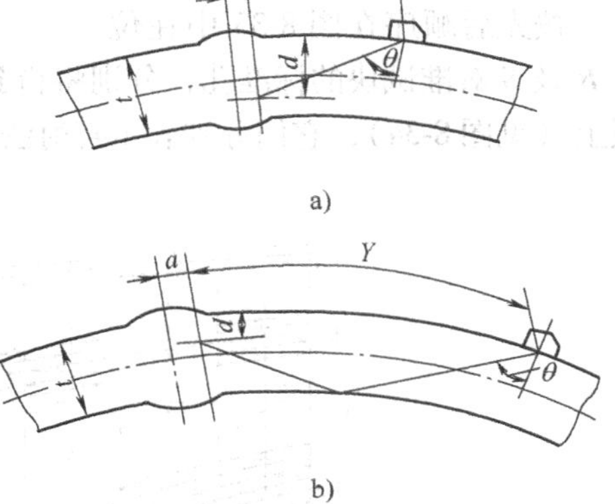

图8-35　缺陷位置横截面图
a）直射法　b）一次反射法

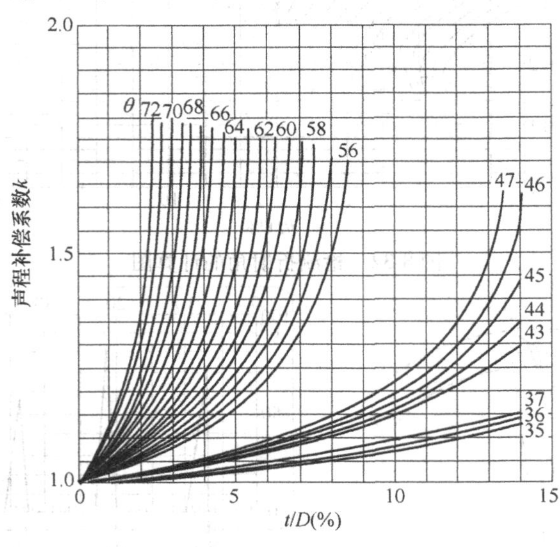

图8-36　根据 t/D 确定声程补偿系数

$$W_L = \frac{tk}{\cos\theta} \tag{8-11}$$

$$W_V = 2W_L \tag{8-12}$$

壁厚半值声程用同样的方法由被检测体的 $t/2D$，选取声程补偿系数 k_H，然后分别按式（8-13）和式（8-14）计算出直射法的壁厚值声程 W_H 及一次反射法壁厚半值声程 W'_H。

$$W_H = \frac{tk_H}{2\cos\theta} \tag{8-13}$$

$$W'_H = W_V - W_H \tag{8-14}$$

探头距离的补偿方法：内、外表面的探头距离由被检测体 t/D 的横轴刻度与所用探头的检测折射角 θ 的交点相对应的纵轴刻度读取探头距离补偿系数，将其定位为 m，如图 8-37 所示。如果内、外表面的探头距离为 Y_L、Y_V，它们可分别由式（8-15）和式（8-16）求出。

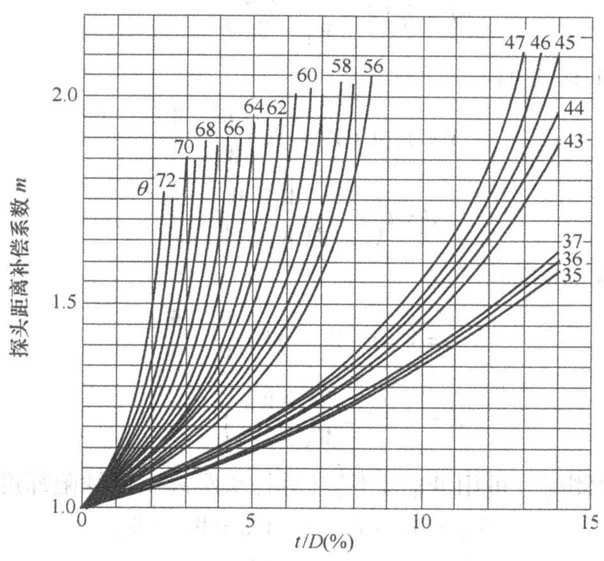

图 8-37　根据 t/D 确定探头距离补偿系数

$$Y_L = mt\tan\theta \tag{8-15}$$

$$Y_V = 2Y_L \tag{8-16}$$

壁厚半值探头距离用同样的方法由被检测体的 $t/2D$，选取探头距离补偿系数，将其定位为 m_H，然后分别按式（8-17）和式（8-18）计算出直射法的壁厚半值探头距离 Y_H 及一次反射法的壁厚值探头距离 Y'_H。

$$Y_H = \frac{tm_H \tan\theta}{2} \tag{8-17}$$

$$Y'_H = Y_V - Y_H \tag{8-18}$$

缺陷位置的计算方法：从外表面检测时，用读取的声程 W 与壁厚半值声程 W_H 及 W'_H 计算出探头距离 Y 及缺陷深度 d。

（1）$W \leqslant W_H$ 时

$$Y = Y_H \frac{W}{W_H}, \quad d = \frac{t}{2}\frac{W}{W_H} \tag{8-19}$$

（2）$W_L \geqslant W > W_H$ 时

$$Y = Y_H + (Y_L - Y_H)\frac{W - W_H}{W_L - W_H}, \quad d = \frac{t}{2}\left(1 + \frac{W - W_H}{W_L - W_H}\right) \tag{8-20}$$

（3）$W'_H \geqslant W > W_L$ 时

$$Y = Y_L + (Y_H - Y_L)\frac{W - W_L}{W'_H - W_L} \tag{8-21}$$

$$d = t\left(1 - \frac{W - W_L}{2(W'_H - W_L)}\right)$$

（4）$W_V \geqslant W > W'_H$时

$$Y = Y'_H + (Y_V - Y'_H)\frac{W - W'_H}{W_V - W'_H}, \quad d = \frac{t}{2}\left(1 - \frac{W - W'_H}{W_V - W'_H}\right) \tag{8-22}$$

从内表面检测时，可用 W_M 及 W'_M计算探头距离 Y 及缺陷深度 d。

$$W_M = W_L - W_H \qquad W'_M = W_V - W_M$$

$$Y_M = Y_L - Y_H \qquad Y'_M = Y_V - Y_M$$

如果将外表面与内表面圆弧长度的补偿系数定为

$$c = 1 - \frac{2t}{D} \tag{8-23}$$

则有：

（1）$W \leqslant W_M$ 时

$$Y = cY_M \frac{W}{W_M} \tag{8-24}$$

$$d=\frac{t}{2}\frac{W}{W_{\mathrm{M}}}$$

（2）$W_L \geqslant W > W_{\mathrm{M}}$ 时

$$Y=c\left(Y_{\mathrm{M}}+Y_{\mathrm{H}}\frac{W-W_{\mathrm{M}}}{W_{\mathrm{H}}}\right) \tag{8-25}$$

$$d=\frac{t}{2}\left(1+\frac{W-W_{\mathrm{M}}}{W_{\mathrm{H}}}\right)$$

（3）$W'_{\mathrm{M}} \geqslant W > W_{\mathrm{L}}$ 时

$$Y=c\left[Y_{\mathrm{L}}+(Y'_{\mathrm{M}}-Y_{\mathrm{L}})\frac{W-W_{\mathrm{L}}}{W'_{\mathrm{M}}-W_{\mathrm{L}}}\right] \tag{8-26}$$

$$d=t\left[1-\frac{W-W_{\mathrm{L}}}{2(W'_{\mathrm{M}}-W_{\mathrm{L}})}\right]$$

（4）$W_{\mathrm{V}} \geqslant W > W'_{\mathrm{M}}$时

$$Y=c\left[Y'_{\mathrm{M}}+Y_{\mathrm{M}}\frac{W-W'_{\mathrm{M}}}{W_{\mathrm{M}}}\right] \tag{8-27}$$

$$d=\frac{t}{2}\left(1-\frac{W-W'_{\mathrm{M}}}{W_{\mathrm{M}}}\right)$$

六、缺陷大小的测定

（1）缺陷幅度与指示长度的测定　当检测中发现位于定量线或定量线以上的缺陷时，要测定缺陷回波的幅度和指示长度。缺陷幅度的测定，首先找到缺陷最高回波，测出缺陷回波达基准波高时的 dB 值，然后确定该缺陷波所在的区域。缺陷指示长度的测定：JB/T 4730.3—2005 标准规定，当缺陷回波只有一个高点时，用 6dB 法测其指示长度；当缺陷波有多个高点，且端部波高位于Ⅱ区时，用端点 6dB 法测其指示长度；当缺陷波位于Ⅰ区时，若有必要，则可用评定线作为绝对灵敏度测其指示长度。

（2）缺陷长度的计量

1）当焊缝中存在两个或两个以上的相邻缺陷时，要计量缺陷的总长。JB/T 4730.3—2005 标准规定：当相邻两缺陷间距小于较小缺陷长度时，以两缺陷指示长度之和作一个缺陷的指示长度（不含间距）。

2）缺陷指长度小于 10mm 者，按 5mm 计。记录缺陷尺寸位置和尺寸的符号表示法如图 8-38 所示。

七、焊缝质量评级

在测定缺陷的大小以后，要根据缺陷的当量和指示长度并结合有关标准的规定评定焊缝的质量级别。JB/T 4730.3—2005 标准将焊缝质量级别分为Ⅰ、Ⅱ、

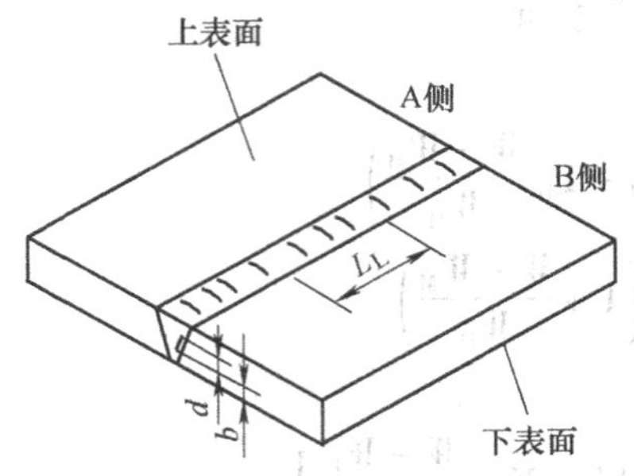

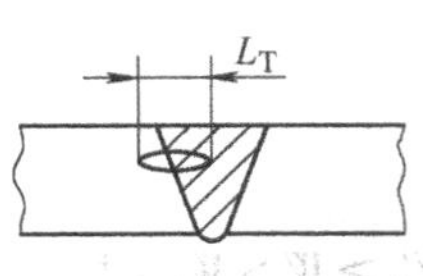

图 8-38　记录缺陷位置和尺寸的符号表示法

L_L—焊缝中心线方向的缺陷长度

L_T—与焊缝中心线相垂直的缺陷尺寸

d—与给定表面相垂直的实际缺陷的深度尺寸（厚度方向尺寸）

b—缺陷离给定表面（即压力容器内表面）的最小深度

Ⅲ三级。其中，Ⅰ级质量最高，Ⅲ级质量最低。具体分级规定如下。

1）焊缝中不允许存在的缺陷

① 反射波幅位于Ⅲ区的缺陷。

② 检测人员判定的裂纹等危害性缺陷。

2）位于Ⅱ区的缺陷按表 8-7 评定焊缝的质量级别。

3）位于Ⅰ区的非危害性缺陷评为Ⅰ级。

表 8-7　Ⅱ区缺陷级别的评定　　（单位：mm）

等　级	板厚 t	单个缺陷指示长度 L	多个缺陷累计长度 L'
Ⅰ	6～120	$L=t/3$，最小为 10，最大不超过 30	在任意 $9t$ 焊缝长度范围内 L' 不超过 t
	>120～400	$L=t/3$，最大不超过 50	
Ⅱ	6～120	$L=2t/3$，最小为 12，最大不超过 30	在任意 $4.5t$ 焊缝长度范围内 L' 不超过 t
	>120～400	最大不超过 75	
Ⅲ	超过Ⅱ级者		

八、校验灵敏度

在每次检测前应在对比试块上，对时基线扫描比例和距离-波幅曲线（灵敏度）进行调节或校验，校验点不少于两点。在检测过程中，每 4h 或在检测工作结束后应对时基线扫描比例和灵敏度进行校验。校验可在对比试块或其他等效试

块上进行。在调节或校验时，若发现校验点反射波在扫描线上偏移量超过原校验点刻度读数的10%或显示屏满刻度的5%（两者取较小值），则应重新调整扫描比例。对于前次校验后已经记录的缺陷，应重新测定位置参数，并予以更正。在校验灵敏度时，若校验点的反射波幅比距离-波幅降低20%或2dB以上，则应重新调整仪器灵敏度，并对前次校验后检查的全部焊缝进行重新检测。若校验点的反射波幅比距离-波幅曲线增加20%或2dB以上，则应重新调节仪器灵敏度，而对于前次校验后已经记录的缺陷，应对缺陷尺寸参数重新测定并予以评定。

第三节　小径管对接焊缝超声波检测

一、小径管焊缝的检测特点

小径管是指外径 $D = 32 \sim 159$mm，壁厚 $t = 3 \sim 15$mm 的管子。小径管对接焊缝一般采用手工电弧焊、氩弧焊打底手工焊填充或等离子弧焊等方法进行焊接。焊接接头中常见缺陷有气孔、夹渣、未焊透、未熔合和裂纹等。小径管在锅炉制造安装中应用较广，能够承受较高的压力。小径管曲率半径小，管壁厚度薄，常规超声波检测困难大。由于小径管曲率半径小，普通探头检测时接触面小，使曲面耦合损失大。另外，超声波在其内表面反射发散严重，检测灵敏度低。由于小径管壁薄，因此检测时杂波多，判伤难度大。试验表明，利用大 K 值小晶片短前沿横波探头在焊缝两侧进行检测，可以有效地检出焊缝中的各种缺陷。

二、检测条件的选择

（1）探头　通常采用线聚焦斜探头和双晶斜探头，其性能应能满足检测要求。探头频率一般采用5MHz。探头主声束轴线水平偏离角不应大于2°。斜探头 K 值的选取可参照表8-8的规定。如有必要，也可采用其他 K 值的探头。探头楔块的曲面应加工成与管子外径相吻合的形状。加工好曲面的探头应对其 K 值和前沿值进行测定，要求一次波至少扫查到焊接接头根部。

表8-8　斜探头 K 值的选择

管壁厚度/mm	探头 K 值	探头前沿/mm
4.0 ~ 8	2.5 ~ 3.0	≤6
> 8 ~ 15	2.0 ~ 2.5	≤8
> 15	1.5 ~ 2.0	≤12

为保证一次波能扫查到焊缝根部，应对探头前沿长度予以限制，一般要求前沿长度≤10mm，常用5~8mm。为了减少散射的不利影响，晶片尺寸不宜太大，而且要求晶片装配时对中精度较高。目前，在实际检测中常用的晶片尺寸为6mm×6mm、8mm×8mm等几种。

（2）试块

1）试块应采用与被检工件声学性能相同或近似的材料制作，该材料用直探头检测时，不得有直径大于或等于ϕ2mm平底孔当量直径的缺陷存在。

2）试块的曲率应与被检工件相同或相近，其曲率半径之差不应大于被检管径的10%。采用的试块型号为GS—1、GS—2、GS—3、GS—4，其形状和尺寸应分别符合图8-39和表8-9的规定。GS—1型试块适用于曲率半径为16~24mm的承压设备管子和压力管道环向对接焊接接头的检测；GS—2型试块适用于曲率半径为24~35mm的承压设备管子和压力管道环向对接焊接接头的检测；GS—3型试块适用于曲率半径为35~54mm的承压设备管子和压力管道环向对接焊接接头的检测；GS—4型试块适用于曲率半径为54~80mm的承压设备管子和压力管道环向对接焊接接头的检测。

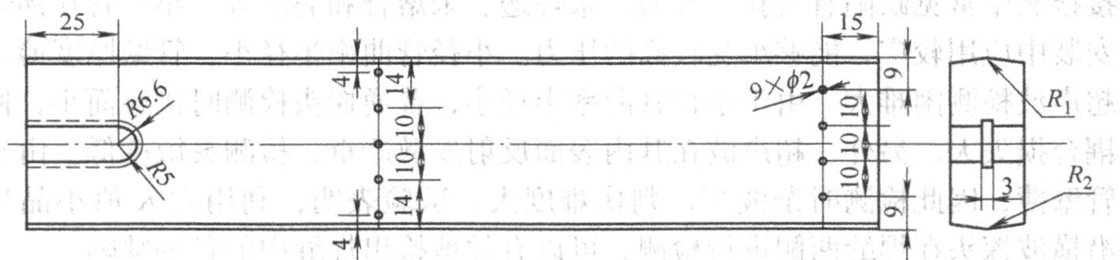

图8-39　GS系列试块的形状和尺寸

表8-9　试块圆弧曲率半径　（单位：mm）

试块型号	圆弧曲率半径	
	R_1	R_2
GS—1	18	22
GS—2	26	32
GS—3	40	50
GS—4	60	72

三、检测位置及探头移动区

一般要求从对接焊接接头两侧进行检测，当确因条件限制只能从焊接接头一侧检测时，应采用两种或两种以上的不同K值的探头进行检测，并在报告中加以说明。探头移动区应清除焊接飞溅、铁屑、油垢及其他杂质，其表面粗糙度

$Ra \leqslant 6.3\mu m$，探头移动区应大于 $3Kt$。

四、耦合剂

常用的耦合剂有机油、甘油和糨糊等。

五、距离-波幅曲线的绘制

与实际工件曲率相对应的对比试块，一般按水平 1：1 调节扫描时基线。距离-波幅曲线根据所用探头和仪器在所选试块上实测的数据绘制而成。该曲线由评定线、定量线和判废线组成。评定线与定量线之间（包括评定线）为Ⅰ区，定量线与判废线之间（包括定量线）为Ⅱ区，判废线及其以上区域为Ⅲ区。不同管壁厚度的距离-波幅曲线的灵敏度见表 8-10。检测时表面声能损失根据实测结果对检测灵敏度进行补偿，补偿量应记入距离-波幅曲线。扫查灵敏度不得低于最大声程处的评定线灵敏度。

表 8-10 不同管壁厚度的距离-波幅曲线的灵敏度（JB/T 4730.3—2005）

壁厚/mm	评定线	定量线	判废线
≤8	$\phi 2\times20-16$dB	$\phi 2\times20-16$dB	$\phi 2\times20-10$dB
>8～15		$\phi 2\times20-13$dB	$\phi 2\times20-7$dB
>15		$\phi 2\times20-10$dB	$\phi 2\times20-4$dB

六、扫查

应将探头从对接焊接接头两侧垂直于焊接接头做锯齿形扫查，探头前后移动距离应小于探头晶片宽度的 1/2。为了观察缺陷动态波形或区分伪缺陷信号，以确定缺陷的位置、方向、形状，可采用前后、左右、转角等扫查方式。

七、缺陷定量的检测

1）对于所有反射波幅位于Ⅱ区和Ⅱ区以上的缺陷，均应对其位置、最大反射波幅和缺陷指示长度等进行测定。缺陷位置的测定应以获得缺陷最大反射波的位置为准。在测定缺陷最大反射波幅时，应将探头移至缺陷出现反射波信号的位置，测定波幅大小，并确定它在距离-波幅曲线中的区域。

2）缺陷指示长度的测定方法

① 当缺陷反射波只有一个高点且位于Ⅱ区或Ⅱ区以上时，应以定量线的绝对灵敏度法测指示长度。

② 当缺陷反射波峰值起伏变化，有多个高点，且位于Ⅱ区或Ⅱ区以上时，应以定量线的绝对灵敏度法测指示长度。

③ 当缺陷最大反射波幅位于Ⅰ区，且认为有必要记录时，应以评定线绝对灵敏度法测其指示长度。

④ 缺陷的指示长度 l 应按式（8-28）计算。

$$l = L(R-H)/R \tag{8-28}$$

式中 L——探头左右移动距离（mm）；

R——管子外径（mm）；

H——缺陷距外表面深度（指示深度）（mm）。

八、缺陷的评定

对于超过评定线的信号，应注意其是否具有裂纹等危害性缺陷特征，若有怀疑，则应改变探头 K 值，观察缺陷动态波形并结合焊接工艺等进行综合分析。当相邻两缺陷在一直线上，并且其间距小于其中较小的缺陷长度时，应将其作为一条缺陷处理，以两缺陷长度之和作为其单个缺陷的指示长度（间距不计入缺陷长度），单个点状缺陷的指示长度按5mm计。

九、质量分级

小径管焊缝的质量分级见表8-11。

表8-11 小径管焊缝的质量分级（铝焊缝） （单位：mm）

等级	焊缝内部缺陷		焊缝根部未焊透缺陷	
	反射波所在区域	单个缺陷指示长度	缺陷指示长度	缺陷累计长度[②]
Ⅰ	Ⅰ	非裂纹类缺陷	$L=t/3$，最小为5	长度小于或等于焊缝周长的10%，且小于30
	Ⅱ	$\leqslant t/4$[①]，最大为10		
Ⅱ	Ⅱ	$\leqslant t/3$，最大为15	$L=2t/3$，最小为6	长度小于或等于焊缝周长的15%，且小于40
Ⅲ	Ⅱ	超过Ⅱ级者	超过Ⅱ级者	超过Ⅱ级者
	Ⅲ	所有缺陷		
	Ⅰ、Ⅱ、Ⅲ	裂纹等危害性缺陷		

注：在10mm焊缝范围内同时存在条状缺陷和未焊透时，应评为Ⅲ级。

① 板厚不等的对接接头，取薄板测厚度。

② 当缺陷累计长度小于单个缺陷指示长度时，以单个缺陷指示长度为准。

第四节 角焊缝超声波检测

这一类焊缝包括骑坐式、插入式结构的T形接头、十字接头和X形接头。对这些焊缝的共同要求是整个焊缝断面和热影响区至少应从一个方向进行扫查，

最好是两个以上，可能时应在垂直方向±20°的范围内扫查两个熔合面（十字接头除外）。由于一般需要从不同方向做几次扫描来检查熔合面，因此不必对焊缝本体再做附加扫查，另有规定时除外。角焊缝由翼板和腹板焊接而成，坡口开在腹板上。图8-40a所示为单V形坡口，图8-40b所示为K形坡口。

一、角焊缝的检测

1）采用直探头在翼板上进行检测，见图8-40中探头位置3。此方法用于检测角焊缝中腹板与翼板间未焊透或翼板焊缝下的层状撕裂等缺陷。

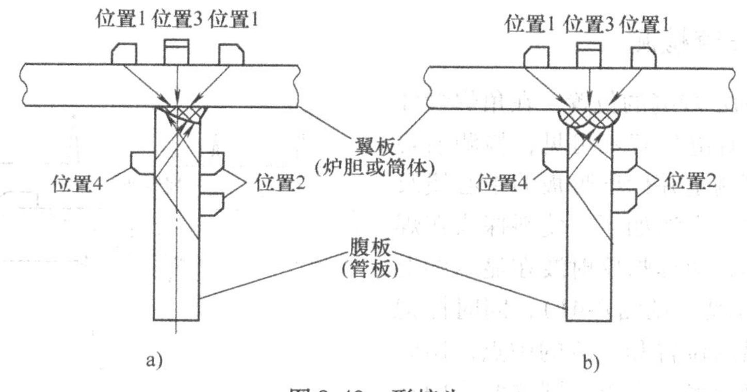

图8-40　形接头

2）采用斜探头在腹板上利用一、二次波进行检测，见图8-40中探头位置2。此方法与平板对接焊缝的检测方法相似。

3）采用斜探头在翼板外侧进行检测，见图8-40中探头位置1。当探头置于翼板外侧时，利用一次波探测。

二、检测条件的选择

（1）探头　当采用直探头检测时，探头的频率为2.5MHz，探头的晶片尺寸不宜过大，因为翼板厚度有限，晶片尺寸小，可以减少近场区长度。常用的直探头有2.5P10Z、2.5P14Z等，也可选用双晶直探头（根据翼板的厚度选择双晶直探头的焦距）。当采用斜探头检测时，斜探头的频率为2.5～5.0MHz。在腹板上检测时的探头折射角根据腹板厚度来选择。翼板外侧检测时，常用斜探头的折射角为45°。

（2）耦合剂　在角焊缝检测中，常用的耦合剂有机油、糨糊等。

三、仪器的调整

1）时基线比例的调整　在直探头检测时，利用角焊缝的翼板或试块调整。

在斜探头检测时，调整方法同平板对接焊缝。

2）距离-波幅曲线灵敏度的确定　在斜探头检测时，距离-波幅曲线的灵敏度根据腹板的厚度按表8-3确定。当用直探头检测时，角焊缝直探头检测时距离-波幅曲线的灵敏度见表8-12。

表8-12　角焊缝直探头检测时距离-波幅曲线的灵敏度（JB/T 4730.3—2005）

评定线	定量线	判废线
ϕ2mm平底孔	ϕ3mm平底孔	ϕ4mm平底孔

四、扫查检测

（1）确定焊缝的位置　在角焊缝外侧检测时，焊缝位置不可见，检测前要在翼板外侧测定并标出腹板的中心线及焊缝的位置，方法如下：使斜探头在焊缝两侧移动，使焊脚反射波在显示屏上同一位置出现（见图8-41），同时标记两探头前沿的位置和二者的中点，用同样的方法确定另一中点，则这两个中点的连线就是中心线，然后根据腹板厚度标出焊缝的位置。此外，也可用直探头来确定腹板中心线和焊缝位置，方法与斜探头类似，不同的地方是探头位置由底波下降一半来确定。

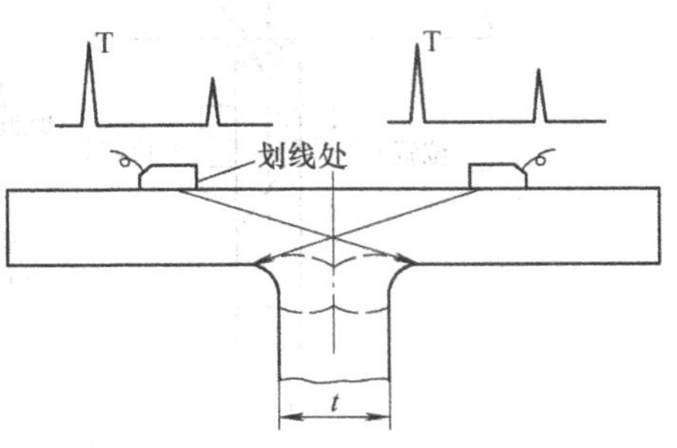

图8-41　角焊缝中心线的确定

（2）扫查方式　在直探头检测时，探头应在焊缝及热影响区内扫查。在斜探头检测时，探头需在焊缝两侧做垂直于焊缝的锯齿形扫查。探头每次移动的间距应不大于晶片直径，同时在移动过程中做10°~15°转动。为检测焊缝中的横向缺陷，探头还应沿焊缝中心线进行正反方向的扫查。

（3）骑坐式接头的超声波检测方向　如图8-42所示，骑坐式短管焊缝唯一可行的扫查位置是Q_1和Q_2，从短管的外表面进行扫查。对于元件A的侧壁，应在半跨距和全跨距位置（即位置Q_2），用声束角度垂直于熔合面（偏差

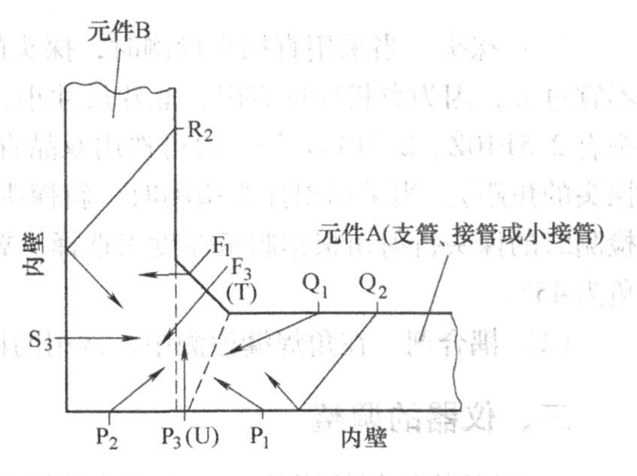

图8-42　骑坐式接头检测示意图

10°以内）的探头进行扫查。对于元件 B 的侧壁下半部分，应使用尽可能大的声束角度（或在半跨距内，或在半跨距和全跨距位置之间）扫查，而对其上半部分则用可达到角焊缝上趾部的较小声束角度扫查。

（4）插入式接头的超声波检测方向　如图 8-43 所示，插入式单面焊接管焊缝超声波检测的特点类似于骑坐式接头，只是元件 A、B 相对于接头几何形状调换了位置。对骑坐式支管和接头所提到的许多观点完全适用于这种接头。可能时，对元件 A 的侧壁应从元件 A 的内壁（位置 P_3）用直探头扫查。此探头必须修磨到与内壁吻合（只适用于双晶片接头）或者有足够小的直径，以保证有良好的超声耦合，且使用时操作稳定。若 A 的内壁不可接近，则必要时应从 S_1、R_1、R_2、Q_2 和 F_2 多种位置扫查侧壁，用最佳角度覆盖整个侧壁深度。对元件 B 的侧壁，应使用偏差在 10°以内的正交角度，并根据母材厚度和最佳角度时所要求的最大声程距离以及 B 的内腔空间，分别在 R_2 或 S_1 位置，或者同时在两个位置进行扫查。

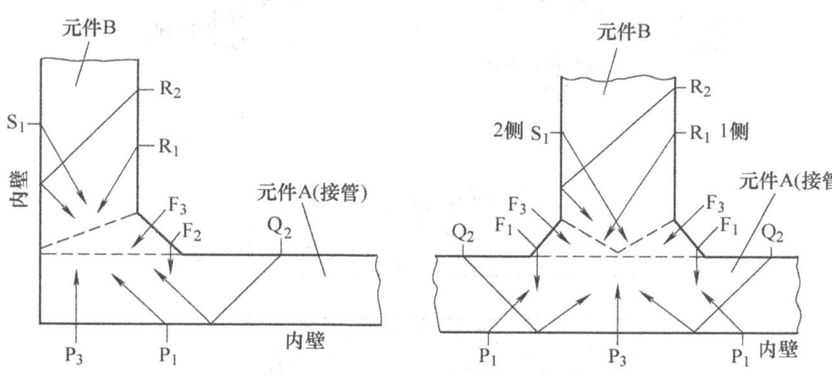

图 8-43　插入式接头检测示意图

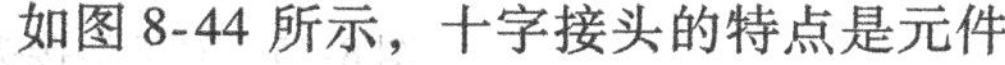

（5）十字接头的超声波检测方向　如图 8-44 所示，十字接头的特点是元件 A 的侧壁无法用垂直于熔合面的声束检查。对 A 的侧壁，应使用尽可能大的探头角度从元件 B 的上表面和下表面，在 A 的两侧进行扫查。扫查范围应在半跨距位置内（即位置 S_1、R_1），或者当 B 的厚度小于 50mm 时，在半跨距和全跨距位置之间（即位置 S_2、R_2）进行扫查。对元件 B 的侧壁，应按 T 形接头的扫查方法进行扫查。

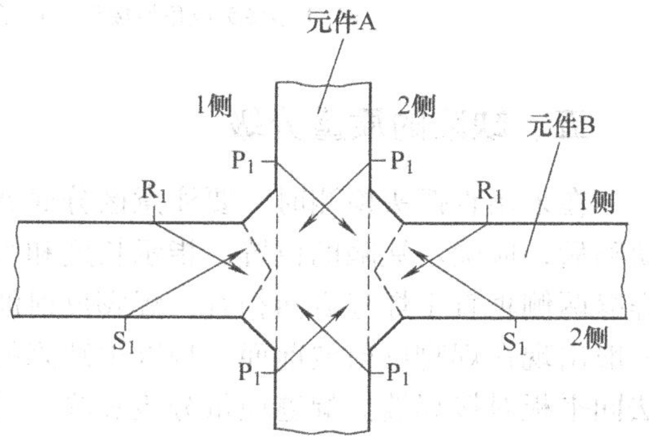

图 8-44　十字接头检测示意图

(6) T形接头、十字接头和角接接头的覆盖范围 如图8-45所示，翼板侧PT方向的扫查应沿可以覆盖整个焊缝宽度的平行扫查线从两个方向进行。扫查线的间距应不大于探头宽度的0.8倍。在扫查焊缝轴线两侧的过程中，探头可做轻微转动（10°以内），以有助于检出略倾斜于横断面的缺陷。腹板侧ST方向的扫查应在焊缝两侧各沿一条扫查线从两个方向进行，扫查线应尽可能靠近角焊缝。另外，还应算出探头相对焊缝轴线的角度θ，以保证超声波束在接头对侧也通过焊缝中心。必要时，为覆盖整个焊缝截面，使用一种或多种相对于焊缝轴线的不同角度重复上述扫查。在扫查过程中，探头应稍做转动，以有助于覆盖整个焊缝。

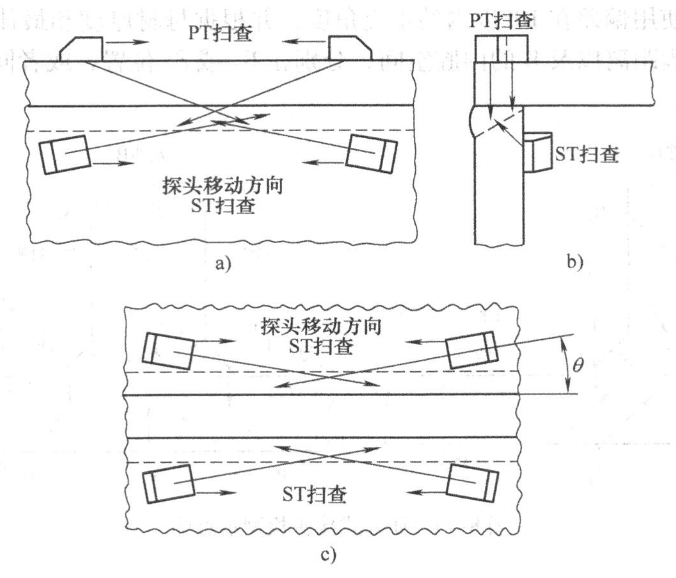

图8-45 对T形接头横向缺陷的扫查

a）T形接头或角接接头 b）角接接头 c）十字接头

五、缺陷的质量分级

在采用直探头检测时，要注意区分底波与焊缝中未焊透和层状撕裂。在发现缺陷后，应确定缺陷的位置、指示长度和当量大小。在斜探头检测时，探头应在焊缝两侧垂直于焊缝方向扫查，焊脚反射波强烈。当焊缝中存在缺陷时，缺陷波一般出现在焊脚反射波前面。焊缝中缺陷的位置、当量大小和指示长度的测定方法同平板对接焊缝。焊缝质量分级和验收可参照平板对接焊缝。

第五节 钢结构用 T、K、Y 形管节点焊缝的超声波检测

一、T、K、Y 形管节点焊缝的结构与检测方法

T 形接头是主管与支管呈 90°相交的钢管相贯接头；Y 形接头是主管与一支管呈非 90°相交的钢管相贯接头；K 形接头是主管与二支管呈非 90°相交的钢管相贯接头。交叉角 θ 是主管与支管相交角度。T 形、Y 形和 K 形管节点焊缝的结构如图 8-46 所示。其中，T 形管节点焊缝是 Y 形管节点焊缝的特例，即主、支管轴线夹角 $\phi=90°$ 的 Y 形管节点焊缝。K 形管节点焊缝可视为两个 Y 形管节点焊缝的组合。因此，下面以 Y 形管节点焊缝为例来说明管节点焊缝的一般检测方法。

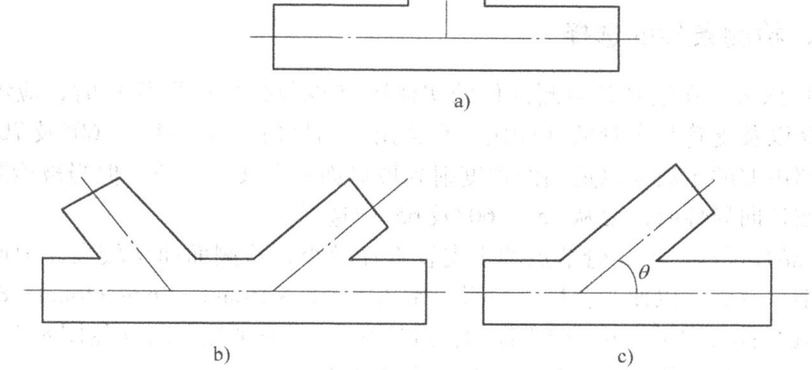

图 8-46 管节点焊缝的结构

a）T 形管节点焊缝 b）K 形管节点焊缝 c）Y 形管节点焊缝

Y 形管节点焊缝如图 8-46a 所示。工程上一般的主管直径 $D_1=600\sim1200\text{mm}$ 壁厚 $t_1=18\sim80\text{mm}$；支管直径 $D_2=400\sim900\text{mm}$，壁厚 $t_2=12\sim60\text{mm}$；主、支管夹角 $\phi=20°\sim90°$。

Y 形管节点焊缝结构不规则，主、支管曲率半径小，坡口开在支管上，用手工焊接而成，如图 8-47b 所示。其焊缝内的缺陷有一定的规律性。实验数据表明，70% 的缺陷出现在支管侧焊缝熔合区，且大多出现在焊缝根部及中部，因此一般以横波斜检头从支管上进行检测为主，必要时可从主管上做辅助检测。在检测时，探头应尽可能始终与焊缝保持垂直。

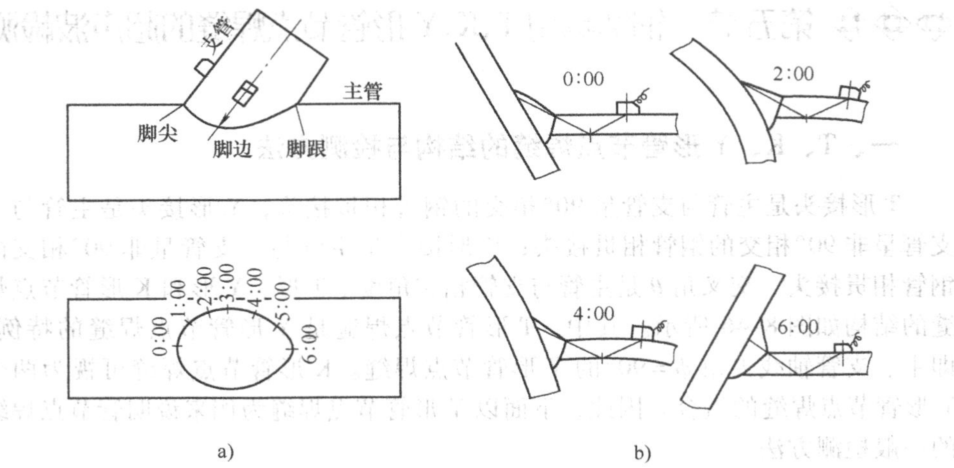

图 8-47　Y 形管节点焊缝的检测

二、检测条件的选择

(1) 探头　在绘制各检测部位的实体图（也包括坡口形状）时，应考虑支管的 t/D 以及支管与主管的外径比、交叉角、相贯角，并从 45°、60°及 70°中选择能使超声波的主波束以适当的角度射到坡口面的名义折射角，但当被检测体具有超声波各向异性时，要从 45°、60°及 65°中选择。

1) 晶片尺寸。由于管节点的主支管直径较小，检测面曲率较大，因此探头的尺寸小一点好，以便改善耦合效果，常用 10mm × 10mm、9mm × 9mm、8mm × 8mm 等几种晶片尺寸。由于不同检测位置的截面曲率半径不同（见图 8-47），因此不要将探头斜楔修成与支管表面相吻合的曲面。

2) 折射角。实践证明，在 Y 形管节点焊缝检测时，采用折射角 $\beta = 45°$、60°、70°的斜探头较好，其中 $\beta = 70°$的斜探头缺陷检出率最高。

3) 频率。管节点焊缝的主、支管材质晶粒细小，为了提高检测灵敏度和分辨力，宜选用较高的频率，一般为 5MHz。

(2) 试块　在 Y 形管节点焊缝检测中，采用的试块有图 8-48 所示的对比试块和图 8-49 所示的模拟试块。对比试块上加工有 1.6mm × 1.6mm 的槽型人工缺陷，用于调整检测灵敏度和测试距离-波幅曲线。模拟试块的材质、曲率半径、壁厚与工件相同，试块上加工有两个 ϕ4mm × 4mm 柱孔、两个 ϕ2mm × 40mm 横孔和 1.6mm × 1.6mm 方槽，用于调节检测灵敏度、时基线比例和测试距离-波幅曲线。

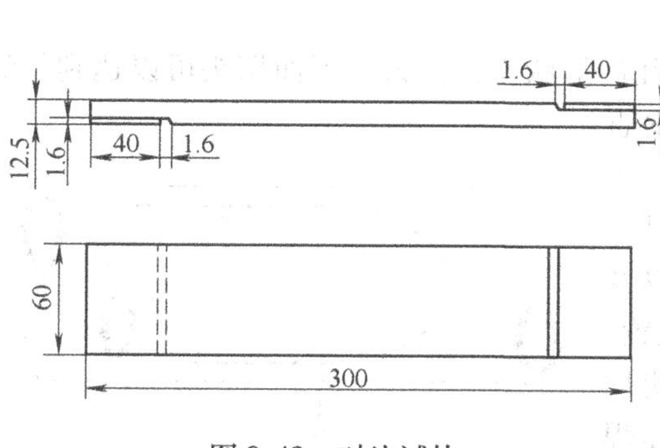

图 8-48 对比试块

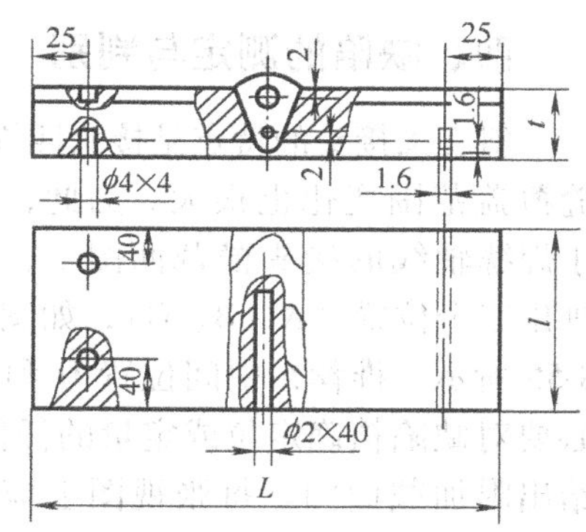

图 8-49 模拟试块

（3）耦合剂 在Y形管节点焊缝检测中，一般采用粘度较大的耦合剂，如黄油、糨糊、20号航空润滑油等。

三、仪器的调整

（1）时基线比例的调整 在Y形管节点焊缝检测中，一般采用声程法调节仪器的时基线比例，而不用深度法或水平法调整，因为声程法定位较方便。当按声程法调节时，要先大致确定检测范围，一般按1.5倍跨距声程在CSK—IA试块或其他试块上调整。

（2）灵敏度的调整 在进行Y形管节点焊缝检测前，常利用对比试块或模拟试块来测试距离-波幅曲线，如图8-50所示。检测基准灵敏度的调整：将探头置于0.5S'处，将1.6mm×1.6mm方槽回波调至100%即可。扫查灵敏度可在基准灵敏度的基础上再提高6dB。当试块与工件存在耦合差时，要适当进行补偿。

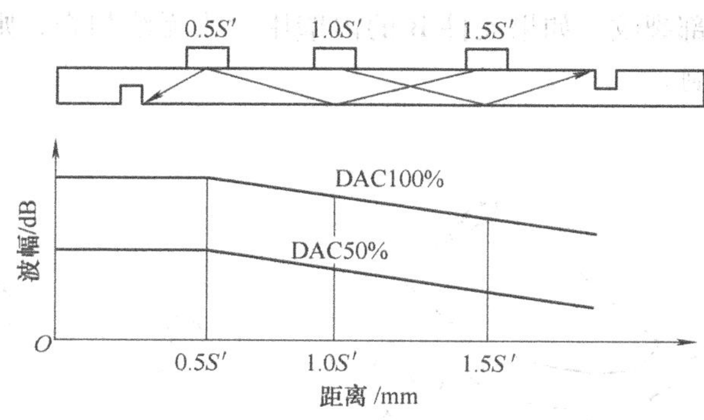

图 8-50 距离-波幅曲线（DAC）

四、缺陷的测定与判别

斜交叉接头的特点是接头四周的几何形状变化很大，因而探头可以达到的焊缝覆盖范围变化也很大。为此，在垂直于焊缝轴线的接头横截面图上，应至少画出三个位置（A、B、C），如图 8-51 ~ 8-55 所示。推荐在中间位置 D 和 E 以及必要对缺陷精确定位或定量的任何位置，给出附加截面图。每张视图上应标明用栓式样板或其他类似手段测出的实际焊缝轮廓，以及扫查时母材沿扫查面的实际曲率。后者应在被探接头上用蛇形曲线规测定，或用图 8-56 所示方法计算确定。跨距以及与接头周围的任何位置相对应的声程距离可用下述方法确定：将角度与焊缝检测所用角度相同的两探头（一发一收）沿焊缝轴线的垂直方向相向对置，将其位置调整到能获得最大直通波高度，然后将两探头放在间隔等于跨距的位置上，此时若时基线用常规方法校正，回波位置即代表至半跨距位置的声程。接头四周至少应分 3 个检测区，最好分 5 个探测区；接头和母材的截面图应用来选择最佳探头角度和扫查表面，特别是用来确定四周不同位置扫查区的界限。若空间允许，则应在元件 A 的两个表面，在半跨距范围内（即位置 Q_1 和 P_1），用 3 种探头角度进行扫查。如果内壁不可接近，则应在外表面上用至少两种探头角度，在半跨距和全跨距位置之间（即位置 Q_2）进行补充扫查。对元件 B 的侧壁焊缝，应从 B 的内壁用 4 ~ 5MHz 的直探头（即位置 S_3）进行扫查。在此表面还应使用斜探头进行补充扫查（即位置 S_1 和 S_2），以补充 A 侧的检查，测出元件 B 的趾部裂纹。如果元件 B 的内壁用探头无法扫查，则检查的有效性将会受到严重影响。

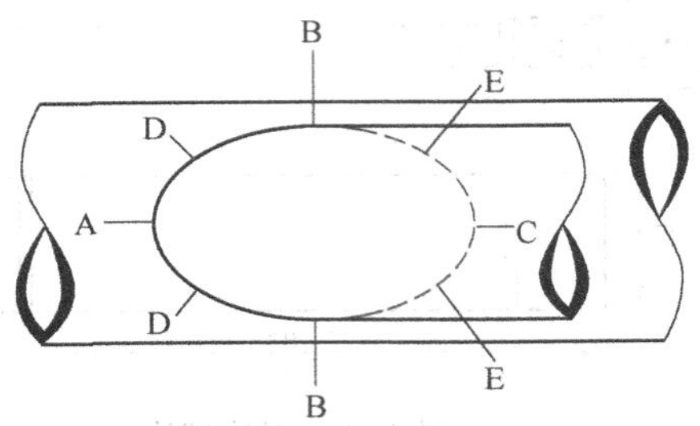

图 8-51　表示表面焊缝横截面位置的典型斜交叉接头平面图

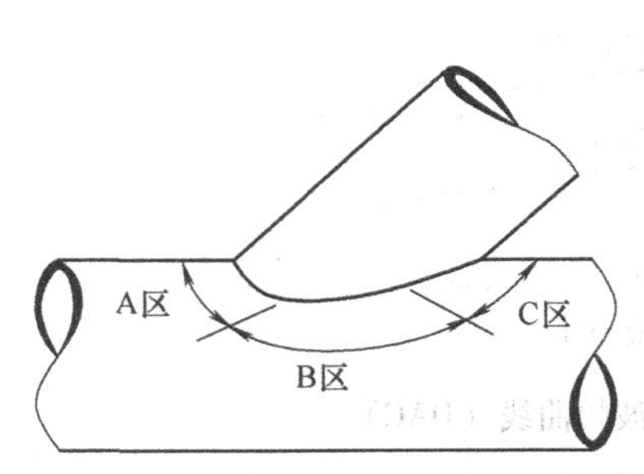

图 8-52　表示扫查区段的交叉接头的侧视图

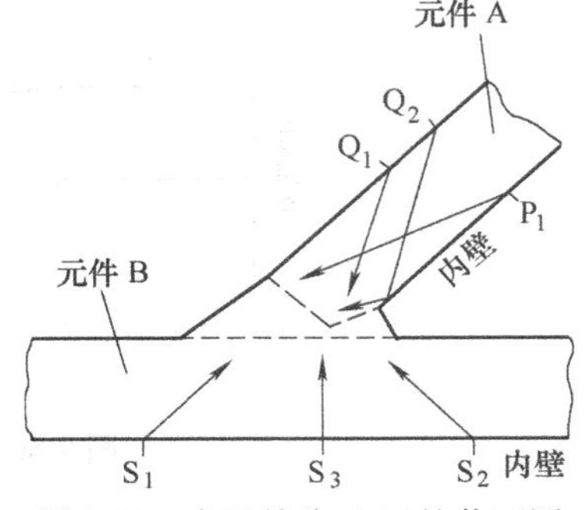

图 8-53　交叉接头 A 区的截面图

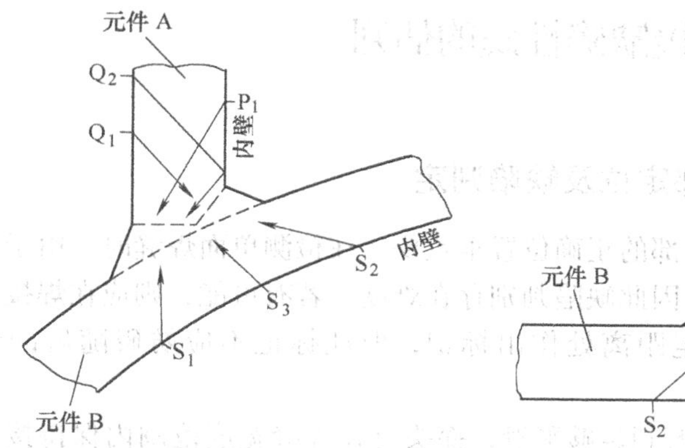

图 8-54 交叉接头 B 区的截面图

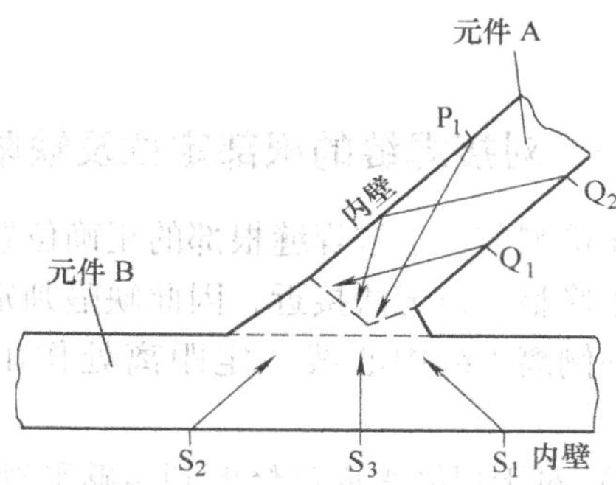

图 8-55 交叉接头 C 区的截面图

探头在支管上扫查的方式与平板对接焊缝类似，主要有锯齿形扫查、前后扫查、左右扫查、环绕扫查、转角扫查等。扫查时，波束轴线要垂直焊缝，相邻两次扫查要有10%的重叠，扫查速度应不大于150mm/s。在扫查过程中发现缺陷后，要测定缺陷的位置、当量大小和指示长度（缺陷位置常用作图法确定。缺陷指示长度可用6dB 法、20dB 法或端点峰值法测定），然后根据有关标准规定的焊缝级别，判别焊缝是否合格。在 Y 形管节点焊缝检测中，存在检测不到的“死区”，如图8-57 中的1 区和2 区。“死区”的大小与探头的折射角有关。当折射角增大时，图 8-57 中的 1 区变小，2 区变大。采用不同折射角的探头检测或从主管上进行辅助检测可以减少死区。

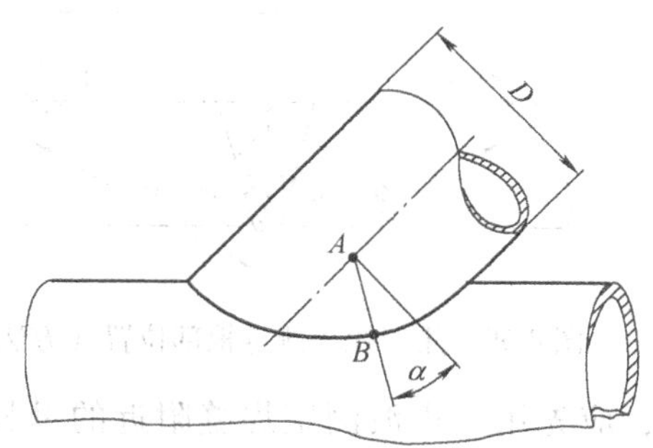

图 8-56 相对于圆形工件轴线任意角度上有效直径的计算

注：D 为工件直径 AB 为在 B 点垂直于焊缝轴线的扫查线，则沿扫查线 AB 的有效直径 $D_1 = D/\cos\alpha$。

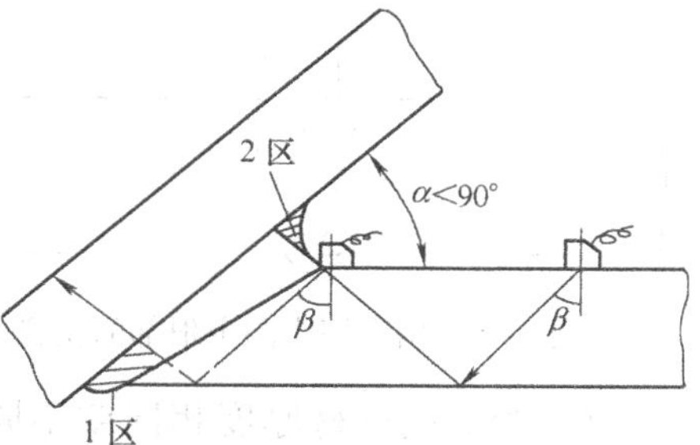

图 8-57 检测不到的“死区”

第六节　焊接缺陷性质的估判

一、对接焊缝的根部定位及缺陷判定

在检测前，了解焊缝根部的正确位置很重要。在检测单面焊缝时，由于根部既未作修整，也无法接近，因此缺陷判别存在难度。若有可能，则应在焊接前于接头一侧离焊缝中心线一定距离处作出标记，但此标记不应妨碍随后的焊缝检测。

1）对于焊缝表面已修磨到足够平滑，探头可在焊缝宽度范围内保持接触的情况，可使用在焊缝根部的检测声程范围内有较窄声束的直探头，在修磨过的焊缝表面做横向移动，焊缝根部的突出部位可根据附加回波的显示加以确定，此回波略大于底面回波的声程。当使用垫板时，只要垫板已熔合，就可获得同样的效果。将探头位置调整到使这一附加回波达到最大高度，由探头中心即可标出根部位置，如图 8-58 所示。

2）当焊缝两侧母材厚度相同时，用窄声束、高分辨力的斜探头从焊缝一侧扫查根部。当根部回波达到最大时，将探头位置固定，在材料表面标出探头位置 P_1，并记录声程距离 D，然后使探头在焊缝另一侧移动，当根部回波也在声程距离 D 时将探头位置固定（P_2）并标出。如果根部正常焊透，则焊缝根部的位置应正好在 P_1 和 P_2 的中间，如见图 8-59 所示。

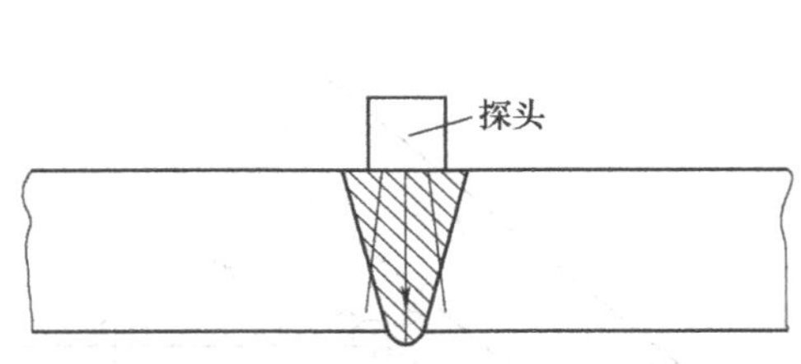

图 8-58　用直探头测定根部的位置

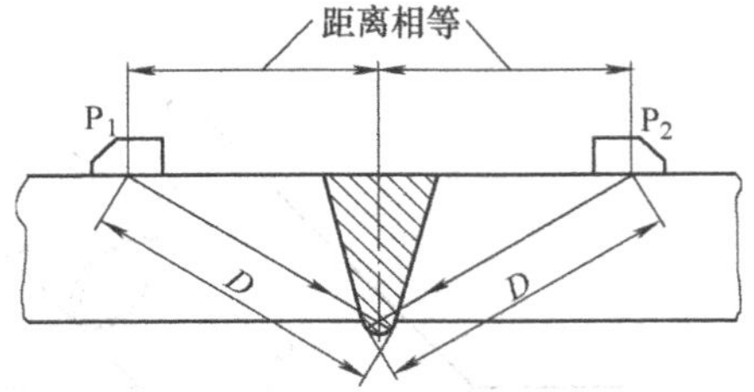

图 8-59　用斜探头测定根部位置（方法 1）

3）当对接母材厚度相同或不同时，应先用超声波测定焊缝附近的母材厚度，并计算声程距离 D_1 和焊缝一侧的水平距离 d_1，然后用适当角度的横波探头，从焊缝的该侧扫查根部，对在声程距离 D_1 或比 D_1 稍大的距离上出现的任何回波，均使其波幅在 P_1 位置达到最大，标出此时相应的水平距离 d_1，再根据 D_2、d_2 和位置 P_2 在焊缝另一侧重复这一操作（见图 8-60），M_1 和 M_2 之间的中点即根部中心线。

4）使用导轨或限位尺使探头在半跨距位置进行根部定位扫查，使探头入射点至根部的距离保持不变，如图 8-61 所示。探头应沿焊缝方向连续移动，观察到的所有回波均出现在声程小于或等于入射点至焊缝根部中心计算值的距离上。在发现这类回波后，应向前移动探头使回波最高，测定它们在焊缝厚度方向的位置或范围。如果扫查只能在一侧进行（如某些分支或接管焊缝），则测定焊缝另一侧反射面的垂直范围非常关键，因为这是在此位置识别根部严重缺陷与正常焊道的唯一方法。

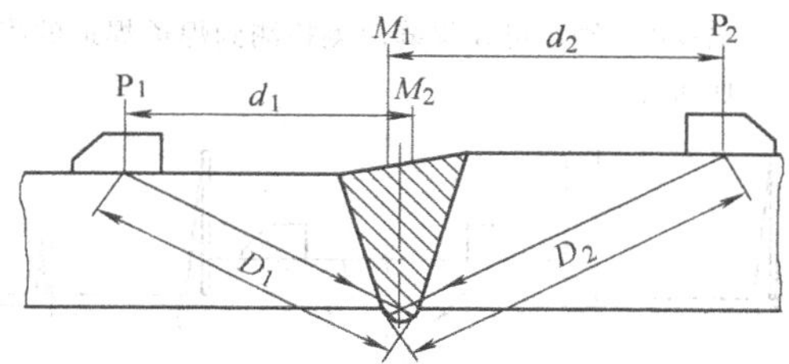

图 8-60　用斜探头测定根部位置（方法 2）

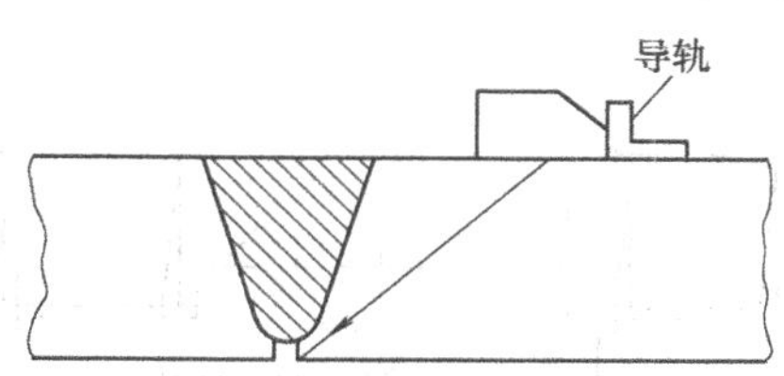

图 8-61　利用导轨定位来检查焊缝根部和标定焊透过度或根部未焊透

5）不同形状的根部可能显示的波形。依次从焊缝两侧沿焊缝全长扫查根部。若不可能从焊缝两侧扫查，则此方法的效用就会大大削弱。扫查焊缝的速度应不大于 25mm/s。焊缝根部各种状态的超声波回波显示如图 8-62 ~ 8-69 所示。

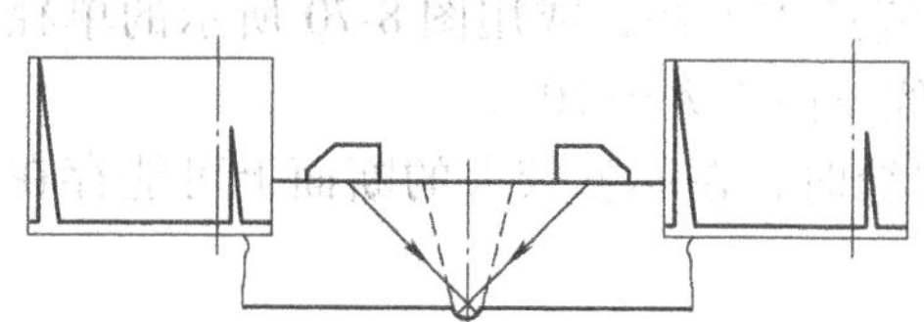

图 8-62　符合要求的焊缝根部超声波回波显示

注：在焊缝两侧检测，中心线位置偏右时均有一尖锐回波显示。

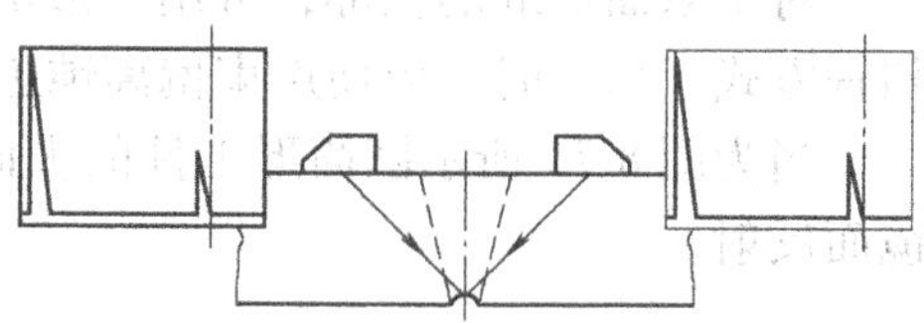

图 8-63　根部凹坑的超声波回波显示

注：在焊缝两侧检测，中心线位置偏左时均有小回波显示。

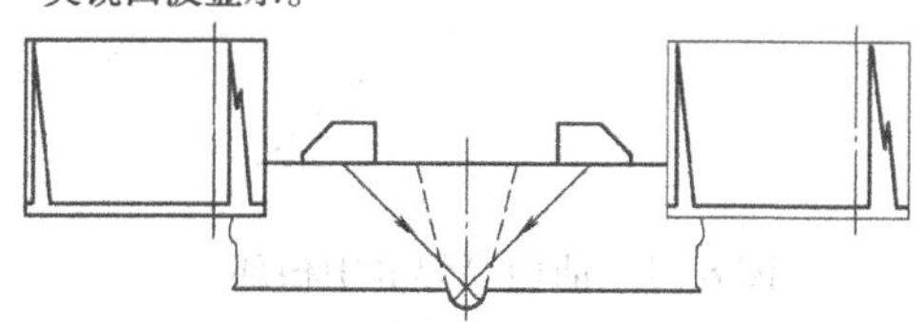

图 8-64　焊透过度的超声波回波显示

注：在焊缝两侧探测，有单个尖锐回波或显示高低峰的回波，一般幅度较高，声程均大于正常焊透时的声程。

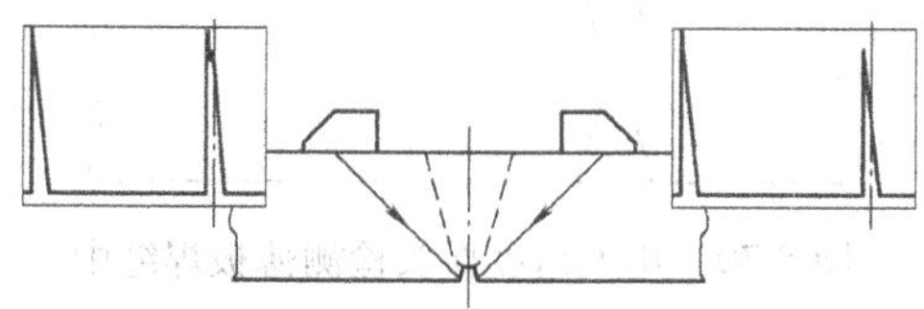

图 8-65　根部未焊透的超声波回波显示

注：在焊缝两侧检测，有一强回波显示，其位置在中心线位置偏左。

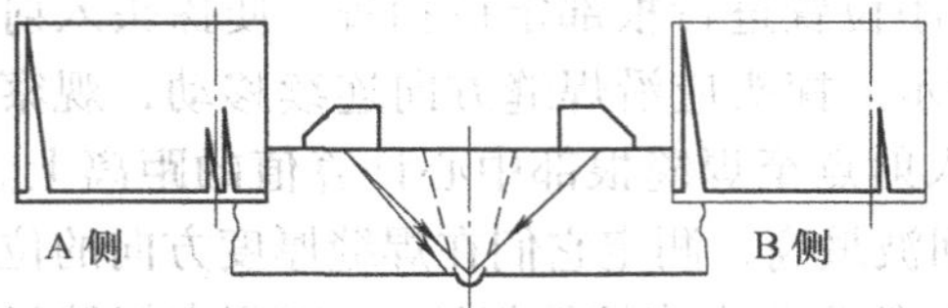

图 8-66 根部咬边的超声波回波显示

注：在焊缝两侧均能探到焊透焊道的回波，在A侧还有中心线左边显示的附加回波，探头移动时只显示很小的垂直尺寸。

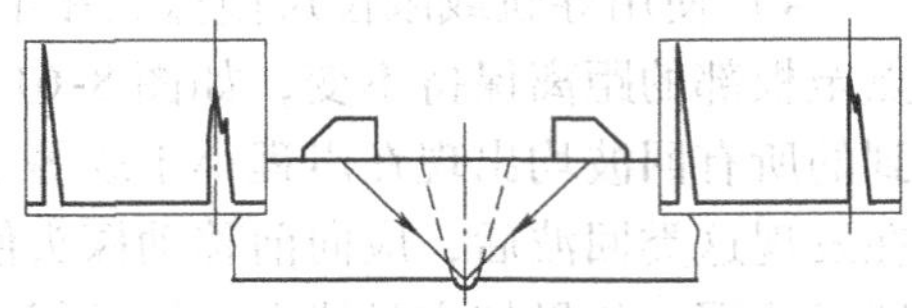

图 8-67 根部中心线裂纹的超声波回波显示

注：在焊缝两侧检测时，中心线位置均有回波显示。回波可能是尖锐的，或有高低峰。若缺陷较小，则还可在焊缝两侧检测到焊透焊道的附加回波。

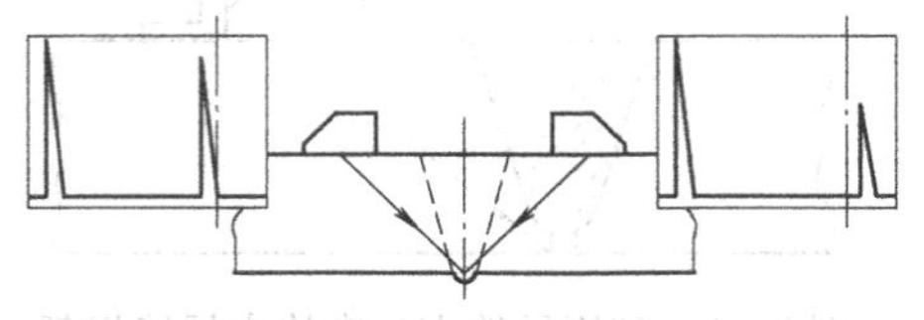

图 8-68 根部焊道边缘裂纹或未熔合的超声波回波显示

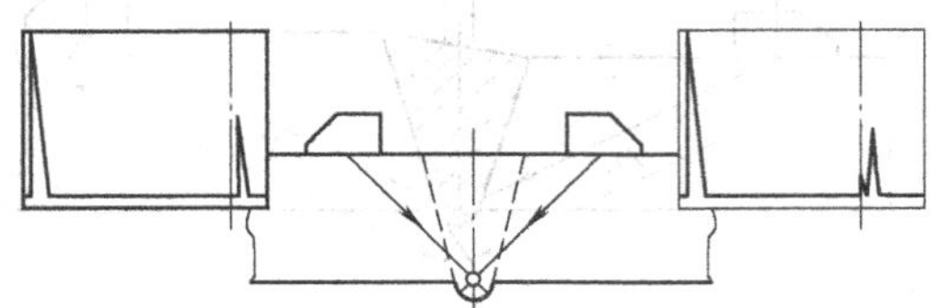

图 8-69 焊缝根部缩孔的超声波回波显示

二、双面焊缝中间未焊透的检测

对于双面焊缝的根部，可用一般的焊缝检查方法，或用图 8-70 所示的单独扫查方式。扫查时，应使声束偏离钝边法线方向不大于 20°。

当为图 8-71 所示圆筒形工件的纵向焊缝时，在厚度较大的断面上可能存在镜面反射。

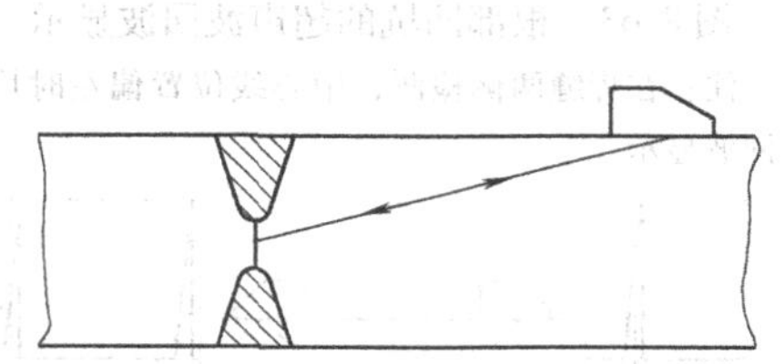

图 8-70 用大角度探头检测薄板焊缝中的根部未焊透

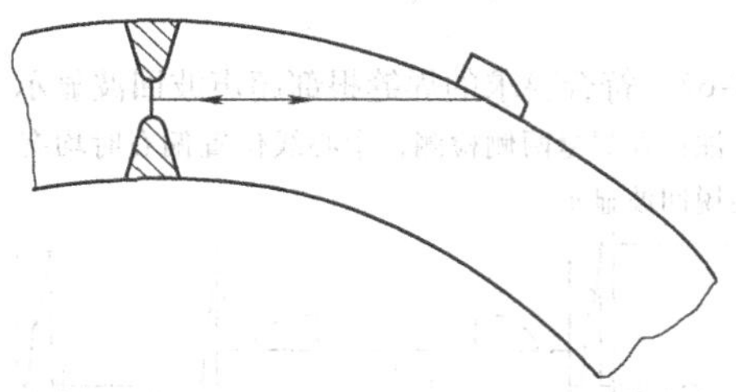

图 8-71 曲面厚焊缝中根部未熔合的检测

如果只用单探头，则不能满足上述条件，此时应使用图 8-72 所示的串列法，两串列探头一发一收，角度、频率相同。当两探头一起沿焊缝长度方向移动时，探头与焊缝中心线的距离应始终保持一定。用串列法扫查时，推荐用 45°探头，厚度在 75mm 以下时用 4～5MHz 的频率，厚度在 75mm 以上时用 2～2.5MHz 的

频率。若将接收探头放在发射探头之前，则串列特性并不改变，但校正时应与实际扫查中探头的相对位置排列相同。用串列法很难测定缺陷大小，但对大缺陷尺寸可用6dB法近似地测出。测量时，将一个探头逐步前移，而将另一探头后移相同距离，以使声束轴线沿缺陷平面连续相交。对较小的缺陷，应根据其回波高度与已知标准的比较来评定。

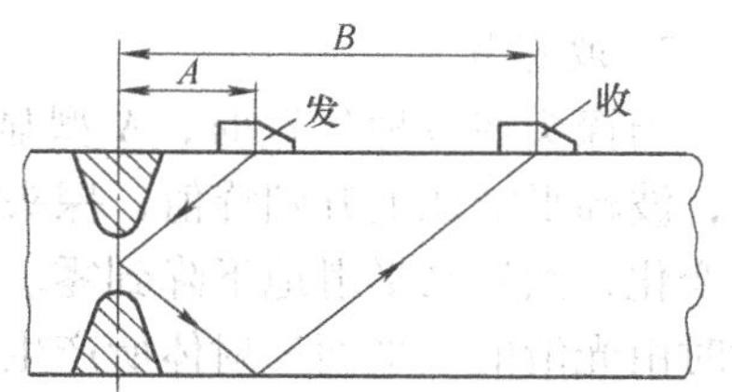

图8-72　用串列法检测厚焊缝中的根部未焊透

注：沿焊缝扫查时，A、B距离保持不变。

当用单探头扫查根部区域时，应使探头相对于焊缝中心线沿一定的扫查线前后移动，扫查线的间距应不大于晶片宽度的0.9倍。可以只从单面两侧扫查焊缝全长；若扫查区域受限制，则可在双面单侧进行扫查。探头沿扫查线的移动速度不应大于100mm/s。当采用串列法检查焊缝根部时，应在单面单侧或双侧沿焊缝长度连续扫查。两探头沿焊缝方向的移动速度应不大于25mm/s。

三、不同缺陷的回波动态波形

1. 波形Ⅰ

A型显示屏上显示一个尖锐的回波，其幅度平滑地上升到一个最大值，然后又平滑地下降到零。此为波形Ⅰ。图8-73所示为点反射体产生的波形Ⅰ。

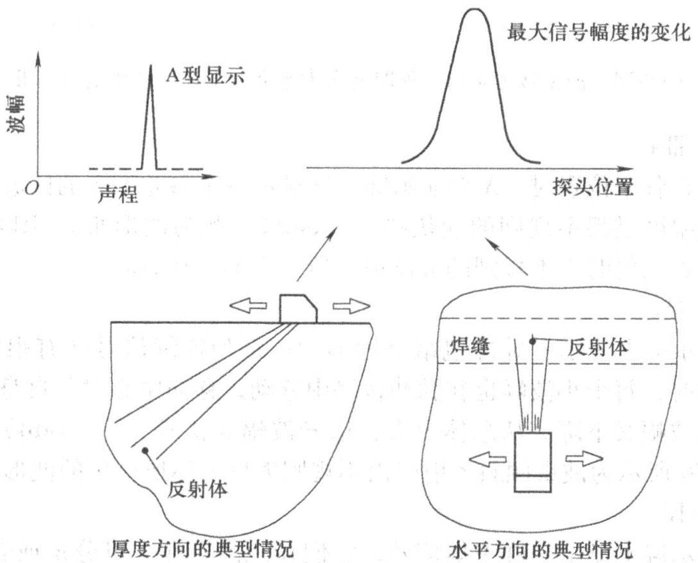

图8-73　点反射体产生的波形Ⅰ

2. 波形Ⅱ

当探头在各种位置时，A 型显示屏上均显示一个尖锐的回波。当探头移动时，波幅平滑地上升到峰值；探头继续移动，波幅基本不变，或只在 ±4dB 范围内变化，然后又平滑地下降到零。此为波形Ⅱ。图 8-74 所示为波束接近垂直入射时由光滑的大平面反射体所产生的波形Ⅱ。

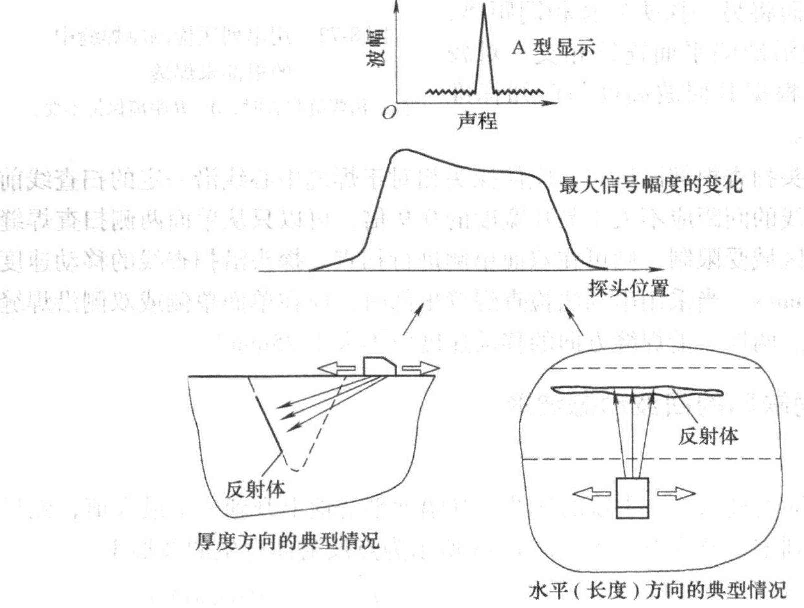

图 8-74　波束接近垂直入射时光滑大平面反射体所产生的波形Ⅱ

3. 波形Ⅲa

当探头在各个位置时，A 型显示屏上均显示一个参差不齐的回波。当探头移动时，回波幅度呈很不规则的起伏状（ +6dB）。此为波形Ⅲa。图 8-75 所示为波束接近垂直入射时由不规则的大反射体所产生的波形Ⅲa。

4. 波形Ⅲb

A 型显示屏上显示一脉冲包络呈钟形的一系列连续信号（有很多小波峰）。当探头移动时，每个小波峰也在脉冲包络中移动，移向中心时其自身波幅升到最大值，过后波幅又下降。从总体上看，信号波幅起伏较大（ +6dB）。此为波形Ⅲb。图 8-76 所示为波束倾斜入射时由不规则大反射体所产生的波形Ⅲb。

5. 波形Ⅳ

A 型显示屏上显示一群密集信号，它们在距离上或者可分辨或者无法分辨。此为波形Ⅳ。图 8-77 所示为由多重缺陷产生的反射波形Ⅳ。当探头移动时，信

号时起时伏，若能分辨，则每个单独信号均显示波形Ⅰ的特征。

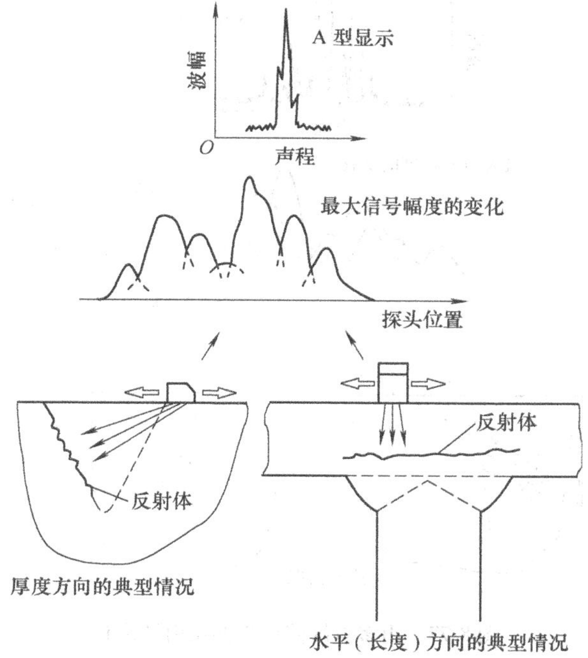

图 8-75 波束接近垂直入射时由不规则的大反射体所产生的波形Ⅲa

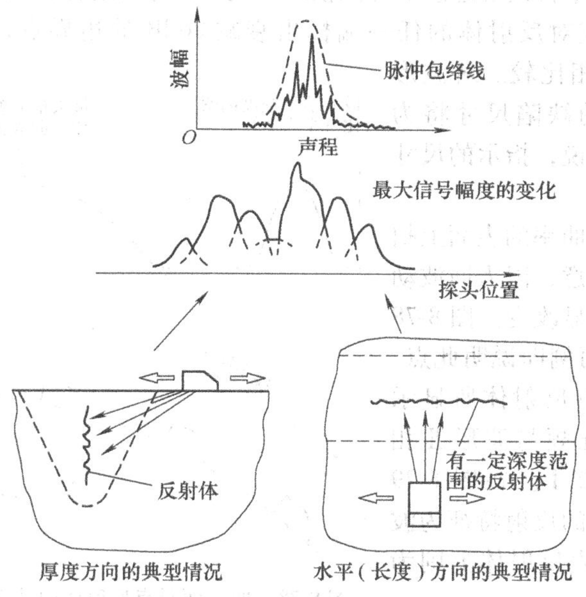

图 8-76 波束倾斜入射时由不规则大反射体所产生的波形Ⅲb

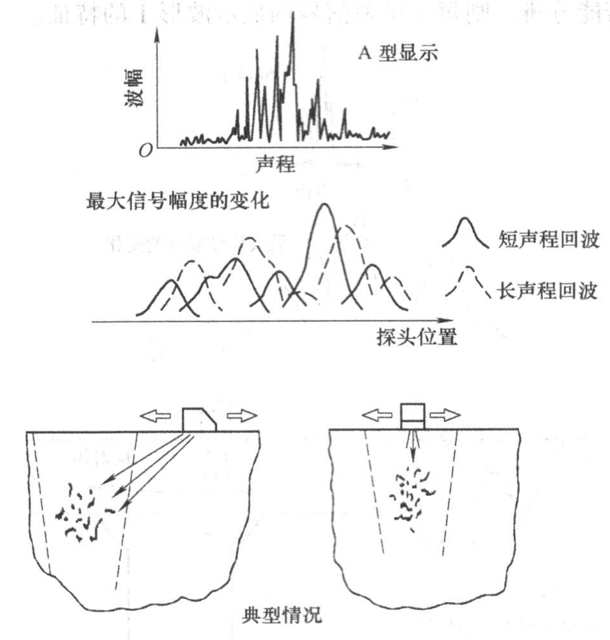

图 8-77　由多重缺陷产生的反射波形Ⅳ

回波动态波形的区分：若要分清波形Ⅰ和波形Ⅱ，则当声程距离较长时就要特别仔细，因为平台式动态波形可能很难发现，除非反射体很大。当声程距离超过 200mm 时，应对反射体的任一端标出衰减 20dB 的边界点，再将其间距与 20dB 声束宽度相比较。对波形Ⅰ来说，指示的缺陷尺寸将为零；对波形Ⅱ来说，指示的尺寸将为正值。

当探头在有曲率的表面上扫查时也要特别注意，因为回波动态波形有可能明显改变。图 8-78 和图 8-79 所示两例即说明此点。在图 8-78 中，点反射体所显示的回波动态特征颇与波形Ⅱ相似，而不像波形Ⅰ。在图 8-79 中，曲面反射体的反射特征为波形Ⅲa，而在平表反射体上则为波形Ⅲb。

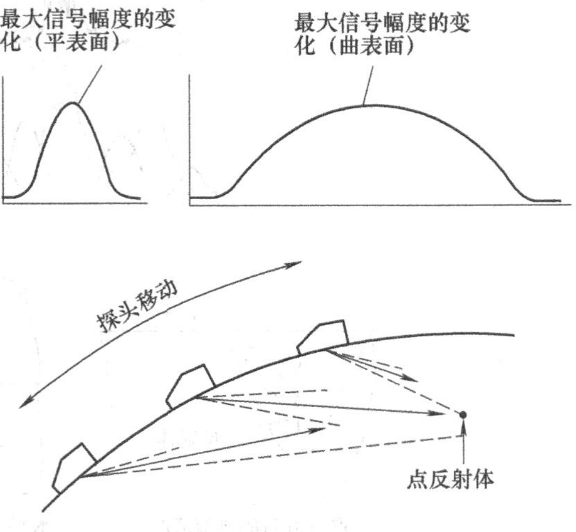

图 8-78　曲表面对点反射体回波动态特性的影响

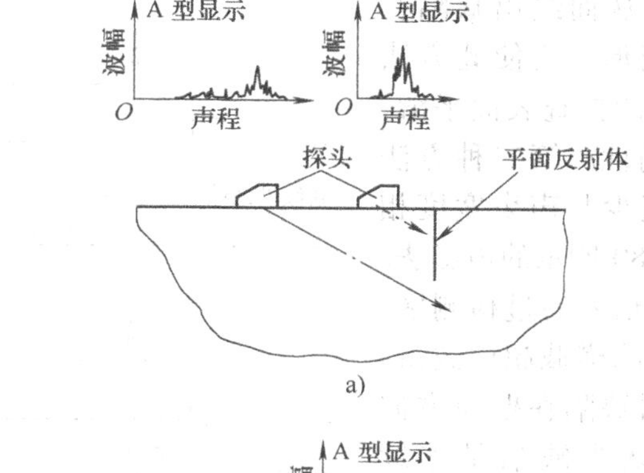

a)

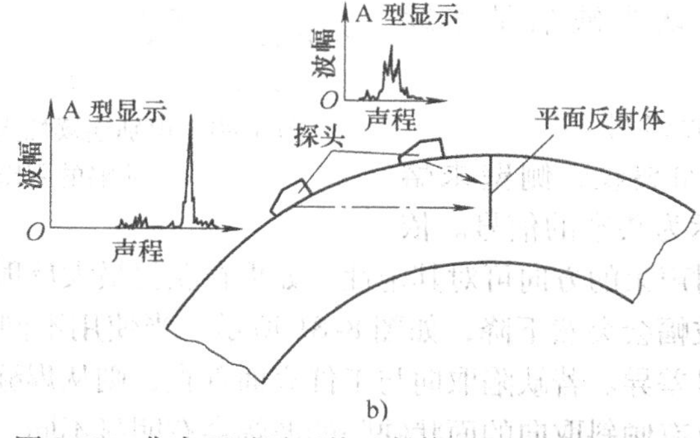

b)

图 8-79 曲表面对平面状反射体 A 型显示的影响

a）平面工件 b）曲面工件

四、缺陷的识别

1. 断续性缺陷的识别

这种缺陷既可能是长度间断的，如链状夹渣，也可能是深度断续的，如一组沿焊缝熔合面分布于不同深度的平行条状夹渣。除非间距太小可以忽略，否则区分连续性缺陷和断续性缺陷很重要，特别是在板厚方向。若缺陷在板厚方向显示波形Ⅱ、Ⅲa 或Ⅲb，则只要信号不明显离开较大距离，就不大可能是长度间断的缺陷。对显示波形Ⅰ特征的缺陷，应选择适当的扫查方向、声束角度、探头尺寸和频率，使缺陷处的声束宽度最窄，并在均匀的耦合条件下进行仔细的左右扫查。在长度方向上波高包络有明显降落（暗示）的缺陷可能是断续的。可使探头在明显断开的位置附近做转动和环绕扫查，若观察到在正交方向附近波高迅速降落，且无明显的二次回波，则证明缺陷是断续的。其他反射特征暗示明显断开实际上是由于缺陷取向有变化。至少应从两个方向，在较短的声程距离，对缺陷做仔细的前后扫查，观察回波包络形状，只要有明显降落或完全断开，就暗示缺陷可能是断续的。但是，因为缺陷取向改变引起上述现象的可能性比左右扫查时更大，所以应适当采用两种附加方法。第一种方法是标出从多个不同方向和角度所观察到的信号，从而绘出缺陷在壁厚方向的综合图形。为使此方法有效，应使焊缝两侧扫查表面平滑，并注意标绘的准确性。第二种方法适用于缺陷高度至少与声束宽度相仿的情况，即图 8-80 所示的声影法。若有强烈的直通波信号通过检测区，则证明无连续性缺陷横截超声波束。如果不能确切证明缺陷在壁厚方向是断续的，就应认为缺陷是连续性的。

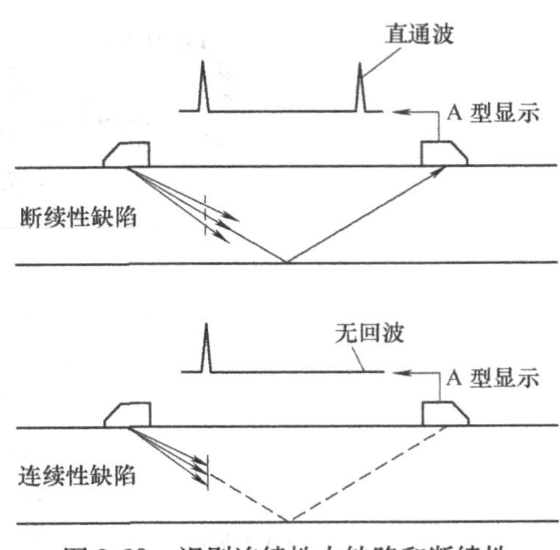

图 8-80　识别连续性大缺陷和断续性缺陷的阴影法

2. *面状缺陷的识别*

面状缺陷（如裂纹、侧壁未熔合）的回波多显示为狭窄的信号。依据缺陷相对于入射声束的方向可对其定性。如果在获得最大反射波幅位置使探头做环绕扫查，则其波幅会突然下降，如图 8-81 所示。当使用不同角度的探头时，其回波幅度会有明显差异。若缺陷取向与工件表面垂直，则从焊缝两侧扫查得到的波高大致一样，而具有倾斜取向的面状缺陷的波幅会有明显不同，如图 8-82 所示。

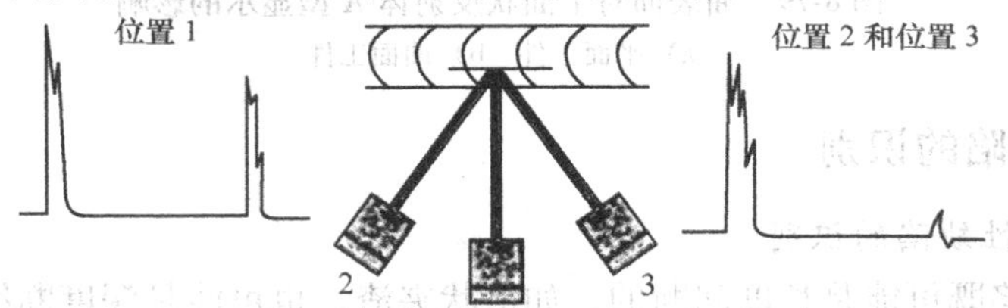

图 8-81　面状缺陷的波形变化

夹渣的回波高度不一定与裂纹、未熔合有明显差异，但可从波形及方向性等方面分辨开来，因为这种缺陷表面凸凹不平，当声束连续射到缺陷表面的不同部位时，会产生连续的回波信号，如图 8-83 所示。

在做环绕扫查时，这种回波波形变化较小。回波信号是由许多单个信号构成的，因而当单个信号变化时，回波高度也会改变，

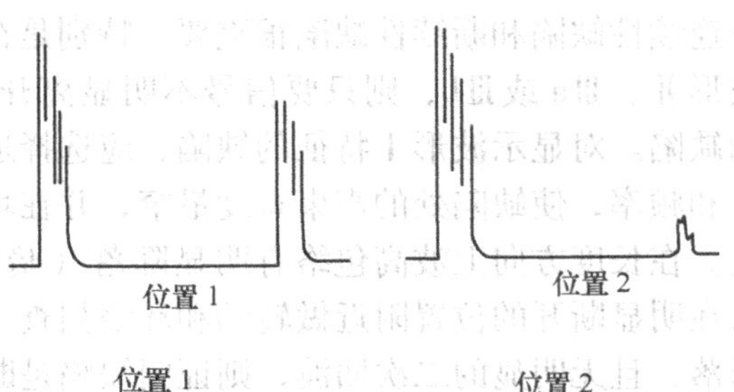

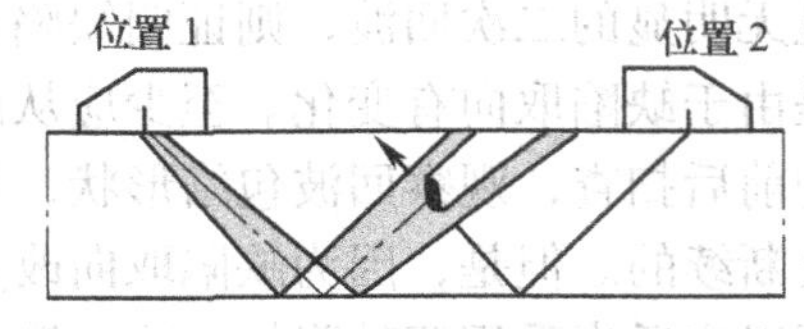

图 8-82　面状缺陷波形

从焊缝对面扫查时，会得到相似的回波波形。

3. 球状缺陷的识别

球状缺陷（如气孔）仅有少部分入射声波被反射回来，而且缺陷尺寸小。这类缺陷信号的特点是幅度低、信号窄，当探头做环绕扫查或在另一面检测时，回波信号几乎不变。几个这样小的回波，在密集气孔的场合，可能聚集在一起，聚集程度取决于气孔的数量和分布情况。球形气孔波形如图 8-84 所示。

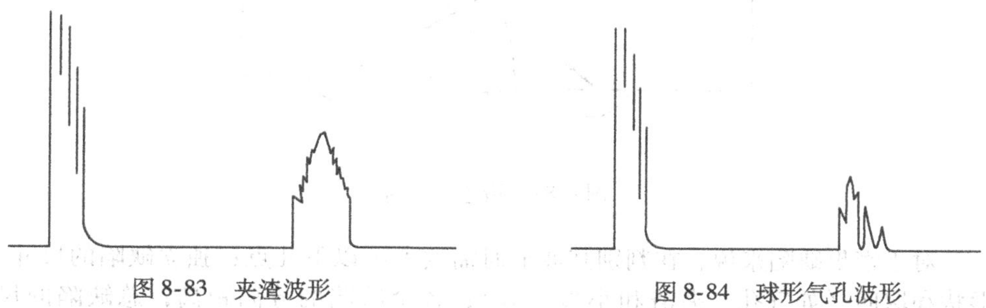

图 8-83 夹渣波形　　图 8-84 球形气孔波形

总之，识别缺陷的有效手段是了解缺陷的方向性及缺陷在焊缝中的位置和取向。例如，当选择的探头角度使声束垂直于焊缝坡口时，根据缺陷位置和方向性能够比较容易地识别出未熔合缺陷，如图 8-85 所示。当探头在位置 1 时可以得到波形清晰的回波信号，但在位置 2 时入射声束被反射的声能很少或者干脆没有。不过，随着工件厚度的增加，坡口角度更接近于与板面垂直，这对缺陷的检测和鉴别是不利的。因此，对于和工件表面垂直的面状缺陷，建议选用两个 45°探头做串列扫查。

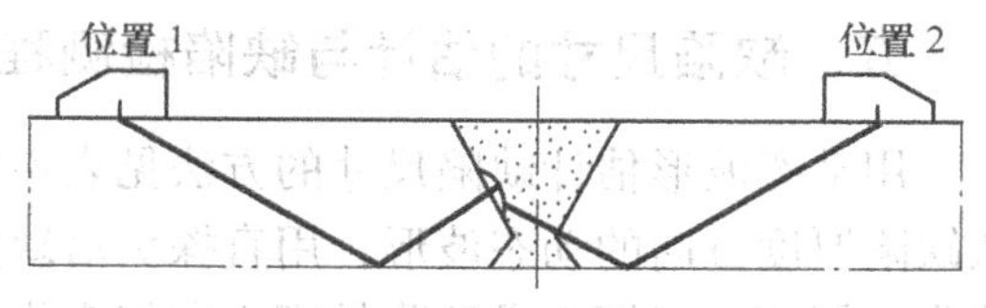

图 8-85 未熔合的识别

当缺陷位于表面或近表面时，一定要注意定位的准确性。通常，焊缝表面反射与热影响区附近缺陷的回波是较难分辨的。图 8-86 所示为一种区分焊缝余高反射信号与热影响区面状缺陷的办法。焊缝余高的两边缘可能成为良好的反射

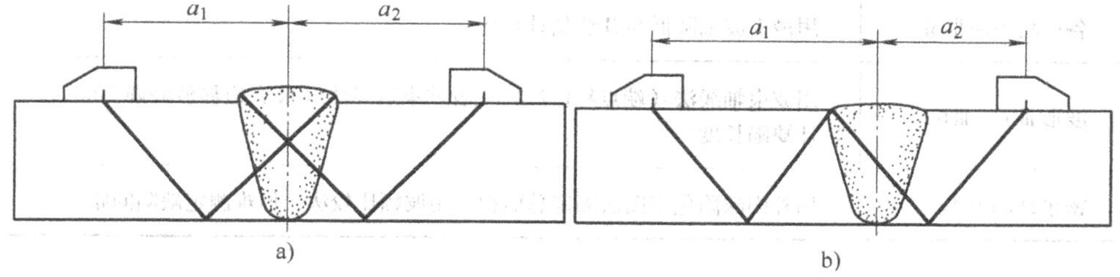

图 8-86 焊缝余高及热影响区裂纹

a) $a_1=a_2$　b) $a_1\neq a_2$

体，特别是使用45°探头扫查时，可能性更大。

在检测全焊透焊缝的线性错边时，只能从焊缝一侧得到波幅较高的根部信号，水平距离可能存在一定偏差（见图8-87），这说明反射体位于中心线另一侧。不同厚度的板材或管材对接时也会出现这样的反射现象。

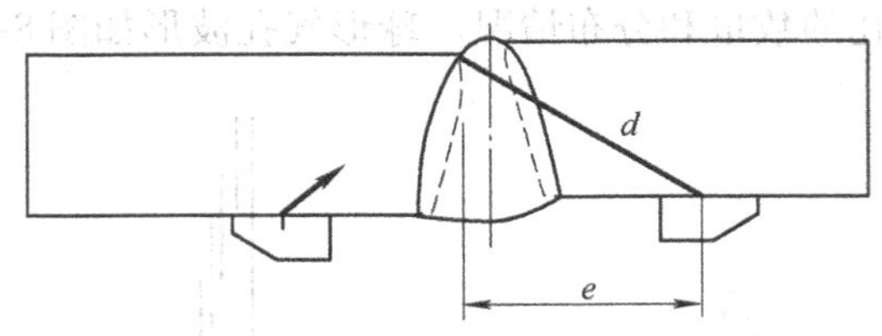

图8-87　错边的判别

对于密集缺陷来说，在判别其波形时需要考虑以下几点：独立缺陷的尺寸、形状和取向（如气孔、夹渣和小裂纹等）；各个缺陷的分离距离；总缺陷的尺寸、形状和取向及其回波包络图（例如，是熔合线边界区的平面型缺陷，还是焊缝中心区的体积型缺陷）。

五、缺陷尺寸的估计与缺陷检测程序

用动态波形估计缺陷尺寸的方法见表8-13。在估计时，用斜探头前后扫查辨认缺陷厚度方向的动态波形，用直探头沿缺陷处上表面扫查辨认缺陷长宽的动态波形，用直、斜探头沿缺陷长度方向扫查辨认缺陷长度方向动态波形，并依次应用几个探头角度和波束方向扫查。

表8-13　用动态波形估计缺陷尺寸的方法

各向均为波形Ⅰ	点状缺陷，用AVG图法估计缺陷的最小面积
长度方向为波形Ⅱ和深度方向为波形Ⅰ	用波幅降低6dB法（半波高法）估计缺陷长度，用横通孔反射波幅比较法估计缺陷的断面尺寸
各向均为波形Ⅱ	用最大波幅降低6dB法估计长度
波形Ⅲa或Ⅲb	用波束轴线法（端点峰值法）或者波束边界法（最大边界波峰降20dB法）估计缺陷长度
密集缺陷波形	用外围缺陷包络图法测定总面积，用波幅比较法，但难测定缺陷间距

缺陷检测程序如图8-88所示。

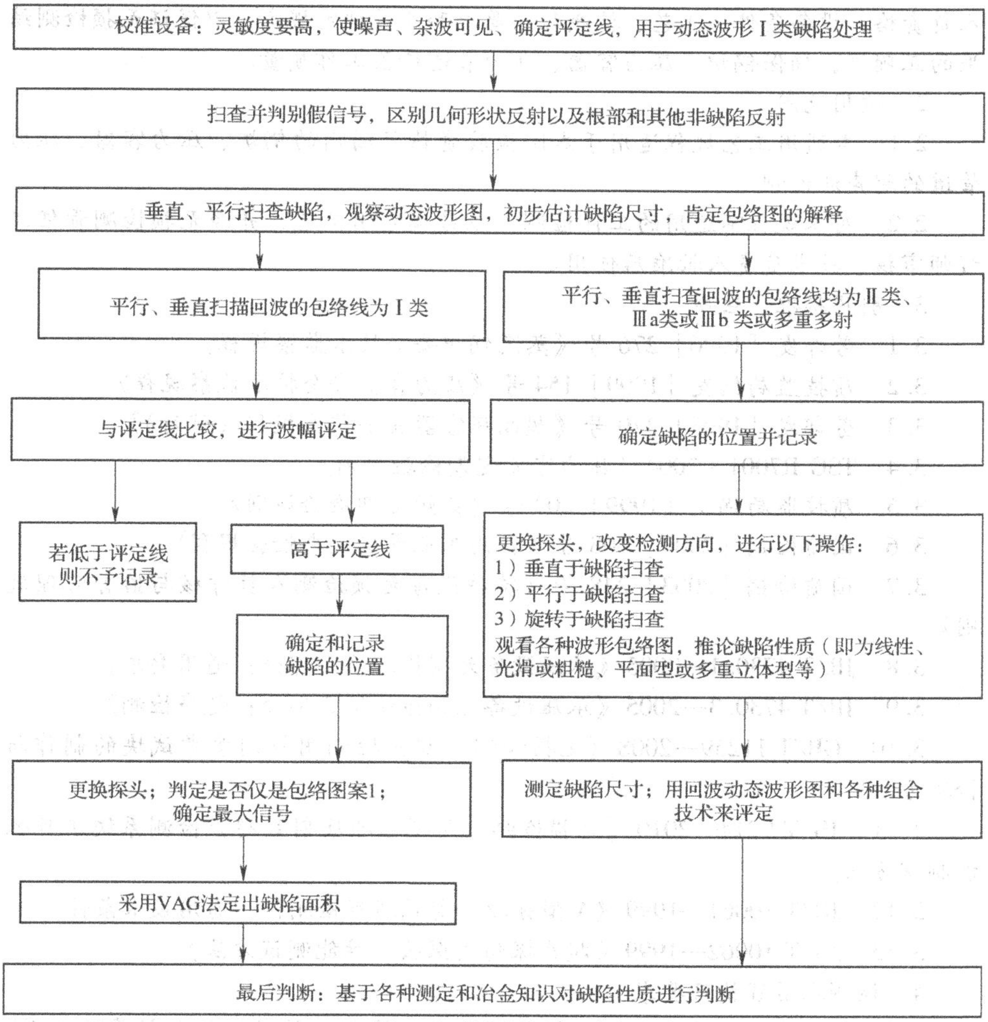

图 8-88 缺陷检测程序

第七节 检测工艺和检测报告范例

本节介绍某检测机构编写的超声波检测通用工艺规程，仅作参考。本节中的表和图的顺序及编排方式仍用原方式，以便于学习参考。

超声波检测通用工艺规程

1 目的

本通用工艺规定了×××检验所锅炉、压力容器、压力管道的超声波检测的人员资格、设备条件、工艺、检测程序要求和质量评定规定，以保证无损检测结果的正确性，确保锅炉、压力容器、压力管道检验工作质量。

2 适用范围

2.1 本通用工艺规程适用于本院检验资格范围内的锅炉、压力容器、压力管道的超声波检测。

2.2 对本规程不适用的工件检测，应另编专用工艺，并经无损检测责任工程师审核、技术负责人批准后使用。

3 引用标准、法规

3.1 劳部发［1996］276号《蒸汽锅炉安全技术监察规程》

3.2 质技监局锅发［1999］154号《压力容器安全技术监察规程》

3.3 劳部发［1993］370号《超高压容器安全监察规程（试行）》

3.4 TSG R7001—2004《压力容器定期检验规则》

3.5 质技监局锅发［1999］202号《锅炉定期检验规则》

3.6 国质检锅［2003］108号《在用工业管道定期检验规程》

3.7 国质检锅［2003］248号《特种设备无损检测人员考核与监督管理规则》

3.8 JB/T 4730.1—2005《承压设备无损检测第1部分：通用要求》

3.9 JB/T 4730.3—2005《承压设备无损检测第3部分：超声检测》

3.10 GB/T 11259—2008《无损检测 超声检测用钢制参考试块的制作与检验方法》

3.11 JB/T 9214—2010《无损检测 A型脉冲反射式超声检测系统工作性能测试方法》

3.12 JB/T 10061—1999《A型脉冲反射式超声检测仪 通用技术条件》

3.13 JB/T 10062—1999《超声探伤用探头 性能测试方法》

4 检测人员资格及要求

4.1 超声检测工作应由按《特种设备无损检测人员考核与监督管理规则》考核合格的人员承担，并由无损检测责任师审签检验报告。

4.2 检测人员必须认真负责，严格执行工艺规定和标准。

4.3 检测人员应了解受检工件的材质、规格、焊接工艺、缺陷可能产生的部位等。

5 检测设备、器材和材料

5.1 超声波探伤仪

5.1.1 采用A型脉冲反射式超声波探伤仪，其工作频率范围为0.5～10MHz，且至少在显示屏满刻度的80%范围内呈线性显示。探伤仪应具有80dB以上的连续可调衰减器，步进级每挡不大于2dB。其精度为：任

意相邻12dB 误差在 ±1dB 以内，最大累计误差不超过 1dB；水平线性误差不大于 1%，垂直线性误差不大于 5%。其余指标应符合 JB/T 10061—1999 的规定。

5.1.2 我院采用仪器型号为 CTS—22、HS—600。

5.1.3 每隔三个月至少对仪器的水平线性和垂直线性进行一次测定，测定方法按 JB/T 10061—1999 的规定进行。

5.2 探头

5.2.1 晶片面积一般不应大于500mm²，且任一边长原则上不大于25mm。

5.2.2 单晶斜探头声束轴线水平偏离角不应大于2°，主声束垂直方向不应有明显的双峰。

5.2.3 新购探头应有探头性能参数说明书。新探头在使用前应进行前沿距离、*K* 值、主声束偏离、灵敏度余量和分辨力等主要参数的测定。测定应按 JB/T 10062—1999 的有关规定进行，并满足其要求。

5.2.4 承压设备用板材超声检测探头按表 1 选用。

表 1 承压设备用板材超声检测探头的选用

板厚/mm	采用探头	公称频率/MHz	探头晶片尺寸
6 ~ 20	双晶直探头	5	晶片面积不小于 150mm²
>20 ~ 40	单晶直探头	5	ϕ14 ~ ϕ20mm
>40 ~ 250	单晶直探头	2.5	ϕ20 ~ ϕ25mm

5.2.5 承压设备用钢锻件超声检测双晶直探头的公称频率应选用5MHz，探头晶片面积应不小于150mm²；单晶直探头的公称频率应选用 2 ~ 5MHz，探头晶片一般为 ϕ14 ~ ϕ25mm。

5.2.6 承压设备对接焊接接头超声检测推荐采用的斜探头 *K* 值见表 2。

表 2 承压设备对接焊接接头超声检测推荐采用的斜探头 *K* 值

板厚/mm	*K* 值
6 ~ 25	3.0 ~ 2.0（72° ~ 60°）
>25 ~ 46	2.5 ~ 1.5（68° ~ 56°）
>46 ~ 120	2.0 ~ 1.0（60° ~ 45°）
>120 ~ 400	2.0 ~ 1.0（60° ~ 45°）

5.3 超声波探伤仪和探头的系统性能

5.3.1 在达到所探工件的最大检测声程时，其有效灵敏度余量应不小于10dB。

5.3.2　仪器和探头的组合频率与公称频率误差不得大于±10%。

5.3.3　仪器和直探头组合的始脉冲宽度（在基准灵敏度下）：对于频率为5MHz的探头，宽度不大于10mm；对于频率为2.5MHz的探头，宽度不大于15mm。

5.3.4　直探头的远场分辨力应不小于30dB，斜探头的远场分辨力应不小于6dB。

5.3.5　仪器和探头的系统性能应按JB/T 9214—2010和JB/T 10062—1999的规定进行测试。

5.4　检测前和检测过程中仪器和探头系统测定

5.4.1　当使用仪器-斜探头系统时，在检测前应测定前沿距离、*K*值和主声束偏离，调节或复核扫描量程和扫查灵敏度。

5.4.2　当使用仪器-直探头系统时，在检测前应测定始脉冲宽度、灵敏度余量和分辨力，调节或复核扫描量程和扫查灵敏度。

5.4.3　在检测过程中应对仪器-探头系统进行复核的情况

5.4.3.1　校准后的探头、耦合剂和仪器调节旋钮发生改变。

5.4.3.2　检测人员怀疑扫描量程或扫查灵敏度有变化。

5.4.3.3　连续工作4h以上。

5.4.3.4　工作结束。

5.4.4　检测结束前仪器和探头系统的复核

5.4.4.1　在每次检测结束前，应对扫描量程进行复核。如果任意一点在扫描线上的偏移量超过扫描线读数的10%，则扫描量程应重新调整，并对上一次复核以来所有的检测部位进行复检。

5.4.4.2　在每次检测结束前，应对扫查灵敏度进行复核。一般对距离-波幅曲线的校核不应少于3点。若曲线上任何一点的幅度下降2dB，则应对上一次复核以来所有的检测部位进行复检；若曲线上任何一点的幅度上升2dB，则应对所有的记录信号进行重新评定。

5.5　试块

5.5.1　标准试块

5.5.1.1　标准试块是指本部分规定的用于仪器-探头系统性能校准和检测校准的试块。本工艺规程采用的标准试块有：

1）钢板用标准试块：CBⅠ、CBⅡ。

2）锻件用标准试块：CSⅠ、CSⅡ、CSⅢ。

3）焊接接头用标准试块：CSK—IA、CSK—ⅡA、CSK—ⅢA、CSK—ⅣA。

5.5.1.2　标准试块尺寸精度应符合本部分的要求，并应经计量部门检定

合格。

5.5.1.3 标准试块的制造要求应符合 GB/T 19799.1—2005 和 GB/T 11259—2008 的规定。

5.5.2 对比试块

5.5.2.1 对比试块的外形尺寸应能代表被检工件的特征，厚度应与被检工件的厚度相对应。如果涉及两种或两种以上不同厚度部件焊接接头的检测，则对比试块的厚度应由其最大厚度来确定。

5.5.2.2 对比试块反射体的形状、尺寸和数量应符合 JB/T 4730.3—2005 的规定。

5.6 耦合剂

5.6.1 耦合剂根据被检设备的表面状态、环境要求、现场检测条件等综合选用。其首先应满足检测灵敏度的要求。

5.6.2 应采用透声性好，且不损伤检测表面的耦合剂，根据具体情况选用水、化学糨糊、机油、甘油等。

6 检测工作程序

6.1 接受无损检测委托。

6.2 搜集资料，对受检部件、检测环境进行勘察。

6.3 根据有关规程、标准以及本通用工艺规程编制超声波检测工艺卡。

6.4 选择满足要求的检测仪器、探头和试块等附件，并对设备性能参数进行校准。

6.5 调整检测灵敏度并绘制距离-波幅曲线。

6.6 检测表面和检测范围的确定，打磨检测面。

6.7 检测并记录缺陷的反射能量，确定缺陷位置和埋藏深度等参数。

6.8 出具检测报告（必要时附检测示意图），签字、审核、盖章生效。

6.9 报告存档并做好发放记录。

6.10 检测及报告质量反馈信息搜集处理。

7 检测表面的制备

7.1 检测面应保证工件被检部分均能得到充分检查。

7.2 焊缝的表面质量应经外观检测合格。所有影响超声波检测的锈蚀、飞溅和污物等都应予以清除。焊缝表面粗糙度应符合检测要求。表面的不规则状态不得影响检测结果的正确性和完整性，否则应做适当的处理。其表面粗糙度 Ra 应小于或等于 6.3μm。对受检工件焊缝两侧探头移动区域进行除锈打磨，使其露出金属光泽。

7.3 在对承压设备用钢锻件进行超声波检测时，检测面的表面粗糙度 $Ra \leqslant 6.3\mu m$。

7.4　灵敏度的补偿

7.4.1　耦合补偿。在检测和缺陷定量时，应对由表面粗糙度引起的耦合损失进行补偿。具体数值应进行测试，一般情况下补偿2～4dB。

7.4.2　衰减补偿。在检测和缺陷定量时，应对材质衰减引起的检测灵敏度下降和缺陷定量误差进行补偿。在计算缺陷当量时，若材质衰减系数超过4dB/m，则应考虑修正。材质衰减系数的计算执行JB/T 4730.3—2005第4.2.7条的规定。

7.4.3　曲面补偿。对检测面是曲面的工件，应采用曲率半径与工件相同或相近的试块，通过对比试验进行曲率补偿。

8　检测时机

8.1　拼接封头应在成形后进行无损检测，若在成形前进行无损检测，则成形后应在圆弧过渡区再做无损检测。

8.2　电渣焊焊缝的超声波检测应在焊缝正火热处理后进行。

8.3　锻件的超声波检测原则上应安排在热处理后，孔、台等结构机加工前进行。

8.4　有延迟裂纹倾向的材料应在焊接完成24h后进行无损检测，有再热裂纹倾向的材料应在热处理后再进行一次无损检测。

8.5　标准规程有特殊规定的依照其规定。

9　检测工艺和检测技术

9.1　应根据受检承压设备的材质、结构、制造方法、工作介质、使用条件和失效模式，预计可能产生的缺陷种类、形状、部位和方向，选择适宜的无损检测工艺。

9.2　钢板的检测

9.2.1　检测灵敏度

9.2.1.1　当板厚不大于20mm时，用CBⅠ试块将工件等厚部位第一次底波高度调整到显示屏满刻度的50%，再提高10dB作为基准灵敏度。

9.2.1.2　当板厚大于20mm时，应将表3中相应厚度的CBⅡ试块ϕ5mm平底孔第一次反射波高调整到显示屏满刻度的50%作为基准灵敏度。

表3　CBⅡ标准试块　　（单位：mm）

试块编号	被检钢板厚度	检测面到平底孔的距离	试块厚度
CBⅡ—1	>20～40	15	≥20
CBⅡ—2	>40～60	30	≥40
CBⅡ—3	>60～100	50	≥65
CBⅡ—4	>100～160	90	≥110
CBⅡ—5	>160～200	140	≥170
CBⅡ—6	>200～250	190	≥220

9.2.1.3 当板厚不小于探头的三倍近场区长度时，也可取钢板无缺陷完好部位的第一次底波来校准灵敏度，其结果应与本条第二款的要求相一致。

9.2.2 可选钢板的任一轧制表面进行检测。若检测人员认为需要或设计上有要求，则也可选钢板的上、下两轧制表面分别进行检测。

9.2.3 耦合方式可采用直接接触法。

9.2.4 扫查方式

9.2.4.1 使探头沿垂直于钢板压延方向且间距不大于100mm的平行线进行扫查。在钢板坡口预定线两侧各50mm（当板厚超过100mm时，以板厚的1/2为准）内应作100%扫查。扫查示意图见图1。

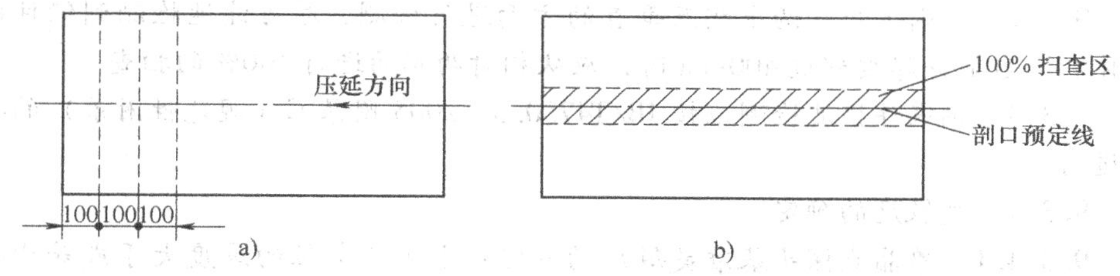

图1 在钢板剖口预定线两侧扫查示意图

a）扫查方向 b）扫查区域

9.2.4.2 根据合同、技术协议书或图样的要求，也可采用其他扫查形式。

9.2.5 缺陷的测定与记录

9.2.5.1 在检测过程中，发现下列三种情况之一即视为缺陷：

1）缺陷第一次反射波（F_1）波高大于或等于显示屏满刻度的50%。

2）当底面第一次反射波（B_1）波高未达到显示屏满刻度时，缺陷第一次反射波（F_1）波高与底面第一次反射波（B_1）波高之比大于或等于50%。

3）底面第一次反射波（B_1）波高低于显示屏满刻度的50%。

9.2.5.2 缺陷的边界范围或指示长度的测定方法

① 在检出缺陷后，应在它的周围继续进行检测，以确定缺陷的延伸。

② 当用双晶直探头确定缺陷的边界范围或指示长度时，探头的移动方向应与探头的隔声层相垂直，并使缺陷波下降到基准灵敏度条件下显示屏满刻度的25%或使缺陷第一次反射波波高与底面第一次反射波波高之比为50%。此时，探头中心的移动距离即为缺陷的指示长度，探头中心点即为缺陷的边界点。两种方法测得的结果以较严重者为准。

③ 当用单晶直探头确定缺陷的边界范围或指示长度时，移动探头使缺陷波第一次反射波波高下降到基准灵敏度条件下显示屏满刻度的25%或使缺陷第一次反射波波高与底面第一次反射波波高之比为50%。此时，探头中心的移动距

离即为缺陷的指示长度，探头中心即为缺陷的边界点。两种方法测得的结果以较严重者为准。

④ 当确定9.2.5.2③中缺陷的边界范围或指示长度时，移动探头（单晶直探头或双晶直探头）使底面第一次反射波升高到显示屏满刻度的50%。此时探头中心移动距离即为缺陷的指示长度，探头中心点即为缺陷的边界点。

⑤ 当板厚较小，确需采用第二次缺陷波和第二次底波来评定缺陷时，基准灵敏度应以相应的第二次反射波来校准。

9.3　锻件的检测

9.3.1　锻件应进行纵波检测，对筒形和环形锻件还应增加横波检测。

9.3.2　原则上应从两个相互垂直的方向进行检测，尽可能地检测到锻件的全体积。当锻件厚度超过400mm时，应从相对两端面进行100%的扫查。

9.3.3　钢锻件横波检测应按JB/T4730.3—2005附录C（规范性附录）的要求进行。

9.3.4　灵敏度的确定

9.3.4.1　单晶直探头基准灵敏度的确定：当被检部位的厚度大于或等于探头的三倍近场区长度，且检测面与底面平行时，原则上可采用底波计算法确定基准灵敏度。对由于几何形状所限，不能获得底波或壁厚小于探头的三倍近场区长度时，可直接采用CSⅠ标准试块确定基准灵敏度。

9.3.4.2　双晶直探头基准灵敏度的确定：使用CSⅡ试块，依次测试一组不同检测距离的ϕ3mm平底孔（至少三个）。调节衰减器，绘出双晶直探头的距离-波幅曲线，并以此作为基准灵敏度。

9.3.4.3　扫查灵敏度一般不得低于最大检测距离处ϕ2mm平底孔当量直径。

9.3.5　缺陷当量的确定：当被检缺陷的深度大于或等于探头的三倍近场区长度时，采用AVG曲线及计算法确定缺陷当量。对于三倍近场区长度内的缺陷，可采用单晶直探头或双晶直探头的距离-波幅曲线来确定缺陷当量。也可采用其他等效方法来确定。

9.4　钢制承压设备对接焊接接头超声检测

9.4.1　本条适用于母材厚度为8～400mm全熔焊对接焊接接头的超声检测。

9.4.2　JB/T4730.3—2005把超声检测技术等级分为A、B、C三个检测级别。超声检测技术等级的选择应符合制造、安装、在用等有关规范、标准及设计图样的规定。我院对承压设备一般情况下选用B级检测。

9.4.2.1　当母材厚度为8～46mm时，一般用一种K值探头，采用直射波法和一次反射波法在对接焊接接头的单面双侧进行检测。

9.4.2.2　当母材厚度为46～120mm时，一般用一种K值探头，采用直射波法在焊接接头的双面双侧进行检测。若受几何条件限制，则也可在焊接接头的双面单侧或单面双侧采用两种 K 值探头进行检测。

9.4.2.3　当母材厚度为120～400mm时，一般用两种 K 值探头，采用直射波法在焊接接头的双面双侧进行检测。两种探头的折射角相差应不小于10°。

9.4.2.4　横向缺陷的检测。在检测时，可在焊接接头两侧边缘使探头与焊接接头中心线成10°～20°角作两个方向的斜平行扫查。若焊接接头余高磨平，则探头应在焊接接头及热影响区上作两个方向的平行扫查。

9.4.3　检测区的宽度应是焊缝本身再加上焊缝两侧各相当于母材厚度30%的一段区域，这个区域最小为5mm，最大为10mm。

9.4.4　当采用一次反射法检测时，探头移动区大于或等于1.25P；当采用直射法检测时，探头移动区应大于或等于0.75P。

$$P = 2TK \text{ 或 } P = 2T\tan\beta$$

式中　P——跨距（mm）；

T——母材厚度（mm）；

K——探头 K 值；

β——探头折射角（°）。

9.4.5　距离-波幅曲线的绘制

9.4.5.1　距离-波幅曲线应按所用探头和仪器在试块上实测的数据绘制而成。该曲线由评定线、定量线和判废线组成。评定线与定量线之间（包括评定线）为Ⅰ区，定量线与判废线之间（包括定量线）为Ⅱ区，判废线及其以上区域为Ⅲ区，如图2所示。如果距离-波幅曲线绘制在显示屏上，则在检测范围内不低于显示屏满刻度的20%。

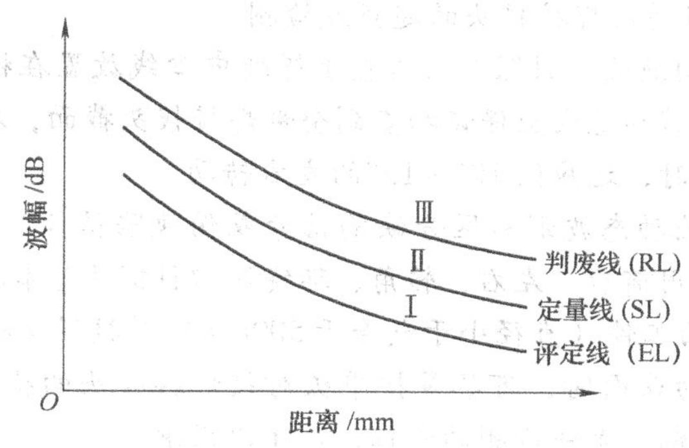

图2　距离-波幅曲线

9.4.5.2　距离-波幅曲线灵敏度的选择。

1）壁厚为6～120mm的焊接接头，其距离-波幅曲线灵敏度按表4的规定选择。

表4　距离-波幅曲线的灵敏度（一）

试块形式	板厚/mm	评定线	定量线	判废线
CSK—ⅡA	6～46 >46～120	ϕ2×40－18dB ϕ2×40－14dB	ϕ2×40－12dB ϕ2×40－8dB	ϕ2×40－4dB ϕ2×40＋2dB
CSK—ⅢA	8～15 >15～46 >46～120	ϕ1×6－12dB ϕ1×6－9dB ϕ1×6－6dB	ϕ1×6－6dB ϕ1×6－3dB ϕ1×6	ϕ1×6＋2dB ϕ1×6＋5dB ϕ1×6＋10dB

2）壁厚为120～400mm的焊接接头，其距离-波幅曲线灵敏度按表5的规定选择。

表5　距离-波幅曲线的灵敏度（二）

试块形式	板厚/mm	评定线	定量线	判废线
CSK—ⅣA	>120～400	ϕd－16dB	ϕd－10dB	ϕd

注：d为横孔直径。

3）当检测横向缺陷时，应将各线灵敏度均提高6dB。

4）当检测面曲率半径$R \leqslant W_2/4$时，距离-波幅曲线的绘制应在与检测面曲率相同的对比试块上进行。

5）工件的表面耦合损失和材质衰减应与试块相同，否则应按JB/T 4730.3—2005附录F（规范性附录）的规定进行传输损失补偿。在一跨距声程内最大传输损失差小于或等于2dB时可不进行补偿。

6）扫查灵敏度不低于最大声程处的评定线灵敏度。

9.4.5.3　平板对接焊接接头的超声波检测

1）为检测纵向缺陷，斜探头应垂直于焊缝中心线放置在检测面上，做锯齿形扫查。探头前后移动范围应保证扫查到全部焊接接头截面，在保持探头垂直焊缝做前后移动的同时，还应做10°～15°的左右转动。

2）为观察缺陷动态波形和区分缺陷信号或伪缺陷信号，确定缺陷的位置、方向和形状，可采用前后、左右、转角、环绕等四种探头基本扫查方式。

9.4.5.4　曲面工件（直径小于或等于500mm）对接焊接接头的超声波检测

1）当检测面为曲面时，可尽量按平板对接焊接接头的检测方法进行检测。对于受几何形状限制，无法检测的部位，应予以记录。

2）当检测纵缝时，对比试块的曲率半径与检测面曲率半径之差应小于10%。

① 根据工件的曲率和材料厚度选择探头K值，并考虑几何临界角的限制，确保声束能扫查到整个焊接接头。

② 在探头接触面修磨后，应注意探头入射点和K值的变化，并用曲率试块

做实际测定。

③ 应注意显示屏指示的缺陷深度或水平距离与缺陷实际的径向埋藏深度或水平距离弧长的差异，必要时应进行修正。

3）当检测环缝时，对比试块的曲率半径应为检测面曲率半径的 0.9～1.5 倍。

9.4.5.5　T 形接头的超声波检测：在选择检测面和探头时应考虑到检测各类缺陷的可能性，并使声束尽可能垂直于该类焊接接头中的主要缺陷。根据焊接接头形式，T 形接头的检测有如下三种检测方式，可选择其中一种或几种方式组合实施检测。检测方式的选择应由合同双方商定，并考虑主要检测对象和几何条件的限制。

1）用斜探头从翼板外侧用直射法进行检测，见图 3 中的位置 1、图 4 中的位置 1 和图 5 中的位置 1。

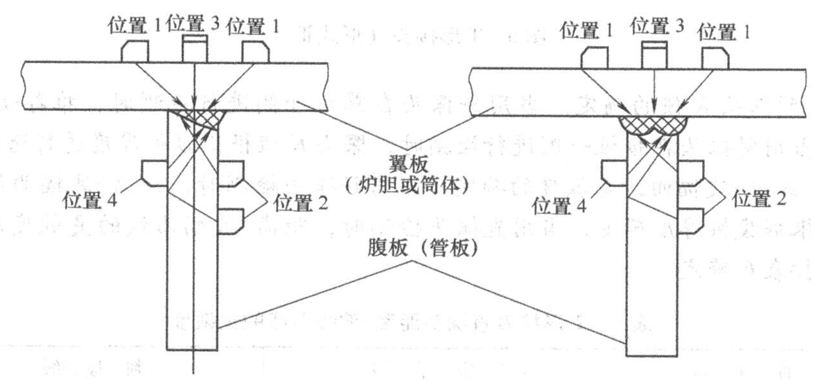

图 3　T 形接头（形式Ⅰ）

2）用斜探头在腹板一侧用直射法或一次反射法进行检测，见图 3 中的位置 2、位置 4，图 4 中的位置 2、位置 4，图 5 中的位置 2、位置 4。

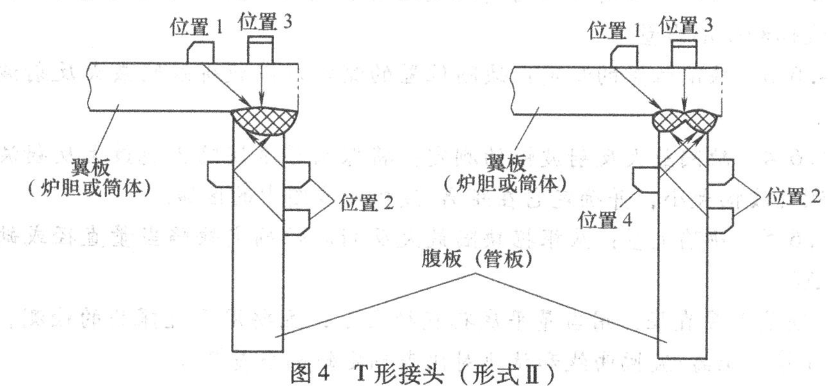

图 4　T 形接头（形式Ⅱ）

3）用直探头或双晶直探头在翼板外侧沿焊接接头检测，或者用斜探头（推荐使用K1探头）在翼板外侧沿焊接接头检测，见图3中的位置3、图4中的位置3和图5中的位置3。位置3包括直探头和斜探头两种扫查。

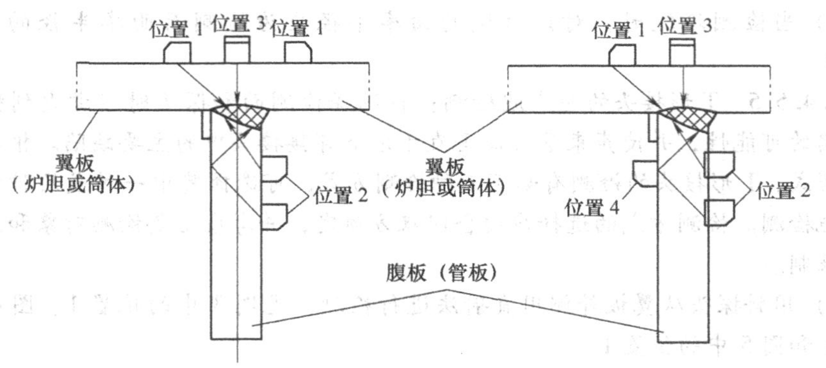

图5　T形接头（形式Ⅲ）

4）斜探头K值的确定。当用斜探头在翼板外侧进行检测时，推荐使用$K1$探头；当用斜探头在腹板一侧进行检测时，探头K值根据腹板厚度进行选择。

5）距离-波幅曲线灵敏度的确定。当用斜探头检测时，距离-波幅曲线的灵敏度应根据腹板厚度确定；当用直探头检测时，距离-波幅曲线的灵敏度应以翼板厚度按表6确定。

表6　T形接着直探头距离-波幅曲线的灵敏度

评定线	定量线	判废线
ϕ2mm平底孔	ϕ3mm平底孔	ϕ4mm平底孔

9.4.6　缺陷定量的检测

9.4.6.1　灵敏度应调到定量线灵敏度。

9.4.6.2　对所有反射波幅达到或超过定量线的缺陷，均应确定其位置、最大反射波幅和缺陷当量。

9.4.6.3　缺陷位置的测定：缺陷位置的测定应以获得缺陷最大反射波的位置为准。

9.4.6.4　缺陷最大反射波幅的测定：将探头移至缺陷出现最大反射波信号的位置测定波幅大小，并确定它在距离-波幅曲线图中的区域。

9.4.6.5　缺陷定量：应根据缺陷最大反射波幅确定缺陷当量直径或缺陷指示长度ΔL。

1）缺陷当量直径，用当量平底孔直径表示，主要用于直探头的检测，可采用公式计算、距离-波幅曲线和试块对比来确定缺陷当量尺寸。

2）缺陷指示长度 ΔL 的检测

① 当缺陷反射波只有一个高点且位于Ⅱ区或Ⅱ区以上时，使波幅降到显示屏满刻度的80%后，用6dB法测其指示长度。

② 当缺陷反射波峰值起伏变化，有多个高点，且位于Ⅱ区或Ⅱ区以上时，使波幅降到显示屏满刻度的80%后，应以端点6dB法测其指示长度。

③ 当缺陷反射波峰位于Ⅰ区，并认为有必要记录时，将探头左右移动，使波幅降到评定线，以此测定缺陷指示长度。

9.5　承压设备环向对接焊接接头超声波检测

9.5.1　试块的曲率应与被检管径相同或相近，其曲率半径之差不应大于被检管径的10%。采用的试块型号为GS—1、GS—2、GS—3、GS—4。其形状和尺寸应分别符合相关规定。GS—1试块适用于曲率半径为16～24mm的承压设备管子和压力管道环向对接焊接接头的检测；GS—2试块适用于曲率半径为24～35mm的承压设备管子和压力管道环向对接焊接接头的检测；GS—3试块适用于曲率半径为35～54mm的承压设备管子和压力管道环向对接焊接接头的检测；GS—4试块适用于曲率半径为54～80mm的承压设备管子和压力管道环向对接焊接接头的检测。

9.5.2　推荐采用线聚焦斜探头和双晶斜探头，其性能应能满足检测要求。探头频率一般采用5MHz，当管壁厚度大于15mm时，采用2.5MHz探头。探头主声束轴线水平偏离角不应大于2°。斜探头 K 值的选取可参照表7的规定。若有必要，则也可采用其他 K 值的探头。探头楔块检测面应加工成与管子外径相吻合的形状。加工好曲率的探头应对其 K 值和前沿值进行测定，要求一次波至少扫查到焊接接头根部。

表7　斜探头 K 值的选择

管壁厚度/mm	探头 K 值	探头前沿/mm
4.0～8	2.5～3.0	≤6
>8～15	2.0～2.5	≤8
>15	1.5～2.0	≤12

9.5.3　不同管壁厚度的距离-波幅曲线灵敏度应符合表8的规定。

表8　距离-波幅曲线的灵敏度

壁厚/mm	评　定　线	定　量　线	判　废　线
≤8	$\phi2\times20-16$dB	$\phi2\times20-16$dB	$\phi2\times20-10$dB
>8～15		$\phi2\times20-13$dB	$\phi2\times20-7$dB
>15		$\phi2\times20-10$dB	$\phi2\times20-4$dB

9.5.4　扫查方法

9.5.4.1　一般将探头从对接焊接接头两侧垂直于焊接接头做锯齿形扫查，探头前后移动距离应符合要求，探头左右移动距离应小于探头晶片宽度的1/2。

9.5.4.2　为了观察缺陷动态波形或区分伪缺陷信号，以确定缺陷的位置、方向、形状，可采用前后、左右、转角等扫查方法。

9.5.5　缺陷定量的检测

9.5.5.1　对所有反射波幅位于Ⅱ区或Ⅱ区以上的缺陷，均应对缺陷位置、缺陷最大反射波幅和缺陷指示长度等进行测定。

9.5.5.2　缺陷位置的测定应以获得缺陷最大反射波的位置为准。

9.5.5.3　缺陷最大反射波幅的测定：将探头移至缺陷出现最大反射波信号的位置，测定波幅大小，并确定它在距离-波幅曲线图中的区域。

9.5.5.4　缺陷指示长度的测定

1）当缺陷反射波只有一个高点且位于Ⅱ区或Ⅱ区以上时，用定量线的绝对灵敏度法测其指示长度。

2）缺陷反射波峰值起伏变化，有多个高点，且位于Ⅱ区或Ⅱ区以上时，应以定量线的绝对灵敏度法测其指示长度。

3）当缺陷最大反射波幅位于Ⅰ区，且认为有必要记录时，应以评定线绝对灵敏度法测其指示长度。

4）缺陷的指示长度 l 的计算公式为

$$l=L(R-H)/R$$

式中　L——探头左右移动距离（mm）；

R——管子外径（mm）；

H——缺陷距外表面深度（指示深度）（mm）。

9.6　在用承压设备对接焊接接头的超声波检测方法和检测技术要求

9.6.1　当在实际检测中发现缺陷回波时，应对位于定量线及定量线以上的超标缺陷进行回波幅度、埋藏深度、指示长度、缺陷取向、缺陷位置和自身高度的测定，并对缺陷的类型和性质尽可能作出判定。但对能判定为危害性的缺陷，即使位于定量线及定量线以下，也应对其进行上述参数的测定。在测定上述参数时，一般采用直射波，扫查灵敏度可根据需要确定，但不得使噪声回波高度超过显示屏满刻度的20%。

9.6.2　缺陷波幅的测定：将探头置于出现最大缺陷反射波的位置，用衰减器读出该波幅比该位置的定量线高出的分贝值。

9.6.3　缺陷位置和指示长度的测定：缺陷位置通常包括缺陷埋藏深度和平面位置。缺陷埋藏深度是指缺陷离开检测面的距离。将探头置于出现最大

缺陷反射波的位置，根据此时最大缺陷反射波在扫描线上（垂直）的位置即可确定其埋藏深度。在测定缺陷平面位置时，应将探头置于出现最大缺陷反射波的位置，根据此时最大缺陷反射波在扫描线上（水平）的位置确定平面位置。

9.6.4 可用端点衍射回波法6dB法或端部最大回波法确定其高度方向的尺寸。

9.6.5 缺陷类型的确定

9.6.5.1 对超标缺陷，应根据缺陷的波幅高度、位置、取向、指示长度、自身高度，再结合缺陷静态波形、动态波形、回波包络线和扫查方法，以及焊接接头的焊接方法、焊接工艺、工件结构、坡口形式、材料特性、热处理状态来判断缺陷类型和性质。通常应确定点状缺陷、线状缺陷（条状夹渣、未焊透、未熔合等）面状缺陷（裂纹、面状未焊透、面状未熔合等）。判定方法见JB/T 4730.3—2005附录H（规范性附录）和附录L（规范性附录）。

9.6.5.2 对采用超声检测确定缺陷尺寸和类型比较困难或分布比较密集的缺陷，应增加X射线检测或其他检测，以便进一步进行综合判断。

9.6.5.3 对在用锅炉、压力容器超声波检测中发现的缺陷，应与制造和安装的原始资料或上一检测周期的检测报告核对，以进一步判定本次发现的缺陷是否是新产生的以及是否有扩展。

10 检测结果的评定和质量等级分类

10.1 通用要求

10.1.1 当采用同种检测方法按不同检测工艺进行检测时，如果检测结果不一致，则应以危险度大的评定级别为准。

10.1.2 当采用两种或两种以上的检测方法对承压设备的同一部位进行检测时，应按各自的方法评定级别。

10.2 钢板检测的结果评定和分级

10.2.1 对于单个缺陷，将其指示的最大长度作为其的指示长度。若单个缺陷的指示长度小于40mm，则可不作记录。

10.2.2 单个缺陷指示面积的评定规则

10.2.2.1 对于一个缺陷，按其指示的面积作为其单个指示面积。

10.2.2.2 对于多个缺陷，当其相邻间距小于100mm或间距小于相邻较小缺陷的指示长度（取其较大值）时，以各缺陷面积之和作为单个缺陷指示面积。

10.2.2.3 指示面积不计的单个缺陷参见表9。

10.2.3 在任一1m×1m检测面积内，按缺陷面积所占的百分比来确定。若钢板面积小于1m×1m，则可按比例折算。

10.2.4 钢板质量分级

10.2.4.1　钢板质量分级见表9。

表9　钢板质量分级

等级	单个缺陷指示长度/mm	单个缺陷指示面积/cm^2	在任一1m×1m检测面积内存在的缺陷面积百分比（%）	不计的单个缺陷指示面积/cm^2
Ⅰ	<80	<25	≤3	<9
Ⅱ	<100	<50	≤5	<15
Ⅲ	<120	<100	≤10	<25
Ⅳ	<150	<100	≤10	<25
Ⅴ	超过Ⅳ级者			

注：Ⅳ级钢板主要用于与承压设备有关的支承件和结构件的制造安装。

10.2.4.2　在坡口预定线两侧各50mm（当板厚大于100mm时，以板厚的1/2为准）内，缺陷的指示长度大于或等于50mm时，应评为Ⅴ级。

10.2.4.3　在检测过程中，检测人员若确认钢板中有白点、裂纹等危害性缺陷存在，则应将其评为Ⅴ级。

10.3　承压设备用钢锻件缺陷记录和质量分级等级评定

10.3.1　缺陷记录

10.3.1.1　记录当量直径超过ϕ4mm的单个缺陷的波幅和位置。

10.3.1.2　密集区缺陷：记录密集区缺陷中最大当量缺陷的位置和缺陷分布。饼形锻件应记录大于或等于ϕ4mm当量直径的缺陷密集区，其他锻件应记录大于或等于ϕ3mm当量直径的缺陷密集区。缺陷密集区面积以50mm×50mm的方块作为最小量度单位，其边界可通过6dB法确定。

10.3.1.3　底波降低量应按表10的要求记录。

表10　由缺陷引起底波降低量的质量分级　（单位：dB）

等级		Ⅰ	Ⅱ	Ⅲ	Ⅳ	Ⅴ
底波降低量	B_G/B_F	≤8	>8~14	>14~20	>20~26	>26

注：本表仅适用于声程大于近场区长度的缺陷。

10.3.1.4　衰减系数：若合同双方有规定，则应记录衰减系数。

10.3.2　质量分级等级评定

10.3.2.1　单个缺陷的质量分级见表11。

10.3.2.2　缺陷引起底波降低量的质量分级参见表10。

表 11 单个缺陷的质量分级 (单位：mm)

等级	Ⅰ	Ⅱ	Ⅲ	Ⅳ	Ⅴ
缺陷当量直径	≤ϕ4	ϕ4 +（>0~8dB）	ϕ4 +（>8~12dB）	ϕ4 +（>12~16dB）	>ϕ4 +16dB

10.3.2.3 密集区缺陷的质量分级见表 12。

表 12 密集区缺陷的质量分级

等级	Ⅰ	Ⅱ	Ⅲ	Ⅳ	Ⅴ
密集区缺陷占检测总面积的百分比（%）	0	>0~5	>5~10	>10~20	>20

10.3.2.4 表 10、表 11 和表 12 的等级应作为独立的等级分别使用。

10.3.2.5 当缺陷被检测人员判定为危害性缺陷时，锻件的质量等级为Ⅴ级。

10.4 承压设备对接焊接接头缺陷评定和质量分级

10.4.1 缺陷评定

10.4.1.1 对于超过评定线的信号，应注意其是否具有裂纹等危害性缺陷特征，当有怀疑时，应采取改变探头 K 值、增加检测面、观察动态波形并结合结构工艺特征作出判定，若不能判断波形，则应辅以其他检测方法进行综合判定。

10.4.1.2 当缺陷指示长度小于 10mm 时，按 5mm 计。

10.4.1.3 当相邻两缺陷在一直线上，其间距小于其中较小的缺陷长度时，应作为一条缺陷处理，以两缺陷长度之和作为其指示长度（间距不计入缺陷长度）。

10.4.2 质量分级

焊接接头质量分级按表 13 的规定进行。

表 13 焊接接头质量分级 (单位：mm)

等级	板厚 t	反射波幅（所在区域）	单个缺陷指示长度 L	多个缺陷累计长度 L'
Ⅰ	6~400	Ⅰ	非裂纹类缺陷	
	6~120	Ⅱ	$L=t/3$，最小为 10，最大不超过 30	在任意 $9t$ 焊缝长度范围内 L' 不超过 t
	>120~400		$L=t/3$，最大不超过 50	
Ⅱ	6~120	Ⅱ	$L=2t/3$，最小为 12，最大不超过 40	在任意 $4.5t$ 焊缝长度范围内 L' 不超过 t
	>120~400		最大不超过 75	

（续）

等级	板厚 t	反射波幅（所在区域）	单个缺陷指示长度 L	多个缺陷累计长度 L'
Ⅲ	6～400	Ⅱ	超过Ⅱ级者	超过Ⅱ级者
		Ⅲ	所有缺陷	
		Ⅰ、Ⅱ、Ⅲ	裂纹等危害性缺陷	

注：1. 母材板厚不同时，取薄板侧厚度值。

2. 当焊缝长度不足 $9t$（Ⅰ级）或 $4.5t$（Ⅱ级）时，可按比例折算。当折算后的缺陷累计长度小于单个缺陷指示长度时，以单个缺陷指示长度为准。

10.5　在用锅炉、压力容器超声波检测时的缺陷记录和评定原则

10.5.1　应根据《压力容器定期检验规则》《锅炉定期检验规则》等技术规程的要求对缺陷的超声波检测结果进行记录。

10.5.2　根据需要，也可由安全评定人员根据容器设计、制造、使用和检测记录提供允许缺陷的临界尺寸（缺陷位置、长度和自身高度），检测时只记录大于该界限尺寸的缺陷，交由评定人员评定处理。

10.5.3　记录内容应包括缺陷位置、类型、取向、波幅、指示长度和自身高度以及缺陷分布图。记录应由操作人员和责任人员签字。

10.5.4　根据《压力容器定期检验规则》《锅炉定期检验规则》等技术规程的要求对缺陷的超声波检测结果进行安全状况评定。

10.6　承压设备环向对接焊接接头超声波检测缺陷的评定和质量分级

10.6.1　对于超过评定线的信号，应注意其是否具有裂纹等危害性缺陷特征，当有怀疑时，应采取改变探头 K 值，观察缺陷动态波形并结合焊接工艺等进行综合分析。

10.6.2　当相邻两缺陷在一直线上，其间距小于其中较小的缺陷长度时，应作为一条缺陷处理，以两缺陷长度之和作为其单个缺陷指示长度（间距不计入缺陷长度）。单个点状缺陷指示长度按5mm 计。

10.6.3　质量分级：对接焊接接头质量分级按表 14 的规定进行。

表 14　对接焊接接头质量分级

焊接接头等级	焊接接头内部缺陷		焊接接头根部未焊透缺陷	
	反射波幅所在区域	单个缺陷指示长度 L/mm	缺陷指示长度/mm	缺陷累计长度/mm
Ⅰ	Ⅰ	非裂纹类缺陷	$L=t/3$，最小为 5	长度小于或等于焊缝周长的 10%，且小于 30
	Ⅱ	≤10 $\leqslant t/42$		

（续）

焊接接头等级	焊接接头内部缺陷		焊接接头根部未焊透缺陷	
	反射波幅所在区域	单个缺陷指示长度 L/mm	缺陷指示长度/mm	缺陷累计长度/mm
Ⅱ	Ⅱ	≤15 ≤t/3	$L=2t/3$，最小为6	长度小于或等于焊缝周长的15%，且小于40
Ⅲ	Ⅱ	超过Ⅱ级者	超过Ⅱ级者	超过Ⅱ级者
	Ⅲ	所有缺陷		
	Ⅰ、Ⅱ、Ⅲ	裂纹等危害性缺陷		

注：1. 在10mm焊缝范围内，同时存在条状缺陷和未焊透时，应评为Ⅲ级。
2. 板厚不等的焊接接头，取薄板测长度值。
3. 当缺陷累计长度小于单个缺陷指示长度时，以单个缺陷指示长度为准。

11 检测记录、报告和资料存档

11.1 超声波检测报告需由UT-Ⅱ级以上人员出具，并经无损检测责任师审核认可。检测记录和报告应准确、完整。

11.2 无损检测工艺卡、检测记录和报告等保存期不得少于7年。7年后，若用户需要，则可转交用户保管。

11.3 检测用仪器和设备的性能应进行定期检定（校准），并有记录可查。

11.4 检测报告的出具和审签时限和存档程序根据本院的有关规定执行。

12 对工作环境、安全和文明检测施工的要求

12.1 现场检测时应严格执行超声波检测工艺卡的规定，工艺卡编制人员应对检测人员进行作业文件技术交底。

12.2 检测人员在检测过程中应严格按照工艺卡要求施工，对检测过程中产生的废弃物及时处理，做到工完料尽场地清，做到文明施工。

12.3 检测人员应爱护检测设备，尽量满足设备使用的温度、湿度、清洁度以及安全和环保方面的要求。

12.4 在进行高空检测工作时，检测人员应扎好安全带；交叉作业时应有相应的隔离设施，脚手架不完善不允许施工，仪器和人身应有防坠落或防落物打击措施。

12.5 所有的电动工具在使用前均必须经绝缘检测并贴上合格标签后方可使用。操作人员应佩戴防护眼镜。

13 质量记录

13.1 填写超声波检测记录表。

13.2 完成超声波检测报告。

超声波检测报告 报告编号：

<table>
<tr><td colspan="2">使用单位</td><td colspan="4"></td></tr>
<tr><td colspan="2">产品型号</td><td></td><td>部件名称</td><td colspan="2"></td></tr>
<tr><td colspan="2">产品编号</td><td></td><td>部件材质</td><td colspan="2"></td></tr>
<tr><td colspan="2">被检部件厚度</td><td></td><td>焊缝坡口</td><td colspan="2">□U □V □X □</td></tr>
<tr><td colspan="2">热处理状态</td><td></td><td>表面状态</td><td colspan="2"></td></tr>
<tr><td colspan="2">焊接方法</td><td></td><td>检测比例</td><td colspan="2"></td></tr>
<tr><td colspan="2">执行标准</td><td></td><td>验收级别</td><td></td><td>检测级别</td></tr>
<tr><td rowspan="5">检测条件及工艺参数</td><td>仪器型号</td><td></td><td>仪器编号</td><td colspan="2"></td></tr>
<tr><td>探头型号</td><td></td><td>检测灵敏度</td><td colspan="2"></td></tr>
<tr><td>试块型号</td><td></td><td>扫查方式</td><td colspan="2"></td></tr>
<tr><td>耦 合 剂</td><td>□机油 □糨糊 □甘油 □其他</td><td>检 测 面</td><td colspan="2"></td></tr>
<tr><td>扫描调节</td><td>□S : □H : □L</td><td>表面补偿</td><td colspan="2">dB</td></tr>
</table>

检测部位及缺陷情况

检测部位编号	检测尺寸/mm	缺陷编号	缺陷埋藏深度/mm	缺陷尺寸/mm	缺陷高度/mm	缺陷类型	缺陷波反射区域	评定级别	备注

检测部位示意图：

详细检测部位、缺陷情况及缺陷位置在超声波检测部位示意图中标明

检测结论			
检测日期		审核日期	

复习思考题

1. 焊缝中常见缺陷有哪些？
2. 在焊缝超声波检测时，为什么常采用横波检测？
3. 当用横波检测焊缝时，选择探头 *K* 值应依据哪些原则？
4. 在焊缝检测中，如何测定缺陷在焊缝中的位置？
5. 在焊缝检测中，测定缺陷指示长度的方法有哪几种？各适用于什么情况？
6. 试简要说明焊缝中常见缺陷回波的特点。

第九章

奥氏体不锈钢和有色金属焊缝超声波检测

培训学习目标：了解奥氏体不锈钢和有色金属焊缝的组织特点和超声波检测的难点，掌握焊接过程中可能出现的缺陷，正确掌握焊缝检测技术及操作要点，能够针对不同的缺陷类型选择合理的检测方法，并能够正确评定检测结果。

第一节　奥氏体不锈钢焊缝超声波检测

一、奥氏体不锈钢的组织特点及检测难点

奥氏体不锈钢焊缝金属凝固时未发生相变，室温下仍以铸态奥氏体柱状晶存在。这种柱状晶的晶粒粗大，具有明显的各向异性，给超声波检测带来许多困难。

奥氏体不锈钢焊缝的柱状晶粒取向与冷却方向、温度梯度有关。一般晶粒沿冷却方向生长，取向基本垂直于金属凝固时的等温线。对于堆焊试样，晶粒取向基本垂直于母材板面，而对接焊缝的晶粒取向大致垂直于坡口面。

柱状晶粒的特点是同一晶粒从不同方向测定有不同的尺寸。例如，某奥氏体柱状晶粒直径仅为0.1~0.5mm，而长度却在10mm以上。对于这种晶粒，从不同的方向检测，衰减系数与信噪比不同。当波束与柱状晶夹角较小时，其衰减系数较小，信噪比较高；当波束垂直于柱状晶时，其衰减系数较大，信噪比较低。这就是衰减系数与信噪比的各向异性。

由于焊接工艺、规范存在差异，致使手工多道焊形成的奥氏体不锈钢焊缝中不同部位的组织不同，波速及声阻抗也随之发生变化，从而使声束传播方向产生偏离，出现底波游动现象，不同部位的底波幅度出现明显差异，给缺陷定位带来困难。

二、检测条件的选择

（1）波型　超声波检测中的信噪比及衰减系数与波长有关。当材质晶粒较粗，波长较短时，信噪比低，衰减系数大，而同一介质中纵波波长约为横波波长的两倍。因此，在奥氏体不锈钢焊缝检测中，一般选用纵波检测。

（2）探头　应采用高阻尼窄脉冲纵波单晶斜探头。当满足灵敏度和信噪比要求时，也可选用双晶片纵波斜探头或聚焦纵波斜探头。

1）探头角度：奥氏体焊缝中危险性缺陷方向大多与检测面成一定的角度。为了有效地检出焊缝中这种危险性缺陷，要合理选择纵波斜探头的折射角。试验证明，对于对接焊缝，采用纵波折射角 $\beta_L = 45°$（$K1$）的纵波斜探头检测，信噪比较高，衰减系数小。

2）频率：当检测奥氏体不锈钢焊缝时，频率对衰减系数的影响很大，频率越高，衰减系数就越大，穿透力越低。奥氏体不锈钢焊缝晶粒粗大，宜选用较低的检测频率，一般选 2.5MHz。

（3）探头与仪器的组合性能　选择的探伤仪应与选用的探头相匹配，以便获得最佳灵敏度和信噪比。声束通过母材和焊接接头分别测绘的两条距离-波幅曲线的间距应小于 10dB。

三、对比试块

对比试块的材料应与被检材料相同，不得存在大于或等于 ϕ2mm 平底孔当量直径的缺陷。试块的中部设置一个对接焊接接头，该焊接接头应与被检焊接接头相似，并采用同样的焊接工艺制成。奥氏体不锈钢焊缝对比试块如图 9-1 所示。

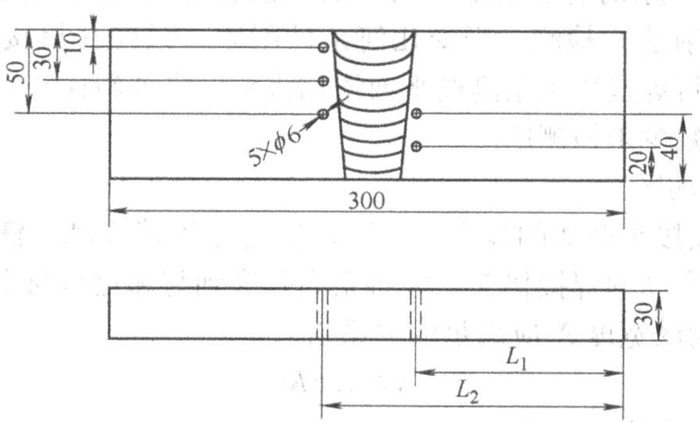

图 9-1　奥氏体不锈钢焊缝对比试块

四、仪器调节

1）按深度或水平 1∶1 调节探伤仪时基线。

2）距离-波幅曲线：距离-波幅曲线利用选定的探头、仪器组合在对比试块上实测数据绘制。当测定横孔的回波高度时，声束应通过焊接接头金属。评定线至定量线以下区域为Ⅰ区；定量线至判废线以下区域为Ⅱ区；判废线及以上区域为Ⅲ区。判废线、定量线和评定线的灵敏度见表 9-1。

表 9-1　判废线、定量线和评定线的灵敏度

板厚/mm	≤50
判废线	$\phi 2 \times 30 - 4\text{dB}$
定量线	$\phi 2 \times 30 - 12\text{dB}$
评定线	$\phi 2 \times 30 - 18\text{dB}$

为比较焊接接头组织与母材的差异，可使声束只经过母材区域测绘另一条距离-波幅曲线，如图 9-2 所示。

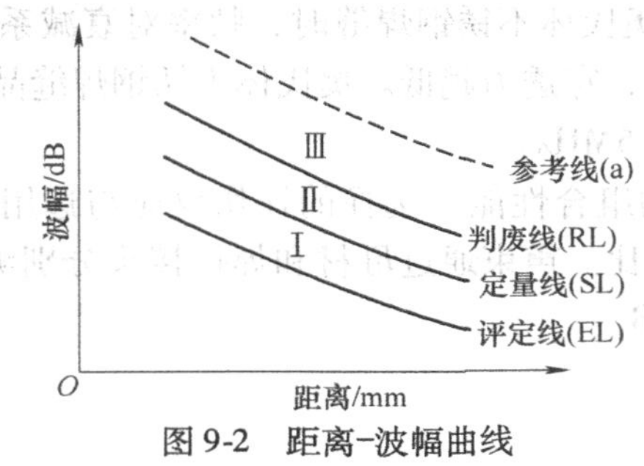

图 9-2　距离-波幅曲线

五、检测准备

（1）检测面　原则上采用单一角度的纵波斜探头在焊接接头的双面双侧实施一次波法（直射法）检测。当受几何条件限制，只能在焊接接头单面或单侧实施检测时，应将焊接接头余高磨平或增加大角度纵波斜探头，用两种声束角度检测，以尽可能减少未检测区。

（2）探头移动区

1）对于焊接接头两侧的探头移动区，应清除焊接飞溅、铁屑、油垢及其他杂质。对于去除余高的焊接接头，应将余高打磨到与邻近母材平齐。

2）探头移动区宽度 N 应满足的关系为

$$N \geqslant 1.5Kt \tag{9-1}$$

式中　t——母材厚度（mm）；

K——$\tan\beta$，β 为探头折射角。

六、扫查

（1）扫查灵敏度　扫查灵敏度应不低于评定线灵敏度，如果信噪比允许，

应再提高6dB。对于波幅超过评定线的回波，应根据探头位置、方向、反射波位置及焊接接头情况，判断其是否为缺陷回波。为避免变型横波的干扰，应着重观察显示屏靠前的回波。

（2）纵向缺陷的检测　当检测纵向缺陷时，斜探头应在垂直于焊接接头的方向做锯齿形扫查，探头前后移动的距离应保证声束扫查到整个焊接接头截面及热影响区。扫查时，探头还应做10°～50°的转动，若不能转动，则应适当增加探头声束的覆盖区。为确定缺陷位置、方向、形状，观察动态波形或区分缺陷波与伪信号，可采用前后、左右、转角、环绕四种探头基本扫查方式进行扫查。

（3）横向缺陷的检测　对于保留余高的焊接接头，可在焊接接头两侧边缘，使探头与焊接接头中心线成10°～20°做两个方向的斜平行移动，如图9-3a所示。对于去除余高的焊接接头，将探头置于焊接接头表面做两个方向的平行扫查，如图9-3b所示。

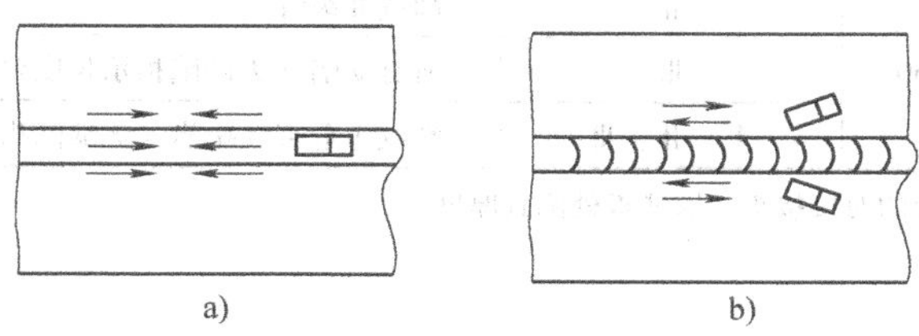

图9-3　横向缺陷的扫查

七、缺陷记录

（1）记录水平　对反射波幅位于定量线及以上区域的缺陷应予以记录。对于反射波幅位于Ⅰ区的缺陷，当被判为危险缺陷时，也应予以记录。在获得缺陷最大反射波幅的位置测定缺陷位置，应分别记录缺陷沿焊接接头方向的位置、缺陷到检测上面的垂直距离以及缺陷偏离焊接接头中心线的距离。

（2）缺陷指示长度　对于反射波幅位于定量线及以上区域的缺陷，应测定其指示长度。当缺陷反射波只有一个高点时，用6dB法测长。在测长扫查过程中，当发现缺陷反射波峰起伏变化，有多个高点时，用端点最大回波6dB法测长。当反射波幅位于Ⅰ区的缺陷需记录时，应根据评定线灵敏度采用绝对灵敏度法测长。

八、缺陷评定

对于超过评定线的回波，应注意其是否具有裂纹等危害性缺陷特征，并结合缺陷位置、动态波形及工艺特征作判定。若不能作出准确判断，则应辅以其他方法作综合判定。当指示长度小于10mm时，按5mm计。当相邻两缺陷的间距小于较小缺陷指示长度时，将其作为一条缺陷处理，并将两缺陷长度之和作为单个缺陷指示长度。当条状缺陷近似分布在一条直线上时，以两端点距离作为其间距；点状缺陷以两缺陷中心距离作为间距。

九、质量分级

奥氏体不锈钢焊接接头质量分级见表 9-2。

表 9-2　奥氏体不锈钢焊接接头质量分级

等级	板厚 t/mm	反射波所在区域	单个缺陷指示长度 L/mm
Ⅰ	10～50	Ⅰ	非裂纹类缺陷（无缺陷指示长度要求）
		Ⅱ	$L \leqslant t/3$，最大为 10
Ⅱ	10～50	Ⅱ	$L \leqslant 2t/3$，最小为 12，最大为 30
Ⅲ	10～50	Ⅱ	超过Ⅱ级者
		Ⅲ	所有缺陷（无缺陷指示长度要求）
		Ⅰ、Ⅱ、Ⅲ	裂纹等危害性缺陷（无缺陷指示长度要求）

注：对于板厚不等的对接接头，取薄板处测其厚度。

第二节　堆焊层超声波检测

当工件既要求有较高的强度又要求有良好的耐蚀性时，往往需要在工件的表面堆焊一层不同的材料，堆焊的材料一般为不锈钢或镍基合金等。

(1) 堆焊层中常见的缺陷

1）堆焊金属中的缺陷，如气孔、夹杂等。

2）堆焊层中母材（基板）间的未熔合（未结合），取向基本平行于母材表面。

3）堆焊层下的母材热影响区的再热裂纹，取向基本垂直于母材表面。

(2) 堆焊层晶体结构的特点　奥氏体不锈钢和镍基合金堆焊层在凝固过程中没有奥氏体向铁素体转变的相变，在室温下仍保留铸态奥氏体晶粒状态，因此晶粒较粗大，超声波衰减较为严重。此外，堆焊层金属在冷却时，垂直于母材方向的散热条件好，因此奥氏体晶粒生长取向基本垂直于母材表面。特别是当采用带极堆焊工艺时，柱状晶更为典型，声学性能各向异性明显。对于这种材料，采用纵波直探头检测，声波沿柱状晶方向传播衰减系数较小。当采用横波斜探头检测时，散射衰减严重，显示屏上会出现草状回波，信噪比低。

(3) 探头的选用

1）双晶探头

① 双晶探头（直、斜）两声束间的夹角应能满足有效声场覆盖全部检测区域，使探头对该区域具有最大的检测灵敏度。探头总面积不应超过 325mm^2，频率为 2.5MHz。

② 纵波双晶斜探头的 $K=2.75$（折射角 $\beta=70°$），焦点深度应位于堆焊层和母材的结合部位。

2）单晶直探头：探头面积一般不应超过 625mm^2，频率为 2～5MHz。

3）纵波斜探头：探头频率为 2～5MHz，$K=1$（折射角为 45°）。

（4）对比试块

1）对比试块应采用与被检工件材质相同或声学特性相近的材料，并采用相同的焊接工艺制成。其母材、熔合面和堆焊层中均不得有大于或等于 ϕ2mm 平底孔当量直径的缺陷存在。对比试块堆焊层表面的状态应和工件堆焊层的表面状态相同。

2）从堆焊层侧进行检测时应采用 T1 型试块（见图 9-4），母材厚度 t 至少应为堆焊层厚度的 2 倍。

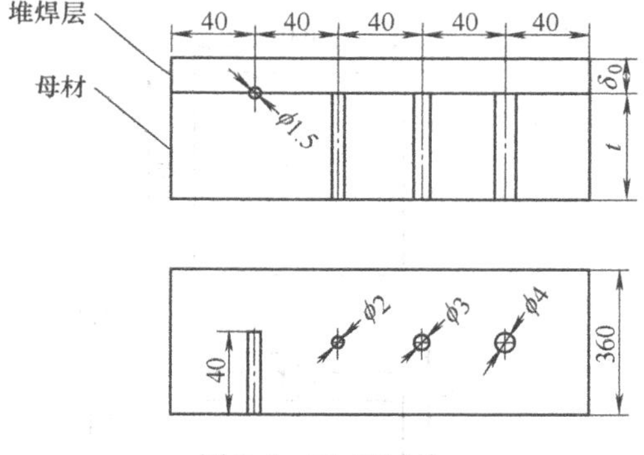

图 9-4　T1 型试块

3）从母材侧进行检测时应采用 T2 型试块（见图 9-5），母材厚度 t 与被检母材的厚度差不得超过 10%。如果工件厚度比较大，则 T2 型试块的长度 L 应能满足检测要求。

4）检测堆焊层和母材的未接合缺陷：当从母材侧进行检测时，采用图 9-6a 所示 T3 型试块，被检测的工件母材厚度和试块母材厚度差不多应超过 10%；当从堆焊层侧进行检测时，采用图 9-6b 所示 T3 型试块，试块的母材厚度至少应为堆焊层厚度的 2 倍。

（5）检测方法及灵敏度的校准

1）使用双晶直探头和纵波双晶斜探头从堆焊层侧对堆焊层进行超声波检测，灵敏度采用 T1 型试块校准。

① 纵波双晶斜探头灵敏度的校准：将探头放在试块的堆焊层表面上，移动探头使从 ϕ1.5mm 横孔获得最大反射波幅，调节衰减器使回波幅度为显示屏满刻度的 80%，以此作为基准灵敏度。

② 双晶直探头灵敏度的校准：将探头放在试块的堆焊层表面上，移动探头使其从 ϕ3mm 平底孔获得最大波幅，调整衰减器使回波幅度为显示屏满刻度的 80%，以此作为基准灵敏度。

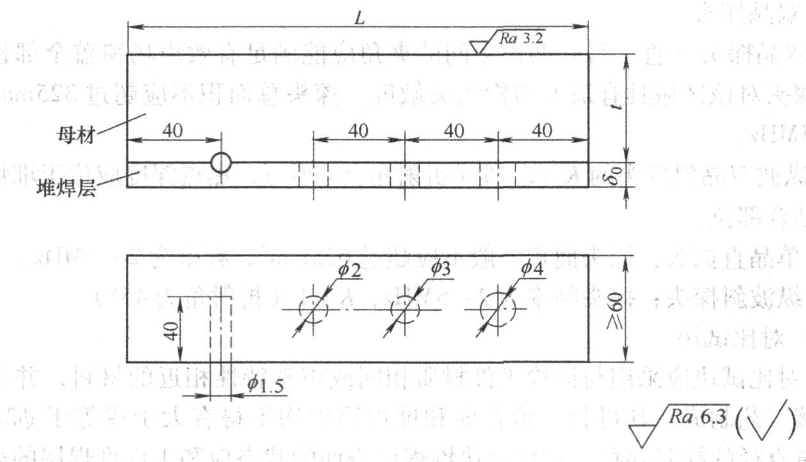

图 9-5 T2 型试块

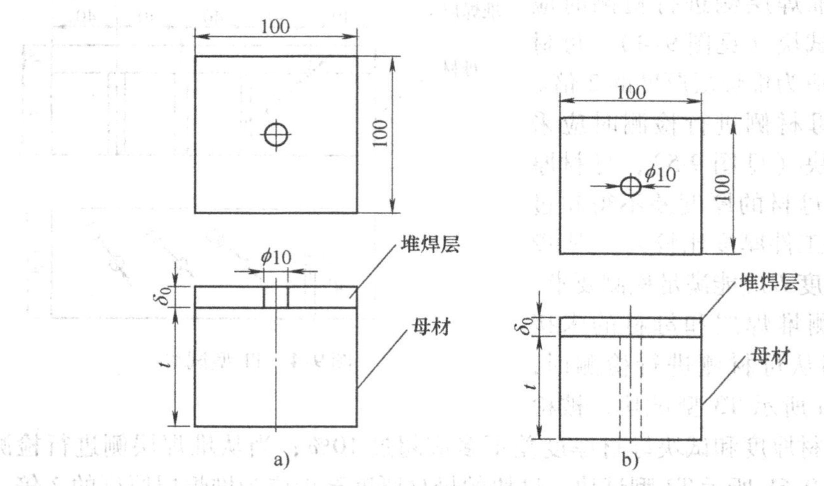

图 9-6 T3 型试块

2）用单晶直探头和纵波单晶斜探头从母材侧对堆焊层进行超声波检测，灵敏度采用 T2 型试块校准。

① 单晶直探头灵敏度的校准：将探头放在试块的母材一侧，使 ϕ3mm 平底孔回波幅度为显示屏满刻度的 80%，以此作为基准灵敏度。

② 纵波单晶斜探头灵敏度的校准：将探头放在试块的母材一侧，移动探头使其从 ϕ1. 5mm 横孔获得最大反射波幅，调节衰减器使回波幅度为显示屏满刻度的 80%，以此作为基准灵敏度。

3）使用双晶直探头和单晶直探头检测堆焊层和母材的未接合缺陷，灵敏度

采用T3型试块校准。

① 单晶直探头灵敏度的校准：将探头放在试块的母材一侧，使ϕ10mm平底孔回波幅度为显示屏满刻度的80%，以此作为基准灵敏度。

② 双晶直探头灵敏度的校准：将探头放在试块的堆焊层表面上，移动探头使其从ϕ10mm平底孔获得最大波幅，调整衰减器使回波幅度为显示屏满刻度的80%，以此作为基准灵敏度。

（6）扫查方法

1）检测应从母材或堆焊层一侧进行，当对检测结果有怀疑时，也可从另一侧进行补充检测。

2）扫查灵敏度应在基准灵敏度的基础上提高6dB。

3）当采用双晶斜探头检测时，应在堆焊层表面按90°方向进行两次扫查；当采用双晶直探头检测时，应垂直于堆焊层方向进行扫查。在进行扫查时，应保证分隔压电元件的隔声层平行于堆焊方向。

4）缺陷当量尺寸应采用6dB法确定。

（7）质量分级　堆焊层质量分级见表9-3。

表9-3　堆焊层质量分级

级别	堆焊层内缺陷	堆焊层界面缺陷	堆焊层未结合缺陷
Ⅰ	当量小于ϕ1.5－2dB的缺陷（纵波双晶斜探头、纵波斜探头）；当量小于ϕ3的缺陷（单晶直探头、双晶直探头）	当量小于ϕ1.5－2dB的缺陷（纵波双晶斜探头、纵波斜探头）	缺陷直径小于25mm的未接合区域
Ⅱ	当量小于（ϕ1.5－2）～（ϕ1.5＋2dB）的缺陷（纵波双晶斜探头、纵波斜探头）；当量小于ϕ3～ϕ4且长度小于30mm的缺陷（单晶直探头、双晶直探头）	当量小于评定线至ϕ1.5＋2dB的缺陷（纵波双晶斜探头、纵波斜探头）	缺陷直径为25～40mm的未接合区域
Ⅲ	超过Ⅱ级或发现裂纹等危害性缺陷	超过Ⅱ级或发现裂纹等危害性缺陷	超过Ⅱ级

第三节　铝焊缝超声波检测

一、铝焊缝的特点与常见缺陷

与钢焊缝比较，铝焊缝的重要特点是热导率大、热膨胀系数大、材质衰减系数小、塑性好、强度低。此外，铝中纵波波速比钢大，横波波速比钢小。铝焊缝中的常见缺陷与钢焊缝类似，如气孔、夹渣、未熔合、未焊透和裂纹等。其中，危害最大的是裂纹与未熔合。为了有效地检出危险性缺陷，一般采用横波斜探头进行检测。

二、检测条件的选择

1. 试块

检测铝焊缝时常用铝制横孔对比试块。对比试块的材质与被检铝板声学性能相同或相近，且不得有大于或等于 ϕ2mm 平底孔当量直径的缺陷存在。对比试块形状、尺寸见图 9-7 和表 9-4。

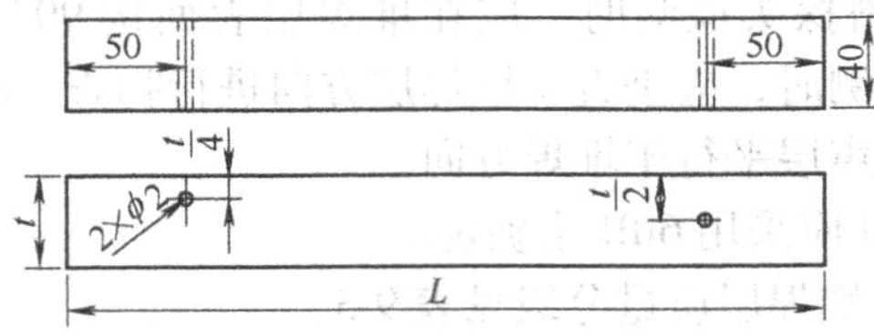

图 9-7 铝制横孔对比试块

表 9-4 对比试块尺寸 （单位：mm）

试块号	试块长度	试块厚度	试块的测定适应范围
1	300	25	8~40
2	500	50	>40~80

2. 探头

在铝焊缝检测中一般选用频率为 2.5MHz、$K2$ 的横波斜探头，若有必要，则也可用其他参数的探头。

3. 耦合剂

在铝焊缝检测中常用的耦合剂有机油、变压器油、甘油和糨糊等。注意：不宜使用碱性耦合剂，因为碱对铝合金有腐蚀作用。

三、检测准备

1. 检测面

焊接接头两侧的探头移动区应清除焊接飞溅、油垢及其他杂质。

2. 距离-波幅曲线的制作

距离-波幅曲线利用铝制横孔对比试块来测试制作，可绘在坐标纸上，也可绘在仪器面板上。距离-波幅曲线的评定线（EL）、定量线（SL）和判废线

（RL）如图 9-8 所示。铝焊缝检测灵敏度见表 9-5。

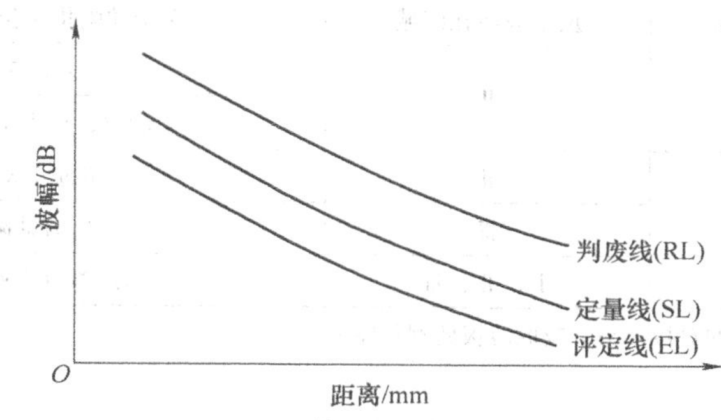

图 9-8　距离-波幅曲线

表 9-5　铝焊缝检测灵敏度

评 定 线	定 量 线	判 废 线
$\phi2-18$dB	$\phi2-12$dB	$\phi2-4$dB

四、扫查

扫查检测灵敏度不低于评定线。扫查方式有锯齿形扫查及前后、左右、环绕和转角扫查等。

五、缺陷的定量检测

在定量检测缺陷时，应将灵敏度调到定量线灵敏度，对所有反射波幅达到或超过定量线的缺陷，均应确定其位置、最大反射波幅和缺陷当量。缺陷位置的测定应以获得缺陷最大反射波幅的位置为准。

六、铝焊缝质量评定与分级

当缺陷指示长度小于 10mm 时，按 5mm 计。当同一直线上相邻两缺陷间距小于较小缺陷指示长度时，将其作为一条缺陷处理，并将两缺陷长度之和作为单个缺陷指示长度（不含间距）。铝焊缝质量分级见表 9-6。

表 9-6　铝焊缝质量分级

等级	板厚 t/mm	反射波所在区域	单个缺陷指示长度 L/mm
Ⅰ	<8	Ⅰ	非裂纹类缺陷
	8～40	Ⅱ	$L\leqslant10$
	>40		$L\leqslant t/4$，最大不超过 20

（续）

等级	板厚 t/mm	反射波所在区域	单个缺陷指示长度 L/mm
Ⅱ	8～40	Ⅱ	$L \leqslant 15$
	>40		$L \leqslant t/3$，最大不超过27
Ⅲ	≥8	Ⅱ	超过Ⅱ级者
		Ⅲ	所有缺陷
		Ⅰ、Ⅱ、Ⅲ	裂纹等危害性缺陷

注：对于板厚不等的对接接头，应取薄板处测其厚度。

复习思考题

1. 试说明堆焊层中常见缺陷、晶体结构的特点和常用检测方法。
2. 试说明奥氏体不锈钢焊缝的组织特点、检测困难和目前所采用的检测方法。
3. 当用纵波斜探头检测奥氏体钢焊缝时，如何调节仪器时基线比例？
4. 奥氏体钢焊缝检测用探头频率的选择有何特点？

第十章

超声波检测新技术

培训学习目标：了解超声波检测的前沿技术，熟悉各种新技术的检测能力范围和优缺点，能够选择合理的检测方法。

随着压电复合材料、数字信号处理技术和计算机模拟等多种高新技术的迅速发展，衍射时差法、超声相控阵以及超声导波等新兴超声波检测技术得到了长足发展。这些新兴的超声波检测技术在众多富有挑战性检测中的成功应用，完善了传统超声波检测的可达性和适用性，并进一步提高了检测的精确性、重现性及检测结果的可靠性，增强了检测结果显示的实时性和直观性，促进了无损检测与评价的应用及发展。

第一节 衍射时差法检测技术

一、衍射时差法检测技术概述

衍射时差法（Time of Flight Diffraction，TOFD）是采用一发一收探头对的工作模式，主要利用缺陷端点的衍射波信号检测和测定缺陷尺寸的一种超声波检测方法。

该技术是由英国无损检测研究中心 Harwell 实验室 Silk 博士在 1977 年首先提出的。衍射时差法首先应用于核工业设备的在役检测。其作为一种精确的缺陷定量、定位技术很快广泛应用于其他无损检测领域，现已扩展到建筑、化工、石化等行业的厚壁容器和管道等的在役检测和生产制造过程的检测。目前，衍射时差法是工业发达国家公认的替代射线进行厚壁结构检测的最佳方法之一。

衍射时差法具有以下优点：

（1）缺陷检出能力强　缺陷定量、定位精度高，与常规的脉冲回声检测技术相比，容易检出方向性不好的缺陷，可以识别向表面延伸的缺陷。

（2）超声波束覆盖区域大　检测效率高、检测速度快，作业强度小，无辐射、无污物。

（3）缺陷直观、形象并可永久记录　缺陷尺寸可以数字化记录，并以直观图像的形式显示，可永久记录。

（4）可靠性好，检出率与缺陷的方向无关　同射线相比，衍射时差法可以检测出与检测表面不相垂直的缺陷和裂纹。对于厚壁焊缝的检测，衍射时差法具有其他检测方法不可比拟的优势。

衍射时差法也非尽善尽美，存在以下局限性：

（1）需要一定的扫查空间　焊缝的两边必须有足够的用于安放发射和接收探头的位置和空间。

（2）存在检测盲区　表面波和底面回波信号的存在，使得采用非平行扫查和偏置非平行扫查方式时，在扫查面和底面均存在一个检测不到的盲区，并且表面形状（如错位或板曲率）会导致盲区加大。

（3）横向缺陷检出率低　当采用非平行扫查和偏置非平行扫查方式时，衍射时差法对焊缝及热影响区中的横向缺陷检出率低。使用衍射时差法可以很好地评估内部缺陷，尤其是壁厚下半部分缺陷的垂直扩展，但是缺陷必须具有一定的垂直扩展，能够明显大于上尖端衍射脉冲的等效时间，从而能够将上、下尖端衍射信号区分开，保证能够使用正确的相位进行缺陷定量。

（4）TOFD 图像的识别和判读比较难　检测人员必须经过专门的训练，需要具有扎实的理论知识，熟练掌握设备的操作方法，并积累相应的经验。

二、衍射时差法检测原理

衍射时差法采用的探头由一发一收的配对探头组成，通常对称布置在焊缝两侧，如图 10-1 所示。一般采用倾斜楔块产生纵波，因为纵波波速快，首先到达接收探头，不会引起结果解释的混乱。

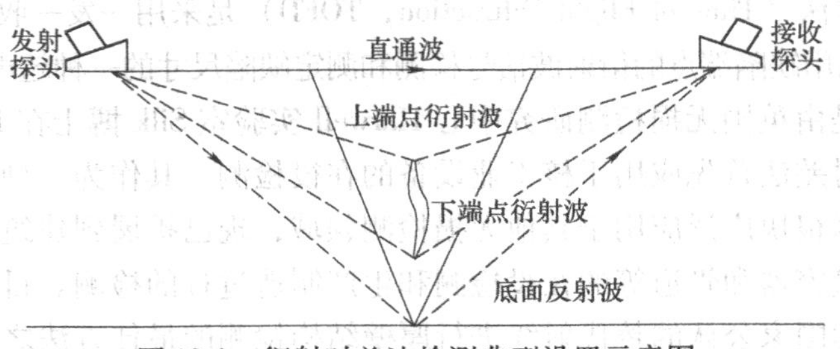

图 10-1　衍射时差法检测典型设置示意图

在发射探头于工件无缺陷部位发射超声脉冲后，首先到达接收探头的是沿工件以最短路径到达的直通波，然后是从发射探头经底面反射到接收探头的底面反

射波。当缺陷存在时，在直通波和底面反射波之间，接收探头还会接收到缺陷处产生的衍射波或反射波。除上述波外，还有缺陷部位和底面因波型转换产生的横波，一般会迟于地面反射波到达接收探头。内部缺陷的A扫描信号（含相位变化）如图10-2所示。

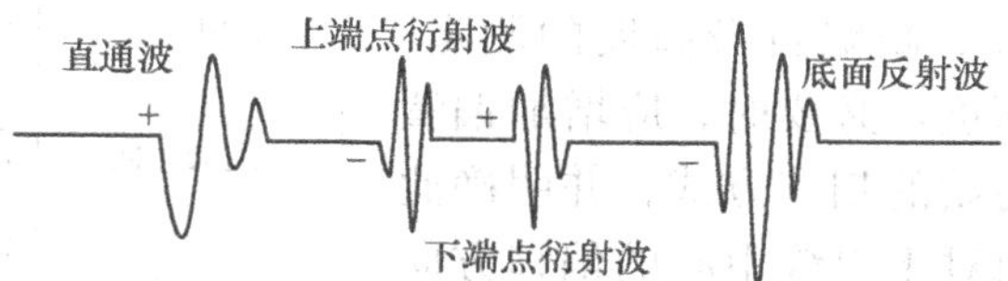

图10-2 内部缺陷的A扫描信号（含相位变化）

由图10-1可知，除了发现缺陷衍射能量的变化以外，衍射时差法也可检测到一个直接穿过两个探针的横波和到达试块底部（测试对面）没有受到缺陷干涉的底部反射波。横波和底面反射波信号提供了简单的参照。由于大部分应用场合并不使用缺陷造成的波型转换，因此缺陷指示通常被认为发生在横波和底面反射波之间。为表征衍射时差法检出的缺陷，需确定该缺陷端部产生的衍射波信号的相位。表征相位与侧向波相同的信号可视为由缺陷下端部产生；表征相位与底波相同的信号可视为由缺陷上端部产生，或由无可测高度的缺陷产生。

传统的超声波检测主要依靠从缺陷上反射的能量大小来判断缺陷。衍射时差法克服了常规超声波检测的一些固有缺点，缺陷的检出和定量不受声束角度、检测方向、缺陷表面粗糙度、试件表面状态及探头压力等因素的影响。

1. *衍射时差法扫查方式*

衍射时差法扫查方式一般分为非平行扫查、偏置非平行扫查和平行扫查三种主要扫查方式。

（1）非平行扫查（Non - parallel Scan） 非平行扫查是探头的运动方向与声束方向垂直的扫查方式，是指探头对称布置于焊缝中心线两侧沿焊缝长度方向（X轴）的扫查方式，如图10-3所示。

（2）偏置非平行扫查（Offset Scan） 偏置非平行扫查是探头对称中心与焊缝中心线保持一定偏移距离的非平行扫查方式，如图10-4所示。

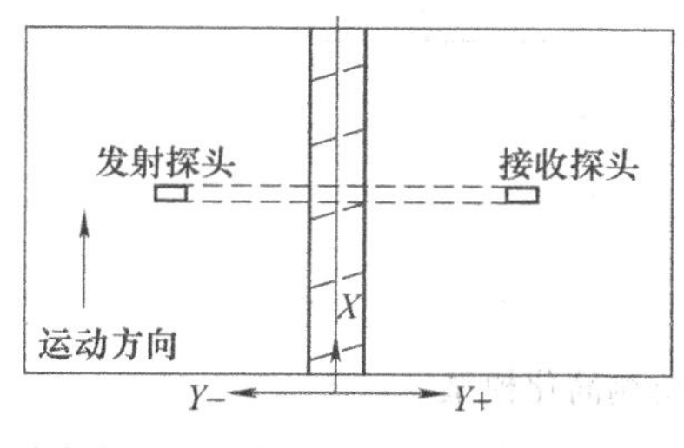

图10-3 非平行扫查

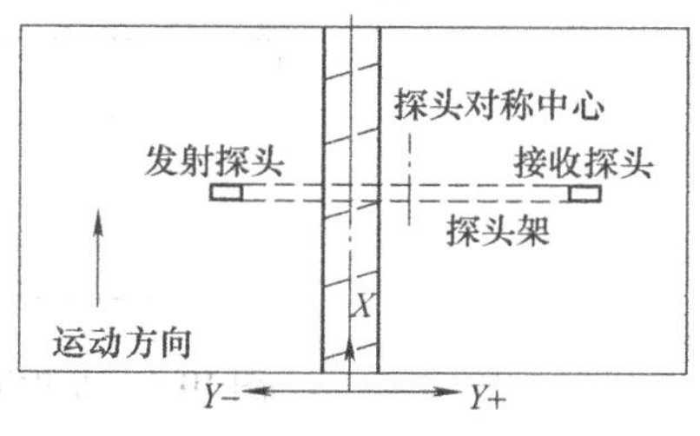

图10-4 偏置非平行扫查

(3) 平行扫查（Parallel Scan） 平行扫查是探头运动方向与声束反向平行的扫查方式，如图10-5所示。

当采用衍射时差法检测时，非平行扫查一般作为初始的扫查方式，用于缺陷的快速检测以及缺陷长度、缺陷自身高度的测定，可大致测定缺陷深度。必要时，应增加偏置非平行扫查作为初始的扫查方式，并明确此时探头对称中心相对于焊缝中心的偏移方向和偏移量。检测前应根据探头对设置初始扫查方式和实测声束宽度值，在检测工艺中注明检测覆盖区域。

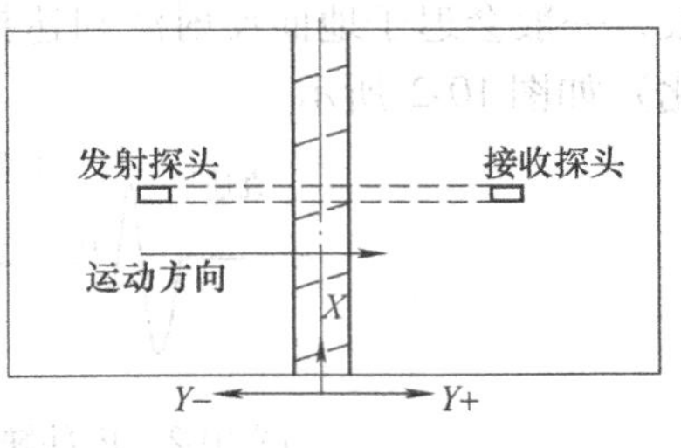

图10-5 平行扫查

平行扫查一般检测已发现的缺陷，可精确测定缺陷自身高度和缺陷深度以及缺陷相对于焊缝中心线的偏移量，并为缺陷定性提供更多信息。

在满足检测目的的前提下，根据需要的不同，也可采用其他适合的扫查方式。

2. 缺陷参数的确定

衍射时差法对垂直方向缺陷的定量运算基于声程和一些重要的参数（PCS、壁厚、楔块延时、波速和耦合材料）。操作人员利用从B扫描中提取的A扫描信号对缺陷的垂直高度和位置进行分析，使用编码器定位系统沿焊缝或穿过焊缝（或参考轴）进行定位。

从检测平面到缺陷上尖端的深度根据显示的到达时间和设置参数来确定。为方便起见，引入射线途径来表示超声波能量的路线，并假设缺陷对称位于探头之间，这样就将其转换成了简单模型，如图10-6所示。一般假定超声波能量在探头下面的固定点进入和离开试块，其相距$2S$的距离。超声能量到达裂纹尖端，相互作用后又回到工件表面的时间为t，超声波速度为c。这是实际情况的简化，但能达到多种要求的足够精度。

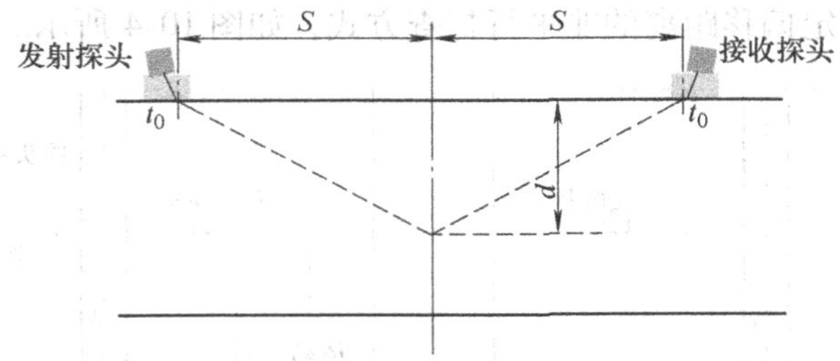

图10-6 衍射时差法检测简化模型

缺陷对称地位于探头之间的假设会产生一些误差，但这对缺陷深度的估算精

度影响很小。实验表明，经简化后用衍射时差法测量的绝对深度的最大误差低于壁厚的10%，被检件内部（小）缺陷的高度估计误差是可以忽略的。利用高级计算机，可以非常快地评定得到的信号。

当用衍射时差法进行缺陷的定量时，一般需要缺陷长度、缺陷深度和缺陷自身高度三个基本指标，如图 10-7 所示。

（1）缺陷长度及位置的确定　缺陷长度是指缺陷在 X 轴上的投影距离，可由扫查探头移动量直接测出。由缺陷产生的信号传播时间也可用于判定缺陷位置。由图 10-6 可以看出，波束从发射探头到缺陷，然后反射被接收探头接收所需的总传播时间 t 为

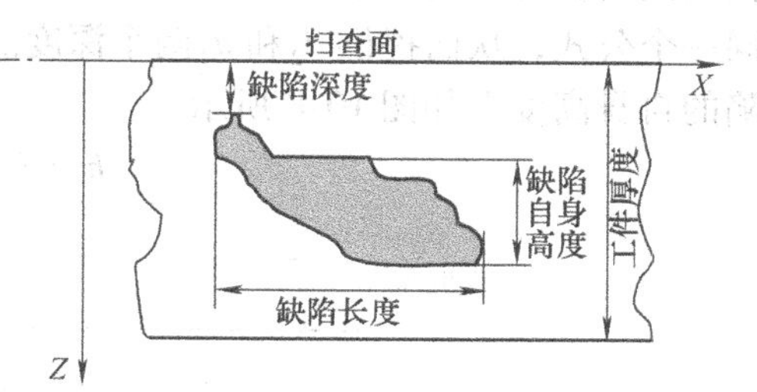

图 10-7　缺陷长度、缺陷深度和缺陷自身高度

$$t = \frac{2\sqrt{S^2 + d^2}}{c} + 2t_0 \tag{10-1}$$

式中　t——传播时间（s）；

S——两探头中心间距的 1/2（mm）；

d——衍射点深度（mm）；

c——传播速度（mm/s）；

t_0——波束在楔块材料中的传播时间（s）。

超声波检测时，可根据传感器定位系统对缺陷沿 X 轴位置进行测定。由于声束的扩散，TOFD 图像趋向于将缺陷长度放大。一般推荐采用拟合弧形光标法确定缺陷沿 X 轴的端点位置。即对于点状显示，可采用拟合弧形光标与相关显示重合时所代表的 X 轴数值；对于其他显示，应分别测定其左右端点位置，可采用拟合弧形光标与相关显示端点重合时所代表的 X 轴数值。

与其他超声波检测法一样，由于超声波束有一定宽度，因此衍射时差法测量结果也可能偏大。当缺陷长度小于所用探头晶片尺寸的 1.5 倍时，用一般衍射时差法测量结果很不准确。

（2）缺陷深度的确定　缺陷深度是指缺陷最上端和检测面的距离。由式(10-1)可知，缺陷深度 d 为

$$d = \sqrt{\left(\frac{c}{2}\right)^2 (t - 2t_0)^2 - S^2} \tag{10-2}$$

式中　c——超声波速度（mm/s）；

t——传播时间（s）；

t_0——声束在楔块材料中的传播时间（s）；

S——两探头中心间距的1/2（mm）。

在平行扫查的TOFD检测显示中，缺陷端点距扫查面最近处所反映的位置为缺陷在Y轴的位置，也可采用脉冲反射法或其他有效方法进行测定。

（3）缺陷高度的测量　缺陷高度是指缺陷上最接近扫查面的位置和最远离扫查面的位置之间的距离。定量缺陷自身高度或垂直范围可以对缺陷下尖端使用同一个公式，从而提供d_2和d_1两个深度。用大的深度d_2减去小的深度d_1得到缺陷的自身高度h如图10-8所示。

$$h = d_2 - d_1 \tag{10-3}$$

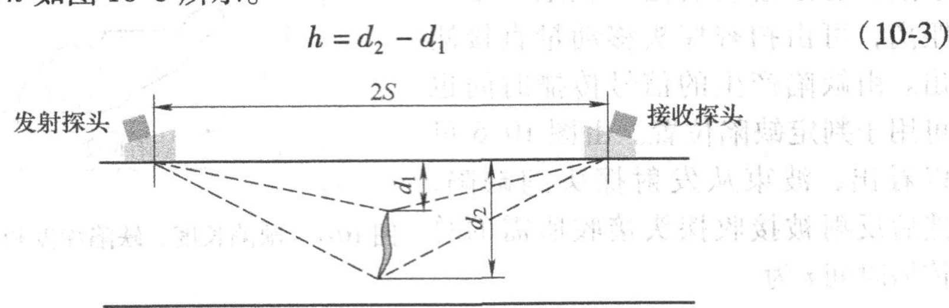

图10-8　用衍射时差法检测缺陷自身高度

当采用衍射时差法进行检测时，一般根据从TOFD图像缺陷显示中提取的A扫描信号对缺陷的深度位置进行测定。

1）对于表面开口形缺陷显示，应测定其上（或下）端点的深度位置。通常该缺陷显示的上（或下）端点的衍射波与直通波反相（或同相）。

2）埋藏式缺陷显示

① 对于点状或线状缺陷显示，其深度位置即为Z轴位置。

② 对于条状缺陷显示，应分别测定其上、下端点的位置。该缺陷显示的上（或下）端点产生的衍射波与直通波反相（或同相）。测定时，首先应辨别缺陷端点的衍射波信号，然后根据相位相反关系确定缺陷另一端点的位置。

在平行扫查的TOFD显示中，缺陷距扫查面最近处的上（或下）端点所反应的位置为缺陷在Z轴的精确位置。

由于衍射时差法是一种不基于波幅响应的无损检测技术，计算自身高度只需要测量时间，所以垂直方向定量会很准确。然而，为了识别信号，仍要求足够的灵敏度。

3. 衍射时差法缺陷典型信号

当采用衍射时差法检测时，信号主要分为A扫描信号（A-scan Signal）和TOFD图像（TOFD Image）。A扫描信号以超声波的波形显示，水平轴表示超声波的传播时间，垂直轴表示波幅，如图10-9a所示。TOFD图像数据的二维显示是将扫查过程中采集的A扫描信号连续拼接而成的，一个轴代表探头移动距离，另一个轴代表深度，一般用灰度表示A扫描信号的幅度，如图10-9b所示。

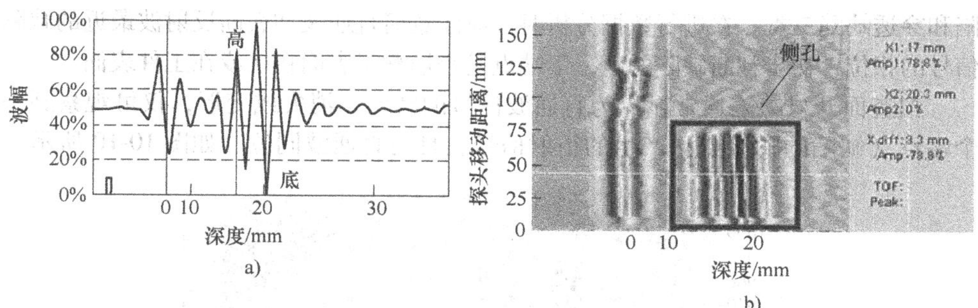

图 10-9　侧孔的 TOFD 图像

a）A 扫描信号　b）TOFD 图像

检测结果的显示分为相关显示和非相关显示。由缺陷引起的显示为相关显示，由工件结构（如焊缝域高或者根部）或者材料冶金成分的偏析（如铁素体基材和奥氏体覆盖层的界面）引起的显示为非相关显示。对确认为相关显示的缺陷显示，应进行分类。

衍射时差法检测标准对缺陷的评定不同于我国已有的其他无损检测标准。衍射时差法标准一般只对缺陷形状、尺寸和位置等参数进行定量评定，而并不细分缺陷的性质。目前，各国常用衍射时差法标准对缺陷的分类见表 10-1。

表 10-1　各国常用衍射时差法标准对缺陷的分类

标准号	国别	缺陷分类
BS 7706：1993	英国	点状、线状（高度小于3mm）、面状、体积状和难以分裂的缺陷
ENV 583－6：2000	欧盟	上表面开口缺陷、底面开口缺陷、埋藏缺陷
CEN/TS 14751：2004	欧盟	表面开口缺陷（上表面、底面和贯穿缺陷）、埋藏缺陷（点状缺陷、长形缺陷Ⅰ、长形缺陷Ⅱ）、难以分类的缺陷
NEN 1882：2005	荷兰	不分类，任何缺陷都用长度、高度和深度表述
ASTM 2373—2004	美国	表面缺陷（表面、近表面和穿透缺陷）、埋藏缺陷（点状和细长缺陷）
ASME 2235	美国	表面缺陷、埋藏缺陷，给出了多个相邻缺陷的评定原则
NB/T 47013. 10—2010	中国	表面开口缺陷、埋藏缺陷、难以分类的缺陷

根据 NB/T 47013. 10—2010《承压设备无损检测　第 10 部分：衍射时差法超声检测》，衍射时差法相关显示的检测缺陷可分为表面开口缺陷、埋藏缺陷和难以分类的缺陷三大类。衍射时差法缺陷的判定主要通过 D 扫描信号波形结合 A 扫描信号波形进行综合评定，当缺陷介于两个通道共同覆盖区域时，通过多个通道综合评定效果会更加理想。

（1）表面开口缺陷　表面开口缺陷又可细分为扫查面开口缺陷、底面开口缺陷和穿透缺陷三类。在进行数据分析时，应注意离直通波和底面反射波最近的缺陷信号的相位，初步判断缺陷的上、下端点是否埋藏于表面盲区或在工件表面。

扫查面开口缺陷通常显示为直通波信号的减弱、消失或变形，仅可观察到一个端点（缺陷的下端点）产生的衍射信号，且与直通波同位，如图 10-10 所示。

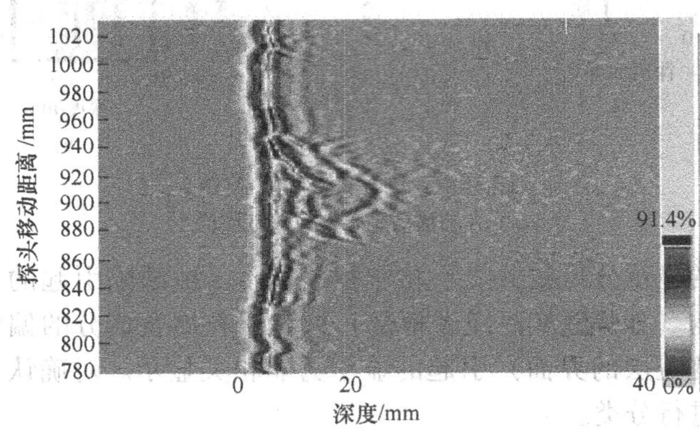

图 10-10 扫查面开口缺陷显示

底面开口缺陷通常显示为底面反射波信号的减弱、消失、延迟或变形，仅可观察到一个端点（缺陷上端点）产生的衍射信号，且与直通波反相位，如图 10-11所示。经现场核查，该处缺陷为底面未焊透。

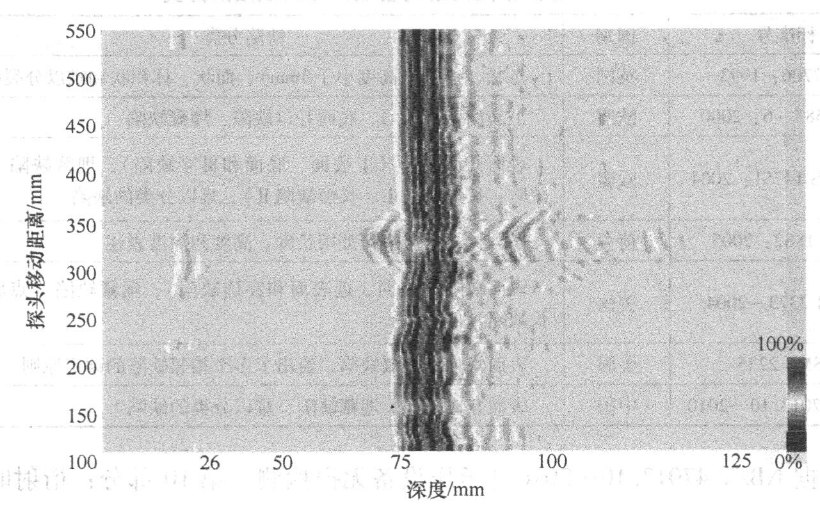

图 10-11 底面开口缺陷显示

穿透缺陷显示为直通波和底面反射波信号同时减弱或消失，可沿壁厚方向产生多处衍射信号。

（2）埋藏缺陷 埋藏缺陷可分为点状缺陷、线状缺陷和条状缺陷三类。埋

藏缺陷一般不影响直通波或底面反射波的信号。

点状缺陷显示为双曲线弧状，与拟合弧形光标重合，无可测量长度和高度，如图 10-12 所示。

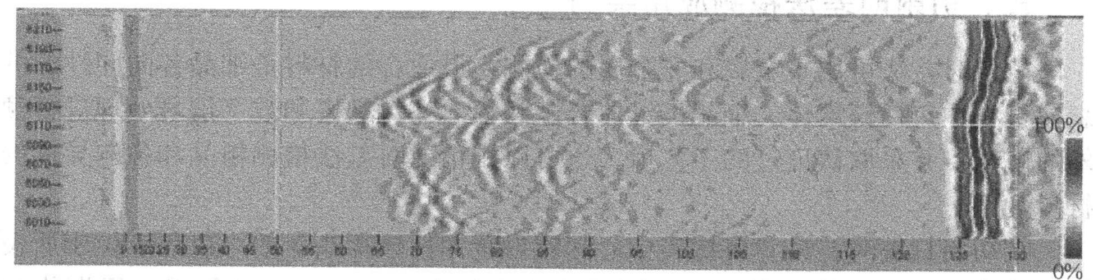

图 10-12　局部放大的点状缺陷显示

线状缺陷显示为细长状，无可测量高度，如图 10-13 所示。

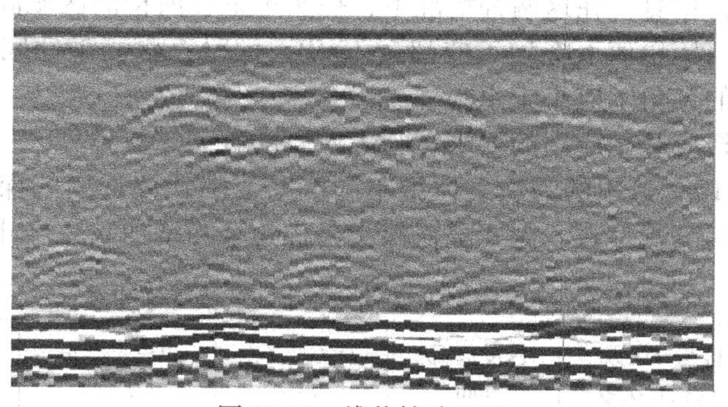

图 10-13　线状缺陷显示

条状缺陷显示为长条状，可见上、下两端产生的衍射信号，且靠近底面处端点产生的衍射信号与直通波同相，靠近扫查面处端点产生的信号与直通波反相，如图 10-14 所示。

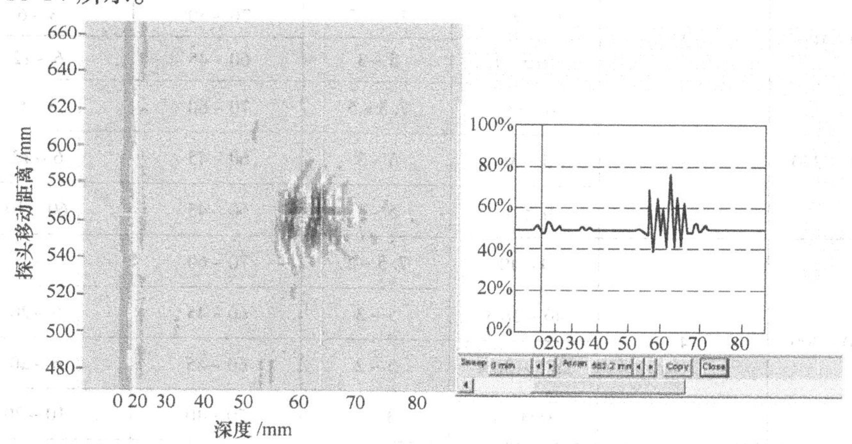

图 10-14　条状缺陷显示

（3）难以分类的缺陷　另外还有些缺陷难以按以上表面开口缺陷和埋藏缺陷进行分类，应结合其他有效方法进行综合判定。

三、衍射时差法检测应用实例

衍射时差法可用于金属和非金属的检测，最适合的材料是细晶各向同性的低衰减材料，包括铁素体、细晶奥氏体合金和铝。在对频率和数字信号处理进行额外的修改，并采取认证过的工艺后，也可以用衍射时差法检测粗晶和各向异性的材料。

在初始扫查时，推荐将探头中心间距设置为使该探头对的声束焦点位于所覆盖区域的2/3深度处。但当工件厚度小于或等于50mm时，可采用一组探头检测；当工件厚度大于50mm时，应在厚度方向分成若干个不同区域，采用不同设置的探头对进行检测。在这两种情况下，探头声束在所检测区域高度范围内相对声束轴线处的声压幅值下降均不应超过12dB，同时，检测工件底面的探头声束与地面法线间的夹角不应小于40°。

探头的选择应基于应用的要求。与工件厚度有关的检测分区、探头选择可参照表10-2。表10-2给出的为铁素体钢不同壁厚范围建议选用的探头参数，对于奥氏体或其他高衰减材料，需要降低探头公称频率和增加晶片尺寸。

表10-2　铁素体钢平板对接接头的探头选择和设置

工件厚度 t/mm	检测分区数/或扫查次数	深度范围/mm	标称频率/MHz	声束角度 α/(°)	晶片直径/mm
>12～15	1	0～t	15～7	70～60	2～4
>15～35	1	0～t	10～5	70～60	2～6
>35～50	1	0～t	5～3	70～60	3～6
>50～100	2	0～2t/5	7.5～5	70～60	3～6
		2t/5～t	5～3	60～45	6～12
>100～200	3	0～t/5	7.5～5	70～60	3～6
		t/5～3t/5	5～3	60～45	6～12
		3t/5～t	5～2	60～45	60～20
>200～300	4	0～40	7.5～5	70～60	3～6
		40～2t/5	5～3	60～45	6～20
		2t/5～3t/4	5～2	60～45	6～20
		3t/4～t	3～1	50～40	10～20

（续）

工件厚度 t/mm	检测分区数/或扫查次数	深度范围/mm	标称频率/MHz	声束角度 α/(°)	晶片直径/mm
>300～400	5	0～40	7.5～5	70～60	3～6
		40～3t/10	5～3	60～45	6～12
		3t/10～t/2	5～2	60～45	6～20
		t/2～3t/4	3～1	50～40	10～20
		3t/4～t	3～1	50～40	12～25

若已知缺陷的大致位置或仅检测可能产生缺陷的部位，则可选择合适的探头类型（如聚焦探头）或探头参数（如频率、晶片直径），将探头中心间距设置为使探头对的声束交点为缺陷部位或可能产生缺陷的部位，且其声束角度 α 为 55°～60°。

1. 衍射时差法在单层厚壁尿素合成塔检测中的应用

某尿素合成塔材质为 Q345R（16MnR），壁厚为 110mm，工作压力为 19.6MPa，工作温度为 186℃ ±2℃。检测中对其环焊缝埋藏裂纹采用衍射时差法，用 UT 和 RT 进行了验证比较。

检测设备采用美国 AIS 公司 NB—2000 检测系统，衍射时差法探头 3 组、脉冲回波探头 1 对、爬波探头 1 对。基本参数见表 10-3。

表 10-3 衍射时差法扫查基本参数

探头名称	角度/（℃）	频率/MHz	与焊缝中心距/mm	重点检测区域
爬坡探头 1	—	4	36	上表面衍射时差法盲区
爬坡探头 2	—	4	36	上表面衍射时差法盲区
衍射时差法探头组 1	70	5	59	焊缝上部区域
衍射时差法探头组 2	60	2.25	89	焊缝中部区域
衍射时差法探头组 3	60	2.25	162	焊缝下部区域
脉冲回波探头 1	45	2.25	120	下表面衍射时差法盲区
脉冲回波探头 2	45	2.25	120	下表面衍射时差法盲区

UT 和 RT 的缺陷评定参照 JB/T 4730.3—2005 执行，衍射时差法检测参照 NB/T 47013.10—2010 执行。

衍射时差法与 UI、RT 检测的比较见表 10-4。由于受该缺陷方向的影响，因此普通超声波检测未能发现该裂纹。衍射时差法检测不受面状缺陷方向的限制，可以精确地测量缺陷的深度和自身高度，在检测中有着其他方法无法比拟的优势。

表 10-4 衍射时差法与 UT、RT 检测的比较

检测方法	整圈检测时间/h	数据处理时间/h	缺陷尺寸/mm			碳弧气刨解剖结果
			深度	长度	高度	
衍射时差法	1	实时显示	33	12	3	深 30mm，长 14mm
UT	1	实时显示	无法检测到			
RT（Co^{60}）	2	10	—	13	—	

2. 二甲醚球形储罐的衍射时差法检测

某二甲醚球形储罐容积为 $3000m^3$，材质为 Q345R，壁厚为 52mm，焊缝宽度约为 40mm，焊后采用衍射时差法对其对接焊缝进行 100% 检测。

检测设备采用 OMNISCAN 2C 型检测仪，采用手动扫查，鉴于厚度超过 50mm，检测采用两次扫查方式。衍射时差法扫查基本参数见表 10-5。

表 10-5 衍射时差法扫查基本参数

序号	频率/MHz	晶片尺寸/mm	楔块角度/(°)	楔块延时/μs	探头间距/mm	时间窗口设置/μs	灵敏度	扫查增量/mm	扫查方式
第 1 次扫查	5	6	60	5.8	120	25.1 ~ 10.2	直通波 50%	1	非平行
第 2 次扫查	5	6	60	5.8	70	17.2 ~ 8.3	直通波 50%	1	非平行

衍射时差法检测参照 NB/T 47013.10—2010 执行。

在检测过程中共发现超标缺陷 36 处，其中 35 处位于赤道带环焊缝上，最大缺陷尺寸为 170mm × 45mm × 4mm。

3. 衍射时差法在加氢反应器中的应用

某石化企业有一台加氢反应器，其主要参数：规格为 ϕ4000mm × 20500mm × 92mm，材质为 2.25Cr 1Mo 0.25V，压力为 4MPa。为进行安全评估，进行了衍射时差法检测。

检测设备采用美国 AIS 公司 NB—2000 检测系统，衍射时差法探头 3 对、脉冲回波探头 1 对、爬波探头 1 对。探头参数见表 10-6。

表 10-6 探头参数

通道数	探头性质	晶片尺寸/mm	探头角度/（°）	探头频率/MHz	PCS
1	PE	10	45	3	—
2	PE	10	45	3	—

（续）

通道数	探头性质	晶片尺寸/mm	探头角度/（°）	探头频率/MHz	PCS
3	—	—	—	—	—
4	TOFD	10	45	3	325.6
5	TOFD	10	60	3	178.5
6	TOFD	6	70	5	117.9
7	爬波	—	0	2	—
8	爬波	—	0	2	—

扫查增量设置为1mm，幅度设置为45dB，单次扫查距离为500mm，焊缝检测比例为20%抽查。

衍射时差法检测参照NB/T 47013.10—2010执行。

经检测，发现了大量的密集气孔、夹渣（见图10-15）等缺陷。按照制造标准要求，这些缺陷很多属于超标缺陷，而制造过程中的射线检测却未能检出。TOFD与射线检测相比，缺陷检出率明显提高。

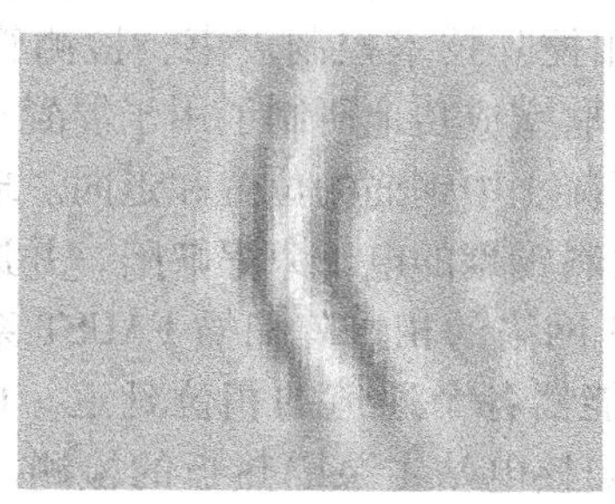
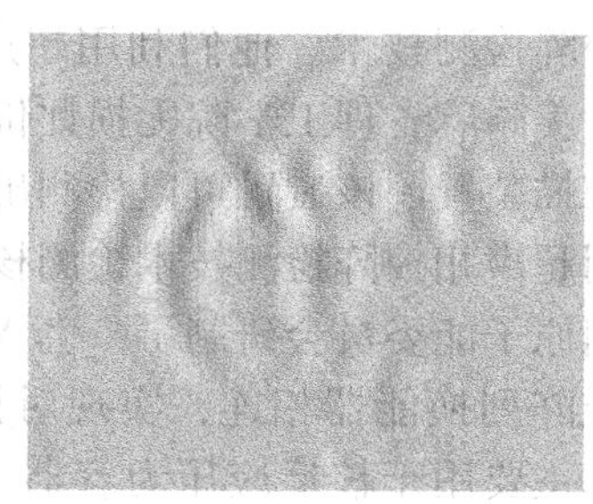

图10-15　气孔的TOFD图像显示

4. *衍射时差法在动力管道检测中的应用*

在某厂一个碱回收锅炉的安装过程中，部分管道壁厚较大，无法进行现场射线检测。由于普通超声波检测缺陷检出率高，应厂家要求，使用衍射时差法对其进行了检测。

仪器采用AD-Tech单通道衍射时差法检测设备，由于管道壁厚在40～60mm之间，因此采用探头参数如下：频率为2MHz，晶片尺寸为10mm，探头角度为45°。PCS根据现场壁厚的变化参照NB/T 47013.10—2010进行调整，并在试块上试验验证，可以清楚发现10～70mm范围内的缺陷。

扫查增量设置为1mm，幅度设置为60dB，单次扫查距离为200mm，焊缝的检测比例为100%。

衍射时差法检测参照NB/T 47013.10—2010执行。

对需检测的67个焊接接头部位进行了衍射时差法超声波检测，发现超标缺陷18处，翻修验证其中13处为气孔缺陷，4处为条渣缺陷，1处为焊瘤缺陷。

◈◈◈ 第二节　超声相控阵检测技术

一、超声相控阵检测技术概述

超声相控阵检测技术始于20世纪60年代，初期主要应用于医疗领域。在医学超声成像中，用相控阵换能器快速移动声束对被检器官成像。由于系统的复杂性、固体中波动传播的复杂性及成本费用高等，使其在工业无损检测中的应用受到了限制。但随着科技的发展，超声相控阵检测技术以其灵活的声束偏转及聚焦性能越来越引起人们的重视。

20世纪80年代初期，超声相控阵检测技术从医疗领域跃入工业领域，逐渐应用于工业无损检测。美国学者 Whittingtion 和 Cox 首先尝试在无损检测领域运用超声相控阵检测技术。他们利用超声相控阵技术控制声束，检测管道中的缺陷。同时，美国麻省理工学院无损评价实验室成功地研制了用于混凝土评价的超声相控阵扫描装置。该装置可以检测出混凝土中钢筋的位置和走向。瑞典乌普萨拉大学采用超声相控阵检测技术检测核废料铜罐的电子束焊缺陷，并进行了成像显示。法国原子能委员会研制了一套 VXI 网络的相控阵扫描 FAUST 系统，该系统可与多个阵列换能器相连，实现对换能器各个通道的相位延迟。1985—1992年，该技术主要用于核反应压力容器（如核电站主泵隔热板的检测、核废料罐电子束环焊缝的全自动检测及薄铝板摩擦焊缝热疲劳裂纹的检测等）、航空零部件、大锻件轴类及汽轮机部件的检测等领域。

20世纪90年代初，欧美工业发达国家开始将超声相控阵检测技术作为一种新的无损评价（NDE）方法，编入超声检测手册和无损检测工程师培训教程。20世纪90年代末，加拿大 R/D TECH 公司首先将超声相控阵检测技术应用于管道检测领域，开发了管道超声相控阵自动检测系统。该系统可以用同一个探头来实现不同壁厚、不同材质管道的检查任务，克服了常规超声波检测系统调整难度大和探头适应范围窄以及设备沉重的缺点。

21世纪初，国外超声相控阵检测技术已日渐成熟。截止到2007年底，在世界范围内有超过1000台超声相控阵系统正应用于不同的无损检测领域，包括电厂、石化、航空航天、工业在线、锅炉压力容器、长输管线等。

相比较其他检测方式，超声相控阵检测具有以下优点：

（1）检测速度快　超声相控阵检测技术可以实现线性扫查、扇形扫查和动

态深度聚焦，从而同时具备宽波束和多焦点的特性。超声相控阵检测技术可进行电子扫描，比通常的光栅扫描快一个数量等级，因此检测速度可以更快。

（2）使用灵活性高　相控阵探头可以随意控制聚焦深度、偏转角度、波束宽度。另外，实施纵向缺陷检测、横向缺陷检测和斜向缺陷检测的相控阵探头是同一种探头，即用一个相控阵探头能覆盖多个角度，也就能涵盖多种应用，不像普通超声探头应用单一有限，因而超声相控阵检测技术具有更高的检测灵活性。探头更加小巧，可以实现其他常规检测技术所不能实现的功能，如可实现对复杂型面工件的检测，也可检测其他方法难以接近的部位。

（3）操作简便　通过电子文件装载和校准就能进行系统配置，通过预置文件就能完成不同参数的调整，扫查装置简单。超声相控阵检测技术用电子扫查代替机械扫查，阵列探头几乎不用前后来回移动，就能用纵波和横波对工件横截面进行组合扫描，既减少了探头的磨损，又避免了设备机构的调整，不需更换探头就可实现整个体积或所关心区域的多角度、多方向扫查，便于操作和维护。

（4）检测结果可靠　在常规的钢管超声波检测时，沿钢管轴向排列的探头在检测横向缺陷时，从理论上即存在着重复性差和漏检的可能；而用斜探头检测斜向缺陷时，仅对某一固定取向缺陷敏感。相控阵探头中多晶片可快速顺序激励，其辐射声场相当于单晶片探头的连续机械位移和转向，因此避免了横向缺陷和斜向缺陷的漏检，大大提高了检测的可靠性。

（5）检测功能强大　相控阵超声波束的聚焦穿透力强，信噪比高，重复性好，容易检出各种走向、不同位置的缺陷，缺陷检出率高，定量、定位精度高；检测结果可实时彩色成像，包括 A/B/C/D 和 S 扫描，图像更加直观，便于缺陷判读；检测结果受人为因素影响小，数据便于存储、管理和调用。

当然，超声相控阵检测技术还不是十分完美，还有需要进一步改进的诸多方面，例如：

1）探头体积太大，受现场检测条件限制，好多地方难以运用。

2）探头制造复杂，探头导线非常精密，容易损坏。

3）仪器参数设置非常复杂，对检测人员要求高。

4）缺乏相应的检测标准和技术规范，对检测发现的缺陷，还需要通过常规模式进行评判。

5）对被检工件表面质量要求较高。

二、超声相控阵检测原理

超声相控阵检测原理是：按一定的规则和时序用电子系统控制激发由多个独立的压电晶片组成的阵列换能器，通过软件控制相控阵探头中每个晶片的激发延时和振幅，从而调节控制焦点的位置和聚焦的方向，生成不同指向性的超声波聚焦波束，产生不同形式的声束效果，可以模拟各种斜聚焦探头的工作，并且可以电子扫描和动态聚焦，无需或较少移动探头，检测速度快，将探头放在一个位置就可以生成被检测物体的完整图像，实现了自动扫查，且可检测复杂形状的物体，克服了常规A型超声脉冲法的一些局限。

例如，采用普通单晶探头时声束扩散是单向的，由于移动范围和声束角度有限，因此容易将方向不利的裂纹或远离声束轴线位置的裂纹漏检；若采用超声相控阵探头，因为扫描声束是聚焦且可转向的，所以能以镜面反射方式检出随机分布在远离声束轴线位置上不同方位的裂纹，如图10-16所示。图10-16a中仅b处缺陷被检测到，而a和c两处缺陷在用常规单晶探头检测时会被漏检掉，而用阵列多晶探头时（见图10-16b），a'、b'和c'三处缺陷都不会漏检。

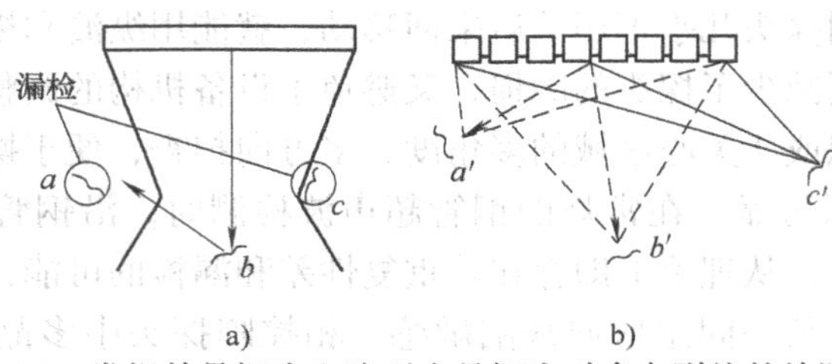

图10-16 常规单晶探头和阵列多晶探头对多向裂纹的检测比较
a）常规单晶探头检测 b）阵列多晶探头检测

1. 超声相控阵探头设计参数

超声相控阵探头是相控阵检测技术的核心器件。它是由基于惠更斯原理设计的多个相互独立的压电晶片阵列（称为阵列单元，简称阵元）组成。其性能的好坏直接影响检测的可靠性及灵敏度。超声相控阵探头，一般由电缆、外壳、控制电路板、跨接线、阻尼材料、压电晶片和声匹配层七部分组成，如图10-17所示。

超声相控阵探头晶片是由比常规压电陶瓷材料探头的信噪比高10dB的复合材料制成的。用机械方法将复合材料大晶片切割成若干个小晶片，形成阵列探头。每个晶片都有各自的接头、延时电路和A/D转换器，晶片之间彼此声绝缘，每个晶片都可以单独激发。

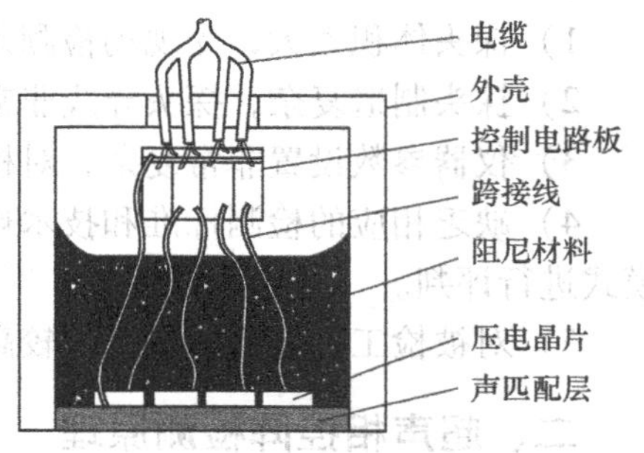

图10-17 超声相控阵探头的组成

由于超声相控阵探头的性能对检测结果的影响很大，因此探头的设计与制作是极为关键的技术之一。目前，在实际检测时，探头多为均匀线阵。对于超声相控阵探头的矩形压电晶片单元，其长度方向

的尺寸应比超声波波长足够大，也比宽度、厚度足够大。这样，压电晶片的振动频率就取决于其厚度。通常在使用压电陶瓷时，应使晶片宽厚之比为0.35～0.65，以抑制宽度产生的振动。换言之，这样可得到只取决于厚度的纯厚度方向的纵向振动。若晶片宽厚比不在上述范围内，则需将整块晶片再进行细分。均匀线阵的超声相控阵探头的主要参数（见图10-18）如下：

（1）晶片数量（n） 晶片数量的选择需从对灵敏度的要求、减少栅瓣和系统的复杂性等几方面综合考虑。晶片数量（即阵元数）的增加，可以使声束指向性更好。晶片数量越大，主瓣宽度就越小，旁瓣幅值也会变小。但是，大量的晶片和较大的晶片间距会降低相控阵的灵敏度，同时大大增加控制电路的复杂性。

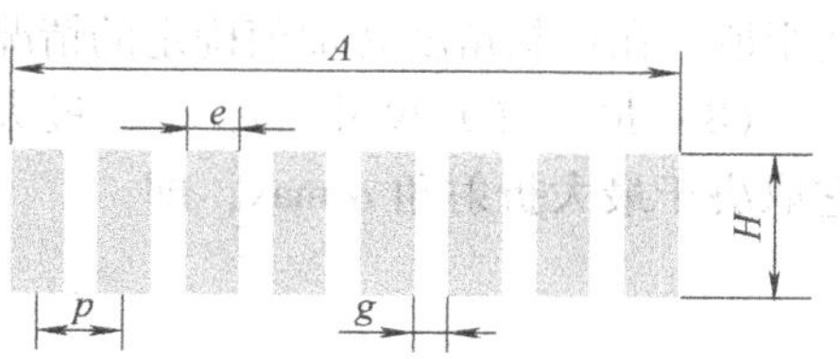

图10-18 相控阵探头设计参数

（2）控制角度（θ_0） 控制角越大，主瓣宽度就越大。在不带入栅瓣的情况下，控制角越小，阵元间距取值的上限就越大。所以在满足声束指向性要求和不带入栅瓣的情况下，若选取小的控制角，则可以选取更大的阵元间距值。

（3）晶片阵列方向孔径（A） 在探头其他参数一定的情况下，探头阵元数将会影响检测的孔径。通道数越多，阵列方向孔径就会越大，检测声束品质也就越好。其满足式（10-4）。

$$\theta_0 = \arcsin\frac{1.22\lambda}{A} = \arcsin\frac{1.22}{nK} \tag{10-4}$$

式中 K——阵列间距与波长的比值；

λ——波长。

（4）晶片加工方向的宽度（H） 阵元宽度将影响一级旁瓣的最大值。随着阵元宽度的增加，一级旁瓣的幅值增加，而且随着偏转角度的增加而增加，但当阵元间距小于半波长时，阵元宽度的影响非常小，尤其是当偏转角度较小时。在阵元间距一定的情况下，阵元宽度会影响相邻阵元间的间隙，改变相邻阵元间的等效电容，从而影响阵元间的相互干扰。

（5）阵元宽度（e） 阵元宽度是指单个压电复合单元的宽度。阵元宽度是对指向性影响最小的参数。增大阵元宽度可以增大在控制方向上的声压，获得更好的性噪比。适当增大阵元宽度值，会使旁瓣变小，但是变小的范围很有限。一般要求$e<\lambda/2$，并保持$p<0.67\lambda$，以免转向角增大时产生栅瓣。此外，根据英国新建模和R/D公司设计的探头，提出阵元芯距可大于波长，但转向程度必须受到限制。

（6）阵元芯距（p） 单元芯距是指相邻两阵元中心的间距，由式$p=e+g$

给出。

(7) 阵元间距 (g) 阵元间距又称为截口，是指相邻两阵元的声绝缘宽度。探头间距的选择需从对灵敏度的要求、减少栅瓣和系统的复杂性等几方面综合考虑，在不产生有害旁瓣的情况下，增加阵元间距，声束的指向性会更好。但是，阵元间距取值过大，会带入栅瓣。所以可以在不带入栅瓣的情况下，选取较大的阵元间距值。在控制角度 θ_0 取值确定的情况下，阵元间距取值的上限为 $g_{max}=0.625\lambda$。

(8) 最大阵元尺寸 (e_{max}) 最大阵元尺寸是指单个压电复合晶体的宽度，它取决于最大折射角 α max，即

$$e_{max}=\frac{0.514\lambda}{\sin\alpha_{max}} \tag{10-5}$$

良好的声束指向性不是由某一个参数来决定的，一般受几个参数同时影响。所以，应该在满足各个参数的基本要求下，并在给出的设计指标的约束下，选取最优的参数。

2. 超声相控阵阵元排列方式

超声相控阵检测技术需使用阵元排成不同阵列的多阵元换能器来满足构件检测的需求。超声相控阵换能器的阵元排列方式分为线形阵列或两维（2D）阵列，目前主要有一维线形阵列、一维环形阵列、二维矩形阵列、二维圆形阵列四种常见形式。

一维线形阵列是指探头是由一组沿着一个轴并排的晶片组成的，它们可以使波束移动、聚焦和偏移一定的角度。这种形式是如今最常用的，如图 10-19a 所示。

二维矩形阵列是指探头是由一组沿着两个轴排列的晶片组成，并沿着两个轴分开的形式，在超声摄像检测设备中被采用，如图 10-19b 所示。

一维环形阵列是指将探头晶片配置成一组同心的环形，它们允许波束沿着一个轴聚焦在不同的深度，环形表面的区域一般是不变的，也就意味着每一个环形具有不同的宽度，如图 10-19c 所示。

二维圆形阵列是指相控阵探头由一组排列在圆上的晶片组成，只要给出波束入射必需的角度，这些晶片就能指引波束向圆内、圆外传播，也可以沿着圆的对称轴传播，如图 10-19d 所示。

与圆形阵列和环形阵列相比，线形阵列具有容易加工，发射、接收延迟控制电路较简单，容易实现等优点，可满足多数情况下的应用要求，因此在实际检测中使用较多。环形阵列在中心轴线上的聚焦能力优异、旁瓣低、电子系统简单，由于不能进行声束偏转控制，因此大多应用在医学成像和脉冲多普勒体积流量计中，其中二维分段交错环形阵列比较特殊，专门用于棒材的检测。二维阵列可对声束实现三维控制，对超声成像及提高图像质量大有益处。该系统具有实时 C 扫描成像功能，以标准视频图像在液晶显示器上显示。然而与线形阵列相比，二

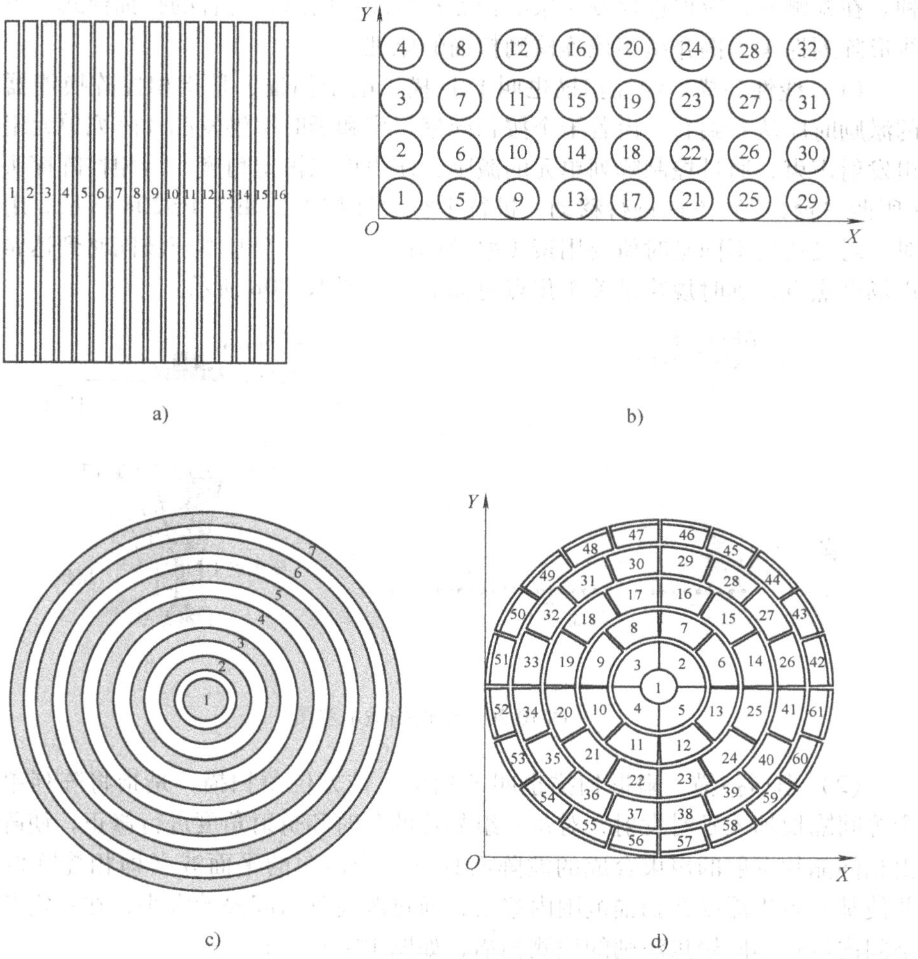

a)　　b)

c)　　d)

图 10-19　常见的探头阵列几何外形

维阵列的复杂性剧增。目前加工工艺的限制及电路复杂和制作成本高，使二维阵列仍主要应用于医用 B 超上，经济适用性影响了该类探头在工业检测领域的应用。圆形阵列主要用于检测管子的内、外壁缺陷。

需要指出的是，传统的超声波探头和探头线是分开的两个部分，但相控阵探头由于连线内部太精密，所以往往将探头与连接线做成一体。根据检测对象的需要，也将相控阵探头做成各种不同的形状和尺寸。

3. *超声相控阵扫描模式*

由于超声波检测时需要对物体内某一区域进行成像，因此必须进行声束扫描。超声相控阵的扫描模式主要有线性扫描、扇形扫描和动态深度聚焦扫描三种。在检测时，应根据检测对象的特点和检测目的选择适合的扫描模式。下面以线形阵列探头为例介绍相控阵检测扫描的原理。

（1）线性扫描　线性扫描也叫 E 扫描、电子扫描，是指相控阵换能器阵元的激励时序从左到右，由若干个按相同聚焦率和延时率触发晶片阵列单元组成一组发射声束，通过控制阵列单元的激励，使声束以恒定角度，沿相控阵探头长度（所谓“窗口”）方向进行移动，进行平行线性扫查，如图 10-20a 所示。用斜楔时，对楔块内不同延时值要用聚焦率做修正。为了每个基本声波同时到达希望的声场聚焦点，延时规律是关于焦点对称的，如图 10-20b 所示。

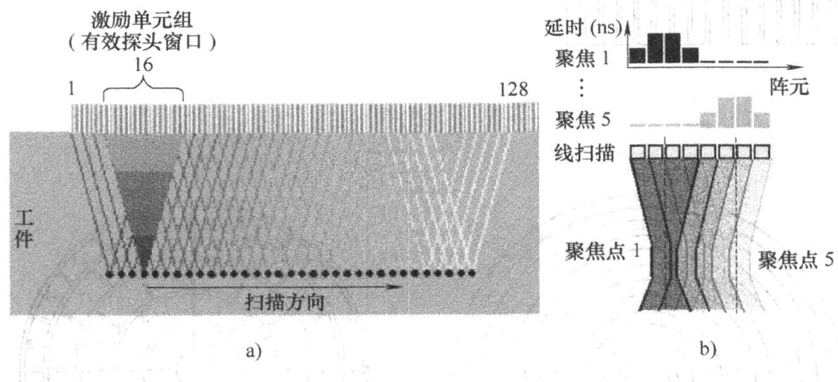

图 10-20　线性扫描示意图

（2）扇形扫描　扇形扫描也叫 S 扫描、带方位角扫描，是指将阵列单元逐个等间隔地加入延时发射，对每一组晶片的延时和折射角度进行修正，使阵列中由相同晶片发射的声束合成的波阵面具有一个偏角的平面波（即相控阵偏转），并使某一聚焦深度在扫描范围内移动，通过改变延时间隔的大小，在一定范围的空间内进行不同聚焦法则的检测扫描，如图 10-21 所示。

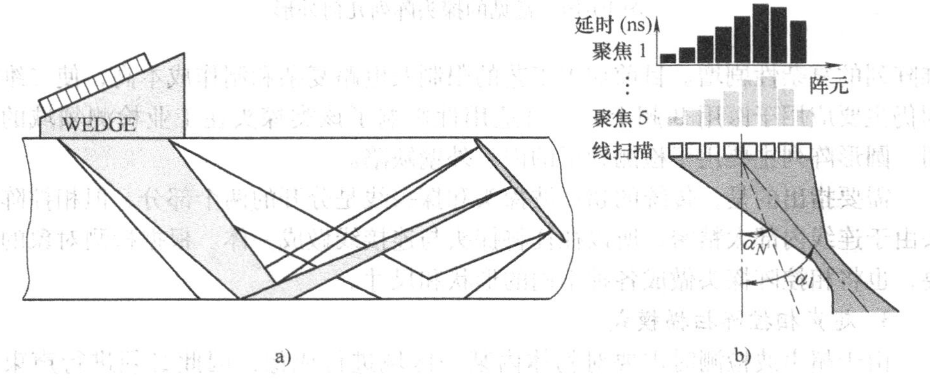

图 10-21　扇形扫描示意图

在进行扇形扫描时，可以不移动探头位置而通过改变入射角就可检测整个待检工件。相控阵探头结合了宽波束探头和多焦点探头的优势，在检测表面复杂或空间有限的情况下大有用武之地，在进行涡轮叶片根部、多阶梯轴等难以接近的复杂型面的检测时发挥了其他检测方式所不具备的优势。

（3）动态深度聚焦　动态深度聚焦（DDF）是指通过控制阵列阵元发射信号的相位延时，使两端的阵元先发射，中间的阵元延迟发射，并指向一个垂直方向移动的聚焦点，使聚焦点位置的声场最强，并使超声束沿着声束轴线对不同聚焦深度进行扫描，如图 10-22a 所示。实际上，发射声波时使用单个聚焦脉冲，而接收回波时对所有动态深度重新聚焦。其延时与动态深度聚焦的关系如图 10-22b 所示。

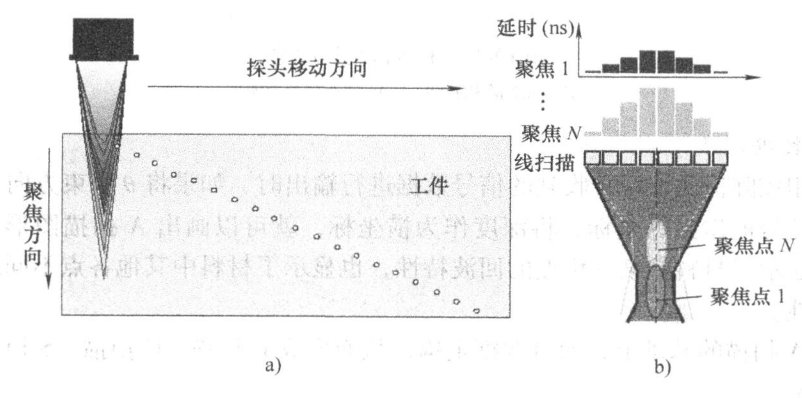

图 10-22　动态深度聚焦示意图

普通的超声波聚焦探头可以将超声波聚焦在某一点处，从而可以在该点处获得最好的分辨率和灵敏度，但对不处于该位置的缺陷就没有这么好的分辨率和灵敏度了。相控阵探头的聚集位置是可以由计算机控制的，是动态可变化的，所以可在声程范围内设定聚集的范围。计算机可自动控制探头各个晶片发射和接收超声波，从而在该范围内进行动态聚集，所以聚集后是一条线。

超声相控阵探头晶片（阵元）的激励（振幅和延迟）均由计算机控制，声束角度、焦距、焦点等参数可通过预置软件进行调整。动态深度聚焦采用固定的激发脉冲序列，但在对接收脉冲信号进行相移处理时，采用多组相延迟序列。针对每组相延迟序列，可以通过计算得到这种相延迟所集中的反射信号来自的深度位置，同时将其他深度位置的信号屏蔽。这样得到的信号是有选择接收的信号，排除了来自其他深度和方向角反射的干扰，从而实现了类似聚焦的效果。改变阵列组合单元的延时值，可改变声束聚焦深度和声束角度，也能改变波形，由此可对方向性缺陷获得最佳的检测和定量结果。图 10-23 即为标准相控阵和动态深度聚焦对同一试块人工孔缺陷的检测图像。

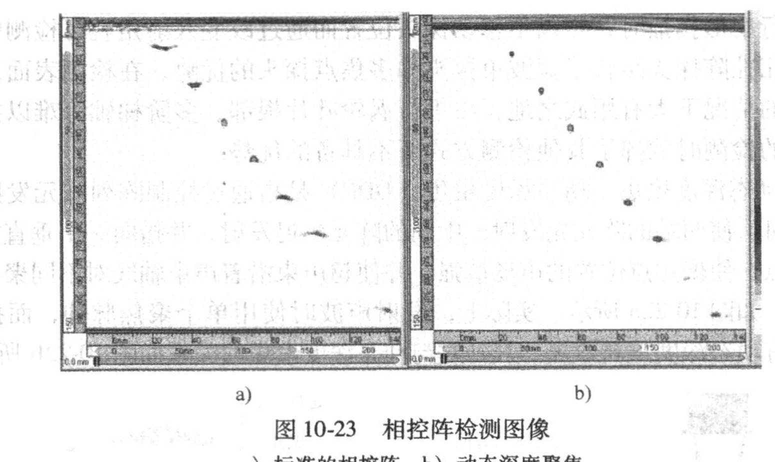

a)　　　　　　　　　　b)

图 10-23　相控阵检测图像

a）标准的相控阵　b）动态深度聚焦

4. 数据显示

在相控阵检测仪对接收到的信号数据进行输出时，如果将 θ 声束方向上的各位置的信号值作为纵坐标，将深度作为横坐标，就可以画出 A 扫描图形。A 扫描图形显示了材料中某一焦点的回波特性，也显示了材料中其他各点不同衰减的回波特性。

在 A 扫描的基础上，通过数据重构，从而形成 B 扫描、C 扫描、S 扫描等的图像显示。

（1）相控阵基本扫描与成像　在机械驱动的扫描过程中，按编码器位置进行数据采集，而数据显示则呈现不同的视图（见图 10-24），包括 A 显示（直角坐标）、B 显示（横断面）、C 显示（水平投影）、D 显示（纵断面）、S 显示（扇形）、CT 显示（切片）等扫描图形以及组合扫描图形，以供缺陷分析评定。

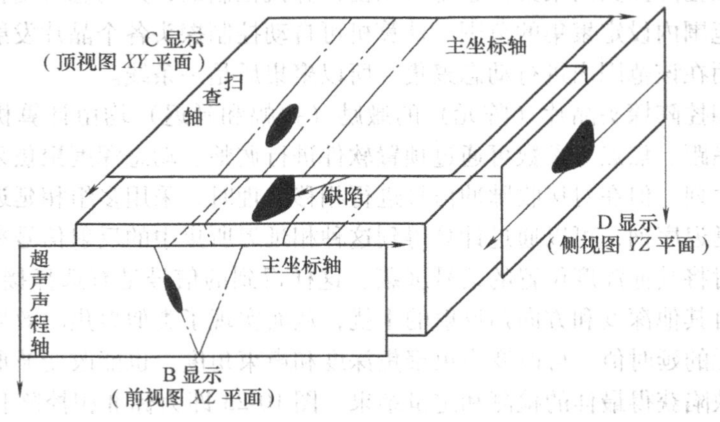

图 10-24　相控阵检测结果显示的三视图

（2）A扫描显示　一般常用的A扫描显示（即直角坐标显示，横坐标代表声传播距离，纵坐标代表回波幅度）的内容是当探头驻留在试样上某一点时，沿试样深度方向的回波振幅分布。在日常手工超声检测中，采用的是所谓“全A扫描”的波形显示，所显示的是整个周期的最大回波幅度，也可只显示周期中特意选定的某一点k的A扫描波形，例如只显示反射体的声束入射角正好为45°的A扫描波形，或只显示声场中预定的焦深处的A扫描波形。单个A扫描波形一般在记录过程中的某一时刻，存储在仪器的存储器中。因此，所有A扫描波形可在实际检测后做“离线”单独评价。

（3）B扫描显示和D扫描显示　在超声相控阵系统中，假设压电阵元先发出前一个脉冲通过时得到的一维A扫描数据，然后发出下一个脉冲，依次类推，从而依次发出多个并列的脉冲，并利用相邻发射时间间隔测得每组晶片反射回来的一维A扫描数据，最终将多组维A扫描数据结合起来形成二维矩阵，即为B扫描。因此，B扫描所显示的是与声束传播方向平行且与试样的测量表面垂直的试样剖面。通常，水平轴表示扫查位置，垂直轴表示超声声程或传播时间，但根据显示要求，两轴可互换。

在声束作线性扫查的入射平面内，B扫描显示或断面扫描显示就会立刻出现在每个周期后。在扫查范围内接收到的所有回波，其回波幅度位置和大小显示与预定的彩码设定一致。若探头还沿与声束扫查方向相垂直的方向移动并记录探头位置，则仪器就会以切片形式存储检测结果，最后获得一定体积的检测结果，必要时，甚至能产生试样的三维（3D）显示图像。当用编码器进行扫查时，缺陷回波坐标能以三维形式表示，因此检测结果也可获得第三视图，即在试件XZ坐标平面上垂直于纵、横两个扫查方向的投影。注意，检测结果的这种图像显示，在大多数情况下不称为B扫描显示，而称为D扫描显示。当检测对象为对接焊缝时，由D扫描显示即可测出缺陷在焊缝轴线方向的长度。超声相控阵检测时的A、B、C、D扫描显示图像如图10-25所示。

（4）C扫描显示　C扫描显示是被检试样的顶视图，即存储在所显示的体积范围内的回波投影到试样表面。这里可能有两个变量，即回波幅度和声程，均可进行彩色编码或灰度等级显示。

（5）S扫描显示　在B扫描基础上同时改变声束的传播角度，测出在不同角度上的二维矩阵，则形成扇形（S形）成像显示。S扫描是超声相控阵检测所独有的。它利用同组压电元件，通过编程改变时间延迟来控制波束，并通过一系列角度来实现扫查。

从某种意义上讲，S扫描也是一种B扫描，但只表示探头在一个周期中扫查的实际声束角度范围，如图10-26所示。S扫描是治疗诊断中常用的显示。在焊缝检测中，所有的反射体都是在声束变角的声场范围内扫查显示的。在需要时，扫查显示还应包括声束在平板底面的反射状态，即所谓二次波（1.0S 波）的形貌（扇面反射——体积校正的扇面显示）。

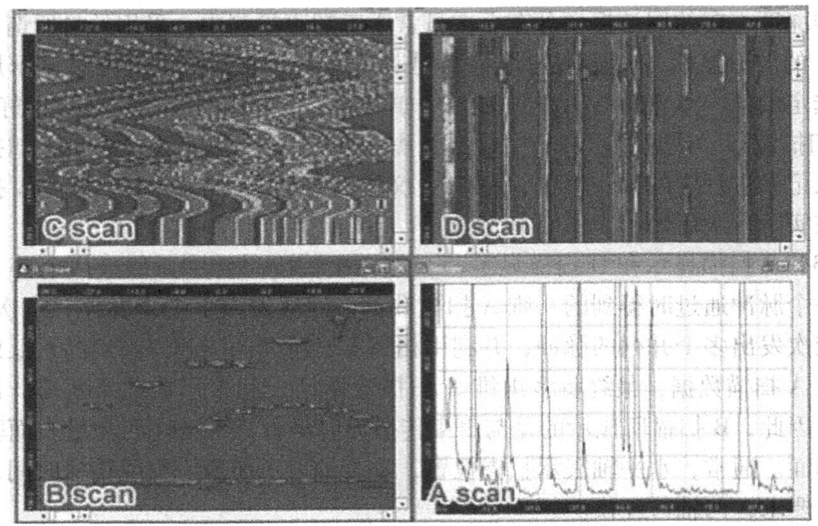

图 10-25　超声相控阵检测时的 A、B、C、D 扫描显示图像

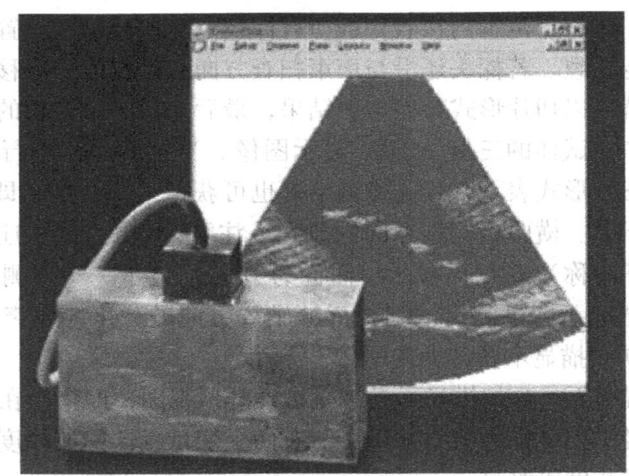

图 10-26　超声相控阵检测 S 扫描显示图像

S 扫描能产生整体检测图像，由此可快速获取超声波在所有方位检测到的试样形貌或缺陷相关信息。

将试样数据标绘在二维（平面）图即所谓的“校正的 S 扫描图”上，能使超声波检测结果的分析和评定简单明了。

S 扫描有以下优点：

1）能在扫描过程中显示图像。

2）能显示实际深度。

3）能由二维显示再现体积。

（6）组合扫描显示　在探头移动过程中，将线性扫描、S扫描与多角度扫描组合在一起，就能改进成像结果，获得整体检测图像，既可利用二维坐标对缺陷进行定位定量，也可借此还原再生体积图像。S扫描显示与其他视图相结合，可构成缺陷成像图或者识别图。图10-27所示为角槽、球孔、柱孔和横孔的超声相控阵S扫描结果。

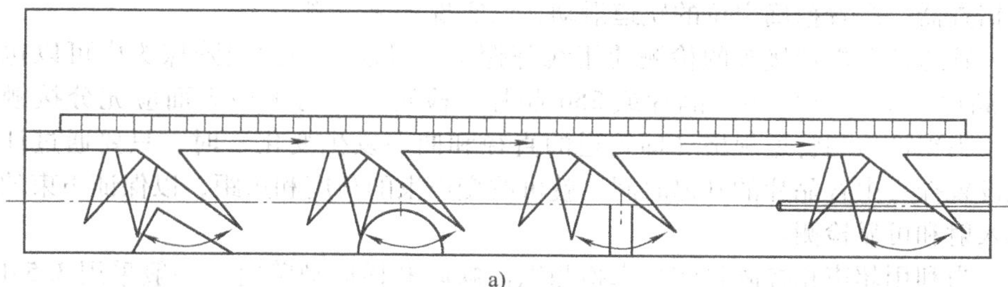

a)

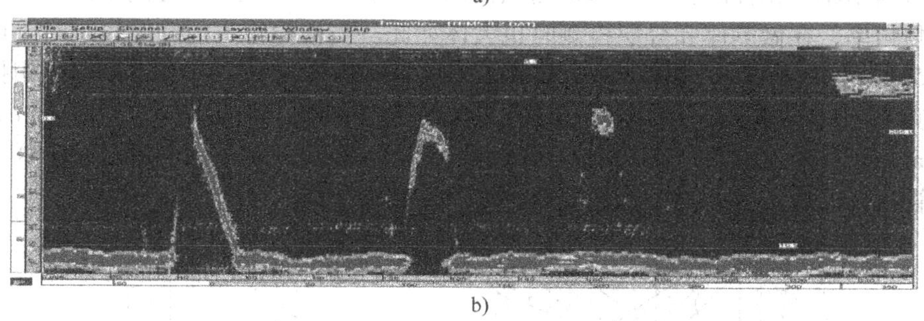

b)

图10-27　角槽、球孔、柱孔和横孔的超声相控阵S扫描结果
a）缺陷和声束扫描示意图　b）信息归并后的B扫描显示图

三、超声相控阵典型检测工艺

常规超声检测是用固定的折射角45°、60°和70°进行扫查的，而超声相控阵检测则在一定角度范围内进行扫查。通常，超声相控阵横波检测的扫查范围为35°~75°，纵波检测的扫查范围为20°~75°。因为一次相控阵扫查就能覆盖所有角度，并实时显示检测图像，所以实时进行角度扫查很重要。实时图像是在超声检测试样时由多角度显示直接叠加而成的。

常规超声探头的选择只根据尺寸和频率。超声相控阵检测要分探头参数和仪器参数。探头参数包括发射窗口、频率、阵元尺寸和波长等；仪器参数包括扫查范围、扫查分辨力和焦深等。相控阵检测参数的选定目的是要尽可能获得最小焦点。

1. 焊接接头的检测

由于超声相控阵检测可以灵活、便捷地控制超声波声束的入射角度和聚焦深度，因此各种取向的缺陷都很容易利用超声相控阵检测技术检测出来。超声相控阵检测技术已被成功应用于各种焊缝检测，如航空薄铝板摩擦焊缝的微小缺陷检测、核工业和化工领域中的奥氏体焊缝缺陷检测以及管道环焊缝的检测。在用超声相控阵探头对焊缝进行横波斜检测时，无需像普通单探头那样在焊缝两侧频繁地前后来回移动，焊缝长度方向的全体积扫查可借助于装有超声相控阵探头的机械扫查器，沿着精确定位的轨道滑动，以实现高速检测。

管道环向焊接接头的检测使用线阵探头。目前使用的线阵探头中可以包含64晶片、128晶片、168晶片或256晶片。检测探头与被检表面应充分接触耦合。当更换检测管道规格（即管道的直径和曲率发生变化）时，只要通过计算机设置探头中各晶片的延迟时间，就可改变声束的角度和焦距，以保证声束的正确入射和可靠检测。

当利用超声相控阵检测技术检测纵向缺陷和横向缺陷时，一般采用3.5MHz的检测频率，在做测厚和分层检测时也大体如此。当被检管道的壁厚较小时，可采用5MHz或更高的检测频率。例如，在长输管道的检测中，可采用自动化相控阵检测系统，选择探头频率为4MHz，阵元数为64，阵元尺寸为1.2mm×1.2mm，阵元间隙为0.05mm，整个晶片尺寸为80mm×12mm，楔块角度为34°。

管道环向焊接接头扫查方式如图10-28所示。

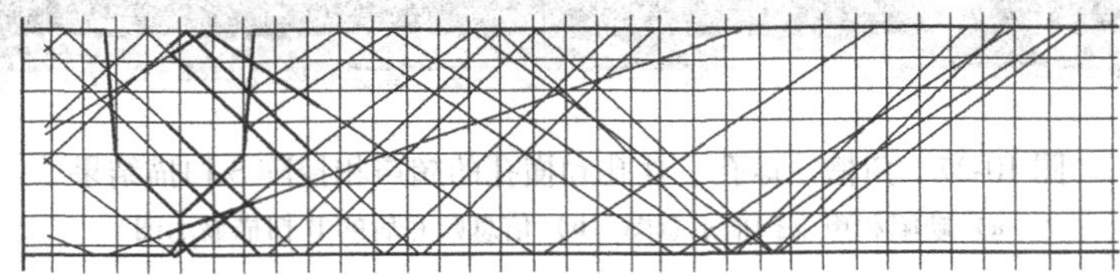

图10-28　管道环向焊接接头扫查方式

管道环向焊接接头采用超声相控阵扫查的结果如图10-29所示。

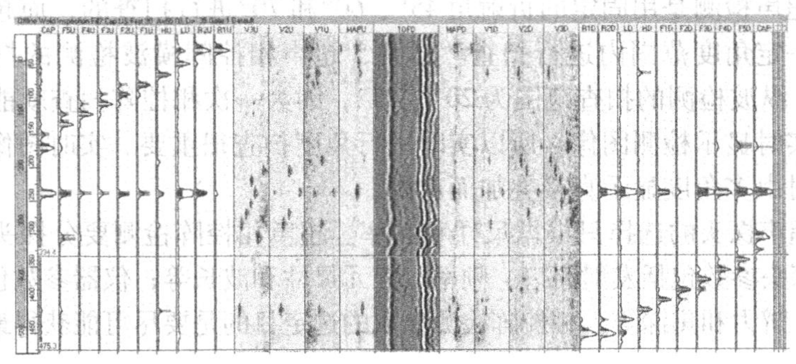

图10-29　管道环向焊接接头采用超声相控阵扫查的结果

2. 飞机蒙皮的检测

航空航天工业有许多复合材料要进行无损检测，如检测起源于铝合金飞机蒙皮铆接孔的划痕和裂纹等。特别是当缺陷方向倾斜时，超声相控阵检测更能显现出普通超声检测所不具有的巨大检测优势。

采用便携式超声相控阵探伤仪，用正交电子束线扫描，探头阵列数为 32，阵距为 1mm，频率为 5MHz（实际上，64 阵元、0.6mm 阵距的探头能给出更优的分辨率），阵元组设定为 5，A 扫描、C 扫描并举。飞机蒙皮扫查位置如图 10-30 所示。

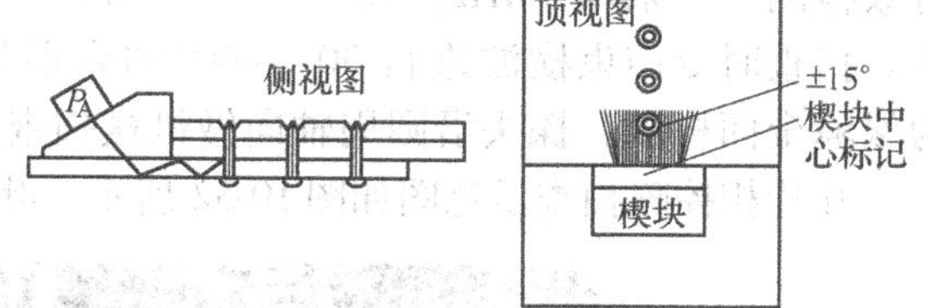

图 10-30　飞机蒙皮扫查位置

在每个重复脉冲周期里，在晶片电子扫查过程中同时被激发和接收的组，按预定程序无需光栅移动，就能全面覆盖被检区域。

若探头沿着与晶片排列垂直的方向移动，并由一个编码器配合记录行程，则可以完成超声相控阵 C 扫描检测。与传统的 C 扫描相比，其效率高得多。在波音 787 飞机中，由于没有铆钉连接蒙皮，因此在检测中难以判断是缺陷的影响还是复合材料机身内部结构的影响。可以在机身外采用该方法查明内部结构，这样既快速又高效。目前应用该方法，还可以在飞机上查找蒙皮搭接处的内部腐蚀。飞机蒙皮扫查结果如图 10-31 所示。

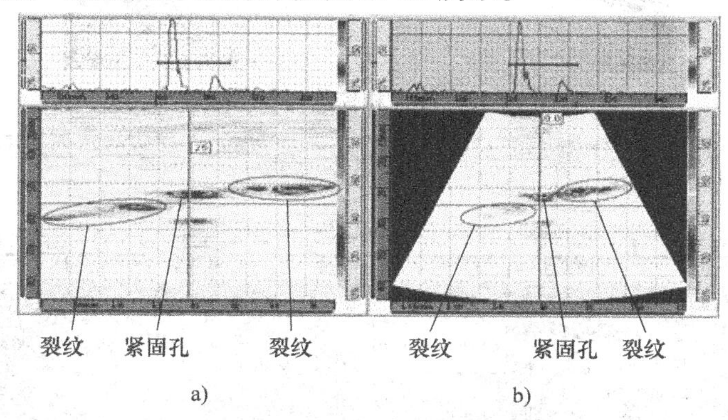

图 10-31　飞机蒙皮扫查结果

a）横向线性扫描　b）横向扇形扫描

3. 汽轮机叶片的检测

在电力工业设备及装置中，厚壁工件、粗晶材料和复杂形状的工件较多，应用超声相控阵检测技术可提高检测效率，扩大超声检测应用范围，取得良好的经济效益和社会效益。由于汽轮机转子叶根、轮槽和键槽等的结构限制，因此其难以用普通单一探头进行超声检测。而相控阵换能器可在不拆卸叶片的条件下进行检测，既能提高检测效率，又避免了损坏。其最大特点是检测信噪比高，且只需1个相控阵换能器就可检测到不同深度的缺陷。

叶片根部应力腐蚀裂纹的检测和定量涉及3个问题：检测数量多，停车费用大，接近部位有限。在对其进行检测时，要求必须检出1mm高、3mm长的缺陷（通常指裂纹），且缺陷位置、范围有变化。当采用便携式超声相控阵探伤仪（PPA）检测时，要优化阵列设计，以优化检测结果。

采用较高频率（6～12MHz）阵列探头可在移动量最少的情况下，对其进行有效检测。可采用5MHz，16晶片，16mm×16mm，楔块角度为60°的相控阵探头。扫查时令声束横波进行30°～60°的扇形扫查，为保证检测精度，选择1°，为保障全面检测，探头沿圆周轴向做机械扫查。

叶片相控阵扫查示意图如图10-32所示。叶片相控阵扫查结果如图10-33所示。

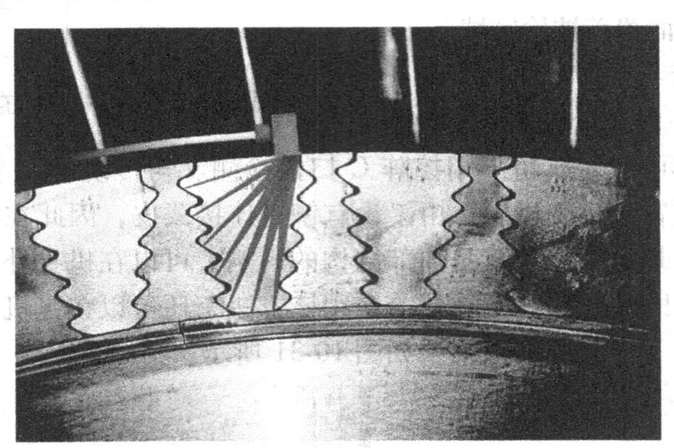

图10-32　叶片相控阵扫查示意图

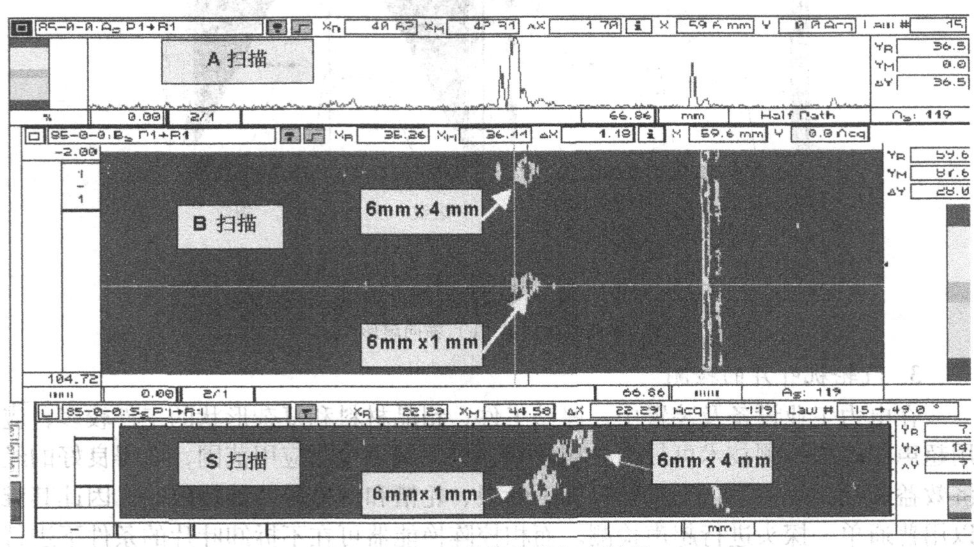

图10-33　叶片相控阵扫查结果

4. 氢损伤的检测

大量事故分析表明，氢损伤是化肥企业高压厚壁钢管粉脆性爆炸的主要原因之一。氢致裂纹属于面积型缺陷，且裂纹细小，不易与照射方向一致，用 X 射线检测很容易造成漏检；若用涡流检测，则检测信号易受磁导率、电导率、工件的几何形状、探头与工件的位置及提离效应等因素的影响，检测效率低，且无法对内表面进行有效检测。

高温氢损伤前期为鼓包，即使发展到后期，也只能在高倍显微镜下发现，更无法检测出初期裂纹，而且只有当宏观裂纹出现，即裂纹尺寸大于 1mm 时，利用常规超声波才能将其检测出来。氢脆则是因为在低应力作用后，经过一段孕育期，在内部产生裂纹，裂纹在应力的作用下进行亚临界扩展，而金属内部存在异常晶粒、夹杂，也可能造成应力变化，常规超声波法无法将其有效识别出来。

依据检测工艺，采用的检测参数为：发射窗口为 16mm，探头频率为 5MHz，阵元尺寸为 64mm，波型为横波；扫查范围为 $-35° \sim 75°$，扫查分辨率为 0.5°。

某化肥厂合成工段高压管道参数为：规格为 ϕ273mm × 40mm，材质为 20 钢，操作压力为 25.5MPa，操作温度为 -2℃，操作介质为 H_2、N_2、CH_4、NH_3 等。高压管道超声相控阵检测结果如图 10-34 所示。

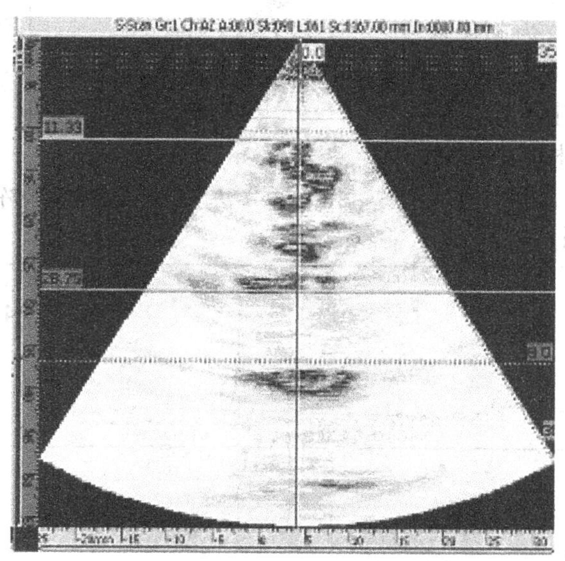

图 10-34　高压管道超声相控阵检测结果

对用超声相控阵检测到的缺陷部位进行解剖试验，发现上述检测区域存在微裂纹，如图 10-35 所示。其中，金相和扫描电镜分析，发现内、外壁不同程度地存在渗碳体析出及珠光体分解，而且内壁比外壁严重。

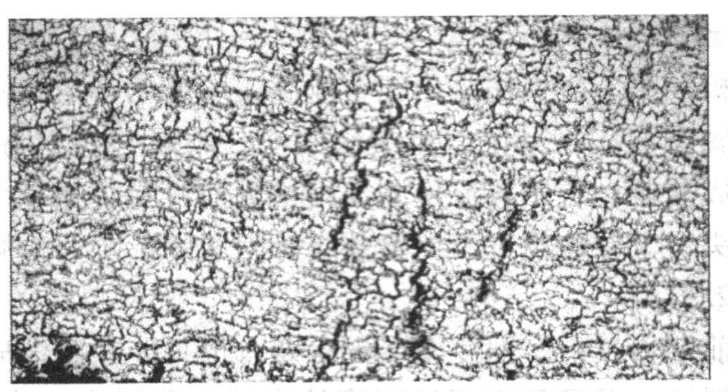

图 10-35　超声相控阵检测区域微裂纹

5. 法兰盘腐蚀的检测

要求在不拆卸螺栓的情况下，检出密封垫下的法兰腐蚀。由于从管子表面进行扫查，因此探头移动范围有限，常规超声检测的角度不好选则。

采用便携式相控阵探伤仪检测，用 16 阵元相控阵斜探头，探头频率为 16MHz，检测时将其置于接管斜面上，令声束对法兰面在 30°～85°范围内进行扫查。为确保探头固定就位，使声束充分覆盖被检区，检测时可用导轨。法兰密封面超声相控阵检测示意图如图 10-36 所示，检测结果如图 10-37 所示。

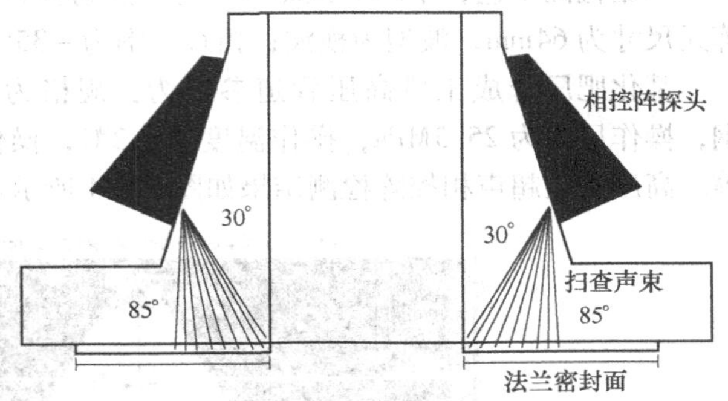

图 10-36　法兰密封面超声相控阵检测示意图

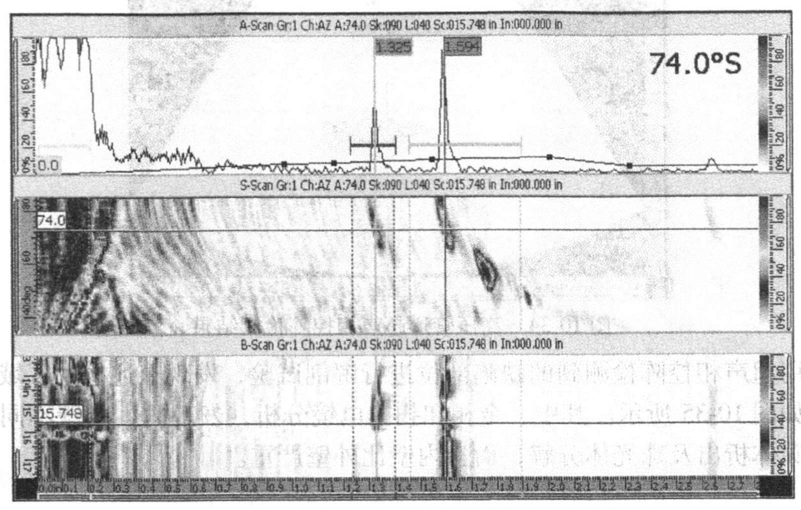

图 10-37　法兰密封面超声相控阵检测结果

◈◈◈ 第三节 超声导波检测技术

一、超声导波概述

在无限均匀介质中传播的波称为体波。体波有两种，一种叫做纵波（或称为疏密波、无旋波、拉压波、P 波），一种叫做横波（或称为剪切波、S 波）。它们以各自的速度传播而无波型混合。而在一个或两个弹性半空间表面处，介质性质的不连续使超声波经过一次反射或透射后发生波型转换。随后，各种类型的反射波和透射波及界面波均以各自恒定的速度传播，而传播速度只与介质材料密度和弹性性质有关，不依赖于波动本身的特性。

当介质中有多于一个的界面存在时，就会形成一些具有一定厚度的“层”。位于层中的超声波将经受多次来回反射，这些往返的波将会产生复杂的波型转换，并且波与波之间会发生复杂的干涉。若一个弹性半空间被平行于表面的另一个面所截，使其厚度方向成为有界的，这就构成了一个无限延伸的弹性板状空间。位于板内的纵波、横波将会在两个平行的边界上产生来回的反射而沿平行于板面的方向行进，即平行的边界导制超声波在板内传播。这样的一个系统称为平板超声波导。

除薄板外，圆柱壳、棒及层状的弹性体都是典型的波导。其共同特性是：由两个或更多的平行界面存在而引入一个或多个特征尺寸（如壁厚、直径等）。在波导中传播的超声波称为超声导波。在薄板中传播的超声导波称为兰姆波（或者板波）。在圆柱和圆柱壳中传播的超声导波称为柱面导波

超声导波是由于超声波在介质中的不连续交界面间产生多次往复反射，并进一步产生复杂的干涉和几何弥散而形成的。超声导波主要分为圆柱体中的超声导波以及板中的超声导波等。

根据 Silk 和 Bainton 的理论，圆柱体（或圆管）中的超声导波分为：纵向模态（L 模态），用 L（n，m）表示；扭转模态（T 模态），用 T（n，m）表示；弯曲模态（F 模态），用 F（n，m）表示。

其中，n 和 m 分别代表周向和径向模态参数，且均为整数。L 模态和 T 模态是轴对称模态，F 模态是非轴对称模态，如图 10-38 所示。

各模式中整数 m 是计数变量，反映该模式在管壁厚度方向上的振动形态；整数 n 反映该模式绕管壁螺旋式的传播形态。其中，L（0，m）和 T（0，m）模式是 F（n，m）模式中 $n=0$ 的特例。

板中的超声导波分为兰姆波（Lamb）、SH 波和漏兰姆波等。其中，兰姆波

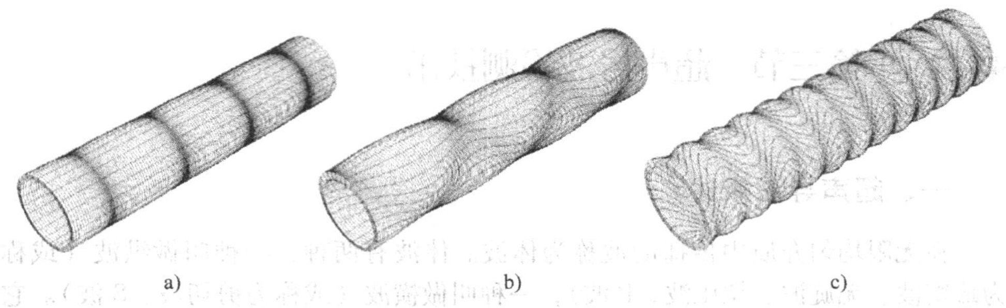

图 10-38　圆管中超声导波的三种模态

a）纵向模态　b）弯曲模态　c）扭转模态

为其主要形式。按照传播时板上下表面质点的振动相对于板中部是否对称，可将兰姆波分为对称和反对称两种模式，即对称型兰姆波（S）和反对称型兰姆波（A），每种波型又分为很多级（A_0、A_1、A_2、…、A_n和 S_0、S_1、S_2、…、S_n）。

对称型兰姆波的特点为：薄板中心质点做纵向运动，上下表面质点做椭圆运动，水平位移相位相同，垂直位移相位相反，并且对称于板中心。反对称型兰姆波的特点为：薄板中心质点做横向运动，上下表面质点做椭圆运动，水平位移相位相反，垂直位移相位相同，且不对称于板中心，如图 10-39 所示。当兰姆波在板中传播时，质点的运动可分为垂直分量（X 轴）和水平分量（Z 轴）。从理论上讲，当垂直分量大于水平分量时，所激发的兰姆波能量就大，并容易收到反射波而发现钢板的缺陷。为获得较大的垂直分量，应选用非对称型兰姆波，其振动充满整个板厚，从而能发现薄板中不同部位的缺陷。

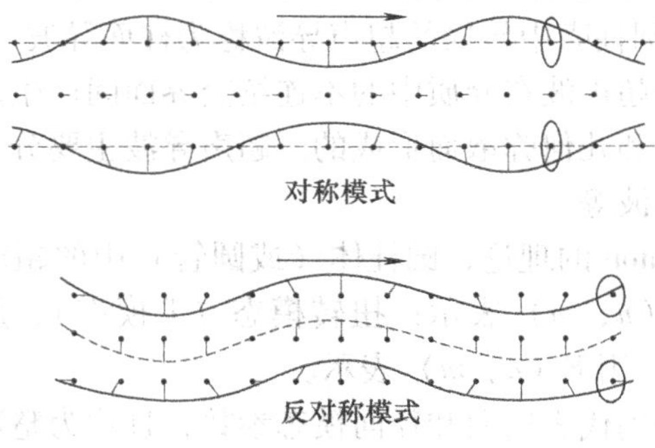

图 10-39　兰姆波基本模式的粒子运动

虽然形成兰姆波的条件苛刻，但是对于平板而言，只要这些波动满足共振条件，就可以允许不同模式的共振模形成。换而言之，在固定板厚的条件下，可以有不同频率及不同相速度（单一频率的声波在介质中的传播速度）的板波存在，

再加上由探头频宽造成的不同群速度（多个频率相差不大的声波在同一介质中传播时互相合成的传播速度），兰姆波的波速不再是传统意义上的单一值，因此利用兰姆波作为检测工具要相对困难一些。再者，每一种模式的波动都有其独特的运动形式，是由垂直及平行于表面的位移分量所形成的。由此可见，特定的模式对特定的缺陷有极高的灵敏度，同时，不同的共振模式对厚度方向不同的区域也有不同的检测灵敏度。兰姆波检测是利用高频声束在被检板材的内部组织中传播时遇到缺陷或界面而出现反射或散射的特征来实现的。如何有针对性地选择适当的兰姆波模式，也是一个相当关键的问题。

超声导波具有以下特点：

1）超声导波通常以反射和折射的形式与边界发生相互作用，经介质边界制导传播，并且在传播过程中，纵波与横波相互间进行模态转换。在数学上，虽然体波与导波受同一组偏微分波动方程控制，但是体波方程的解无需满足边界条件，而导波方程的解在满足控制方程的同时必须满足实际的边界条件。

2）超声导波在一个有限体中通常可以存在多种不同的导波模态。超声导波大多具有频散现象，即超声导波相速度是超声导波频率的函数，随着超声导波频率的变化而变化。

3）由于超声导波沿传播路径衰减很小，因此当在构件中的一点激励超声导波时，它可以沿构件传播非常远的距离，最远可达几十米。由于接收探头所接收到的信号包含了有关激励和接收两点间结构整体性的信息，因此超声导波技术实际上是检测了一条线，而不是一个点。由于利用超声导波从一点检测就可以迅速也将大片区域进行有效检测，因此其比传统的无损检测方法更加有效率。

4）由于超声导波在管（或板）的内、外（上、下）表面和中部都有质点振动，声场遍及整个壁厚（板厚），因此整个壁厚（或板厚）都可以被检测到，无论对内表面的金属缺陷还是对外表面的金属缺陷，都非常敏感，这就意味着既可以检测构件的内部缺陷也可以检测构件的表面缺陷。

5）利用超声导波检测管道具有快速、可靠、经济且无需剥离外包层的优点，是管道检测新兴和前沿的一个发展方向。超声导波可以检测无法直接触及的区域，能提供更加快速而全面的检测结果，对弯曲面区域更加容易检测，在线无损检测更加具有优势。

二、超声导波检测原理

在传统的超声波检测方法中，超声波在被测件中可利用的传播路径很短，换而言之，每一个声束发射点的检测范围相当小，当需检测较大面积时，需要在被测试件表面逐点扫描，检测效率较低，因此，对长距离检测工作极为不便。相对于传统的超声波检测技术，超声导波检测具有传播距离远、速度快的特点，因此，在大型构件（如在役管道）和复合材料板壳的无损检测中有良好的应用前景。但目前，人们对超声导波的一些机理和特性仍然不很清楚，因此超声导波的理论研究成为近年来无损检测界的热点。随着超声导波理论研究的深入，产生了很多有关超声导波的新技术，促使其应用于更广泛的领域。

在无损检测领域，要有效地应用超声导波进行检测，必须了解超声导波的基本原理和特点，并根据超声导波的频散方程绘制频散曲线，从而确定超声导波检测的具体参数。下面以薄板中的兰姆波为例介绍超声导波检测的原理。

1. 频散方程

频散是超声导波的固有特性之一，即导波的相速度随着频率的不同而不同，主要表现为相速度与群速度的不一致性。所谓相速度，是指波中相位固定的波形的传播速度，即单一频率波的传播速度。群速度是指脉冲的包络上具有某种特性（如幅值最大）的点的传播速度，是波群的能量传播速度，也是波包的传播速度。即群波是由一系列的波长和频率不同的分波叠加而成的合成波，由于各个分波在介质中传播的相速度各不相同，因此群波的波形随着时间变化，其振幅最大部分的运动速度成为群速度。群速度也表现为不同频率的波叠加形成合成波（波包）时，波包的波峰传播速度。真空中的相速度和群速度是相等的，但在能高度吸收或具有几何弥散的介质中，两者是不同的。

频散特性是超声导波应用于复合材料无损检测的主要依据。对超声导波频散特性的研究是深入研究超声导波本质的重要方面。超声导波的频散方程反映了超声导波的频散特性。

根据超声波质点振动的特点，钢板中的兰姆波分为对称模式和反对称模式。每种模式有不同的阶次，通常用 S_0、S_1、S_2、…、S_n，A_0、A_1、A_2、…、A_n 表示。在自由边界条件下，兰姆波频率特征方程为：

(1) 对称模式

$$4pq\tan\frac{\pi fd}{c_p}q+(p^2-1)^2\tan\frac{\pi fd}{c_p}p=0 \tag{10-6}$$

(2) 反对称模式

$$(p^2-1)^2\tan\frac{\pi fd}{c_p}q+4pq\tan\frac{\pi fd}{c_p}q=0 \tag{10-7}$$

$$p=\left[\left(\frac{c_p}{c_s}\right)^2-1\right]^{\frac{1}{2}},\ q=\left[\left(\frac{c_p}{c_l}\right)^2-1\right]^{\frac{1}{2}}$$

式中 c_p——兰姆波相速度；

c_s——横波波速；

c_l——纵波波速；

f——兰姆波频率；

d——板厚。

式（10-6）和（10-7）中的兰姆波相速度 c_p不是常数，它随着频率 f 和板厚 d 的变化而变化。该特性反映在相速度 - 频厚（频率与厚度的乘积）平面内就表现为一系列曲线，即所谓的频散曲线。

2. 频散曲线的绘制

应用超声导波检测时，必须首先解决绘制兰姆波参数曲线的问题。因此，绘制兰姆波参数曲线对实际工程有着极其重要的意义。可以说，不解决兰姆波参数曲线的绘制问题，就不能充分而有效地利用超声导波进行检测。

兰姆波参数曲线一般包括相速度-频厚（c_p-f_d）曲线、群速度-频厚（c_g-f_d）曲线、激励角-频厚（α-f_d）曲线和板中质点位移振幅分布-板厚位置（U、V-x）曲线。其中，c_p-f_d曲线是由兰姆波频率特征方程求解所得，其他三种曲线则是分别由群速度、激励角、质点振动位移与特征方程的解 c、p 之间的特定关系所确定的不同方程求解所得。c_g-f_d曲线表示各模式的兰姆波在对应频厚条件下的能量传播速度。α-f_d曲线表示在对应频厚条件下激励产生的各模式兰姆波所应采用的入射角度。U、$V-x$ 曲线表示各模式的兰姆波在对应频厚条件下在平行和垂直于板材表面方向上振动位移的大小，它与兰姆波在板中的能量分布状况存在一定的对应关系。板材中的纵波速度、横波速度、板材厚度以及检测频率是求解兰姆波频率特征方程的四个独立变量。由于板厚和检测频率由实际检测条件确定，因此纵波速度和横波速度成为求解兰姆波频率特征方程和绘制兰姆波参数曲线的关键参数。

通过求解兰姆波频率方程，即可得到指定材料的相速度频散曲线。图 10-40 所示常见材料的相速度频散曲线。

当用脉冲波激发兰姆波时，所得兰姆波是由不同频率的波组成的，速度各不相同。这种合成振动的最大幅度的传播速度称为群速度。实际上兰姆波在板中是以群速度传播的。常见材料的群速度频散曲线如图 10-41 所示。

3. 探头的选择

目前在超声导波检测中，所使用的探头主要包括压电式、磁致伸缩式、电磁声式、脉冲激光式等。由于使用方便、价廉、灵敏度高、技术完善，压电式传感器在超声导波检测中最为常用。

根据探头结构的不同，可将其分为直探头、斜探头和梳状探头。由于探头结构的不同，激励导波的形式和模态也不相同。梳状探头被看作是相速度的筛选器。通过调整探头之间的尺寸，控制被激励导波的波长，即可得到所需要的模态。如果探头间的距离固定，则导波的波长固定。在通常情况下，梳状探头在管道中沿轴向均匀分布，从而激励轴对称模态，抑制非轴对称模态。

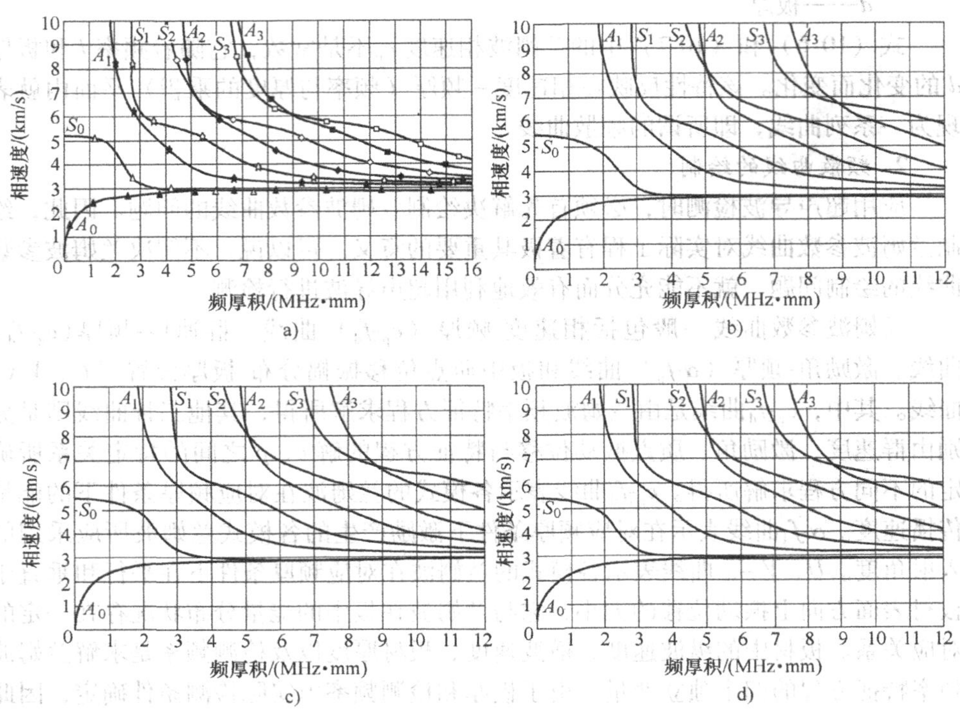

图 10-40　常见材料的相速度频散曲线

a）8mm 厚 316LMod 不锈钢相速度频散曲线　b）4mm 厚铝板相速度频散曲线

c）3mm 厚钛衬里相速度频散曲线　d）4mm 厚冷轧钢板相速度频散曲线

注：316LMod 是国外不锈钢牌，与我国的不锈钢牌号 022Cr17Ni12M02 对应。

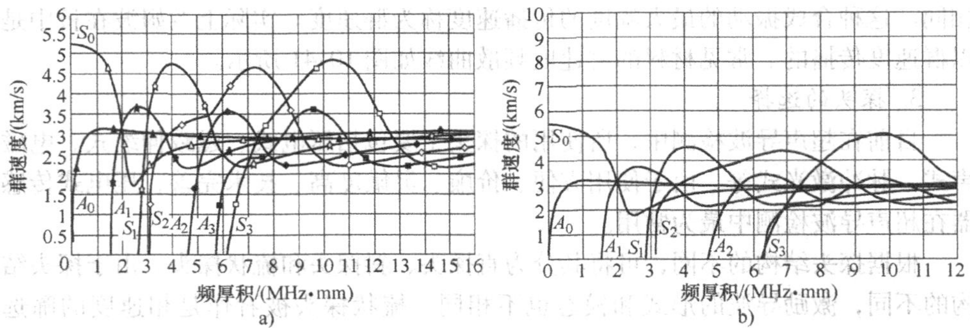

图 10-41　常见材料的群速度频散曲线

a）8mm 厚 316LMod 不锈钢群速度频散曲线　b）4mm 厚铝板群速度频散曲线

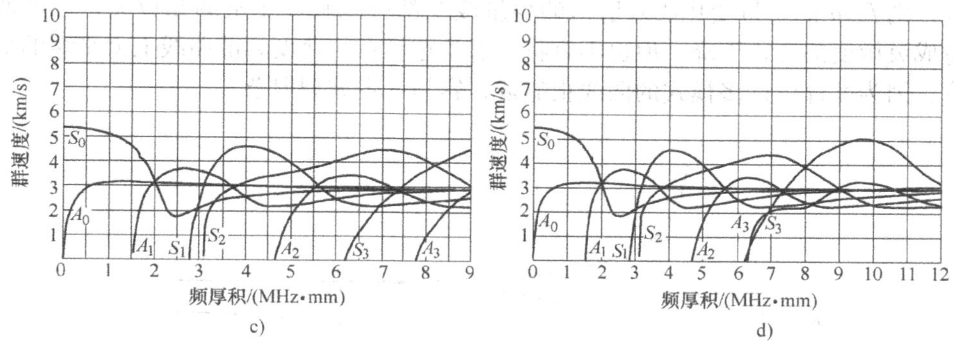

图 10-41　常见材料的群速度频散曲线（续）

c）3mm 厚钛衬里相速度频散曲线　d）4mm 厚冷轧钢板相速度频散曲线

对于斜探头，选择不同角度的楔块和激励频率，可以得到相速度一定的超声导波。对于直探头，在某一频率下可激发出两种以上的模态。因此，斜探头比直探头更容易进行导波模态的控制，并有更高的灵敏度。

在实际应用中，超声导波探头的设计取决于以下几个方面：

1）被检件中超声导波的频散曲线。

2）被检件规则（直径、壁厚等）与声学特性。

3）检测要求的灵敏度。

4）被检缺陷的性质。

5）检测环境（包括环境温度、被检件表面状态等）。

超声导波斜探头检测参数的选择主要包括角度的确定、斜楔材料的选用和晶片尺寸与形状的选择。

探头的激发角度根据兰姆波检测时具体的模式来确定。为了得到较强的发射，具体做法是根据实际检测条件（频率、板厚）所对应的该模式的相速度 c_p 和斜楔材料的纵波传播速度 c_l，利用斯涅尔（Snell）折射公式进行计算。

$$\sin\alpha = c_l / c_p \tag{10-8}$$

式中　c_l——探头斜楔中的纵波波速；

c_p——板中所激起的兰姆波相速度。

显然，由于兰姆波各模式的相速度是频散的，因此在不同频率点激发的不同模式的兰姆波的入射角都是不同的。从激励角频散曲线（见图 10-42）可以看出，激发兰姆波的激励角变化范围很大，在具体工作中要仔细分析。根据被测件相速度频散曲线与斜楔材料纵波波速可算出激励角。入射角应选择在相速度频散曲线上相速度变化不太大的部位，因为被检板材的厚度都有一定的公差，探头的入射角也会有误差或因磨损而改变。如果将入射角选在相速度频散曲线很陡的部位，则f、d的少量变化或入射角的少量改变都可能破坏正常的相位关系，从而造成灵敏度的急剧下降。但也不宜将入射角选择在相速度频散曲线上太平缓的部位，因为此部位许多模式的曲线很靠近，容易产生波型混杂。

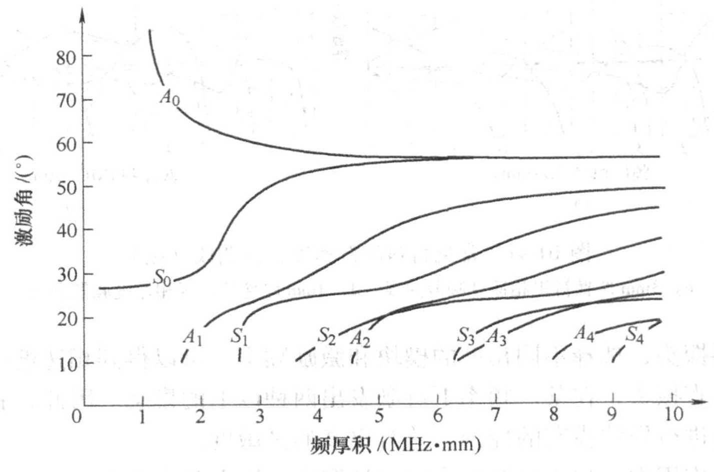

图 10-42　激励角频散曲线

4. 超声导波信号分析与处理的目的

超声导波的主要特点就在于它的多模式和频散。在任一给定的激发频率下，超声导波一般存在两种以上的模式，而各模式的相速度又随着频率的改变而发生变化，即频散。各模式的频散特性使得超声导波检测变得非常复杂，所以，超声导波检测中很重要的一个方面是精确的信号解释。

超声导波信号分析与处理的主要目的是：

（1）模式识别　指通过一定的信号处理方法对检测信号进行有效识别，从而得到信号中包含的超声导波模式。模式识别是超声导波检测参数选定及优化的基础，也是进一步进行缺陷检测的基础。由于超声导波在波导中的传播比较复杂，常常不止一种模式，并且可能发生模式转化，因此进行有效的模式识别是十分重要的。

（2）模式选择　对特定类型缺陷和特定位置缺陷，不同模式的超声导波的检测敏感性是不同的。所以，在超声导波检测时选择合适的模式是必要的，而超声导波的主要特点就在于它的多模式和频散。此外，超声导波在传播过程中遇到缺陷和端面时会发生模式转换。了解缺陷与超声导波相互作用的机理，寻找对缺陷敏感的超声导波模式以及各种缺陷对超声导波参数的影响等，从而确定对特定缺陷最佳的检测模式。

（3）缺陷检测　指从超声导波检测信号的各种特征参数中提取缺陷信息，

从而确定结构中缺陷的存在，以及缺陷的类型、当量大小，确定缺陷在结构中的位置，最后对检测结果作出无损评价，评估缺陷对内衬层使用性能的影响。

目前，缺陷检测所采用的信号处理方法主要可以分为时域法、频域法、时频域法。时频域法是目前为止最为理想的超声导波信号分析方法。时频分析的引入，把传感信号展开到二维时频空间上观察，可以同时观察信号在不同频率处的时间历程，能更精确、更全面地反映出分析信号的特征。信号的时频谱图表示的是信号在时频空间上的能量密度分布情况。因此当结构中存在缺陷时，信号在时频空间上的能量密度或多或少地会发生变化，主要表现为时频谱峰值的变化和时频谱成分的改变。这样，通过这两个特征参数，不仅可以确定板中是否存在缺陷以及缺陷的大小和类型，而且可以确定缺陷在板中的位置。

由于超声导波的多模式和频散特性，因此目前人们对超声导波与试样的作用机制以及与界面和缺陷的反应机理认识还很不完善，在短期内用超声导波实现各种类型缺陷试样的无损评价是不太现实的。但在一定的误差容限内，从实验角度或者针对特定模态的缺陷，了解缺陷与超声导波相互作用的机理，寻找对缺陷敏感的超声导波模式以及各种缺陷对超声导波参数的影响等，通过信号处理方法，提取有意义的参数，评价试样中缺陷严重程度，进而对试样中的缺陷进行超声导波无损定征是完全可以实现的。

三、超声导波检测典型应用实例

超声导波检测通常有以下几个步骤：

1）根据被检测钢材的品种计算出（或查找出）该钢材的频散曲线。

2）根据频散曲线选择合适的模态。

3）根据所选模态确定频厚积，再根据频厚积和管道的厚度选择检测频率。

4）根据频散曲线确定相速度，根据斯涅儿定律确定探头入射角。

5）根据频率和入射角制作探头。

6）制作对比试块，确定检测灵敏度。

1. 不锈钢薄板的超声导波检测

对于尿素合成塔，常用超低碳奥氏体不锈钢超声导波检测。在检时，首先要绘制其相速度频散曲线和群速度频散曲线，然后制作含缺陷试块（见图 10-43），通过前面所述的兰姆波模式识别方法，可识别出不同深度的切缝信号中所包含的兰姆波模式和各模式所占能量的大小。

通过频谱分析可知，当板中的横向切缝深度逐渐增大时，兰姆波检测信号中 S_2 模的增加幅度比较大，对线切割狭缝缺陷有较高的敏感性，可用于定量评定裂纹类缺陷。虽然 A_4 模（高频部分）在信号中不是主要模式，但是它的能量随着线切割深度的增加产生了非常明显的增加。同时，由时频谱图可知，它遇到缺

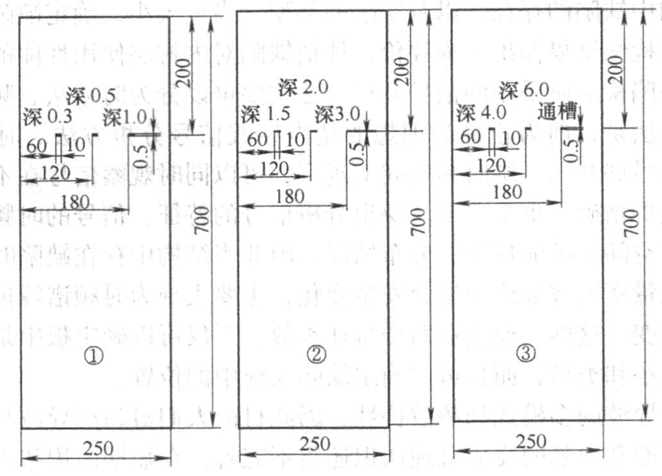

图 10-43　含缺陷试块示意图

注：每个切缝长 10mm，宽 0.5mm。

陷时也有模式转换现象。所以，高频 A_4 模对缝隙类缺陷也非常敏感。由此可知，采用一定条件激发出比较单纯的 A_4 模，用它定性检测或者识别薄板中横向分布的分层、裂缝等缺陷也是比较有效的。

为了提高信噪比，通过对衬里层无缺陷信号进行傅里叶变换，找出干扰噪声频率，采用无限冲激响应数字滤波器对信号进行带通滤波，既可滤掉其他频带上的干扰噪声。

薄板的超声导波检测一般选择斜探头。耐蚀性内衬要求的检测灵敏度较高，而检测的灵敏度与波长相关，而波长与频率成反比，因而其超声导波的激发频率要高于一般的管道用超声导波检测频率。但频率过高，又无法保证超声导波的有效激发，一般耐蚀性内衬板检测频率可在 0.1 ~ 1MHz 之间选择。

通过实验研究可得出对背侧裂纹较灵敏的兰姆波检测模式，通过选择恰当的频率和入射角度等参数来选择恰当的兰姆波检测模式，可成功地将缺陷信号复杂的多模式兰姆波分离和识别转化为距离-幅度波形相对简单的缺陷当量识别方式。8mm 厚超低碳奥氏体不锈钢背侧缺陷当量评定图如图 10-44 所示。

（1）泄漏源定位　山东某厂的尿素合成塔采用 8mm 厚的不锈钢材质衬里层，2008 年 6 月发生泄漏。设备降温卸压后采用常规方法难以精确定位，未查找出泄漏源位置。采用超声导波检测，快速确定了泄漏源位置，泄漏源内表面为一细小针孔。兰姆波检测信号如图 10-45 所示。

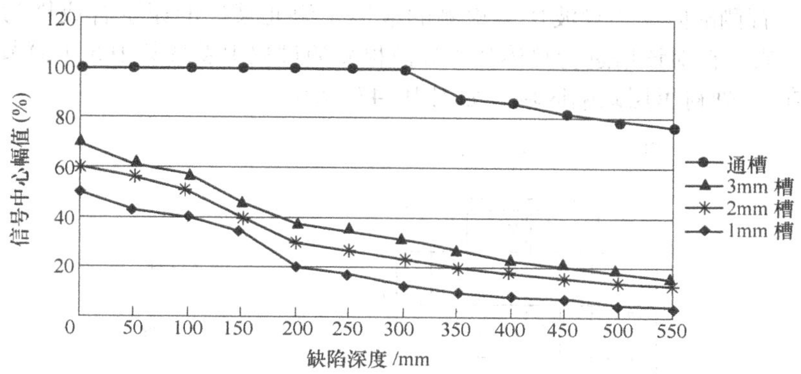

图 10-44　8mm 厚超低碳奥氏体不锈钢背侧缺陷当量评定图

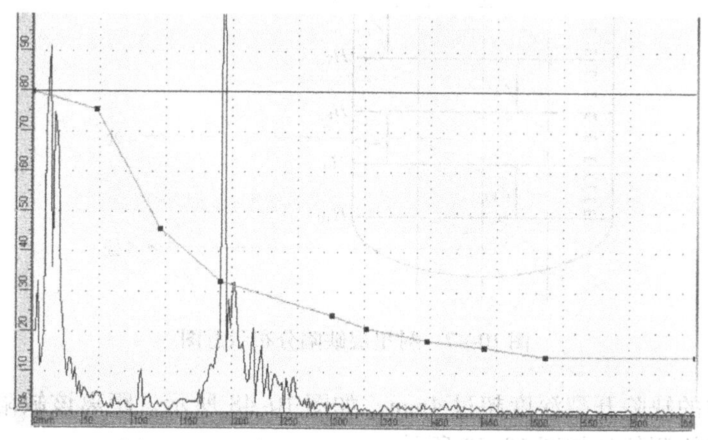

图 10-45　不锈钢内衬泄漏孔兰姆波检测信号

为安全起见，对该尿素合成塔进行了背侧缺陷全面检测，发现泄漏区域周围存在多处背侧裂纹。依据检测确定的范围取下该区域尺寸为 200mm × 600mm 的内衬层板，发现取下的内衬层背侧遍布裂纹，裂纹方向和位置与检测判定结果相一致，如图 10-46 所示。

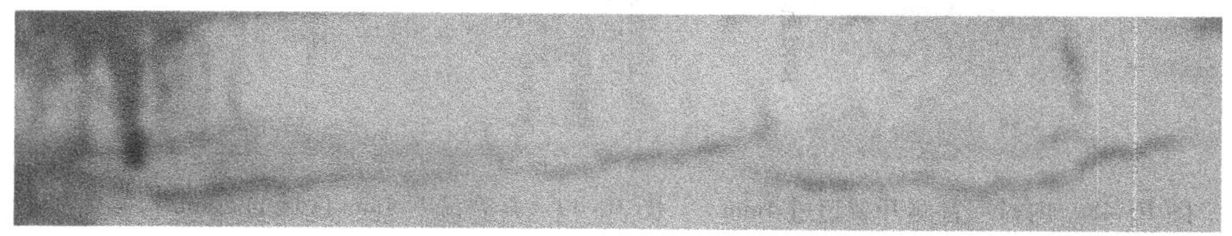

图 10-46　遍布背侧裂纹的内衬层

（2）背侧缺陷超声导波快速检测的应用　河北某厂的尿素合成塔为奥氏体不锈钢材质，在对该塔进行整体超声导波检测的过程中发现其中5个筒节和下封头共存在37处衬里层缺陷区域，如图10-47所示。

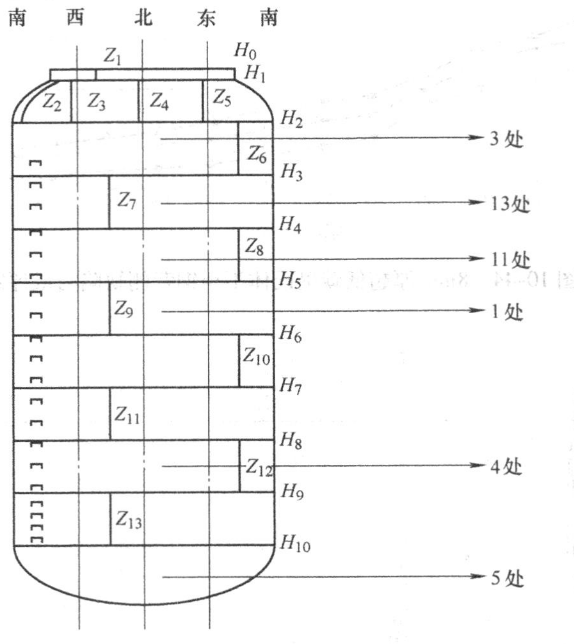

图10-47　衬里层缺陷分布示意图

较严重的缺陷开裂深度超过4mm，如图10-48所示。距离该缺陷360mm时的超声导波检测信号如图10-49所示。

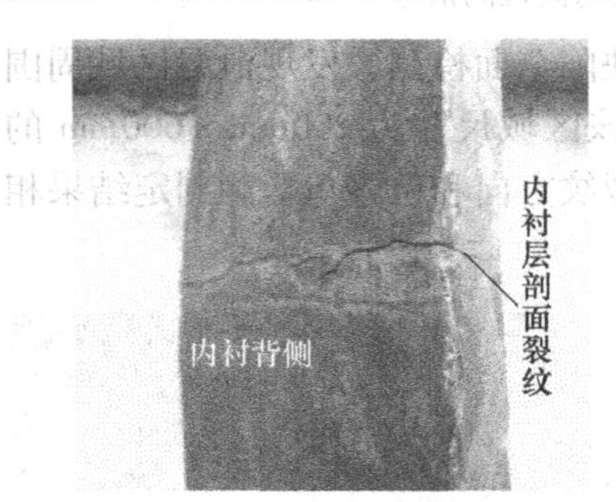

图10-48　内衬层背侧开裂超过4mm

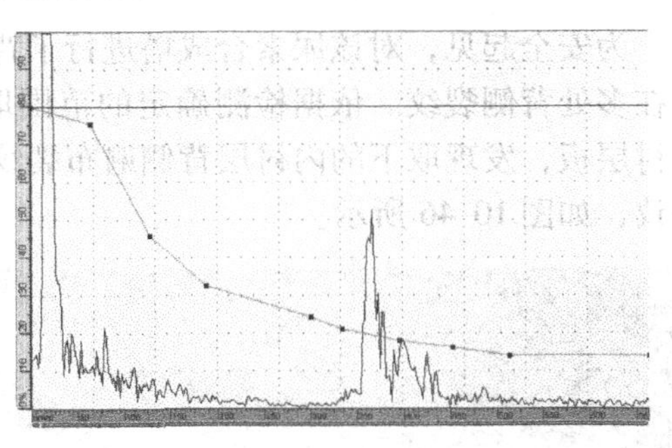

图10-49　开裂深度4mm区域的Lamb检测信号

（3）垢下裂纹超声导波快速检测　河南某厂的尿素合成塔内衬层覆盖有大量积垢，打磨困难，为节省时间，采用超声导波进行检测，打磨工作量降低了

95%。在检测过程中发现2处垢下裂纹，最长一处约150mm，检测定位后经渗透检测确认。内衬层垢下裂纹如图10-50所示。

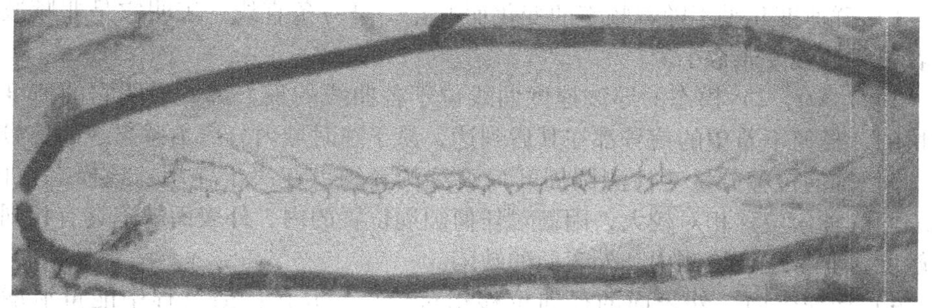

图10-50　内衬层垢下裂纹

2. 管道超声导波检测应用实例

用超声导波检测管道具有快速、可靠、经济且无需剥离外包层的优点，是管道检测新兴和前沿的一个发展方向。在管道中传播的柱面超声导波的模态随着频率的增大而增加。在100kHz以下，大约存在50种模态。轴对称纵向导波L（0，2）模态由于传播速度快，故能比其他模态的超声导波更快地到达超声导波接收装置，因此更易于在时域内区分。

若对直径为76mm，壁厚为5.5mm的管道进行检测，则首先应绘制其频散曲线，如图10-51所示。

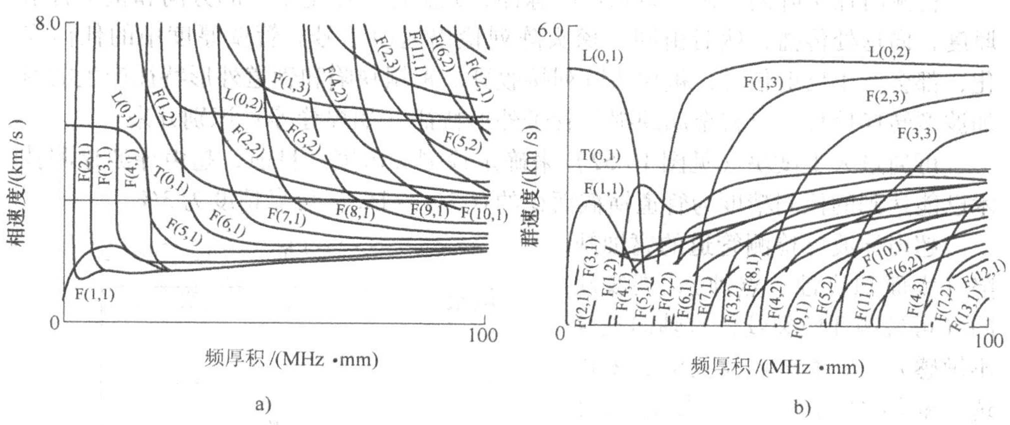

图10-51　ϕ76mm钢管频散曲线

a）相速度频散曲线　b）群速度频散曲线

为了在长距离上进行检测，使波包幅度保持一定高度，就需要合理选择合适的导波模式、检测的频厚积、激励脉冲频率等，这是提高检测可靠性的关键所在。对于纵向轴对称的 L（0，2）模态而言，从频散曲线可以看出它有以下特点：

1）群速度几乎不随着频率的变化而变化，呈一条直线，表明它是非频散的或者说频散程度非常小。

2）L（0，2）模态的导波速度曲线位于各曲线的最上部，说明它的速度是最快的，任何不希望的信号都在其后到达，易于在时域内分离出感兴趣的信号。

3）轴向位移分量对检测圆周开口裂纹的灵敏度起决定作用。该模态在内、外表面的轴向位移相对较大，因而对任何圆周位置的内、外表面缺陷具有相同的灵敏度，非常适合检测内、外表面的缺陷。

4）该模态内、外表面的径向位移相对较小，波在传播过程中能量泄漏较少，传播距离相对较远。

通过综合分析可知，L（0，2）模态是最适合管道长距离检测的。此外，对于 T（0，1）模态，当频率为 0 ~ 100kHz 时，相速度、群速度无频散，且在 20kHz 处群速度最高，不易受到其他模态信号的干扰，可重点关注。

通常超声波检测缺陷的灵敏度会随着频率的降低而降低，但对于超声导波来说，频率的降低对缺陷检测灵敏度的影响不明显。较低频率的超声导波在管道中能传播更长的距离。一般管道用超声导波的检测频率选择为 15 ~ 100kHz，采用多探头形式，所有探头安装在一个柔性环上，柔性环包裹在需要检测的管道外表面，使探头耦合良好。

检测时探头阵列发出一束超声能脉冲，此脉冲充斥整个圆圈方向和整个管壁厚度，向远处传播，然后由同一探头阵列检出返回信号。管壁厚度中的任何变化，都会产生反射信号，被探头阵列接收到。根据缺陷和管道外形特征产生的附加波型转换信号，可将金属缺损与管子外形特征（如焊缝等）识别开来。

可通过人工试块（见图 10-52）来确定检测灵敏度。目前，超声导波检测技术已能达到的检测精度为管道横截面积的 0.7% ~1%，可靠精度为 3%。

超声导波可检测管道的腐蚀缺陷（大面积腐蚀、点蚀）、裂纹缺陷（可检测环向裂纹，对轴向裂纹不敏感）、焊缝异常（夹渣、未焊透、未熔合等）以及大面积冲蚀等。

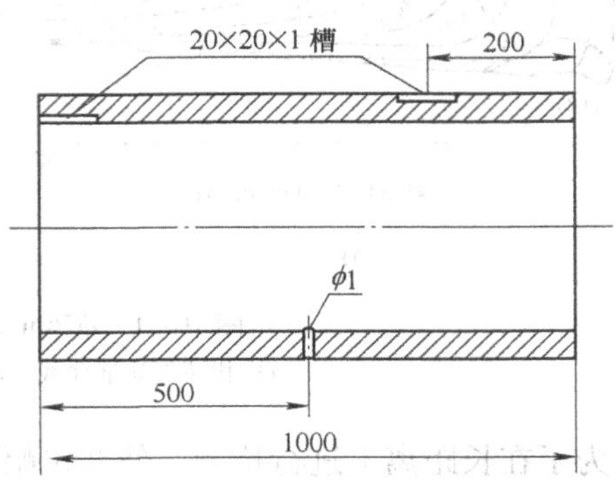

图 10-52　常见管道超声导波检测试块形式

管道超声导波检测的情况既可以直接通过 A 扫描获得波形显示（见图 10-53），也可通过计算机处理，以不同颜色来表示壁厚方向的

损失，如图 10-54 所示。

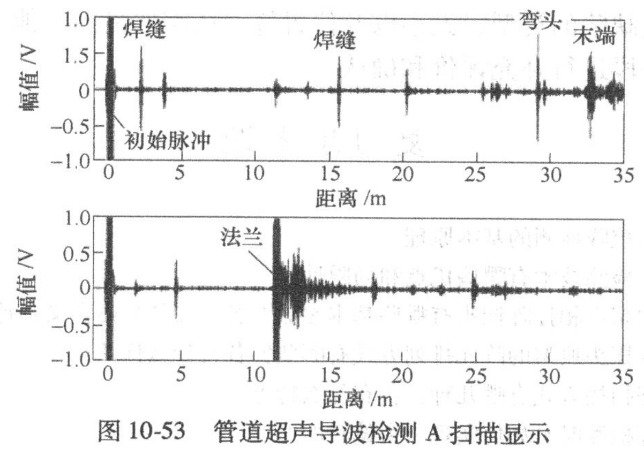

图 10-53　管道超声导波检测 A 扫描显示

图 10-54　管道超声导波检测计算机处理结果

在超声导波检测时，若管道内存在特大面积的腐蚀和严重腐蚀，则会造成信号衰减而影响一次检测的有效距离，当存在多重严重缺陷时还会产生叠加效应。由于超声导波检测技术采用的是低频超声波，因此其无法发现总横截面积损失量低于检测灵敏度的细小裂纹、纵向缺陷、小而孤立的腐蚀坑或腐蚀穿孔。超声导波检测需要通过实验选择最佳频率，需要采用模拟管壁减薄的对比试管，检测中通常以法兰、焊缝回波作基准，受焊缝余高不均匀而影响评价的准确程度。超声导波的有效检测距离除了与其频率、模式有关外，还与埋地管的沥青防腐绝缘层、埋地深度、周围土壤的压紧程度及土壤特性，或管道保温层及管道的腐蚀情况与程度有关。超声导波一次检测的距离段不宜有过多弯头（一般不宜超过 3 个弯头）；对于有多种形貌特征的管段，例如在较短的区段有多个三通，就不可能进行可靠的超声导波检测。超声导波的最小可检缺陷、检测范围因管道而异。超声导波检测数据的解释要由训练有素的人员进行，特别是对具有复杂几何形状的管道，应由丰富经验的技术人员来进行。

由于超声导波检测不能提供壁厚的直接量值，因此最好把超声导波检测用作识别怀疑区的快速检测手段。其对检出的缺陷定量只是近似的，如果需要更精确、具体地确定缺陷的类型、大小以及位置等，还需要借助其他更精确但速度较慢的无损检测手段进行补充评价和确认。

复习思考题

1. 简述超声相控阵检测的基本原理。
2. 超声相控阵检测技术有哪些优点和局限性？
3. 均匀线阵的超声相控阵探头有哪些基本参数？各参数的具体含义是什么？
4. 超声相控阵探头典型的阵元排列方式有哪些？各有什么优缺点？
5. 超声相控阵扫描方式有哪几种？各有什么特点？
6. 超声相控阵检测时是如何实现声束偏转的？
7. 超声相控阵检测基本的数据显示类型有哪些？各有什么特点？
8. 超声相控阵检测主要有哪些基本组成？各有什么具体作用？
9. 超声相控阵检测时如何选择检测频率？
10. 超声导波检测时如何选择波型？为什么？
11. 超声导波有哪些分类？每种分类包含哪些具体的模态？
12. 什么是超声导波的频散特性？
13. 超声导波检测有什么特点？
14. 什么是相速度？什么是群速度？二者又什么异同点？
15. 兰姆波频散的因素有哪些？
16. 超声导波探头根据激发模式有哪些类别？
17. 超声导探头按结构可分为哪几类？各有什么特点？
18. 超声导波换能设计时考虑的主要因素有哪些？探头参数主要有哪几个？
19. 超声导波检测时如何确定探头的激励角？
20. 超声导波检测时压电晶片频率的选择对检测有何影响？
21. TOFD 检测时为什么使用纵波？如果使用横波会产生哪些影响？
22. TOFD 检测时所谓的“盲区”是怎样产生的？
23. 什么是 PCS？PCS 的变化会影响哪些方面？
24. TOFD 图像的两维坐标分别代表什么？
25. TOFD 扫查有哪些类型？它们各有什么用途和特点？
26. TOFD 检测信号位置的测量包括哪三个参数？非平行扫查能获得其中几个参数？
27. TOFD 检测技术有哪些优点和局限性？
28. TOFD 检测硬件系统有哪些基本组成？
29. TOFD 检测时探头选择的依据是什么？
30. TOFD 检测时对对比试块的要求有哪些？

试　题　库

一、判断题（对的画“√”，错的画“×”）

1. 在A型显示超声探伤仪中，“盲区”指始脉冲宽度和仪器阻塞恢复时间。（　）

2. 从A型显示超声探伤仪显示屏上可获得缺陷反射波幅和缺陷位置的相关信息。（　）

3. 在测定材质衰减时，所得结果除材料本身衰减外，还应包括声束扩散衰减。（　）

4. 超声波检测能力一般为1/2波长。（　）

5. 在超声波检测中，影响对缺陷定量的主要因素有仪器和探头、耦合条件、工件材质和缺陷原因。（　）

6. 在超声波检测中使用耦合剂的原因是需用液体使探头电路闭合。（　）

7. 超声波探伤仪动态范围是仪器和探头的组合性能。（　）

8. 超声波检测频率增高可提高对小缺陷的检出能力，而对材料中的衰减却无影响。（　）

9. 锻件既能用纵波直探头检测，也能用横波斜探头检测。（　）

10. 焊缝中与表面成不同角度的缺陷，可用多种角度探头检测。（　）

11. 在用斜探头检测焊缝时，按照一定比例调整探伤仪扫描线的目的是方便确定缺陷大小。（　）

12. 在同一固体介质中，当传横波时，其声特性阻抗将比传播纵波时大。（　）

13. 在对钢板进行超声波检测时，若无底波反射，则说明板中并无缺陷。（　）

14. 在检测根部未焊透缺陷时，一般不宜选用折射角为60°的斜探头。（　）

15. 在UT中，缺陷反射声压的大小取决于缺陷反射面大小、缺陷性质、缺陷取向。（　）

16. 在对锻件进行超声波检测时，一般在近场区可以用试块对比法调整灵敏

度，也可用大平底计算法调整灵敏度。 ( )

17. 2.5P10×12K2 斜探头，其晶片发射的声波是横波。 ( )

18. P 扫描可以大致估计焊缝中缺陷的形状和位置。 ( )

19. TOFD 显示 A 扫描信号直通波与工件底面反射波相位相同。 ( )

20. 板材自动超声波检测可以计算出缺陷的三维坐标，可以进行 A\B\C 型显示。 ( )

21. 半波高度法用来测量小于声束截面的缺陷的尺寸。 ( )

22. 变型横波斜射法适用于内、外径之比为25%的钢管超声波检测。 ( )

23. 不同压电晶体的频率常数不一样，因此用不同压电晶体制作成的频率相同的晶片的厚度不同。 ( )

24. 材料对超声能量衰减的主要原因是吸收衰减和散射衰减。 ( )

25. 材料组织不均匀会影响波速，所以在对铸铁材料进行超声波检测和测厚时必须注意这一问题。 ( )

26. 采用当量法确定的缺陷尺寸一般大于缺陷的实际尺寸。 ( )

27. 采用端点衍射法测量缺陷高度，选取 $K=2$ 的探头最好，可以适应各种厚度。 ( )

28. 常用的有机玻璃楔探头，当温度升高时，其折射角将减小。 ( )

29. 超声波表面波能在液体表面传播。 ( )

30. 若超声波检测时测得的缺陷当量大，则实际缺陷一定大。 ( )

31. 超声波检测仪在单位时间内产生的脉冲数量叫做脉冲的重复频率。 ( )

32. 超声波检测用 CS—Ⅰ试块的人工反射体尺寸为 ϕ2mm 短横孔。 ( )

33. 超声波探头发射超声波利用的是逆压电效应，而接收超声波利用的是正压电效应。 ( )

34. 超声波探头所选用压电晶片的频率与晶片厚度有密切关系，频率越高，晶片越厚。 ( )

35. 超声波在铝中传播时，频率越高，波长越长。 ( )

36. 超声场的未扩散区长度约为近场区长度的0.6倍。 ( )

37. 超声波检测频率增高可提高对小缺陷的检出能力，而对材料中的衰减却无影响。 ( )

38. 在超声波检测前，检测面需经过打磨，主要是为了防止探头磨损过快。 ( )

39. 超声相控阵的声束角度调整可以通过调整晶片激发延时间隔来实现。 ( )

40. 迟到波总是出现在表面波之后，第一次底波之前。 ( )

41. 当声波倾斜入射时，缺陷回波高度随着凹凸程度与波长比值的增大而增高。 ( )

42. 在第二介质中，折射的纵波的折射角达到90°时的纵波入射角为第一临界角。 ( )

43. 电磁超声波检测一般用机油或甘油作耦合剂。 ( )

44. 在对锻件进行超声波检测时，一般在近场区可以用试块对比法调整灵敏度，也可用大平底计算法调整灵敏度。 ( )

45. 在锻件和焊缝超声波检测中，对大于声束截面的缺陷，一般用绝对灵敏度法测其指示长度。 ( )

46. 在锻件和焊缝的超声波检测中，对于大于声束截面的缺陷，一般用相对灵敏度法（6dB 法）测其指示长度。 ( )

47. 对于焊缝中与声束成一定角度的缺陷，当检测频率较高时，缺陷回波不易被探头接收。 ( )

48. 厚度与波长相当的薄板一般采用兰姆波法检测。 ( )

49. 对于定位要求高的情况，应选择垂直线性误差小的检测仪器。 ( )

50. 对于金属材料等固体介质来说，在超声波检测中，介质的衰减系数等于散射衰减系数和扩散衰减系数之和。 ( )

51. 分层缺陷的缺陷波形密集、尖锐、活跃，底波明显降低，重复性差。

( )

52. 在钢板超声波检测中若无底波出现，则证明钢板中无缺陷。 ( )

53. 钢管用厚度与外径之比是否小于0.2作为判据是由于在用直接接触法检测时需保证用折射纵波检测。 ( )

54. 根据 $c=\lambda f$ 可知波速 c 与频率 f 成正比，因此同一波型的超声波在高频时传播速度比低频时大。 ( )

55. 管材超声波检测主要采用横波法。 ( )

56. 在对管子进行超声波检测时，一般用平底孔类人工缺陷调节检测灵敏度。 ( )

57. 在焊缝超声波检测中，一般薄板焊缝用深度定位法检测，厚板焊缝用水平定位法检测。 ( )

58. 在对焊缝进行超声波检测时，一般薄板焊缝用水平定位法检测，厚板焊缝用深度定位法检测。 ( )

59. 在检测板厚较大的焊缝时，常采用较小折射角的探头，这是为了缩短声程，减少声束传播路径上的声能衰减，提高检测灵敏度。 ( )

60. 当用绝对灵敏度法测量缺陷指示长度时，灵敏度越高，测得的缺陷长度

越小。（　）

61. 宽带探头对应的脉冲宽度小，深度分辨力好，盲区小，灵敏度高。（　）

62. 灵敏度余量、盲区、分辨力是用来表示超声波检测仪与探头组合性能的指标。（　）

63. 灵敏度余量、盲区、分辨力属于超声波检测仪的性能指标。（　）

64. 耦合剂的用途是消除探头与工件之间的空气，以利于超声波的透射。（　）

65. 若耦合剂声特性阻抗降低，则检测表面粗糙度变大，耦合效果降低快。（　）

66. 爬波有利于检测近表面下的缺陷。（　）

67. 当频率和晶片尺寸均相同时，横波声束指向性不如纵波好。（　）

68. 当平面波垂直入射到界面上时，入射能量等于透射能量与反射能量之和。（　）

69. 容易产生延迟裂纹的焊缝应在至少焊后 24h 之后进行超声波检测。（　）

70. 扫查速度的上限与探头的有效声束宽度和重复频率有关。（　）

71. 声束指向性不仅与频率有关，而且与波型有关。（　）

72. 当声源面积不变时，超声波频率越高，超声场的近场区长度越长。（　）

73. 试块的作用是确定检测灵敏度，测试仪器和探头的性能，调整扫描速度，评判缺陷的大小。此外还可利用试块测量材料中的波速、衰减性能等。（　）

74. 当水的温度升高时，超声波在水中的传播速度也随着增加。（　）

75. 检测灵敏度越高，则检测盲区越小，分辨率越低。（　）

76. 为了提高分辨力，在满足检测灵敏度要求的情况下，应将仪器的发射强度尽量调得低一些。（　）

77. 无损检测的目的就是发现缺陷。（　）

78. 吸收衰减和散射衰减是材料对超声能量衰减的主要原因。（　）

79. 小直径薄壁无缝钢管在用水浸点聚焦探头进行横波检测时，折射角的调整是通过调节水层距离来实现的。（　）

80. 在斜角检测横波声场中，假想声源的面积大于实际声源的面积。（　）

81. 压电晶片的压电应变常数大，说明该晶片接收性能好。（　）

82. 一般认为表面波的深度检测范围是表面波 4 倍波长深度范围。（　）

83. 当用钢管多通道自动检测仪器检测时，各通道同时工作，以提高检测速

度。 (　　)

84. 用修磨斜探头底面的方法可以改变探头的入射角，若探头底面前部的修磨量增大，则探头的入射角增大。 (　　)

85. 当用直探头在轴类锻件的圆周面上进行周向扫查时，如果有游动信号出现，就可以肯定存在径向缺陷。 (　　)

86. 在数字化智能超声波探伤仪中，脉冲重复频率又称为采样率。 (　　)

87. 由于铸件的晶粒一般比较粗大，因此超声波检测时宜用高频探头。 (　　)

88. 在 UT 中，未焊透缺陷反射声压的大小取决于缺陷大小，与缺陷取向无关。 (　　)

89. 在超声场的未扩散区，可将声源辐射的超声波看成平面波，平均声压不随着距离增加而改变。 (　　)

90. 当用相同的仪器和探头对厚度相同（均大于 3N）但材质衰减不同的锻件进行检测时，在将各自的底面反射最高波调至基准波高后，所提高的灵敏度 dB 值是相同的。 (　　)

91. 在钢管水浸检测时，水中加入活性剂是为了调节水的声特性阻抗，改善透声性能。 (　　)

92. 在人工反射体平底孔、矩形槽、横孔、V 形槽中，回波声压只与声程有关而与探头折射角度无关的是横孔。 (　　)

93. 在同一固体介质中，横波的传播速度为常数。 (　　)

94. 当直接用缺陷波高来比较缺陷的大小时，仪器的“抑制”和“深度补偿”旋钮应置于“关”的位置。 (　　)

95. 纵波斜探头主要利用大角度的纵波进行检测。 (　　)

二、选择题（将正确答案的序号填入括号内）

1. 一般来说，在频率一定的情况下，在给定的材料中，用横波检测缺陷要比纵波灵敏，这是因为（　　）。

A. 横波比纵波的波长短

B. 在材料中横波不易扩散

C. 横波质点振动的方向对缺陷更为灵敏

D. 横波比纵波的波长长

2. 超声波检测用的横波具有的特性是（　　）。

A. 质点振动方向垂直于传播方向，传播速度约为纵波速度的 1/2

B. 在水中传播时波长较长、衰减小，故有很高的灵敏度

C. 因为横波对表面变化不敏感，所以从耦合液体传递到被检物体时有高的

耦合率

D. 上述三种都不适用于横波

3. 在钢中波速最大的波型是（　　）。

A. 纵波

B. 横波

C. 表面波

D. 在给定材料中波速与所有波型无关

4. 缺陷反射能量的大小取决于（　　）。

A. 缺陷尺寸　　B. 缺陷方位

C. 缺陷类型　　D. 缺陷的尺寸、方位、类型

5. 检测面上涂敷耦合剂的主要目的是（　　）。

A. 防止探头磨损　　B. 消除探头与检测面之间的空气

C. 有利于探头滑动　　D. 防止工件生锈

6. 当超声波由 A 介质透入 B 介质时，如果面对入射方向的界面为一个凹面，并且波速 $c_A < c_B$，则该曲面将对透过波（　　）。

A. 起聚焦作用　　B. 起发散作用

C. 不起作用　　D. 有时聚焦，有时发散

7. 在脉冲反射式超声波探伤仪中，产生触发脉冲的电路单元叫做（　　）。

A. 发射电路　　B. 扫描电路

C. 同步电路　　D. 显示电路

8. 在超声波检测中对探伤仪的校准时基线操作是为了（　　）。

A. 评定缺陷大小　　B. 判断缺陷性质

C. 确定缺陷位置　　D. 测量缺陷长度

9. 从 A 型显示屏上不能直接获得缺陷性质信息，超声波的定性是通过（　　）来进行的。

A. 精确对缺陷定位　　B. 精确测定缺陷形状

C. 测定缺陷的动态波形　　D. 以上方法同时使用

10. 调节“抑制”旋钮，会影响仪器的（　　）。

A. 水平线性　　B. 垂直线性

C. 动态范围　　D. B 和 C

11. 超声波检测装置的灵敏度（　　）。

A. 取决于脉冲发生器、探头和接收器的组合性能

B. 随着频率的提高而提高

C. 随着分辨率的提高而提高

D. 与换能器的机械阻尼无关

12. 纵波直探头的近场区长度不取决于（ ）。
A. 换能器的直径
B. 换能器的频率
C. 声波在试件中的传播速度
D. 耦合剂的声特性阻抗
13. 在对锻件进行检测时，如果材料的晶粒粗大，则通常会引起（ ）。
A. 底波降低或消失
B. 有较高的“噪声”显示
C. 使超声波穿透力降低
D. 以上全部
14. 欲使用5MHz，14mm直探头纵波检测厚度为40mm的钢锻件，其灵敏度调试和定量评定的方法最好采用（ ）。
A. 底波法
B. AVG曲线图法
C. 对比试块法
D. 以上全部
15. 一个垂直线性好的探伤仪，当显示屏上波幅从80%降至5%时，应衰减（ ）。
A. 6dB
B. 18dB
C. 32dB
D. 24dB
16. 表征压电晶体发射性能的参数是（ ）。
A. 压电电压常数
B. 机电耦合系数
C. 压电应变常数
D. 以上全部
17. 超声波检测试块的作用是（ ）。
A. 检验仪和探头的组合性能
B. 确定灵敏度
C. 缺陷定位
D. 缺陷定量
E. 以上都是
18. 在超声波检测时采用较高的探伤频率有利于提高（ ）。
A. 对小缺陷的检出能力
B. 对缺陷的定位精度
C. 相邻缺陷的分辨能力
D. 以上都是
19. 为检测出焊缝中与表面成不同角度的缺陷，应采取的方法是（ ）。
A. 提高检测频率
B. 用多种角度探头检测
C. 修磨检测面
D. 以上都可以
20. 下面的超声波中，（ ）的波长最短。
A. 水中传播的2MHz纵波
B. 钢中传播的2.5MHz横波
C. 钢中传播的5MHz纵波
D. 钢中传播的2MHz表面波
21. 垂直入射于异质界面的超声波的反射声压和透射声压（ ）。
A. 与界面两边材料中的波速有关

B. 与界面两边材料的密度有关
C. 与界面两边材料的声特性阻抗有关
D. 与入射的超声波波型有关
22. 当用斜探头直接接触法检测钢板焊缝时，其横波（　　）。
A. 在有机玻璃斜楔块中产生
B. 从晶片上直接产生
C. 在有机玻璃与耦合层界面上产生
D. 在耦合层与钢板界面上产生
23. 考虑灵敏度补偿的理由是（　　）。
A. 被检工件厚度太大
B. 工件底面与检测面不平行
C. 耦合剂有较大声能损耗
D. 工件与试块材质、表面粗糙度有差异
24. 表示探伤仪与探头组合性能的指标有（　　）。
A. 水平线性、垂直线性、衰减器精度
B. 灵敏度余量、盲区、远场分辨力
C. 动态范围、频带宽度、检测深度
D. 垂直极限、水平极限、重复频率
25. 探头的分辨力（　　）。
A. 与探头晶片直径成正比　　B. 与频带宽度成正比
C. 与脉冲重复频率成正比　　D. 以上都不对
26. 当换能器尺寸不变而频率提高时（　　）。
A. 横向分辨力降低　　B. 声束扩散角增大
C. 近场区长度增大　　D. 指向性变钝
27. 联合双直探头最主要的用途是（　　）。
A. 检测近表面缺陷　　B. 精确测定缺陷长度
C. 精确测定缺陷高度　　D. 用于表面缺陷检测
28. 应用有人工反射体的参考试块的主要目的是（　　）。
A. 作为检测时的校准基准，并为评价工件中缺陷严重程度提供依据
B. 为检测人员提供一种确定缺陷实际尺寸的工具
C. 为检测出小于某一规定的参考反射体的所有缺陷提供保证
D. 提供一个能精确模拟某一临界尺寸自然缺陷的参考反射体
29. 在超声波检测中采用较高的探伤频率有利于提高（　　）。
A. 对小缺陷的检出能力　　B. 对缺陷的定位精度
C. 对相邻缺陷的分辨能力　　D. 以上都不对

30. 铸钢件超声波检测的主要困难是（　　）。
A. 材料晶粒粗大　　B. 波速不均匀
C. 不适用频率低的探头　　D. 声特性阻抗变化大
31. 缺陷反射声能的大小取决于（　　）。
A. 缺陷的尺寸　　B. 缺陷的类型
C. 缺陷的形状和取向　　D. 检测的角度
32. 在焊缝斜角检测中，定位参数包括（　　）。
A. 缺陷位置的纵坐标和横坐标　　B. 缺陷深度
C. 缺陷的水平距离　　D. 探头与焊缝间的距离
33. 超声波检测的可靠性程度取决于（　　）。
A. 被检测件材质和几何外形　　B. 检测人员的技术水平
C. 被检测件中的缺陷位置和方向　　D. 以上都是
34. 焊缝中未焊透的超声反射波特征是（　　）。
A. 反射率高，波幅高，探头左右移动时波形稳定
B. 从焊缝两侧检测时，反射波高大致相当
C. 当探头做定点转动时，波幅高度下降速度较快
D. 以上全部
35. 超声波检测中选择的耦合剂应（　　）。
A. 声特性阻抗高　　B. 对工件无腐蚀
C. 对人体无害　　D. 以上全部
36. 在检测锻件时，显示屏上出现林状波是由于（　　）。
A. 工件中有小而密集的缺陷　　B. 工件中有局部晶粒粗大区域
C. 工件中有疏松缺陷　　D. 以上都有可能
37. 在检测条件相同的情况下，面积比为 2 的两个平底孔，其反射波高相差（　　）dB。
A. 9　　B. 12　　C. 6　　D. 3
38. 在对接焊缝超声波检测时，使探头平行于焊缝方向进行扫查的目的是检测（　　）。
A. 点状缺陷　　B. 横向裂缝
C. 纵向缺陷　　D. 条状气孔
39. 用串列探头扫查焊缝主要是为了检测（　　）。
A. 平行于探测面的缺陷　　B. 与探测面倾斜的缺陷
C. 垂直于探测面的缺陷　　D. 不能用斜探头检测的缺陷
40. TOFD 检查计算缺陷深度时，计算公式中关于深度的叙述正确的是(　　)。

A. 与波速无关　　　　　　　　　B. 与工件厚度有关
C. 与探头中心间距有关　　　　　D. 与检测声波频率有关

41. 脉冲反射法包括（　　）。
A. 缺陷回波法、底波高度法和多次底波法
B. 直射波法、斜射波法和衍射时差法
C. 一次波法、一次反射法和板波法
D. 以上都对

42. 下列关于扫描成像方法的叙述中正确的有（　　）。
A. B 扫描显示的是与声束平面和测量表面都垂直的剖面
B. D 扫描显示的是与声束传播方向平行而与工件测量表面垂直的剖面
C. C 扫描显示的是不同深度的横断面的像
D. P 扫描显示的是不同深度的横断面的像

43. 超声相控阵检测技术的特点是（　　）。
A. 探头压电晶片是一个整体
B. 通过改变延时间隔，可以改变声束焦距长度
C. 不适用于复杂工件的检测
D. 不能进行扇形扫描

44. 超声相控阵检测技术改变声束偏转角度的方法有（　　）。
A. 改变纵波入射角度以得到要求的横波折射角度
B. 通过电脉冲控制改变独立晶片的角度
C. 用计算机控制同步电路
D. 改变发射和接收延时间隔调节角度

45. 下面关于超声横波法检测的描述正确的有（　　）。
A. 用于超声横波法检测的横波是由压电晶片振动产生的
B. 要在钢工件中获得纯横波，入射波束的入射角必须在第一和第二临界角之外
C. 横波法主要用于检测钢管和焊缝
D. 主要适用于板材和锻件

46. 不属于表面波性质特点的是（　　）。
A. 表面波只在物体表面下几个波长的范围内传播
B. 表面波传播时遇到开口缺陷会以表面波的形式反射
C. 表面波的速度约为纵波的 1/2
D. 表面波不发生波型转换

47. 表面波检测常用的人工反射体有（　　）。
A. 球孔　　　　B. 平底孔　　　　C. 横孔　　　　D. 棱边

48. 下列有关兰姆波的特点及应用的叙述正确的是（　　）。
A. 衰减与距离成正比
B. 兰姆波在工件端部反射时波型会发生改变
C. 若需检测距离大，则应选择以横波成分为主的板波
D. 检测时尽可能选择窄的发射脉冲
49. 下列关于爬波检测的特点叙述正确的是（　　）。
A. 爬波检测受工件表面不平整、凹坑的干扰较大
B. 适宜于检测螺纹根部裂纹
C. 不适于检测堆焊层表面下的裂纹
D. 对表面附近缺陷的敏感程度与声波频率和探头直径无关
50. 下列关于板波的特点的叙述正确的是（　　）。
A. 兰姆波的振动方向与板面平行
B. 板波包括 SH 波、SV 波和 SP 波
C. 以横波为主的兰姆波传播时能量损失小
D. 以纵波成分为主的兰姆波传播时能量损失小
51. 下列关于并列式扫查叙述正确的是（　　）。
A. 一般采用 K 值为 1 的双探头，一发一收
B. 通常是一个探头固定，一个探头移动
C. 两个探头一前一后在同一个表面上移动
D. 适用于厚大工件内部垂直缺陷的检测
52. 液浸法检测的优点主要有（　　）。
A. 耦合受工件表面接触紧密程度的影响较大
B. 探头磨损严重
C. 可缩小检测盲区
D. 超声波在液体和金属表面上的能量损失小
53. 探头类型的选择原则有（　　）。
A. 纵波斜探头主要利用小角度纵波进行检测
B. 双晶探头主要用于根部缺陷的精确测定
C. 横波斜探头主要用于钢板夹层缺陷的检测
D. 水浸探头主要用于大批量焊缝的自动检测
54. 探头频率的选择原则有（　　）。
A. 为了发现小缺陷，应选用较低的频率
B. 为区分相邻缺陷，应选用高频率
C. 为减小材质衰减，应选择高频率
D. 为检测近表面缺陷，应选择低频率

55. 在超声波检测中，选用晶片尺寸大的探头的优点是（　　）。

A. 曲面检测时可以减少耦合损失

B. 可减少材质衰减损失

C. 辐射声能大且能量集中

D. 以上都是

56. 在超声波检测中，当检测面比较粗糙时，宜选用（　　）。

A. 较低频率的探头　　B. 较粘的耦合剂

C. 软保护膜探头　　D. 以上都对

57. 在对长轴类锻件从端面做轴向检测时，容易出现的非缺陷回波是（　　）。

A. 三角反射波　　B. 61°反射波

C. 轮廓回波　　D. 迟到波

58. 采用底波高度法（*F/B* 百分比法）对缺陷定量时，下面说法正确的是（　　）。

A. *F/B* 相同，缺陷当量相同　　B. 该法不能给出缺陷的当量尺寸

C. 适于对尺寸较小的缺陷定量　　D. 适于对密集性缺陷定量

59. 下列说法正确的是（　　）。

A. 在同样条件下，探头直径大，扫查速度可以快

B. 仪器重复频率低，扫查速度快

C. 全面扫查要求对工件扫查的间距不大于 2 倍探头直径

D. 在双晶探头扫查时，探头隔声层一般平行于探头移动方向

60. 金属中粗大的晶粒在超声波检测中会引起（　　）。

A. 底面回波降低或消失　　B. 信噪比降低

C. 穿透能力下降　　D. 以上都是

61. 在直探头纵波检测时，工件上下表面不平行会产生（　　）。

A. 底面回波降低或消失　　B. 底面回波正常

C. 底面回波变宽　　D. 底面回波变窄

62. 直径为 600mm 的铝试件，用直探头在端面测得一次底波的传播时间为 165μs，若用此探头检测直径为 600mm 的钢试件，发现一回波传播时间为 184μs（纵波在铝中的波速为 6300m/s，在钢中的波速为 5900m/s），则此回波最可能是（　　）。

A. 底面回波　　B. 底面二次回波

C. 缺陷回波　　D. 迟到波

63. 在斜角检测时，焊缝中的近表面缺陷不容易检测出来，其原因是（　　）。

A. 远场效应　　B. 受分辨力影响
C. 盲区　　D. 受反射波影响

64. 在厚焊缝单探头检测中，垂直焊缝表面且表面光滑的裂纹可能（　　）。
A. 用45°斜探头探出　　B. 用直探头探出
C. 用任何探头探出　　D. 因反射信号很小而导致漏检

65. 用端部最大回波法进行缺陷自身高度测量的主要要求有（　　）。
A. 为了使主声束垂直于缺陷，一般采用 $K2$ 探头
B. 采用 $K1$ 斜探头
C. 对上端点距表面距离小于5mm的缺陷，测量误差小
D. 采用点聚焦探头可以提高测试精度

66. 关于缺陷自身高度的测定，下列说法正确的有（　　）。
A. 横波端角反射法适于测量上表面开口缺陷
B. 用串列式双探头法测量缺陷下端点时存在死区
C. 用端点衍射法可以方便地精确测定缺陷自身高度
D. 6dB法测量精度高，但操作困难

67. 若在检测焊缝时出现“山”形波，则说明焊缝中存在（　　）。
A. 未焊透　　B. 未融合
C. 无缺陷　　D. 探头杂波

68. 超声波试验系统分辨底面回波与靠近底面的小缺陷回波的能力（　　）。
A. 主要取决于仪器发射的脉冲持续时间
B. 与被检测工件的底面粗糙度无关
C. 主要取决于被检零件的厚度
D. 用直径较大的探头可以得到改善

69. 在频率一定和材料相同的情况下，横波对小缺陷的检测灵敏度高于纵波的原因是（　　）。
A. 横波质点振动方向对缺陷反射有利
B. 横波检测杂波少
C. 横波波长短
D. 横波指向性好

70. 超声波探伤仪的分辨率主要与（　　）有关。
A. 扫描电路　　B. 频带宽度
C. 动态范围　　D. 放大倍数

71. 在单斜探头检测时，在近区有幅度波动较快、探头移动时水平位置不变的回波，它们可能是（　　）。
A. 来自工件表面的杂波　　B. 来自探头的噪声

C. 工件上近表面缺陷的回波　　D. 耦合剂噪声

72. 在确定缺陷当量时，通常在获得缺陷的最高回波时加以测定，这是因为（　　）。

A. 只有当声束投射到整个缺陷反射面上时才能得到反射回波最大值

B. 只有当声束沿中心轴线投射到缺陷中心时才能得到反射回波最大值

C. 只有当声束垂直投射到工件内缺陷的反射面上时才能得到反射回波最大值

D. 人为地将缺陷信号的最高回波规定为测定基准

73. 提高对近表面缺陷的检测能力的方法是（　　）。

A. 用 TR 探头　　B. 使用窄脉冲宽频带探头

C. 提高探头频率，减小晶片尺寸　　D. 以上都是

74. 斜探头在使用过程中磨损，并且斜楔后面磨损量较大，则（　　）。

A. K 值减小

B. K 值增大

C. 对 K 值无影响，对前沿尺寸影响较大

D. 对入射声波频率影响较大

75. 下列关于缺陷对测量精度的影响，表述不正确的是（　　）。

A. 平面性缺陷波高与缺陷面积成正比

B. 球形缺陷反射波高与缺陷直径成正比

C. 缺陷倾斜度变小，缺陷检出率提高

D. 夹杂类缺陷可能会因产生透射声波而无法检测到

76. 管座角焊缝的检测一般以（　　）检测为主，以利于检出主要缺陷。

A. 纵波斜探头　　B. 横波斜探头

C. 表面波探头　　D. 纵波直探头

77. 下面有关“叠加效应”的叙述中正确的是（　　）。

A. 叠加效应是波型转换时产生的现象

B. 叠加效应是幻象波的一种

C. 叠加效应是钢板底波被多次反射时可看到的现象

D. 叠加效应是因检测频率过高而引起的

78. 以下几种说法中正确的是（　　）。

A. 若出现缺陷的多次反射波，则缺陷尺寸一定较大

B. 正常波形表示钢板中无缺陷

C. 无底波时说明钢板中无缺陷

D. 钢板中不允许存在的缺陷尺寸主要是用当量法测定的

79. 下列关于铝及铝合金、钛及钛合金板材的超声波检测，叙述正确的是

(　　)。

A. 采用与被检工件材质相同的 ϕ5mm 平底孔试块调节灵敏度

B. 当底面第一次反射波波高低于显示屏满刻度的 5% 时即作为缺陷处理

C. 缺陷第一次反射波波高大于或等于显示屏满刻度的 50% 时即作为缺陷处理

D. 缺陷第一次反射波波高与底面第一次反射波波高之比大于或等于 100% 时即作为缺陷处理

80. 在对复合板进行超声波检测时，由于两介质声特性阻抗不同，在界面处有回波出现，为了检查复合层结合质量，下面叙述正确的是（　　）。

A. 两介质声特性阻抗接近，界面回波小，容易检出

B. 两介质声特性阻抗接近，界面回波大，不易检出

C. 两介质声特性阻抗差别大，界面回波大，不易检出查

D. 两介质声特性阻抗差别大，界面回波小，容易检查

81. 下列关于钢板自动超声检测系统的描述不正确的是（　　）。

A. 一般采用液浸法耦合

B. 可以在监视器上进行 A、B、C 型显示

C. 缺陷利用网络标记显示二值化图像

D. 缺陷评定目前不能执行 JB/T 4730. 3—2005 标准

82. 水浸法比直接接触法优越，主要是由于（　　）。

A. 不受工件表面粗糙度影响

B. 容易调节入射角度

C. 可以实现声束聚焦

D. 以上都是

83. 为实现钢管的横波检测，要求入射角在（　　）之间。

A. 第一、二临界角　　B. 第一、三临界角

C. 第二、三临界角　　D. 与临界角无关

84. 在对管材进行周向横波检测时，下列关于探头入射点和折射角测定的叙述正确的是（　　）。

A. 折射角采用棱角反射法测定

B. 入射点测定采用直径为 1. 5mm ×20mm 的横孔

C. 利用中心发现仪测定入射角

D. 利用曲面对比试块测定入射点和折射角

85. 下列关于小径薄壁管接触法检测的描述不正确的是（　　）。

A. 横向缺陷的检测采用 60°尖角槽人工缺陷

B. 探头与工件接触面应吻合良好

C. 扫差灵敏度在基准灵敏度的基础上提高 9dB

D. 在检测纵向缺陷时，探头沿螺旋线进行扫查

86. 管材自动检测系统工艺参数一般不包括（　　）。

A. 水层厚度

B. 焦距和聚焦探头的曲率半径

C. 扫查速度和重复频率

D. 探头旋转式设备的电耦合信号传输速度

87. 在对接焊缝超声波检测时，使探头平行于焊缝方向进行扫查的目的是检测（　　）。

A. 横向裂缝　　B. 夹渣

C. 纵向缺陷　　D. 以上都对

88. 在对焊缝进行超声波检测时，使用 2.5P 14×14K2 斜探头，仪器显示屏已调整为水平 1：1。检测板厚为 15 mm，在显示屏 3.6 格处发现一缺陷，问该缺陷距离检测面深度为（　　）。

A. 3mm　　B. 6mm　　C. 9mm　　D. 12mm

89. 用 2.5P，ϕ20mm 直探头检测厚度为 280mm 的锻件，现用底波调节 ϕ2mm 灵敏度，材质衰减系数为 $\alpha_{双}=0.02$dB/mm，则当将 B_1 最高波调至 80% 波高后，还应提高约（　　）。

A. 30dB　　B. 35dB　　C. 40dB　　D. 45dB

三、简答题

1. 在超声波检测中利用了超声波的哪些主要特性？

2. 什么是纵波、横波和表面波？它们常用什么符号表示？简述以上各波型的质点运动轨迹。

3. 影响超声波在介质中传播速度的因素有哪些？

4. 在常规超声波检测中测量超声波波速的方法有哪些？

5. 什么是波的干涉？波的干涉对超声波检测有什么影响？

6. 什么是波的叠加原理？

7. 什么叫超声场？其主要有哪些特征值？

8. 什么是超声波的声压？它用什么表示？

9. 当超声波垂直入射到两介质的界面时，声压往复透过系数与什么有关？往复透过系数对超声检测有什么影响？

10. 什么叫超声波检测的端角反射？它有什么特点？

11. 什么是超声波的衰减？简述超声波衰减的种类和原因。

12. 影响缺陷反射波高度的因素有哪些？

13. 什么是超声场的近场区？

14. 在超声波检测中，为什么要尽量避免在近场区进行缺陷定量？

15. 圆盘声源超声场的近场区有什么特点？

16. 在超声波检测中常见的规则反射体有哪些？

17. 方晶片横波斜探头的声场与圆晶片纵波直探头的声场主要有哪些区别？

18. 什么是假想横波波源？

19. 什么叫检测灵敏度？常用的调节检测灵敏度的方法有哪几种？

20. 在超声波检测中，常用的缺陷指示长度测量方法各有什么优缺点？

21. 脉冲反射式超声波检测用探头对晶片有什么要求？

22. 简述 CSK—ⅠA 试块与ⅡW 试块相比有哪些改变。这些改变有何用途？

23. 使用超声波检测试块时应注意些什么？

24. 简述 CSK—ⅠA 试块的主要作用。

25. 脉冲反射式超声波探伤仪的主要性能指标有哪些？

26. 在对焊缝进行超声波检测时，干扰回波产生的原因是什么？应怎样判别干扰回波？

27. 焊缝检测中的“一次波法”与“一次反射法”是一回事。这种说法对吗？为什么？

28. TOFD 检测方法的优点有哪些？

29. 缺陷性质估判的依据有哪些？

30. 什么是缺陷定量的底波高度法？常用的方法有哪几种？

四、计算题

1. 对钛/钢复合板，在复层一侧进行接触法检测。已知钛与钢的声特性阻抗差约为 40%（$Z_{钛}=0.6Z_{钢}$），求复合层界面波与底波相差多少 dB。

2. 从钢板一侧用超声纵波检测钢/钛复合板。已知 $Z_{钢}=46\times10^6$kg/(m^2·s)，$Z_{钛}=26.4\times10^6$kg/(m^2·s)，求界面声压反射系数、声压往复透射系数和界面回波与底面回波 dB 差。

3. 将超声探头直接置于空气中，若晶片声特性阻抗 $Z_1=3.2\times10^6$kg/(m^2·s)，空气的声特性阻抗 $Z_2=0.0004\times10^6$kg/(m^2·s)，则晶片/空气界面上的声压反射系数和声压透射系数各为多少？

4. 碳素钢比不锈钢的声特性阻抗约大 1%，求二者复合界面上的声压反射系数。

5. 用水浸法对钢材进行超声波检测，求水/钢界面的声压透射系数 τ 和往复透过系数 T。[20℃时，$Z_{钢}=45.4\times10^6$kg/(m^2·s)，$Z_{水}=1.5\times10^6$kg/(m^2·s)]

6. 用一个 2.5P13×13K1.5 斜探头，对钢平板对接焊缝进行超声波检测，已知有机玻璃楔块中的波速 $c_{L1}=2730\text{m/s}$，钢中 $c_{L2}=5900\text{m/s}$，$c_{S2}=3200\text{m/s}$，求斜探头的入射角为多少度。

7. 将用于钢焊缝超声波检测的 $K1$ 斜探头（楔块中 $c_L=2700\text{m/s}$，钢中 $c_S=3230\text{m/s}$）用于检测某种硬质合金焊缝（$c_{S合金}=3800\text{m/s}$），则其实际 K 值是多少？

8. 有一斜探头楔块（$c_{L1}=2200\text{m/s}$），用于检测钢焊缝（$c_{L2}=5900\text{m/s}$，$c_{S2}=3200\text{m/s}$），试计算第一、第二临界角各为多少。（小数点后保留一位）

9. 规格为 5P20×10 的 45°斜探头有机玻璃楔块内纵波波速为 2730m/s，被检材料横波波速为 3230m/s，求入射角 α。

10. 用 2MHz，ϕ20mm 直探头测定厚度 t 为 150mm 的正方形钢锻件的材质衰减系数，已知 B_1 波高为 100% 显示屏高度，B_2 波高为 20% 显示屏高度，不计反射损失，求此锻件的衰减系数。（取双程）

11. 计算 5MHz，ϕ14mm 直探头在水中（$c_L=1500\text{m/s}$）的半扩散角和近场区长度。

12. 在对钢板进行水浸检测时，使用 2MHz 的水浸探头，晶片直径为 16mm，已知水层厚度为 30mm，当钢中 $c_L=5900\text{m/s}$，水中 $c_L=1450\text{m/s}$，求钢中近场区长度 N 为多少。

13. 计算 5MHz，13mm×13mm 方晶片 $K2.0$ 横波探头的近场区长度 N 是多少。（钢中 $c_S=3230\text{m/s}$）

14. 2.5MHz，14mm×16mm 方晶片 $K2.0$ 横波斜探头在有机玻璃中入射点至晶片的距离为 12mm，求此探头在钢中的近场区长度 N。（钢中 $c_S=3230\text{m/s}$，$c_L=5850\text{m/s}$，有机玻璃中 $c_L=2730\text{m/s}$）

15. 4MHz，12mm×14mm 方晶片 $K1.0$ 横波斜探头在有机玻璃中入射点至晶片的距离为 14mm，求此探头在铝中的近场区长度为多少。（铝中 $c_S=3100\text{m/s}$，有机玻璃中 $c_L=2730\text{m/s}$，铝中 $c_L=6100\text{m/s}$）

16. 使用 2P121×2，$K2$ 斜探头，检测钢中（$c_S=3230\text{m/s}$，$x=200\text{mm}$，楔块中的声程不计）孔径均为 3mm 的平底孔、长横孔、球孔。试计算哪个反射体的回波最高。反射波高相差多少 dB？

17. 用频率为 2.5MHz 的探头检测均为超声场远场区的两个人工缺陷（ϕ5mm 平底孔和 ϕ2mm 长横孔），试计算这两个反射体在多少声程时的回波高度相等。

18. 使用 2.5MHz，13mm×13mm，$K2$ 斜探头，检测钢中远场区同声程（$c_S=3230\text{m/s}$，楔块中声程不计），孔径分别为 ϕ2mm、ϕ3mm 的长横孔，计算反射波高相差多少 dB。

19. 用 2.5P20Z（2.5MHz，ϕ20mm）直探头检测 400mm 厚的钢锻件，材料

衰减系数 $\alpha_1=0.01\text{dB/mm}$，将200mm厚的钢试块底波调节到50dB进行检测（试块 $\alpha_2=0.005\text{dB/mm}$，锻件与试块耦合差1.5dB，波速 c_L 均为5900m/s）试计算检测灵敏度为当量多少mm。在检测中发现一缺陷，深度为250mm，波幅为23dB，求此缺陷当量。

20. 用钢焊缝超声波检测用的 $K1$（$\tan\beta=1$）斜探头（$c_{L1}=2700\text{m/s}$，钢中 $c_S=3200\text{m/s}$），检测某种合金焊缝（$c_S=3800\text{m/s}$），求其实际 K 值为多大。

21. 用 $\tan\beta=2$ 的斜探头检测厚度 $\delta=20\text{mm}$ 的焊缝，缺陷在显示屏上出现的位置分别为32和52，求缺陷在钢中的深度。（按水平比例1∶1定位）

22. 用2P14K1.5（2MHz，ϕ14mm，$\tan\beta=1.5$）斜探头，检测钢中（$c_S=3200\text{m/s}$）声程均为200mm（楔块中声程忽略不计），孔径均为2mm的平底孔、横孔、球孔。试计算说明哪个反射体的回波最高。反射波高各相差多少dB?

23. 用2.5P20Z探头，在CSK—IA试块25mm厚度处测定CTS—22型超声波探伤仪的水平线性。当 B_1、B_5 分别对准仪器时基线刻度2.0和10.0时，B_2、B_3、B_4 分别对准3.90、5.92、7.96，求该仪器的水平线性误差为多少。

24. 垂直线性良好的超声波探伤仪显示屏上有A、B、C三个信号波，将这三个波调到同一基准高度时，衰减器读数［A］=24dB，［B］=18dB，［C］=5dB。如果把B信号波调到显示屏满刻度的40%，衰减器不变，此时A和C信号波的高度各为多少?

25. 假设有一厚度 $\delta=30\text{mm}$ 的压力容器，其外表面焊缝宽为60mm，内焊缝宽为30mm，探头前沿距离 $L=15\text{mm}$，为保证声束扫查到整个焊缝，探头的折射角最小应取多大?

26. 用2.5P 10×12 60°的探头探测厚度 $t=25\text{mm}$ 钢板对接焊缝，扫描按声程1∶1调节，检测时在显示屏水平刻度7.5格处发现一缺陷波，求此缺陷的深度和水平距离。

27. 用 $K2.0$ 探头在外壁周向检测1488mm×90mm压力容器筒体纵焊缝，仪器按深度1∶2调节，在刻度40mm处发现一缺陷，求该缺陷的位置。

28. 用单探头接触法横波检测外径为300mm，厚度为60mm的大口径钢管时，应选用 K 值最大为多少的探头?

29. 用 $K2.0$ 探头在外壁周向检测2488mm×46mm压力容器筒体纵焊缝，仪器按声程1∶2调节，利用CSK—ⅢA试块，在20℃调节仪器，现场检测，设备温度为50℃，在刻度20mm处发现一缺陷，求其缺陷位置。（20℃时有机玻璃中纵波波速为2660m/s，钢中横波波速为3230m/s；50℃时有机玻璃中纵波波速为2510m/s，钢中横波波速为3190m/s；计算时不计有机玻璃楔块中的声程变化）

答案部分

一、判断题

1. √　2. √　3. ×　4. √　5. √　6. ×　7. ×　8. ×
9. √　10. √　11. ×　12. √　13. ×　14. √　15. √　16. ×
17. ×　18. √　19. ×　20. √　21. ×　22. √　23. √　24. √
25. √　26. ×　27. ×　28. ×　29. ×　30. ×　31. √　32. ×
33. √　34. ×　35. ×　36. ×　37. ×　38. ×　39. √　40. ×
41. √　42. √　43. ×　44. ×　45. ×　46. √　47. √　48. √
49. √　50. ×　51. ×　52. ×　53. ×　54. ×　55. √　56. ×
57. ×　58. √　59. √　60. ×　61. ×　62. √　63. ×　64. √
65. √　66. √　67. ×　68. √　69. √　70. √　71. √　72. ×
73. √　74. ×　75. ×　76. ×　77. ×　78. √　79. ×　80. ×
81. ×　82. ×　83. ×　84. ×　85. ×　86. ×　87. ×　88. ×
89. √　90. √　91. ×　92. √　93. √　94. √　95. ×

二、选择题

1. A　2. A　3. A　4. D　5. B　6. A　7. C　8. C　9. D　10. D
11. A　12. D　13. D　14. C　15. A　16. C　17. E　18. D　19. B
20. A　21. C　22. D　23. D　24. B　25. B　26. C　27. A　28. A
29. ABC　30. ABD　31. D　32. ABCD　33. D　34. D　35. D
36. D　37. C　38. B　39. C　40. C　41. A　42. C　43. B　44. D
45. C　46. D　47. C　D　48. B　49. B　50. D　51. B　52. C
53. A　54. B　55. C　56. D　57. D　58. B　59. A　60. D　61. A
62. D　63. D　64. D　65. BD　66. B　67. C　68. A　69. C
70. B　71. A　72. D　73. D　74. B　75. C　76. D　77. C　78. A
79. B　80. A　81. D　82. D　83. A　84. D　85. C　86. D　87. A
88. D　89. C

三、简答题

1. 答　超声波检测中利用超声波的主要特性有：超声波能量高，方向性好，穿透力强，遇界面产生反射、折射和波型转换。

2. 答　介质中质点的振动方向与波的传播方向互相平行的波称为纵波，用L表示。介质中质点的振动方向与波的传播方向互相垂直的波称为横波，用S表示。当介质表面受到交变应力作用时，产生沿介质表面传播的波，称为表面波，用R表示。表面波在介质表面传播时，介质表面质点做椭圆运动，椭圆的长轴垂直于波的传播方向，短轴平行于波的传播方向。

3. 答　影响超声波在介质中传播速度的主要因素是介质的弹性模量和密度。不同类型的超声波在同一介质中的传播速度是不同的，有限尺寸的工件有可能会使波速变慢，兰姆波还与波型模式有关，温度也会影响波速。

4. 答　常规超声波检测中测量超声波波速的方法有超声波检测仪测量法、测厚仪测量法和示波器测量法。

5. 答　当两列频率相同、振动方向相同、位相相同或位相差恒定的波相遇时，该处介质中某些质点的振动互相加强，而另一些地方的振动互相减弱或完全抵消的现象叫做波的干涉。在超声波检测中，于波的干涉使超声波源附近出现声压极大值和极小值，影响缺陷定量。

6. 答　当几列波在同一介质中传播时，如果在空间某处相遇，则相遇处质点的振动是各列波引起振动的合成，在任意时刻该质点的位移是各列波引起位移的矢量和。几列波相遇后仍保持自己原有的频率、波长、振动方向等特性并按原来的传播方向继续前进，好像在各自的途中没有遇到其他波一样，这就是波的叠加原理，又称为波的独立性原理。

7. 答　充满超声波的空间或超声振动所波及的部分介质称为超声场。超声场特征值主要有声压、声强和声特性阻抗。

8. 答　超声场中某一点在某一时刻所具有的压强 p_1 与没有超声波存在时的静态压强 p_0 之差称为该点的声压，用 p 表示，$p = p_1 - p_0$。

9. 答　当超声波垂直入射到两介质的界面时，声压往复透过系数与界面两侧介质的声特性阻抗有关，与从何种介质入射到界面无关。界面两侧的声特性阻抗差越小，声压往复透过系数就越高，反之就越低。声压往复透过系数的高低直接影响超声波检测灵敏度的高低，声压往复透过系数高，则超声波检测灵敏度高，反之超声波检测灵敏度就低。

10. 答　超声波在两个垂直平面构成的直角内的反射称为端角反射。在端角反射中，超声波经历了两次反射。回波与入射波互相平行，但方向相反。当超声波以一定的入射角射入端角时，可能产生波型转换。

11. 答　当超声波在介质中传播时，随着传播距离的增加，超声波能量逐渐减弱的现象称为超声波的衰减。

超声波衰减的种类和原因为：

（1）扩散衰减　由于声束的扩散，随着传播距离的增加，波束截面越来越大，从而使单位面积上的能量逐渐减少，这种衰减叫做扩散衰减。扩散衰减主要取决于波阵面的几何形状，与传播介质的性质无关。

（2）散射衰减　超声波在传播过程中，遇到由不同声特性阻抗介质组成的界面时，发生散射，使声波在原传播方向上的能量减少，这种衰减称为散射衰减。材料中晶粒粗大是引起散射衰减的主要因素。

（3）吸收衰减　当超声波在介质中传播时，介质质点间的内摩擦和热传导等因素使声能转换成其他能量，这种衰减称为吸收衰减。

散射衰减和吸收衰减与介质的性质有关，因此统称为材质衰减。

12. 答　影响缺陷反射波高度的因素有以下五个：

1）仪器和探头的因素，包括仪器的发射功率、频率、放大系数，电缆长度，探头的晶片尺寸、晶片材料、固有频率、阻抗等。

2）对被检工件来说，有检测面形状、厚度、粗糙度、晶粒结构、波速、衰减等。

3）从缺陷角度来看，有缺陷的深度、形状、方向、大小、内部介质等。

4）耦合剂的衰减、波速、厚度等。

5）声束的方向、扩散角、能量等。

13. 答　在超声波波源附近轴线上由于波的干涉而形成的一系列声压极大值与极小值的区域，称为超声场的近场区。

14. 答　在超声波检测中，近场区存在声压极大值和极小值，处于声压极大值处的小缺陷回波可能较高，处于声压极小值处的大缺陷的回波可能又较低，且属于平面波，反射声压与距离无关，因此对缺陷的当量不能有效测定，所以应尽量避免在近场区进行缺陷定量。

15. 答　圆盘声源超声场的近场区特点是：在超声场的近场区内，声压极大值和极小值的个数是有限的；近场区长度与波源面积成正比，与波长成反比；近场区的存在对超声波检测定量不利，甚至可能漏检。

16. 答　超声波检测中常见的规则反射体有平底孔、长横孔、短横孔、球孔等。

17. 答　主要区别有：

1）斜探头的声场处于斜楔和工件两个介质之中，比较复杂。

2）斜探头的近场区长度不仅受晶片尺寸及频率影响，还与其 K 值有关。

3）同样尺寸和频率的方晶片指向性比圆晶片好。

4）斜探头的指向角上下不对称。

18. 答　横波探头辐射的声场由第一介质中的纵波声场与第二介质中的横波声场两部分组成，但两部分声场是折断的。为了便于理解计算，特将第一介质中的纵波波源转换为轴线与第二介质中横波波束轴线重合的假想横波波源，这时整个声场可视为由假想横波波源辐射出来的连续的横波波源。

19. 答　检测灵敏度是指在确定的检测范围内的最大声程处发现规定大小缺陷的能力，有时也称为起始灵敏度或评定灵敏度，通常以标准反射体的当量尺寸表示。在实际检测中，常常将灵敏度适当提高，后者则称为扫查灵敏度或检测灵敏度。

调节检测灵敏度常用的方法有试块调节法和工件底波调节法。

试块调节法包括以试块上人工标准反射体调节和水试块底波调节两种方式。

工件底波调节法包括计算法、AVG 曲线法、底面回波高度法等多种方式。

20. 答　缺陷指示长度测量方法可分为相对灵敏度法和绝对灵敏度法。

1）相对灵敏度法（即 6dB、10dB、20dB 法）的优点是：耦合误差和衰减影响小，不受回波高度影响。其缺点是：操作者主观因素对检测结果影响较大；操作误差大，测量出来的指示长度可能大于缺陷长度；不能实现自动化检测。

2）绝对灵敏度法的优点是：主观性要求低，容易采用机械化；可以比较容易实现自动化检测。其缺点是：表面接触误差大，回波高度影响大。

21. 答　脉冲反射式超声波检测用探头对晶片的要求有：

1）转换效率要高，要获得较高的灵敏度宜选 K（机电耦合系数）大的晶片。

2）晶片被激励后应能迅速回复到静止状态，以获得较高的纵向分辨率和较小的盲区。

3）要有较好的波形，获得好的频谱包络。

4）声特性阻抗适当。

5）高温检测时，居里点温度要高。

6）大尺寸探头的介电常数要小。

22. 答　CSK—ⅠA 试块与ⅡW 试块相比，改变及用途如下：

1）将 R100mm 改为 R50mm、R100mm 阶梯圆弧，同时获得两次反射波，用来调整横波扫描速度比例。

2）把 ϕ50mm 孔改为 ϕ40mm、ϕ44mm、ϕ50mm 台阶孔，用来测定斜探头分辨力。

3）把折射角度标示改为 K 值标示。

23. 答　使用试块时应注意：

1）试块要在适当部位编号，以防混淆。

2）试块在使用和搬运过程中应注意保护，防止碰伤或擦伤。

3）使用试块时应注意清除反射体内的油污和锈蚀。

4）注意防止试块锈蚀。

5）注意防止试块变形，平板试块应尽可能立放，防止重压。

6）标准试块属于标准物质，需有法定资质的机构出具的合格证书。

24. 答　CSK—IA 试块的主要作用是：

1）测斜探头的入射点、折射角（K 值）。

2）调整斜探头检测范围和扫描速度。

3）测斜探头声束轴线的偏离程度。

4）测斜探头的分辨力。

5）调整直探头的扫描范围和扫描速度。

6）测直探头分辨力。

7）测仪器的水平线性、垂直线性和动态范围。

8）测直探头与仪器的盲区范围。

25. 答　检测仪性能是指仅与探伤仪有关的性能，主要有水平线性、垂直线性和动态范围等。

水平线性：也称为时基线性或扫描线性，是指检测仪扫描线上显示的反射波距离与反射体距离成正比的程度。水平线性的好坏用水平线性误差表示。

垂直线性：也称为放大线性或幅度线性，是指检测仪显示屏上反射波高度与接收信号电压成正比的程度。垂直线性的好坏用垂直线性误差表示。

动态范围：是指检测仪显示屏上反射波高从满幅降至最小可辨认值时衰减器变化范围，以衰减器调节量（dB 数）表示。

26. 答　在对焊缝进行超声波检测时，因焊缝几何形状复杂而产生干扰回波，另一方面是由于超声波的扩散、波型转换和改变传播方向等引起干扰回波。

判别干扰回波的主要方法是用计算和分析的方法寻找各种回波的发生源，从而得知哪些是由于形状和超声波本身的变化而引起的假信号，通常用手指沾耦合剂敲打干扰回波发生源，作为验证焊缝形状引起假信号的辅助手段。

27. 答　不对。“一次反射法”又称为“二次波法”，是指在斜角检测中，超声波在工件底面只反射一次而对准缺陷的检测方法。探头移动范围一般为跨距。在检测厚板焊缝时，往往一、二次波法联合使用，故探头应从焊缝边缘起移动到超过 1 跨距一定距离。

28. 答

1）缺陷定量、定位精度高，容易检出方向性不好的缺陷，可以识别向表面延伸的缺陷。

2）缺陷检出能力强。

3）检测速度快，现场检测时只需对环焊缝进行一次简单的线性扫查而无需来回移动即可完成全焊缝的检测。

4）检测效率高，作业强度小，无辐射、无污物，快速、安全、方便。

5）缺陷尺寸可以数字化记录，并以直观图像形式显示，可永久记录。

6）与常规的脉冲回声检测技术相比，TOFD 在缺陷检测方面与缺陷的方向无关。

7）与射线相比，TOFD 可以检测出与检测表面不相垂直的缺陷和裂纹。对于壁厚焊缝检测，TOFD 检测技术具有其他检测方法不可比拟的优势。

29. 答　一般根据以下方面综合判断：

1）工件结构与坡口形式。

2）母材与焊材。

3）焊接方法和焊接工艺。

4）缺陷几何位置。

5）缺陷最大反射回波高度。

6）缺陷定向反射特性。

7）缺陷回波静态波形。

8）缺陷回波动态波形。

30. 答　底波高度法是利用缺陷波与底波之比来衡量缺陷相对大小的方法，也称为底波百分比法。底波高度法常用三种方法表示缺陷相对大小，即 F/B_F 法、B/B_F 法和 F/B 法。F/B_F 法是在一定灵敏度条件下，以缺陷波高 F 与缺陷处底波高 B_F 之比来衡量缺陷相对大小的方法。B/B_F 法是用无缺陷时底波高度与有缺陷时底波高度之比衡量缺陷大小的方法。F/B 法是在一定灵敏度条件下，以缺陷波高 F 与无缺陷处底波高 B 之比来衡量缺陷相对大小的方法。底波高度法只能比较缺陷的相对大小，不能给出缺陷的当量尺寸。

四、计算题

1. 解　设钛与钢的声特性阻抗分别为 $Z_{钛}$ 和 $Z_{钢}$，则

$$\gamma_p = \frac{Z_{钢} - Z_{钛}}{Z_{钢} + Z_{钛}} = \frac{(1-0.6)\ Z_{钢}}{(1+0.6)\ Z_{钢}} = 0.25$$

$$T = 1 - \gamma_p^2 = 1 - 0.25^2 = 0.9375$$

$$\frac{H_{界面}}{H_{底波}} = \frac{\gamma_p}{T}$$

界面波与底波的 dB 差为

$$\Delta dB = 20\lg\frac{\gamma}{\gamma_p} = 20dB \times \lg\frac{1}{0.25} \approx 12dB$$

答　复合层界面与底波相差约12dB。

2. 解　（1）$\gamma_p=\left|\frac{Z_{钢}-Z_{钛}}{Z_{钢}+Z_{钛}}\right|=\left|\frac{46-26.4}{46+26.4}\right|=0.271$

（2）声压往复透射系数 $T_{往}=1-\gamma_p^2=1-0.271^2=0.927$

（3）$\Delta dB=20dB\times\lg\frac{0.271}{0.927}=-10.68dB$

答　界面声压往复反射系数为0.271；声压往复透射系数为0.927；界面回波与底面回波dB差为10.68dB。

3. 解　声压往复反射系数为

$$\gamma_p=\frac{Z_2-Z_1}{Z_2+Z_1}=\frac{0.00004-3.2}{0.00004+3.2}\approx-1$$

声压透射系数为

$$\tau_p=1+\gamma_p=1+（-1）=0$$

答　声压往复反射系数为-1，声压透射系数为0。

4. 解　设界面声压反射系数为γ（γ取绝对值），则

$$\gamma_p=\frac{Z_1-Z_2}{Z_1+Z_2}=\frac{1-0.99}{1+0.99}=0.5\%$$

答　二者复合界面上的声压往复反射系数为0.5%。

5. 解

$$\tau=\frac{2Z_{钢}}{Z_{水}+Z_{钢}}=\frac{2\times45.5}{1.5+45.5}=1.936=193.6\%$$

$$T=\frac{4Z_{水}Z_{钢}}{(Z_{水}+Z_{钢})^2}=\frac{4\times1.5\times10^6\times45.5\times10^6}{(1.5\times10^6+45.5\times10^6)^2}=0.124=12.4\%$$

答　水/钢界面的声压透射系数为193.6%，声压往复透过系数为12.4%。

6. 解　由 $K=1.5$ 得 $\tan\beta=1.5$，$\beta_S=56.3°$。

$$\frac{\sin\alpha}{c_{L1}}=\frac{\sin\beta_S}{c_{S2}}$$

$$\sin\alpha=\frac{c_{L1}}{c_{S2}}\sin\beta_S=\frac{2730}{3200}\sin56.3°=0.7098$$

$$\alpha=45.2°$$

答　斜探头的入射角 α 为45.2°。

7. 解　探头的入射角为

$$\alpha=\arcsin\left(\frac{c_L}{c_S}\sin\beta\right)=\arcsin\left(\frac{2700}{3230}\sin45°\right)=36.2°$$

$$\beta_2=\arcsin\left(\frac{c_{S合金}}{c_L}\sin\alpha\right)=\arcsin\left(\frac{3800}{2700}\sin36.2°\right)=57.1°$$

实际 K 值：$K=\tan\beta_2=1.55$

答　硬质合金中实际 K 值是 1.55。

8. 解

$$\alpha_{\mathrm{I}}=\arcsin\frac{c_{\mathrm{L1}}}{c_{\mathrm{L2}}}=\arcsin\frac{2200}{5900}=21.9°$$

$$\alpha_{\mathrm{II}}=\arcsin\frac{c_{\mathrm{L1}}}{c_{\mathrm{S2}}}=\arcsin\frac{2200}{3200}=43.4°$$

答　有机玻璃/钢中第一临界角为 21.9°，第二临界角为 43.4°。

9. 解　根据折射定律可得

$$\frac{\sin\alpha}{c_{楔块}}=\frac{\sin\beta}{c_{钢}}$$

$$\sin\alpha=\frac{c_{楔块}}{c_{钢}}\sin\beta=\frac{2730}{3230}\sin45°=0.598$$

$$\alpha=\arcsin0.598=36.7°$$

答　探头入射角 α 为 36.7°。

10. 解

$$\alpha_{双}=\frac{20\lg\dfrac{B_1}{B_2}-6}{t}=\frac{20\mathrm{dB}\times\lg\dfrac{100}{20}-6\mathrm{dB}}{150\mathrm{mm}}=0.0532\mathrm{dB/mm}$$

答　锻件的双程衰减系数为 0.0532dB/mm。

11. 解

$$\lambda=\frac{c}{f}=\frac{1.5\mathrm{km/s}}{5\mathrm{MHz}}=0.3\mathrm{mm}$$

近场区长度为

$$N=\frac{D^2}{4\lambda}=\frac{(14\mathrm{mm})^2}{4\times0.3\mathrm{mm}}=163\mathrm{mm}$$

半扩散角为

$$\theta=\frac{70\lambda}{D}=\frac{70°\times0.3\mathrm{mm}}{14\mathrm{mm}}=1.5°$$

答　近场区长度为 163mm，半扩散角为 1.5°。

12. 解

$$\lambda=\frac{c}{f}=\frac{5.9\mathrm{km/s}}{2\mathrm{MHz}}=2.95\mathrm{mm}$$

$$N=\frac{D^2}{4\lambda}-L\frac{c_{\mathrm{L}水}}{c_{\mathrm{L}钢}}=\frac{(16\mathrm{mm})^2}{4\times2.95\mathrm{mm}}-30\mathrm{mm}\times\frac{1450\mathrm{m/s}}{5900\mathrm{m/s}}=14.3\mathrm{mm}$$

答　钢中近场区长度为 14.3mm。

13. 解

$$\lambda_{S2}=\frac{c_{S2}}{f}=\frac{3.23\text{km/s}}{5\text{MHz}}=0.646\text{mm}$$

$$\frac{\cos\beta}{\cos\alpha}=0.68$$

$$N=\frac{ab\cos\beta}{\pi\lambda_{S2}\cos\alpha}=\frac{13\text{mm}\times13\text{mm}}{3.14\times0.646\text{mm}}\times0.68=56.65\text{mm}$$

答　横波探头的近场区长度为56.65mm。

14. 解

$$\lambda=\frac{c_S}{f}=\frac{3.23\text{km/s}}{2.5\text{MHz}}=1.29\text{mm}$$

$$\frac{\cos\beta}{\cos\alpha}=0.628\quad\frac{\tan\alpha}{\tan\beta}=0.576$$

$$N=\frac{ab\cos\beta}{\pi\lambda\cos\alpha}-L_1\frac{\tan\alpha}{\tan\beta}=\frac{14\text{mm}\times16\text{mm}}{3.14\times1.29\text{mm}}\times0.628-12\text{mm}\times0.576=27.8\text{mm}$$

答　此探头在钢中的近场区长度为27.8mm。

15. 解

$$\lambda=\frac{c_S}{f}=\frac{3.1\text{km/s}}{4\text{MHz}}=0.775\text{mm}$$

$$\frac{\cos\beta}{\cos\alpha}=0.917\ \frac{\tan\alpha}{\tan\beta}=0.8077$$

$$N=\frac{ab\cos\beta}{\pi\lambda\cos\alpha}-L_1\frac{\tan\alpha}{\tan\beta}=\frac{12\text{mm}\times14\text{mm}}{3.14\times0.775\text{mm}}\times0.917-14\text{mm}\times0.8077=52\text{mm}$$

答　此探头在铝中的近场区长度为52mm。

16. 解　$x=200\text{mm}$，$\phi=3\text{mm}$，$\lambda=\frac{c_S}{f}=\frac{3.23\text{km/s}}{2\text{MHz}}=1.62\text{mm}$

$$\Delta\text{dB}=20\lg\frac{H_{长横孔}}{H_{平底孔}}=20\lg\frac{\lambda\sqrt{2x\phi}}{\pi\phi^2}=20\text{dB}\times\lg\frac{1.62\times\sqrt{2\times200\times3}}{3.14\times3^2}=6\text{dB}$$

$$\Delta\text{dB}=20\lg\frac{H_{球孔}}{H_{平底孔}}=20\lg\frac{\lambda}{\pi\phi}=20\text{dB}\times\lg\frac{1.62}{3.14\times3}=-15.3\text{dB}$$

答　长横孔反射体的回波最高，长横孔比平底孔高6dB，平底孔比球孔高15.3dB。

17. 解

$$p_{\phi5}=p\frac{\pi\phi_5^2}{4\lambda x}\qquad p_{\phi2}=P\frac{1}{2}\sqrt{\frac{\phi_2}{2x}}$$

$$p_{\phi5}=p_{\phi2}$$

$$x=\frac{\pi^2\phi_5^4}{2\phi_2\lambda^2}=\frac{3.14^2\times(5\mathrm{mm})^4}{2\times2\mathrm{mm}\times(2.36\mathrm{mm})^2}=276.6\mathrm{mm}$$

答　此两个反射体在276.6mm声程时的回波高度相等。

18. 解　长横孔声压为

$$p=\frac{p_0F_S}{2\lambda x}\sqrt{\frac{D_f}{2x}}$$

ϕ2mm长横孔声压为 $p_{\phi2}=\frac{p_0F_S}{2\lambda x}\sqrt{\frac{D_2}{2x}}$

ϕ3m长横孔声压为

$$p_{\phi3}=\frac{p_0F_S}{2\lambda x}\sqrt{\frac{D_3}{2x}}$$

声压差为

$$\Delta\mathrm{dB}=20\lg\frac{p_{\phi2}}{p_{\phi3}}=20\lg\sqrt{\frac{D_2}{D_3}}=20\mathrm{dB}\times\lg\sqrt{\frac{2}{3}}=-1.76\mathrm{dB}$$

答　ϕ2mm、ϕ3mm长横孔声压差为1.76dB。

19. 解　① 耦合差 $\Delta_1=1.5\mathrm{dB}$，声程差 $\Delta_2=20\lg(x_2/x_1)=20\mathrm{dB}\times\lg(400/200)=6\mathrm{dB}$，衰减差 $\Delta_3=2\times400\alpha_1-2\times200\alpha_2=8\mathrm{dB}-2\mathrm{dB}=6\mathrm{dB}$，所以 $x_B=400\mathrm{mm}$ 处，底波与检测灵敏度当量平底孔波高dB差为

$$\Delta=50-\Delta_1-\Delta_2-\Delta_3=50\mathrm{dB}-1.5\mathrm{dB}-6\mathrm{dB}-6\mathrm{dB}=36.5\mathrm{dB}$$

由 $\Delta=20\lg\left(2\lambda x_B/\pi\phi^2\right)=36.5\mathrm{dB}$

得 $\phi^2=2\lambda x_B/[\pi(10^{36.5/20})]=(2\times2.36\mathrm{mm}\times400\mathrm{mm})/(\pi\times66.8)=9\mathrm{mm}^2$，因此检测灵敏度为 ϕ3mm。

② 衰减差 $\Delta_1=2(x_B-x_f)\alpha=2\times(400\mathrm{mm}-250\mathrm{mm})\times0.01\mathrm{dB/mm}=3\mathrm{dB}$，$x_f=250\mathrm{mm}$ 处缺陷波高与 $x_B=400\mathrm{mm}$ 处 ϕ3mm孔波高dB差为

$$\Delta=23-\Delta_1-0=23\mathrm{dB}-3\mathrm{dB}=20\mathrm{dB}$$

缺陷当量为

$$\phi_f=\phi_3(x_f/x_B)(10^{20/40})=3\mathrm{mm}\times(250/400)\times3.2=6\mathrm{mm}$$

20. 解　设 c_{S2}、β_1、K_1 分别为钢中的波速、折射角及探头 K 值，c'_{S2}、β_2、K_2 分别为合金中的波速、折射角及探头实际 K 值。

则　$\beta_1=\arctan K_1=\arctan1=45°$，$\sin\beta_1=0.707$，$\sin\alpha=(c_{L1}/c_{S2})\sin\beta_1$

$\sin\beta_2=(c'_{S2}/c_{L1})\sin\alpha=(c_{L1}/c_{S2})(c'_{S2}/c_{L1})\sin\beta_1=(c'_{S2}/c_{S2})\sin\beta_1=0.707\times(3800/3200)=0.840$

可得 $\beta_2=57.1°$

$K_2=\tan\beta_2=\tan57.1°\approx1.5$

答　其实际 K 值为 1.5。

21. 解　一次声程缺陷深度为

$$\delta_1 = x_1/\tan\beta = 32\text{mm}/2 = 16\text{mm}$$

二次声程缺陷深度为

$$\delta_2 = 2\delta - (x_2/2) = 40\text{mm} - (52\text{mm}/2) = 14\text{mm}$$

答　一、二次声程缺陷深度分别为 16mm 和 14mm。

22. 解　钢中横波波长为

$$\lambda = c_S/f = \frac{3200\text{m/s}}{2\text{MHz}} = 1.6\text{mm}$$

① 横孔、平底孔反射波高 dB 差为

$\Delta = 20\lg[\lambda(2x\phi_1)^{1/2}/\pi\phi_2{}^2] = 20\text{dB}\times\lg[1.6\times(2\times2\times200)^{1/2}/\pi2^2] = 20\text{dB}\times\lg3.6 \approx 11\text{dB}$

② 球孔、平底孔反射波高 dB 差为

$$\Delta = 20\lg[\lambda d/\pi\phi^2] = 20\text{dB}\times\lg(1.6\times2/\pi2^2) = 20\text{dB}\times\lg(1.6/2\pi) \approx -12\text{dB}$$

答　横孔反射体回波最高，横孔反射波高比平底孔高约 11dB，平底孔比球孔高约 12dB。

23. 解　水平线性误差为

$$\delta = \frac{|\alpha_{max}|}{0.8b} \times 100\%$$

$$\alpha_{max} = 4.0 - 3.9 = 0.1$$

$$b = 10$$

$$\delta = \frac{|0.1|}{0.8\times10} \times 100\% = 1.25\%$$

答　仪器的水平线性误差为 1.25%。

24. 解　假设 A、B、C 波高分别为 H_A、H_B、H_C。

因为　$\Delta_{A/B} = 20\lg(H_A/H_B) = [A] - [B] = 20\lg(H_A/0.4) = 24 - 18$

所以　$H_A = 0.4\times10^{(24-18)/20} = 80\%$

因为　$\Delta_{C/B} = 20\lg(H_C/H_B) = [C] - [B] = 20\lg(H_C/0.4) = 5 - 18$

所以　$H_C = 0.4\times10^{(5-18)/20} = 9\%$

答　A 信号波高为 80%，C 信号波高为 9%。

25. 解　根据题意，探头的水平跨距最小应是外焊道和内焊道的半数和，设 b 为外焊道宽的 1/2，a 为内焊道宽的 1/2，则探头的 $\tan\beta \geqslant (L + b + a)/\delta = (15\text{mm} + 30\text{mm} + 15\text{mm})/30\text{mm} = 2$

即 $\beta \geqslant 63.4°$

答　探头的折射角最小应取 63.4°。

26. 解　$S_1 = t/\cos\beta = 25\text{mm}/\cos60° = 50\text{mm}$（一次波声程）

$S_2 = 2S_1 = 100\text{mm}$（二次波声程）

因为此缺陷波声程 $S_f = 75\text{mm}$，小于二次波声程而大于一次波声程。所以此缺陷为二次波发现

$l_f = S_f\sin\beta = 75\text{mm} \times \sin65° = 65\text{mm}$

$d_f = 2t - S_f\cos\beta = 2 \times 25\text{mm} - 75\text{mm} \times \cos65° = 12.5\text{mm}$

答　此缺陷的深度为 12.5mm，水平距离为 65mm。

27. 解

$d = n\tau_f = 2 \times 40\text{mm} = 80\text{mm}$，$K = 2$

$l = Kd = 2 \times 80\text{mm} = 160\text{mm}$，$R = \dfrac{1488\text{mm}}{2} = 744\text{mm}$

以此得：

$$H = R - \sqrt{(Kd)^2 + (R-d)^2} = 744\text{mm} - \sqrt{(2 \times 80\text{mm})^2 + (744\text{mm} - 80\text{mm})^2} = 61\text{mm}$$

$$L = \frac{R\pi}{180}\arctan\frac{Kd}{R-d} = \frac{744\text{mm} \times 3.14}{180} \times \arctan\frac{2 \times 80\text{mm}}{744\text{mm} - 80\text{mm}} = 176\text{mm}$$

答　该缺陷至外圆的距离 $H = 61\text{mm}$，对应的外圆弧长 $L = 176\text{mm}$。

28. 解　为保证管内壁的缺陷能被发现，声束必须与内壁相切，则

$\sin\beta = r/R = 90\text{mm}/150\text{mm} = 0.6$，$\beta = 36.87°$，$K = 0.75$

答　探头的 K 值应小于或等于 0.75。

29. 解　由 $K = 2.0$ 可得

$\beta_1 = \arctan2 = 63.4°$

由 $\dfrac{\sin\alpha}{\sin\beta} = \dfrac{2660}{3230}$ 得

$$\sin\alpha = \frac{2660}{3230}\sin63.4°$$

$\alpha = 47.4°$

由 $\dfrac{\sin\alpha}{\sin\beta_2} = \dfrac{2510}{3190}$ 得

$$\sin\beta_2 = \frac{3190}{2510}\sin47.4°$$

$\beta_2 = 69.37°$

由题意，刻度 20mm 处缺陷，则声程变化为

$S_2 = 20\text{mm} \times 2 \times \frac{3190}{3230} = 39.5\text{mm}$

缺陷深度 $H = S_2 \sin\beta_2 = 39.5\text{mm} \times \sin 69.37° \approx 37\text{mm}$

缺陷水平距离 $t = S_2 \cos\beta_2 = 39.5\text{mm} \times \cos 69.37° \approx 14\text{mm}$

答　缺陷深度为 37mm，缺陷水平距离为 14mm。

参考文献

[1] 郑晖，林树青．超声检测［M］．北京：中国劳动社会保障出版社，2008.

[2] 李以善，刘德镇．焊接结构检测技术［M］．北京：化学工业出版社，2008.

[3] 张志超．焊缝超声检测中变型波的产生机理及其识别［J］．无损检测，2002（2）：83-85.

[4] 张恒，吴扬宝，邹正烈．60～245mm 无缝钢管超声波自动检测系统［J］．无损检测，2003，25（6）：292-293.

[5] 王晓雷．承压类特种设备无损检测相关知识［M］．2 版．北京：中国劳动社会保障出版社，2007.

[6] 江学荣，杜好阳．无缝钢管超声导波检测技术［J］．广东电力，2002，15（5）：33-35.

[7] 邹伯煊，欧少英．焊接缺陷对 1000m^3 球罐安全性能影响的探讨［J］．焊接技术，2001，30（6）：47-48.

[8] 李衍．超声相控阵技术［J］．无损探伤，2007，31（4）：24-28.

[9] 蔡鹏武．超声相控阵检测仪的关键技术研究与应用［D］．南京：南京航空航天大学自动化学院，2009.

[10] 程继隆．超声相控阵检测关键技术的研究［D］．南京：南京航空航天大学自动化学院，2010.

[11] 吕庆贵．超声相控阵成像技术研究［D］．太原：中北大学机械工程与自动化学院，2009.

[12] 周正干，冯海伟．超声导波检测技术的研究进展［J］．无损探伤，2006，28（2）：57-63.

[13] 何存富，等．空心抽油杆的超声导波检测［J］．无损检测，2005，27（10）：538-541.

[14] 何存富，等．传感器在管道超声导波检测中的应用［J］．传感器技术，2004，23（11）：5-8.

[15] 焦敬品，等．管道超声导波检测技术研究进展［J］．实验力学，2002，17（1）：1-9.

国家职业资格培训教材

丛书介绍： 深受读者喜爱的经典培训教材，依据最新国家职业标准，按初级、中级、高级、技师（含高级技师）分册编写，以技能培训为主线，理论与技能有机结合，书末有配套的试题库和答案。所有教材均免费提供PPT电子教案，部分教材配有VCD实景操作光盘（注：标注★的图书配有VCD实景操作光盘）。

读者对象： 本套教材是各级职业技能鉴定培训机构、企业培训部门、再就业和农民工培训机构的理想教材，也可作为技工学校、职业高中、各种短训班的专业课教材。

- ◆ 机械识图
- ◆ 机械制图
- ◆ 金属材料及热处理知识
- ◆ 公差配合与测量
- ◆ 机械基础（初级、中级、高级）
- ◆ 液气压传动
- ◆ 数控技术与AutoCAD应用
- ◆ 机床夹具设计与制造
- ◆ 测量与机械零件测绘
- ◆ 管理与论文写作
- ◆ 钳工常识
- ◆ 电工常识
- ◆ 电工识图
- ◆ 电工基础
- ◆ 电子技术基础
- ◆ 建筑识图
- ◆ 建筑装饰材料
- ◆ 车工（初级★、中级、高级、技师和高级技师）
- ◆ 铣工（初级★、中级、高级、技师和高级技师）
- ◆ 磨工（初级、中级、高级、技师和高级技师）
- ◆ 钳工（初级★、中级、高级、技师和高级技师）
- ◆ 机修钳工（初级、中级、高级、技师和高级技师）
- ◆ 锻造工（初级、中级、高级、技师和高级技师）
- ◆ 模具工（中级、高级、技师和高级技师）
- ◆ 数控车工（中级★、高级★、技师和高级技师）
- ◆ 数控铣工/加工中心操作工（中级★、高级★、技师和高级技师）
- ◆ 铸造工（初级、中级、高级、技师和高级技师）
- ◆ 冷作钣金工（初级、中级、高级、技师和高级技师）
- ◆ 焊工（初级★、中级★、高级★、技师和高级技师★）
- ◆ 热处理工（初级、中级、高级、技师和高级技师）
- ◆ 涂装工（初级、中级、高级、技师和高级技师）
- ◆ 电镀工（初级、中级、高级、技师和高级技师）
- ◆ 锅炉操作工（初级、中级、高级、

技师和高级技师）
- ◆ 数控机床维修工（中级、高级和技师）
- ◆ 汽车驾驶员（初级、中级、高级、技师）
- ◆ 汽车修理工（初级★、中级、高级、技师和高级技师）
- ◆ 摩托车维修工（初级、中级、高级）
- ◆ 制冷设备维修工（初级、中级、高级、技师和高级技师）
- ◆ 电气设备安装工（初级、中级、高级、技师和高级技师）
- ◆ 值班电工（初级、中级、高级、技师和高级技师）
- ◆ 维修电工（初级★、中级★、高级、技师和高级技师）
- ◆ 家用电器产品维修工（初级、中级、高级）
- ◆ 家用电子产品维修工（初级、中级、高级、技师和高级技师）
- ◆ 可编程序控制系统设计师（一级、二级、三级、四级）
- ◆ 无损检测员（基础知识、超声波探伤、射线探伤、磁粉探伤）
- ◆ 化学检验工（初级、中级、高级、技师和高级技师）
- ◆ 食品检验工（初级、中级、高级、技师和高级技师）
- ◆ 制图员（土建）
- ◆ 起重工（初级、中级、高级、技师）
- ◆ 测量放线工（初级、中级、高级、技师和高级技师）
- ◆ 架子工（初级、中级、高级）
- ◆ 混凝土工（初级、中级、高级）
- ◆ 钢筋工（初级、中级、高级、技师）
- ◆ 管工（初级、中级、高级、技师和高级技师）
- ◆ 木工（初级、中级、高级、技师）
- ◆ 砌筑工（初级、中级、高级、技师）
- ◆ 中央空调系统操作员（初级、中级、高级、技师）
- ◆ 物业管理员（物业管理基础、物业管理员、助理物业管理师、物业管理师）
- ◆ 物流师（助理物流师、物流师、高级物流师）
- ◆ 室内装饰设计员（室内装饰设计员、室内装饰设计师、高级室内装饰 设计师）
- ◆ 电切削工（初级、中级、高级、技师和高级技师）
- ◆ 汽车装配工
- ◆ 电梯安装工
- ◆ 电梯维修工

变压器行业特有工种国家职业资格培训教程

丛书介绍：由相关国家职业标准的制定者——机械工业职业技能鉴定指导中心组织编写，是配套用于国家职业技能鉴定的指定教材，覆盖变压器行业5个特有工种，共10种。

读者对象：可作为相关企业培训部门、各级职业技能鉴定培训机构的鉴定培训教材，也可作为变压器行业从业人员学习、考证用书，还可作为技工学校、职业高中、各种短训班的教材。

- ◆ 变压器基础知识
- ◆ 绕组制造工（基础知识）
- ◆ 绕组制造工（初级 中级 高级技能）
- ◆ 绕组制造工（技师 高级技师技能）
- ◆ 干式变压器装配工（初级、中级、高级技能）
- ◆ 变压器装配工（初级、中级、高级、技师、高级技师技能）
- ◆ 变压器试验工（初级、中级、高级、技师、高级技师技能）
- ◆ 互感器装配工（初级、中级、高级、技师、高级技师技能）
- ◆ 绝缘制品件装配工（初级、中级、高级、技师、高级技师技能）
- ◆ 铁心叠装工（初级、中级、高级、技师、高级技师技能）

国家职业资格培训教材——理论鉴定培训系列

丛书介绍：以国家职业技能标准为依据，按机电行业主要职业（工种）的中级、高级理论鉴定考核要求编写，着眼于理论知识的培训。

读者对象：可作为各级职业技能鉴定培训机构、企业培训部门的培训教材，也可作为职业技术院校、技工院校、各种短训班的专业课教材，还可作为个人的学习用书。

- ◆ 车工（中级）鉴定培训教材
- ◆ 车工（高级）鉴定培训教材
- ◆ 铣工（中级）鉴定培训教材
- ◆ 铣工（高级）鉴定培训教材
- ◆ 磨工（中级）鉴定培训教材
- ◆ 磨工（高级）鉴定培训教材
- ◆ 钳工（中级）鉴定培训教材
- ◆ 钳工（高级）鉴定培训教材
- ◆ 机修钳工（中级）鉴定培训教材
- ◆ 机修钳工（高级）鉴定培训教材
- ◆ 焊工（中级）鉴定培训教材
- ◆ 焊工（高级）鉴定培训教材
- ◆ 热处理工（中级）鉴定培训教材
- ◆ 热处理工（高级）鉴定培训教材
- ◆ 铸造工（中级）鉴定培训教材
- ◆ 铸造工（高级）鉴定培训教材
- ◆ 电镀工（中级）鉴定培训教材
- ◆ 电镀工（高级）鉴定培训教材
- ◆ 维修电工（中级）鉴定培训教材
- ◆ 维修电工（高级）鉴定培训教材
- ◆ 汽车修理工（中级）鉴定培训教材
- ◆ 汽车修理工（高级）鉴定培训教材
- ◆ 涂装工（中级）鉴定培训教材
- ◆ 涂装工（高级）鉴定培训教材
- ◆ 制冷设备维修工（中级）鉴定培训教材
- ◆ 制冷设备维修工（高级）鉴定培训教材

国家职业资格培训教材——操作技能鉴定实战详解系列

丛书介绍： 用于国家职业技能鉴定操作技能考试前的强化训练。特色：

- 重点突出，具有针对性——依据技能考核鉴定点设计，目的明确。
- 内容全面，具有典型性——图样、评分表、准备清单，完整齐全。
- 解析详细，具有实用性——工艺分析、操作步骤和重点解析详细。
- 练考结合，具有实战性——单项训练题、综合训练题，步步提升。

读者对象： 可作为各级职业技能鉴定培训机构、企业培训部门的考前培训教材，也可供职业技能鉴定部门在鉴定命题时参考，也可作为读者考前复习和自测使用的复习用书，还可作为职业技术院校、技工院校、各种短训班的专业课教材。

- 车工（中级）操作技能鉴定实战详解
- 车工（高级）操作技能鉴定实战详解
- 车工（技师、高级技师）操作技能鉴定实战详解
- 铣工（中级）操作技能鉴定实战详解
- 铣工（高级）操作技能鉴定实战详解
- 钳工（中级）操作技能鉴定实战详解
- 钳工（高级）操作技能鉴定实战详解
- 钳工（技师、高级技师）操作技能鉴定实战详解
- 数控车工（中级）操作技能鉴定实战详解
- 数控车工（高级）操作技能鉴定实战详解
- 数控车工（技师、高级技师）操作技能鉴定实战详解
- 数控铣工/加工中心操作工（中级）操作技能鉴定实战详解
- 数控铣工/加工中心操作工（高级）操作技能鉴定实战详解
- 数控铣工/加工中心操作工（技师、高级技师）操作技能鉴定实战详解
- 焊工（中级）操作技能鉴定实战详解
- 焊工（高级）操作技能鉴定实战详解
- 焊工（技师、高级技师）操作技能鉴定实战详解
- 维修电工（中级）操作技能鉴定实战详解
- 维修电工（高级）操作技能鉴定实战详解
- 维修电工（技师、高级技师）操作技能鉴定实战详解
- 汽车修理工（中级）操作技能鉴定实战详解
- 汽车修理工（高级）操作技能鉴定实战详解

- ◆ 车工技师鉴定培训教材
- ◆ 铣工技师鉴定培训教材
- ◆ 钳工技师鉴定培训教材
- ◆ 焊工技师鉴定培训教材
- ◆ 电工技师鉴定培训教材
- ◆ 铸造工技师鉴定培训教材
- ◆ 涂装工技师鉴定培训教材
- ◆ 模具工技师鉴定培训教材
- ◆ 机修钳工技师鉴定培训教材
- ◆ 热处理工技师鉴定培训教材
- ◆ 维修电工技师鉴定培训教材
- ◆ 数控车工技师鉴定培训教材
- ◆ 数控铣工技师鉴定培训教材
- ◆ 冷作钣金工技师鉴定培训教材
- ◆ 汽车修理工技师鉴定培训教材
- ◆ 制冷设备维修工技师鉴定培训教材

特种作业人员安全技术培训考核教材

丛书介绍： 依据《特种作业人员安全技术培训大纲及考核标准》编写，内容包含法律法规、安全培训、案例分析、考核复习题及答案。

读者对象： 可用作各级各类安全生产培训部门、企业培训部门、培训机构安全生产培训和考核的教材，也可作为各类企事业单位安全管理和相关技术人员的参考书。

- ◆ 起重机司索指挥作业
- ◆ 企业内机动车辆驾驶员
- ◆ 起重机司机
- ◆ 金属焊接与切割作业
- ◆ 电工作业
- ◆ 压力容器操作
- ◆ 锅炉司炉作业
- ◆ 电梯作业
- ◆ 制冷与空调作业
- ◆ 登高作业

读者信息反馈表

亲爱的读者：

您好！感谢您购买《无损检测员——超声波检测》（李以善　汪立新　主编）一书。为了更好地为您服务，我们希望了解您的需求以及对我社教材的意见和建议，愿这小小的表格在我们之间架起一座沟通的桥梁。另外，如果您在培训中选用了本教材，我们将免费为您提供与本教材配套的电子课件。

<table>
<tr><td>姓　名</td><td></td><td colspan="2">所在单位名称</td><td colspan="2"></td></tr>
<tr><td>性　别</td><td></td><td colspan="2">所从事工作（或专业）</td><td colspan="2"></td></tr>
<tr><td>通信地址</td><td colspan="3"></td><td>邮　　编</td><td></td></tr>
<tr><td>办公电话</td><td colspan="2"></td><td colspan="2">移动电话</td><td></td></tr>
<tr><td>E-mail</td><td colspan="2"></td><td colspan="2">QQ</td><td></td></tr>
<tr><td colspan="6">1. 您选择图书时主要考虑的因素（在相应项后面画✓）：
出版社（　）内容（　）价格（　）其他：__________
2. 您选择我们图书的途径（在相应项后面画✓）：
书目（　）书店（　）网站（　）朋友推介（　）其他__________</td></tr>
<tr><td colspan="6">希望我们与您经常保持联系的方式：
□ 电子邮件信息　□ 定期邮寄书目　□ 通过编辑联络　□ 定期电话咨询</td></tr>
<tr><td colspan="6">您关注（或需要）哪些类图书和教材：</td></tr>
<tr><td colspan="6">您对本书的意见和建议（欢迎您指出本书的疏漏之处）：</td></tr>
<tr><td colspan="6">您近期的著书计划：</td></tr>
</table>

请联系我们——

地址　北京市西城区百万庄大街 22 号　机械工业出版社技能教育分社

邮编　100037

社长电话　（010）88379083　88379080

传　　真　（010）68329397

营销编辑　（010）88379534　88379535

免费电子课件索取方式：

网上下载　www. cmpedu. com

邮箱索取　jnfs@ cmpbook. com